KB046298

내 아이를 키우는 상상력의 힘

내 아이를 키우는
상상력의 힘

'생각의 탄생' 저자가 밝히는 창조적 아이의 비밀

미셸 루트번스타인 지음

유향란 옮김

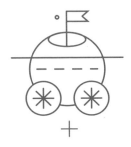

문예출판사

차 례

1부 — 월드플레이는 어디서 자라는가

Chapter 1.

숨겨진 놀이의 세계: 카랜드로의 여행 25

Chapter 2.

파라코즘을 찾아서: 사람들은 어떻게 어린 시절의 가상 세계를 발견했을까 54

Chapter 3.

기억의 집계: 맥아더 펠로와 대학생 들, 어린 시절 놀이를 회상하다 83

2부 — 가상 놀이의 정원 탐험하기

3부 — 성인기의 일에 월드플레이 접목하기

4부 — 월드플레이 씨앗 뿌리기

그림 목록

감사의 말

이 같은 책에는 영감을 주는 뮤즈가 많다. 우선 내 질의에 응답해주신 많은 맥아더 펠로 및 여러 전문가들, 심층 면담에 동의해주신 분들의 덕을 많이 보았다. 학생과 학부모들에게 질의하도록 허락해주신 미시건주립대학의 교수님들께도 많은 은혜를 입었다. 자녀와의 면담을 호의적으로 허락해주신 부모님들께도 감사드린다. 또 오랫동안 내 프로젝트에 관심을 가지고 계속 추진할 수 있도록 도와준 많은 동료, 친구, 가족, 지인 들 및 이름을 알지 못하는 분들께도 감사드린다. 마지막으로 지칠 줄 모르고 지원해준 남편과 이제는 다 컸지만 나로 하여금 이 길로 들어서게 해준 두 아이들에게도 말할 수 없는 감사의 마음을 전한다.

머리말

월드플레이 이야기

내 생각에, 사람들은 대부분 비밀의 나라를 가지고 있는 것 같다.
- C. S. 루이스, 소설가

옛날 옛적 영국 빅토리아 시대에 쓸쓸한 황무지에 살던 세 자매와 남자 형제 하나가 '글래스타운Glass Town'이라는 가공의 나라에서 놀면서 손으로 만든 조그마한 책에 자신들의 모험을 적어놓았다. 세기가 바뀌어서 이번에는 미국에 사는 한 소녀가 페르시아 양탄자에 둥지를 튼 비밀의 나라에서 혼자 노는가 하면, 어떤 소년은 '엑스루즈Exlose'라는 가상 왕국에 관해 날마다 뉴스 속보를 발행했다. 한 세대가 흐른 후 또 다른 소년이 비밀스러운 평화주의자 국가를 상상했는데 이 '콘코르디아Concordia'는 헌법과 각종 법률 및 정치적 문제들을 다 갖추고 있었다. 또 일부는 메인 주의 섬이고 일부는 화성의 식민지인 '에드팔로바Edfaloba'라는 가상공간을 지도로 그려놓고 형제들과 두 친구와 함께 놀았던 소년도 있었다.

이 아이들이 어른이 된 다음, 그들은 그 놀이를 가지고 무언가를 이루어냈다. 세계 건설자로서의 경험을 바탕으로 세 자매는 문학의 명예의 전당에 이름을 남길 만한 뛰어난 소설을 썼다. 페르시아 양탄자에서 놀던 소녀는 세상의 주목을 받지는 못했지만 화가이자 회고록 집필자가 되었다. 가상 사건을 보도하던 소년은 아동심리학을 공부했다. 헌법과 평화에 매료되었던 소년은 몇십 년 후 유명한 배우가 되었다. 그는 영화에서 어린 시절 놀이에 경의를 표했고 유엔 아동기금을 위해 명예 정치가로 활동했다. 또 지도를 능숙하게 그리던 소년은 자라서 널리 인정받는 화가가 되었다.

이상은 모두 월드플레이 이야기이다.

월드플레이란 무엇인가? 이 책을 읽어나가는 동안 우리의 길잡이가 되어줄 간단한 정의를 내려보겠다.

월드플레이world-play/명사

1. 가상 세계의 창조, 간혹 파라코즘paracosm이라고도 함.
2. 아동기와 청소년기에 정상적으로 발달하는 상상력의 산물로, 흔히 비밀스럽거나 우연히 발견하거나 고안해서 만든 장소에서의 놀이와 상관이 있음.
3. 자기 발생적인 가상 놀이로 가상의 장소나 제도의 심적 모형을 지속적으로 만드는 경향이 있음.
4. 예술에서는 그럴듯한 흉내 내기, 과학이나 사회과학에서는 있음직한 세계를 말함.
5. 시금석과 같은 표준 경험, 창조적 전략을 말함.

이처럼 월드플레이는 이 책에서 만나게 될 많은 사람들에게 해당된다. 황무지에서 놀던 어린 샬럿 브론테 Charlotte Brontë (《제인 에어》를 쓴 영국 여성 소설가(1816~1855)), 지금은 연극과 영화계에서 일하며 정치 무대에서도 활동하는 어른 피터 유스티노프 Peter Ustinov 등이 그들이다. 뿐만 아니라 이는 우리들 모두에게도 해당된다. 소설가 루이스 C. S. Lewis (《나니아 연대기》 등의 작품을 남긴 영국의 학자 겸 소설가(1898~1963))의 생각이 그럭저럭 맞다면(내 생각에는 맞는 것 같다) 우리는 모두 비밀의 나라를 알고 있었다는 말이 되기 때문이다.

어렸을 때 우리는 특별한 세상을 만들면서 수많은 시간을 보냈을 것이다. 이리저리 미끄러지듯 드나드는 요정의 나라나 기적을 울리며 색다른 시골길을 달리는 열차들의 미로 등. 어쩌면 당신도 나처럼, 가상 친구들을 위해 가계도를 그리거나 가상 야구 리그전 통계를 기록하고 있는 자녀를 키웠는지도 모른다.

아니면 당신도 수많은 어른들과 마찬가지로 연극이나 영화, 미술 또는 음악에 푹 빠져 지내는지도 모른다. 당신은 역사책을 읽거나 컴퓨터 시뮬레이션게임을 한다.

어쩌면 음악가, 소설가, 법률가 혹은 생물학자로서 당신이 하는 일의 어떤 부분은 진짜 같은 시나리오를 가정하거나 '분리된 리얼리티'를 추측할 필요가 있을지도, 또는 '있음 직한 세계의 창조나 있음 직한 세계의 일부'가 필요할지도 모르겠다. 은밀한 마음속 나라에서 당신은 일이 어떻게 돌아갔고 또 어떻게 돌아갈지 상상의 날개를 편다. 당신은 상상 속 왕국으로 들어가 새로운 대체 공간과 시간을 구체화한다. 어느 정도는 우리 모두 그런 짓을 한다. 그것을 무어라고 불러야 하는지도 모르는 채 우리는 월드플레이에 참여한다.

이제 우리가 어떻게 해야 하는지 모른다고 상상해보자. 남이 만들었든 우리 자신이 만들었든 가상 세계에 푹 빠져 놀아본 경험이 전혀 없다고 가정해보자. 어릴 적에 어떻게 놀아야 하는가 하는 문제를 소홀히 한 까닭에 우리는 어른이 되어서도 어떻게 놀아야 할지를 잘 알지 못한다. 우리는 소설, 영화, 음악, 미술, 컴퓨터게임, 역사, 과학 등 가상적이고 상상력을 요하는 모든 것들을 다 그만두었다. 과연 그처럼 상상력이 결핍된 세상이 존재할 수 있을까? 아마 우리가 생각하는 것보다 훨씬 더 많을 것이다.

지난 몇십 년 동안 진행된 생활 방식, 아동 양육 및 교육의 변화로 인해 사실상 가상 놀이는 상업적 오락과 시험 위주 학습에 밀려나고 말았다. 1970년대 이후 아동들은 일주일에 자유 시간을 12시간이나 잃어버렸다. 이는 마음껏 뛰노는 야외 활동 시간의 50%, 전체 놀이 시간의 25%가 줄었다는 말이다. 걱정해야 할 일일까? 물론이다. 리처드 루브Richard Louv〔미국의 논픽션 작가(1949~)〕 같은 사람들은 녹색 공간에서 이루어지는 야외 놀이가 부족하면 '자연 결핍 장애'가 올 수 있다고 주장했다. 마찬가지로 생각의 나라에서 자유롭게 놀지 못할 경우에도 '상상력 결핍 장애'라는 결과가 나오기 쉽다.

놀지 못하는 아동은 충동 조절, 협상 기술, 문제 해결 수단 또는 현대사회에서 성공하는 데 필요한 협동 능력을 발달시키지 못한다. 가상 놀이를 하지 않는 아동은 호기심, '만일 ~라면 어떨까'라는 사고방식, 반응의 유연성, 감정이입, 타인에 대한 존중과 관용을 실습할 기회를 갖지 못한다. 또 놀이 경험이 부족한 탓에 정서적·사회적·지적 성장이 뒤처진다. 그들은 인생을 준비하는 데 불리하며 창조성 준비에서도 그러하다. "호기심, 상상력, 창의성은 근육과 같아서 사용하지 않으면 잃어버리게 된다"라고 말한 아동심리학자도 있다.

그런데 이 능력들이 학교에서 점차 사라지고 있다. 코스타Costa와 칼릭Kallick의 《커리큘럼 전체에 드러난 마음의 습관Habits of Mind Across the Curriculum》(2009)에서부터 《21세기 학습을 위한 21세기 능력의 온라인 구조를 위한 제휴Partnership for 21st Century Skills's online Framework for 21st Century Learning》에 이르기까지 수많은 논문과 교육학적 주장이 이 문제에 비상한 관심을 보이고 있다. 교육학적 주장도 다양하다. 과학적·기술적·정치적·사회적 문제를 불문하고 미래의 복잡한 문제를 해결하려면 호기심과 독창성, 창의력이 필요할 것이라는 데에는 모두 동의한다. 또 문제를 명확히 인식하고 해결하며 아이디어를 창출하는 능력, 위험을 감수할 줄 아는 태도와 애매함에 대한 관용, '정답이 없다'는 생각으로 위안을 얻는 자세도 필요할 것이다.

그런데 이러한 능력과 행동의 상당 부분이 어린 시절 놀이에서 처음으로 훈련된다는 사실이 아직 제대로 밝혀지지 않은 듯하다. 변장하기부터 요새 건설과 세계 창조에 이르기까지 가상 놀이의 전 영역에 투자되는 시간과 지원이 줄어들면 미래의 창조적인 성인 인력을 감소시키는 결과가 초래될 것은 불을 보듯 뻔하다. 교육자 데보라 마이어Deborah Meier〔미국 뉴욕의 교육 환경이 매우 열악한 이스트할렘에서 이룬 성공적인 공교육 개혁으로 미국에서 가장 신뢰받고 있는 실천가이자 이론가(1936~)〕가 지적했듯이 가상 놀이를 과소평가했을 때의 결과는 "우리가 생각하는 것보다 훨씬 더 치명적 방식으로 우리 자녀들과 사회의 뒤통수를 친다." 말하자면 "창의성이 뛰어난 미국의 천재가 위태로워질 수도 있다"는 게 그녀의 주장이다.

놀이는 중요하다. 어린이들이 어떻게 노는가도 중요하다. 당신이 들고 있는 이 책은 월드플레이라는 확대경을 통해 그 이유와 방법을 탐색하고 있다. 상상력의 자극, 자기 주도적 학습, 잠재적 창의성의 발달과 관련해 어린이들은 가상 세계 창조에서 무엇을 얻을까? 그들이 어른이 되었을 때 사회는 무엇을 얻을까? 월드플레이는 장차 예술, 과학, 인문학, 기술 분야의 혁신을 촉진하는 수단으로서 가정과 학교에서 장려될 수 있고 장려되어야 할까? 인터넷으로 점점 더 촘촘하게 연결되고 협동 활동이 증가하는 시대에 자기 혼자 은밀하게 만든 월드플레이에는 과연 미래가 있기나 할까?

내가 이러한 질문들을 던지며 평생에 걸쳐 연구한 가상 세계 창조의 개요를 정리하려는 목적은 이 복잡한 형태의 가상 놀이가 중대한 개인적·사회적 가치를 지니고 있다는 사실을 여러분에게 설득하기 위해서다. 즉 다음과 같은 것들 때문이다.

첫째, 월드플레이는 상상력을 필요로 한다. 일반적인 사전적 정의를 보면 상상력은 의식적인 개념이나 이제까지 한 번도 온전히 지각되지 않았던 것의 심상을 형성하는 과정 또는 행위와 관련이 있다. 제멋대로 떠오르는 감각적 이미지, 기억 및 추측들을 한데 잘 꿰매고 엮어서 거둔 성과라고 하겠다. 가상 세계를 창조하면서 아동과 청소년들은 이제까지 한 번도 온전히 인식한 적이 없었던, 현실에 대한 자기 자신만의 대안을 탐색한다. 그 대안은 장난감 나라일 수도 있고 화성에 있는 국가일 수도 있다.

둘째, 또 상상력을 발휘한 그 같은 탐구는 창조적일 수도 있다. 여기에는 언어와 암호를 만들고, 이야기와 역사를 기록하고, 그림과 지도를 그리고, 모형 마을을 짓거나 가상 놀이를 꾸며내는 일이 포함된다. 구상하고 만드는 과정에서 가상 세계는 알지 못하는 것을 알고 있는 경험과 결합하고, 새롭고 의미 있는 것을 탄생시키고자 마음의 힘을 불러일으킨다. 지속적으로 가상 놀이를 하는 과정에서 아동과 청소년들은 내면의 삶을 한층 더 풍요롭게 하는 상상 능력과 창조적 행동을 발전시킨다.

셋째, 복잡한 가상 놀이를 하고 놀았던 어린 시절의 경험은 평생 동안 중요한 영향을 미칠 수 있다. 모든 창조자들은 성인기 천재성의 원천을 어린 시절 놀이에서 찾는데, 그들이야말로 어린 시절의 경험을 토대로 훌륭하게 발전한 사람들이다. 저명한 작가, 화가, 과학자 들뿐 아니라 알려지지 않은 무수한 사람들에게도 어린 시절 가상 세계에서의 놀이는 어른이 된 다음 상상하고, 모형을 만들고, 현실을 효과적으로 다시 상상하는 전략에 막강한 영향력을 발휘했다.

이 사실을 입증하려고 이 책은 다양한 관점에서 월드플레이 경험을 조사하고 있다. 역사적·심리학적·문학적·사회학적 관점뿐 아니라 동물학적 관점까지 동원되었다. 개인적 일화 속의 역사는 세계 창조의 과학과 예술까지 확장되면서 놀이, 상상력, 창조성에 관한 학문과 연결되어 있다. 한편 월드플레이가 야기하는 자극에 대한 이해를 확립하는 것은 또 다른 종류의 가능한 세계를 건설하는 일이기 때문에 이 책에는 내 연구 여정도 어느 정도 나온다.

그 여정에는 직업적인 것 외에도 개인적 이유가 있다. 지난 20년 이상 계속된 창조성 연구 활동에 더해 나는 엄마로서 가상 세계 창조를 바로 곁에서 직접 관찰하는 특권을 누려왔다. 아홉 살에 시작해 열아홉 살이 될 때까지 내 딸은 시종일관 변함없는 가상 놀이로 몇 번이고 다시 돌아가곤 했다. 재미있는 방식으로 말하고 쓰고 계산하기, 재미있는 이야기와 그림과 노래들이 영원한 '비밀의 나라'에서 다 함께 둥지를 틀었다. 딸아이가 그 놀이에서 얻은 것과 딸의 놀이 과정에서 내가 배운 것이 이 책의 구성 체계를 세우는 데 필요한 개인적 시각을 제공했다.

1부에서는 내가 부모로서 월드플레이에 몰입한 것이 어떻게 더욱 광범위한 그 현상의 역사로, 또 현대인의 아동기 월드플레이에 대한 공식 연구로 나를 이끌었는지 추적한다.

2부에서는 가상 놀이의 복잡한 형태로서, 아동 중심 천재성의 표시로서, 또 창조성의 성장과 발달을 위한 학습 실험실로서의 가상 세계 창조를 탐구한다.

3부에서는 평생 이어지는 창조적 전략으로서 월드플레이의 성숙을 살펴보게 되는데, 여기에는 직업상 업무 및 직업과 취미의 통합이 관련되어 있다.

마지막으로 4부에서는 월드플레이가 교육, 컴퓨터 놀이에 대한 태도, 부모의 가상 세계 창조 교육, 그리고 궁극적으로는 문화 혁신의 미래에 미칠지도 모르는 영향을 조사한다.

나의 여정처럼 이 책을 읽어나가는 데에도 여러 가지 경로가 있다. 부모 및 기타 보호자들은 아동기의 숨겨진 세계(Chapter 1)와 장소 만들기 놀이에서의 그것들의 기원(Chapter 4)을 거쳐 컴퓨터게임이 어떻게 시뮬레이션을 할 수 있고(Chapter 11), 어른들이 어떻게 자기 발생적 월드플레이를 격려할 수 있는지(Chapter 12) 살펴보고 싶어 할 것이다. 교육자들은 가상 세계 창조가 어떻게 창조적 영재성을 촉진하는 '학습 실험실' 역할을 할 수 있는지에 대한 탐구(Chapter 5, 6)부터 읽고 난 다음 월드플레이가 어떻게 수업 목표에 이용될 수도 있는지 살펴보고 싶어 할 것이다.

가상 세계 창조자는 그들이 사귀는 친구(Chapter 2, 3)부터 시작한 다음, 어린 시절의 월드플레이에서 성인기의 월드플레이로의 변천(Chapter 7)을 거쳐, 그 월드플레이를 다양한 직업상 업무의 핵심으로 자리매김하는 창조적 전략(Chapter 8, 9)까지 읽고 싶어 할지도 모른다. 가상 세계 또는 평생에 걸친 상상력과 창조성 발달에 두루 관심이 있는 독자들의 경우에는 전체 여정을 다 읽어볼 것을 권한다.

어떤 경로든 간에 나는 다면적 월드플레이 이야기를 하려고 노력할 것이다. 또 역사를 탐구하고, 여러 나라를 개관하고, 다양한 사람을 묘사하고, 가공 문화를 조사하고, 유익함을 평가할 것이다. 가상 세계 창조는 놀이와 상상력과 창조성이 발달하는 동안 이것들 사이에 형성되는 복잡한 교차점의 위치를 알아내기 위한 나침반 역할을 한다. 이 책을 우리 자녀들과 우리 자신, 그리고 우리 사회를 위해 가상 놀이 속에 숨겨진 보물을 찾아가는 지도로 생각하기를……

일러두기

1. 옮긴이가 추가한 설명은 대괄호(( )) 안에 넣었습니다.

2. 영문판에 수록된 에밀리 디킨스의 시는 저자와의 협의하에 한국어판에서는 수록하지 않았습니다.

1부

월드플레이는
어디서 자라는가

모차르트와 니체, 루이스, 천재들의 월드플레이
월드플레이는 아동의 창의성 능력의 직접적인 통로다
아동기의 월드플레이는 성인기의 창조성에도 영향을 미친다

숨겨진 놀이의 세계

카랜드로의 여행

크레용으로 그린 지도로
아들은 내게 네버랜드로 가는 길을 보여주었네.
- 존 맥마누스John McManus, 시인

나는 맨 처음 내 딸아이에게서 가상의 놀이 세계에 대해 배웠다. 대부분의 부모들은 아기가 처음으로 방긋 웃던 모습을 기억한다. 또 많은 부모들이 아기가 처음으로 걸음마를 하던 순간을 잊지 못할 것이다. 나는 내 큰아이가 처음으로 가상 놀이를 시작하던 순간의 시시콜콜한 모든 것을 생생히 기억하고 있다. 한 살 반에서 두 살 사이쯤 되었을 때 메러디스에겐 흔들 목마를 거실 바닥에 가지런히 정리하는 버릇이 생겼다. 장난감 바구니는 흔들 목마 코 밑에 놓고 나무로 만든 토끼는 바로 그 옆에 두었다. 봉제 곰 인형과 털실 머리 인형은 목마에서 1미터쯤 떨어진, 맞은편 책 더미 위에 놓인 미니 접의자에 자리를 잡고 앉았다. 딸아이는 걸음마와 말하기를 처음 시작할 때부터 가상 놀이도 함께 시작했다.

바로 그 아주 어릴 때의 놀이와 딸아이가 곧이어 남동생 브라이언과 함께했던 놀이의 상당 부분이 내 기억에 깊이 새겨져 있다. 스프링이 튀어나오는 플라스틱 장난감인 '모자 속 개'와 '외눈박이 다람쥐'의 조용한 모험이 아직도 내 눈에 선하다. 비록 세 살짜리 딸아이는 무슨 이야기인지 절대로 말하려 들지 않았지만 나는 메러디스가 그들을 위아래로 가볍게 흔드는 모습을 보며 그것들이 이야기를 하고 있다고 확신했다.

나는 또 '알렉과 아리나'라는 변장 놀이도 기억한다. 그 놀이를 위해서 아장거리며 걷던 아들에게는 망토가, 네 살 된 딸에게는 스카프가 필요했으며 막대기에 달린 말대가리 인형도 두 개가 필요했다. 안뜰에 가짜 집이 세워졌고, 평평한 우리 집 뒷마당에서 야생마들이 가짜 산과 들 사이를 거침없이 달렸다.

또 두 아이가 여섯 살부터 여덟 살까지 치열하게 경쟁을 벌이며 푹 빠져 있던, 규칙이 정해진 수많은 놀이도 떠오른다. 그중 가장 기억에 남는 것이 플라스틱 눈과 더듬이, 커다란 평발 하나가 달린 골프공만 한 털실 방울로 하는 '걸음마 올림픽'이라는 운동 시합이었다. 아이들은 자기 팀 선수를 던지고 치고 흔들면서 경기를 벌였다. "우리는 잔털과 발에 불과하지만 그래도 시합을 할 수 있다!"가 이 놀이의 표어였다.

이 모든 놀이가 엄마인 나한테는 아주 친숙하게 느껴졌다. 나 자신이 어릴 때 많이 경험해본 덕에 나는 아이들의 혼자 장난감을 가지고 노는 가상 놀이, 소품과 의상을 가지고 하는 드라마틱하고 흥미진진한 자매 놀이, 고도로 진지한 변장 놀이 등을 알아보았다. 그런데 몇 달쯤 지나자, 내 딸의 상상 활동이 뜻밖의 새로운 국면으로 접어들었는데

이는 내 경험을 넘어서는 것이었다. 아홉 살이 되자 메러디스는 '카Kar'라는 가상의 장소를 만들기 시작했다.

나도 물론 아이들이 가상 친구를 만든다는 이야기는 들었다. 하지만 이 경우는 달랐다. 이것은 하나의 온전한 세계로, 날이면 날마다 조금씩 조금씩 면밀하게 설계되는 평행 장소 또는 파라코즘paracosm〔환상 속에서 창조된 특정한 인물과 상황을 매우 구체적으로 묘사한 환상의 세계〕이었다. 메러디스가 놀이의 모든 양상을 끈질기게 기억한다는 사실이 몹시 놀라웠다. 그 애가 몹시 즐거워하며 다양한 놀잇거리를 이것저것 생각해내는 모습도 나를 놀라게 했다. 딸은 그 놀이를 무척 좋아했고 나 역시 점점 더 좋아하게 되었다. 그 놀이는 딸의 마음과 생각을 보여주는 창문이었을 뿐 아니라 상상력의 경이로움을 들여다볼 수 있는 창문이기도 했기 때문이다.

모자 속 개, 알렉과 아리나, 걸음마 올림픽과 마찬가지로, 아니 그것들보다 더, 카는 내 마음속에 가상 놀이의 메커니즘에 관한 강렬한 호기심을 불러일으켰다. 이 복잡한 가상 놀이는 어디에서 왔을까? 똑같은 놀이 장소로 자꾸 돌아가게 만드는 요인은 무엇일까? 그러고 보니, 다른 아동들도 자기들의 나라를 만들었을까? 만일 그렇다면 왜 나는 이제까지 그것에 대해 한 번도 들은 적이 없었을까?

나는 곧 어린이가 만든 가상 세계에 사람들이 거의 관심을 보이지 않았다는 사실을 알게 되었다. 아마도 남녀노소를 불문하고 그 세계에서 노는 사람들이 그것에 대해 많은 것을 드러내기를 꺼려했기 때문이 아닌가 싶다. 그러지만 않았더라면 수다스러웠을 피터 유스티노프의 말처럼 "당신이 이런 종류의 비밀을 공유하고 함께 즐기기 시작하는 순간, 그 같은 장소의 효용성과 현실성은 무너지고 만다." 그럼에도 지난 200년 이상을 살펴보면 대충 쓴 것이나마 오래전에 잃어버린 '네버랜드'에 대한 기록들을 찾아볼 수 있다. '올무드', '더 롯지', '더 딕스', '낸시와 플럼(자두)', '배스 비안 스트리트', '졸리아누', '퍼랜드', '알라가이시아', '키르시 리르시 랜드', '아빅시아', '론투이아' 등등.

나중에 여러 차례 도서관에 가서 찾아본 결과 놀랍고도 다양한 가상 세계에 대해 점점 더 많은 자료를 얻게 되었다. 아울러 왜 월드플레이가 어린 시절 경험 중 가장 홀대받는 현상이 되었는지에 대한 이유도 점점 더 많이 알게 되었다.

"내가 꼬마였을 때 그것을 만들었다"

1806년, 영국의 학자이자 작가인 벤자민 히스 멀킨Benjamin Heath Malkin〔1769~1842〕이라는 사람이 《한 아버지의 아들에 대한 회고 A Father's Memoirs of His Child》라는 책을 출판했는데, 그는 지적 영재인 아들의 박학다식함을 과시하기 위해서가 아니라 풍부한 상상력에 대한 가능성을 보여주기 위해 이 책을 썼다고 밝혔다. 박학다식함과는 전혀 다른 영역이었다. 아들 토머스는 학습 속도가 매우 빨랐는데 두 살 때 읽기와 쓰기를 독학으로 익혔고 엄마 젖을 빨면서 라틴어와 그리스어를 습득했다. 또 아버지 말에 따르면 토머스는 '알레스톤Allestone'이라는 가상 국가를 세운 사람이기도 했다.

그 가상 국가의 왕으로서 토머스는 역사를 기록하고 지도를 그렸으며 사회제도를 설명하고 그 나라의 이야기들을 기록했다. 또 알레스톤을 위해 언어도 새로 만들었는데 라틴어를 모델로 삼았다지만 소리와 리듬을 보면 완전히 '즉흥적 기분'의 산물이었다. 그는 높은음자리표와 낮은음자리표의 멜로디를 표시해서 코믹 오페라와 '가상 음악'도 작곡하려고 애를 썼다.

아버지는 알레스톤의 역사와 이야기뿐만 아니라 이 가상 음악도 설명했다. 아들이 어떻게 "모든 상황을 그의 작업에 편입시키는지", 그가 현실에 대해 배운 것을 어떻게 환상적인 이야기나 노래로 바꿔놓는지, 또 그가 오페라, 사전 및 지리학자가 그린 지도의 방식이나 수법 등을 어떻게 베끼는지 추적하기 위해서였다. 놀이를 하면서 토머스는 "어릴 때의 가능성과 상당히 근사하게 닮은" 능력을 발휘했다. "성숙한 천재의 활동으로서 인류를 즐겁게 하고 발전시킨 것은 무엇이든 다" 발휘한 것이다.

한편 거의 비슷한 시기에 거의 같은 지역에서 하틀리 콜리지Hartley Coleridge〔영국의 시인이자 에세이스트(1796~1849)〕라는 소년이 '기발한 공상'에 빠져들기 시작했다. 그의 동생인 더웬트Derwent에 따르면 그는 '몽상적 소년 시절'을 보냈다고 한다. 영국의 낭만파 시인이자 평론가인 새뮤얼 테일러 콜리지Samuel Taylor Coleridge〔1772~1834〕의 아들인 하틀리는 천성이 몹시 활동적인 아이로 자신의 발랄한 생각과 월드플레이에 홀딱 빠져 있었다. 어린 시절 어느 날 그는 집 근처 땅 사이에서 작은 샘물이 퐁퐁 솟아오르는 것을 발견했다. 이 '항아리 힘' 가장자리에 하틀리는 마음속으로 사람이 사는 세계를 만들었다. 그러다가 여덟 살이 되었을 때, 항아리 힘은 더는 마음속에만 머무르지 않고 밖으로 뛰쳐나와 '에죽스리아Ejuxria'라는 섬 대륙이 되었다.

더웬트의 회상에 따르면 하틀리는 오랫동안 그 섬에 수많은 나라들을 정성 들여 세웠는데, "각 나라는 저마다 독립된 역사와 시민, 교회 조직, 문학, 종교와 정부 형태를 갖추었고 고유한 국가의 특성을 지녔다." 동생 더웬트는 하틀리의 막역한 친구로서 종종 에죽스리아 해안에서 온 최신 전보를 읽고 '즐거워하곤' 했다. 실제로 그 가상 세계는 '자유롭고 시적인' 것만큼이나 정말로 '실제'처럼 보였다. 후에 하틀리 자신은 "나는 굉장한 이야기꾼이었다. (…) 나는 내가 듣거나 읽은 내용을 나 자신의 이야기로 재탄생시켰다"라고 회상했다. 그의 평가에 따르면 가상 놀이란 일종의 모방 예술이긴 하지만 '굉장히 상세한 묘사'와 독창성으로 아름답게 꾸며진 것이었다.

볼프강 아마데우스 모차르트와 그의 누이 내널이 어릴 때 만든 어린이들의 왕국을 제외하면, 토머스의 '알레스톤'과 하틀리의 '에죽스리아'가 아동기에 만든 세계로서는 기록에 남아 있는 최초의 것들이다. 그리고 그 후 일이백 년 동안은 월드플레이에 대한 언급이 공개적으로 활발하게 이루어졌다.

의심할 여지도 없이 그중 가장 유명한 것은 샬럿, 브란웰, 에밀리, 앤 등 브론테 사남매가 만든 '글래스타운 Glass Town'이다. 하지만 알려졌건 알려지지 않았건 자신이 만든 세계에서 놀았던 또 다른 작가들이 있었다. 영국의 유명 소설가 앤서니 트롤로페 Anthony Trollope (1815~1882)는 어릴 때 '공중 성'을 만드느라 많은 시간을 보냈고 그보다는 덜 유명한 번역가 캐서린 Catherine과 수재너 윙크워스 Susanna Winkworth 자매는 쌍둥이 요정 왕국을 다스렸다. 한편 무명 화가이자 회고록 집필자인 우나 헌트 Una Hunt는 엄마의 바닥 깔개에서 가공의 세계를 만들어냈다.

문학과 상관없는 직업을 가진 사람들 역시 어릴 때 세계를 만들었다. 시각예술가가 되기 한참 전에 미국의 화가이자 예술 비평가 페어필드 포터 Fairfield Porter (1907~1975)는 '에드팔로바 Edfaloba'라는 섬나라 지도를 만들었다.(그림 1-1 참조) 유스티노프는 배우, 감독, 작가로 활동하기 전에 평화주의자의 나라인 '콘코르디아'의 구성에 대해 개략적인 계획을 세웠다. 지질학자 너새니얼 샬러 Nathaniel Shaler, 법률가 오스틴 태펀 라이트 Austin Tappan Wright (1883~1931), 신경과 전문의 올리버 색스 Oliver Sacks, 영국의 동물행동학자이자 화가인 데즈먼드 모리스 Desmond Morris (1928~) 역시 다들 어린 시절에 마음속 왕국을 건설했다.

[그림 1-1]

화성의 세계 에드팔로바. 페어필드 포터가 열한 살에 그린 지도. 포터 가족이 여름휴가를 보냈던 페놉스코트 만에 위치한 그레이트 스프루스 헤드 섬 지도 위에 겹쳐 그린 것이다.

이런 예들 가운데 단순한 놀이 이상인 경우도 더러 있다.《버드나무에 부는 바람 The Wind in the Willows》의 작가인 영국의 케네스 그레이엄 Kenneth Grahame〔1859~1932〕은 소년 시절에 가상의 '시티City'를 만들었다. 상류 사회 지식인이었던 모리스 베어링 Maurice Baring은 동생 휴고와 함께 '횡설수설 언어'를 만들었는데, 나중에 그것은 여러 나라와 읍 및 인물이 몇백 명 나오는 가상 대륙 '스팬카부 Spankaboo'에서 활짝 꽃을 피웠다. 무의식 분야의 선구적 심리학자인 융 C. J. Jung은 자신을 중세 성의 지배자라고 상상했다. 그 성에는 '상상할 수 없는 어떤 것'을 지하 토굴의 실험실로 안내하는 불가사의한 곧은 뿌리가 있었다. 물리학자 데이비드 리 David Lee는 가상 철도를 만들었다. 모차르트 남매는 비밀의 언어를 공유하면서 서로를 '왕'과 '여왕'이라고 불렀다.

한편 세월과 망각을 이겨내고 좀 더 많은 정보를 남긴 예들도 있다. 엘리자베스 포스터-니체 Elizabeth Forster-Nietzsche에 따르면 그녀와 오빠 프리드리히 니체는 가상 세계를 만들었다고 한다. "도자기로 만든 조그마한 사람들과 동물들, 납으로 만든 병정들, 키가 4센티미터쯤 되는 작은 자기 다람쥐"를 위한 세계였다. 어린 프리드리히 니체는 '다람쥐 왕'을 대신해 시와 희곡을 쓰고 음악을 작곡했으며 그 조그마한 군주를 위해 미술관까지 만들었다. 누이동생의 회상에 따르면, 그가 그린 그림들은 왕족에게 어울리는 것이었으며 '아름다운 고전주의 양식으로' 지은 장난감 벽돌 건물에 안치되었다.

그런데 월드플레이의 실제 자료가 남아 있는 경우도 있다. 흔히 나중에 성공한 후 그것이 중요해질 경우에 대비해 증거를 보존하려고 애썼기 때문이다. 벤자민 멀킨의 알레스톤 지도와 역사가 재발행된 것처

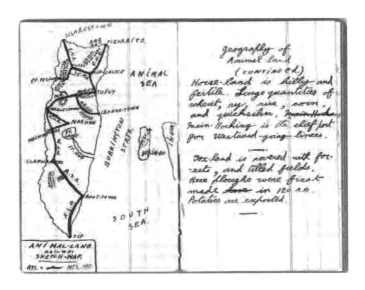

[그림 1-2]
C. S. 루이스가 어릴 때 그린 애니멀랜드. 지도 오른쪽에 인디아가 살짝 보인다.

럼 헬렌 폴렛Helen Follett은 문학 영재인 딸 바버라가 남긴 시와 이야기들의 카탈로그를 만들었다. 바버라가 만든 가상의 '파크솔리아Farksolia'는 그녀가 열세 살 때 쓴 첫 소설을 구상하는 바탕이 되었다.

물론 월드플레이 유물의 최대 보고寶庫는 두말 할 것도 없이 브론테 남매들 차지다. 그들이 손으로 꿰매 만든 수많은 작은 책들을 그들이 어린 시절에 남긴 방대한 원고와 함께 도서관 문서 보관소에서 조사할 수 있다. 영원한 베스트셀러《나니아 연대기Chronicles of Narnia》의 작가인 루이스가 손수 그리고 쓴 그림과 소설들의 원본 역시 도서관 문서 보관소에 가면 볼 수 있다.

낡은 옷장을 통해 도착한 '비밀의 나라'에서 벌어지는 **나니아**의 이야기들은 적지 않은 부분이 사실처럼 들리는데 이는 루이스가 어릴 때 가상 세계 만들기 실습을 수도 없이 한 덕분이다. 20세기 초반에 (잭스라고 알려진) C. S. 루이스와 그의 형 W. H. 혹은 와니는 가상의 땅에서 몇 시간이고 계속해서 놀았다. 세 살 위인 형 와니는 기차와 증기선의 세계를 만들어서 '인디아India'라고 불렀다. 잭스는 멋지게 차려입은 동물과 중세 기사들이 사는 세계를 만들어서 '애니멀랜드Animal-Land'라고 불렀다.(그림 1-2와 1-3 참조)

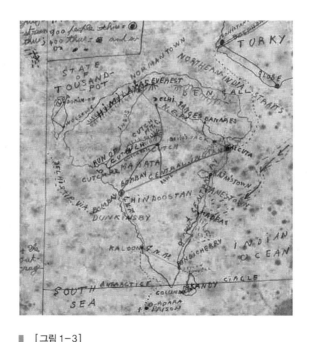

[그림 1-3]

C. S. 루이스가 어릴 때 그린 인디아. 그들 형제가 애니멀랜드와 인디아를 합쳐서 복슨을 만들 때 잭스는 두 가상 국가의 지리뿐 아니라 역사까지 통합하느라 많은 시간을 보냈다.

와니가 사립 초등학교에 입학하면서 집을 떠나자 잭스는 수많은 그림과 지도와 역사를 그리고 만들어내면서 두 개의 가상 세계를 '복슨Boxen'으로 통합했다. 그러면서 말쑥하게 차려입은 개구리 '빅 경Lord Big'(그림 1-4 참조)을 비롯해 점점 늘어나는 인물들과 연관된 이야기들을 한데 엮었다. 그가 십대 중반에 접어들면서 그 놀이는 흐지부지 사라졌지만 **복슨**은 여전히 우리 모두에게 살아 있다. C. S. 루이스가 그 안에서 자신의 직업을 예상할 수 있는 것을 많이 발견했기 때문이다. 그는 "애니멀랜드의 지도를 그리고 연대기를 작성하면서 나는 소설가가 되려고 스스로를 훈련시키고 있었다"라고 생각했다.

1920년대 후반에 과거 복슨 자료들을 정리하면서 루이스는 남아 있는 문서 자료들의 목록을 작성했고, 이것들을 자칭《복스니아나 백과사전 Encyclopedia Boxoniana》으로 편찬하면서 사건의 연대기를 확립했다. 그의 사후에 출판

[그림 1-4]
복슨의 통치자인 빅 경. 정장을 입은 개구리로 친근한 동물과 권위 있는 인물을 기상천외하게 뒤섞은 모습. C. S. 루이스가 어릴 때 그린 그림이다.

된 복슨의 지도, 이야기, 역사 들을 보면 그것들이 '나니아'를 창작하도록 준비시킨 경험이었다는 점을 확실히 알 수 있다. 아마도 복슨 놀이는 그의 형에게도 마찬가지 경험이었을 텐데, 그는 뛰어난 솜씨로 인기 있는 역사책을 저술했다.

다른 사람들도 어린 시절의 월드플레이에서 성인기 창작 활동의 기원을 찾았는데, 꼭 문학 분야에서만 그런 것은 아니었다. 일상적인 소재를 거대하게 복제한 조각 작품들로 유명한 미국의 시각예술가이자 조각가요, 팝아트의 대표적 작가인 클래스 올덴버그 Claes Oldenburg (1929~)가 언젠가 도발적으로 말한 적이 있다. "내가 하는 모든 작업은 완전히 독창적이다. 나는 그것을 꼬마일 때 만들었다." 실제로 그러했다. 1930년대, 일곱 살 때부터 몇 년 동안을 어린 클래스는 '뉴번 Neubern'이라는 가상 세계를 창조하는 데 온통 몰두해 있었다. 뉴번은 아프리카와 남미 사이의 광활한 바다 어딘가에 존재하는 눈에 띄지 않는 섬이었다.

수많은 스크랩북을 지도, 그림, 도표, 계획서, 시방서示方書들로 채우면서 올덴버그는 어린 나이에 자신을 상상력을 갖춘 창조자로 생각하는 법을 배웠다. 성숙한 예술가로서 그는 그 상상력을 발휘해 평범한 것이 기발한 것이 되도록 크기와 형태를 장난스럽게 조작하면서 일상적 소재들을 재인식한 작품을 만들었다. 그 작품들은 일종의 성인용 월드플레이가 되었는데 그의 말을 빌리면 "(나의) 판타지 규칙에 따른 평행 현실"인 예술이다.

과학교육을 받은 철학자이자 소설《솔라리스 Solaris》의 저자인 폴란드의 스타니스와프 렘 Stanislaw Lem (1921~2006) 역시 어린 시절의 월드플레이가 어른이 되어 쓴 작품의 밑바탕이 되었다고 믿었다. 열두 살 무렵 '무언가를 발명하려는 열정'에 사로잡혀 있던 어린 스타니스와프는 영구기관을 위한 시방서와 핸들로 모는 자전거의 설계도를 그렸다. 그는 또 여권과 정부 면허증도 제작했다. 교표에서 뜯어낸 은실로 종이를 꿰매 소책자를 만들고 그 표지에 잉크에 적신 동전으로 도장을 찍었다. 이 놀이에는 인물도, 플롯도, 장소도 없었다. 그럼에도 훗날 렘이 썼듯이 "무無에서부터 하나의 형태가 솟아나오기 시작했다. 믿을 수 없을 만큼 높은 '성'인 하나의 '건물'로, 거기에는 한 번도 명명된 적 없는 '미스터리 센터'가 있었다."

렘이 하던 창작 놀이와 성 놀이는 별개의 것이지만 그래도 그는 각각에서 상상력을 발휘한 창조 활동은 "놀이이기도 하고 창작 행위이기도 했으며… 또 그 자체 외에는 아무런 이유도 목표도 필요 없었다"고 믿었다. 하지만 어떤 결과들은 영원히 계속되었다. 그는, 텅 빈 여권에 대한 어린 시절의 애착이 20세기 후반의 반反소설, 특히 자신의 소설을 예측한 것이었다는 농담을 하기도 했다. 그의 '가상 기계들'도 과학에 기반한 미래학이 덧쓰인 양피지 비슷한 역할을 했는데, 그의 미래학은 특히 인간-기계 상호작용과 관련이 깊었다. 내용과 구상이라는 면에서 아동기의 가상 놀이는 그를 예술과 과학의 세계로 밀고 간 동인이 되었다.

루이스, 올덴버그, 렘이 어린 시절의 월드플레이에서 발견했던, 평생 계속되는 창조성과의 연관성은 내게 하나의 계시가 되었다. 많은 사람들이 성인기의 영감을 어린 시절의 경탄이나 표현의 기억에서 찾지만, 이는 아동의 창조 정신과 창작 능력의 직접적인 통로라는 점에서 그 이상의 것이었다. 게다가 똑같은 충동이 시인, 화가, 음악가, 역사가, 심리학자, 생물학자 등 다양한 분야에서 활동하는 사람들 사이에서도 드러나는 것처럼 보였다. 그러니까 아동기에 월드플레이에서 연마한 모든 행동은 한 사람에게 두 가지 분야 이상을 발달시킬 수 있는 보편적 가치를 지니고 있음에 틀림없다는 뜻이리라.

이러한 배경에서 딸이 하는 놀이의 목격자로서 내가 굉장한 기회를 가졌다는 걸 깨닫기 시작했다. 가상 세계 창조가 어떻게 상상력과 창조력을 발달시키는지 직접 관찰할 수 있는 기회가 될 것 같았다. 렘이나 루이스, 하틀리 콜리지나 바버라 폴렛에게서 알게 된 사실 덕분에 나는 내 딸이 하는 놀이의 두드러진 특징을 구별할 수 있었는지도 모른다. 마찬가지로 딸을 통해 알게 된 사실 덕분에 그동안 외면당하던 월드플레이에 대한 기록을 밝힐 수 있었는지도 모른다. 결국 어떤 부모나 그러하겠지만 나 역시 딸아이가 노는 동안 그 아이에게 질문할 수 있었다.

그래서 질문을 했다. 나는 딸이 카랜드를 세우는 데 관심을 기울였다. 나는 그 놀이에 동기를 부여하는 영감과 영향, 또 놀이의 내용과 환경을 예의 주시했다. 또 처음 싹을 틔우는 능력, 창조 과정, 직관, 발견 등도 놓치지 않으려고 애를 썼다. 한 아동의 생생한 경험을 관찰하면서 나는 많은 이들을 위해 그 유용성을 회복하는 방안을 강구하게 되었다.

"세상은 어떻게 시작되었나?"

수많은 모험을 하면서 우리는 이미 그것이 시작되었다는 것도 모른 채 모험에 들어선 자신을 발견한다. 카랜드의 기원을 돌아보면서 나는 딸의 가상 세계가 처음에는 언어 놀이 형태로 시작되었다는 사실을 깨달았다. 다른 많은 아이들과 마찬가지로 메러디스도 철자법이 몹시 짜증스럽다는 걸 알아차렸다. 그에 대한 일종의 반격이자 말과 글을 통한 의사소통을 합리화하려는 시도로 4학년짜리 아이는 암호와 알파벳, 소리의 발음 표기 등을 가지고 놀았다. 그 결과 알파벳과 철자법을 없앤 명사를 바탕으로 그림 언어가 탄생했다. 적어도 처음에는 그랬다.(그림 1-5 참조)

하지만 얼마 지나지 않아 메러디스는 자기가 만든 그림문자에 발음을 부여하고 그것을 자세히 기록했다.(그림 1-6 참조)

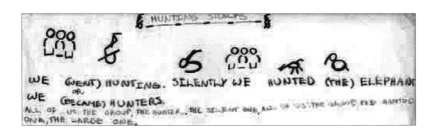

[그림 1-5]
영어 번역이 달린 최초의 카 이야기와 그림문자의 이름. 대략 메러디스가 여덟 살, 아홉 살 무렵이던 1991년경에 지었다. "우리 모두 : 단체. 사냥꾼. 조용한 것. 우리 모두 : 단체. 사냥한 것. 커다란 것." 구어체로 번역하면 "우리는 사냥하러 (갔다. 또는 우리는 사냥꾼이 (되었다)). 조용히 우리는 (그) 코끼리를 사냥했다."

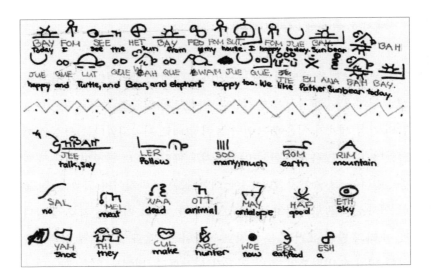

[그림 1-6]

카랜드 언어의 발음과 세 글자짜리 철자. 1992년경 메러디스가 아홉 살 때 만들었다. 그림 맨 위에 "Bay Fom See Het Bay(오늘 나는 태양을 본다)"라는 문장이 보인다.

각각의 입말은 세 글자로 표기되었다. 이 말은 어떤 단어도 음절이 하나나 둘 아니면 셋으로만 이루어졌다는 뜻이다(oob, obo, oao처럼). 내 딸은 그림문자, 입말, 세 글자짜리 철자라는 세 가지 간단한 언어적 사실 이상은 원하지 않았다. 놀이의 재미를 위해서는 규칙이 필요했다. 단, 그 정도로 간단한 것이어야 했다.

메러디스의 규칙 만들기에는 가상 세계를 창조한 다른 사람들과 공통되는 특징이 있었다. 어린 페어필드 포터와 그의 친구들은 "에드팔로바의 모든 것이 햇빛으로 작동되는" 척하고 놀았다. 영국 태생의 미국 시인 오든 W. H. Auden〔1907~1973〕은 광산과 황무지로 이루어진 '자기 혼자만의 신성한 세계'에 진짜 기계들만 갖추어놓으려고 애썼다. 그는 당시를 회고하면서 "제2의 (가상의) 세계도 제1의 세계만큼이나 법과 규칙을 갖춘 세계여야 한다. 이 법이 어때야 하는가는 자유롭게 결정할 수 있지만 아무튼 반드시 법은 있어야 한다"라고 썼다. 트롤로페는 내러티브의 규칙을 벗어나지 않고 통일성을 유지하는 한도 내에서 끊임없이 엉뚱한 공상을 펼쳤다. "불가능한 것은 어떤 것도 끌어들이지 않았다."

규칙 만들기를 하는 과정에서 저도 모르는 사이에 상황 논리라는 일종의 운 좋은 발견을 경험하는 수도 있었다. 예를 들면 가상 세계 창조를 유발하는 직접적 자극은 다양한 형태를 취했다. 하틀리 콜리지는 자연 속 특별한 장소에 마음이 동했고, 스타니스와프 렘은 손으로 만든 여권과 우표를 모으는 일에 푹 빠졌다. 메러디스의 경우는 가상의 누군가가 가상의 무언가에 대해 쓸 새로 만든 언어였다. 딸아이는 탁트인 대초원에 (나중에는 섬에) 살면서 사냥과 채집으로 식량을 구하고 모든 것을 손으로 만드는 원시 부족을 택했다. 이 사람들이 카랜드 백성이 되었다. 거의 동시에 딸은 자신이 가장 잘 아는 이야기들을 카랜드 언어와 풍경에 맞게 고쳐서 동화를 쓰기 시작했다.

예를 들어 딸은 거의 열 살이 되자 카랜드판 새끼 돼지 세 마리와 못된 늑대 한 마리를 우리에 넣었다. "오늘 생쥐와 새와 곰이 집을 짓기 시작한다. 생쥐는 옥수수로 집을 짓고 새는 나무로 집을 짓는다. 곰은 흙으로 집을 짓는다." 어떤 내용이 이어질지 짐작할 수 있을 것이다. 동화의 어떤 요소(주인공과 플롯)는 거의 그대로 복사하다시피 베꼈고 어떤 부분(배경과 성격 묘사)은 상당히 변형해서 모방하거나 바꾸어놓았다. 어린 C. S. 루이스처럼 메러디스도 혼자 힘으로 전개 과정을 고

처 썼다. 그 과정을 통해 이야기가 탄생하면서 기본적인 문학적 재능과 함께 서사적 상상력이 발전되었다.

사실 치환으로서의 모방은 내 딸의 월드플레이를 관통하는 변함없는 요소였다, 프리드리히 니체와 다람쥐왕의 미술관이나 클래스 올덴버그와 뉴번의 구체적 인공물들처럼. 1994년, 열한 살 6개월이던 딸이 카랜드 이야기를 2, 3년쯤 써오고 있던 무렵에 아이는 최초로 카랜드 그림을 그렸고 곧 다른 그림들이 그 뒤를 이었다.(그림 1-7참조)

이 그림들은 딸이 책에서 보았던 동굴 벽화나 이집트 벽화를 바탕으로 그려졌다. 따라서 모델로 삼았던 그림들과 마찬가지로 카랜드 그림도 대개 자연계를 묘사했고 또 그림 속 형태들도 오로지 한 각도에서만 보거나 보이게 그려졌다.

더 중요한 점은 거의 모든 그림에 카랜드 이야기를 설명하거나 예상하는 해설이 어느 정도 첨부되었다는 것이다. 본질적으로 내 딸은 카랜드라는 세계의 안팎을 다 바꾸어놓기 시작했다. 최초의 카랜드 그림은 영양, 물고기, 개구리, 새 같은 다양한 모습으로 나타나는, "모든 것을 만드는 사람"인 '모이 코브쿨Moi Covcul'을 묘사했다. 열네 살 무렵 메러디스는 〈세상은 어떻게 시작되었나?〉에서 그들의 활동을 완전히 기술했는데, 그것은 카랜드의 기원에 대한 이야기일 뿐만 아니라 가상세계의 기원에 대한 것이기도 했다.

옛날에 어떤 동물이나 될 수 있었던 한 사람만 빼고 아무것도 없던 시절이 있었다. 어느 날, 그 사람은 새로 변해서 머나먼 암흑 속으로 날아갔다. 새는 진흙 덩어리를 물고 돌아왔다. 진흙이 새의 부리에서 떨어

[그림 1-7]
최초의 카랜드 그림. 메러디스가 열한 살 때이던 1994년 5월 8일에 그렸다.

지더니 그 나라의 땅으로 바뀌었다. 얼마 후 그는 영양이 되어서 어둠 속으로 달리고 또 달려갔다가 씨앗 세 개를 물고 돌아왔다. 씨앗이 입에서 떨어지자 땅속으로 들어가 싹이 트더니 나무와 덤불과 풀이 되었다. 다음에 그 사람은 물고기로 변했다. 그는 멀리 어둠 속으로 헤엄쳐 들어갔다가 약간의 물을 가지고 돌아왔다. 그는 그 물을 사방에 뿌려서 수많은 강과 바다를 만들었다. 그는 이번에는 개구리가 되었다. 그는 어둠 속을 폴짝거리며 빠르게 뛰어다녔다. 그러더니 약간의 공기와 함께 지구로 돌아왔다. 그 공기가 그 땅을 완전히 감쌌다.

그 후로 몇 년 동안 메러디스는 더 많은 이야기를 쓰고 그림을 그렸다. 〈세상은 어떻게 시작되었나?〉와 관련된 내용들이었다. 멀킨의 알레스톤이나 루이스의 애니멀랜드가 그랬던 것처럼 카랜드도 상상력의 일관성을 바탕으로 발전했다. 게다가 10년 이상 계속된 이 오락은 그 자체로 건설적 노력이 되었다. 과제를 준비하고, 심사숙고해서 계획을 세우고, 통찰력을 발휘하고, 평가하고 공들여 다듬는 단계를 거치면서 놀이는 발전을 거듭했다. 창조 과정의 이론 모형에서 볼 수 있는 전형적 단계들이었다. 놀이꾼들은 종종 아이디어, 실행, 피드백, 재검토 과정을 왔다 갔다 하는 창조적 나선형 구조 같은 대체 도식을 제안한다. 그런데 이 모든 요소의 흔적이 내 딸의 초기작에서도 발견될 터였다.

메러디스는 스스로에게 자주 문제를 내는 걸로 월드플레이를 준비했다. 이를테면, 카랜드 사람들은 실제로 어떻게 그들의 이야기를 쓰게 되었을까? 내가 알기로 딸이 문제를 그와 같이 명확하게 말한 적은 한 번도 없었다. 하지만 먼 옛날의 전설, 문서, 책 등에 대한 정보와 아이디어를 수집하는 동안 언어와 문학의 기원에 대한 호기심이 딸아이 마음속 깊은 곳에서 부화하고 있었다(그 애는 특히 《비주얼 박물관》(원제 : Eyewitness Books 시리즈) 및 이런 주제들에 대한 사진이 잔뜩 실린 책들에 푹 빠져 있었다).

딸이 열두 살쯤 되자 구어와 문어가 발달하면서 간단한 쓰기 도구가 등장하고 이는 서사물에 중요한 경제와 합쳐졌다. 물론 전부 상상 속에서 이루어진 것이었다. 그 같은 통찰의 힘을 바탕으로 딸은 행동을 취했으니, "시간을 폭발이라고 부르면서 (…) 시간"의 역사를 정교하게 써내려갔다. 그곳에서 "사람은 시장에서 이야기를 위해 멋진 담요나 항아리를 사거나 책을 위해 더 많은 것을 살 수 있다." 피드백과 재검토와 평가의 잠복기가 지난 2년 후, 딸은 기운을 내어 카랜드 전문

저술가의 집필 책상을 그림으로 그리고 상술함으로써 최초로 통찰한 바를 정교하게 다듬었다.

메러디스의 월드플레이는 창조적 사고의 잘 알려진 또 다른 요소, 즉 서로 다른 두 가지 이상의 것들의 비교와 통합으로 가득 차 있었다. 영국의 수학자이자 시인 제이콥 브로노브스키 Jacob Bronowski(1908~ 1974)의 유명한 말처럼 과학과 예술의 발견은 "숨겨진 유사성의 탐험, 아니 폭발"이라고 하는 것이 옳을 것이다. 이 말은 월드플레이에서 얻은 통찰에도 들어맞는다. 가상 세계에서의 놀이에 관한 기록은 어릴 때 은유를 만들고 유추했다는 증거를 보여준다. C. S. 루이스는 다른 아이들과 마찬가지로 복슨의 통치자인 빅 경 속에서 동물과 인간을 결합했다. 우나 헌트는 엄마의 바다 깔개에 있는 대담한 디자인을 나무와 강, 바다와 합쳤다. 스타니스와프 렘은 못 쓰게 된 트랜지스터 관과 실패를 섞어서 존재하기 어려운 기계를 만들어냈다.

메러디스의 경우는 단어와 이미지의 결합을 통해 개인적 발견이 드러났다. 시각적 도상학이 서사적 신화와 비슷하며 이 사실이 가상 세계관의 토대와 유사하다는 깨달음이었다. 아마 무의식적이었겠지만 그래도 확실하게 딸아이는 예술과 지식의 통합을 이루어냈고, 그것들은 결국 철두철미하게 카가 되었다.

모방하고 전환하고 혼합하고 준비하고 구체화하고 정교화하는 작업들이 결합된 과정은 창조적 차원을 하나 더 갖는다. 그 과정들 또한 개인적으로 지식을 구축하는 일이었다. 열두 살 때부터 메러디스는 현실 세계에서 흥미를 불러일으키는 거의 모든 것을 카의 세계로 번역하느라 분주했다. 카랜드 사람들을 그리려고 딸은 그들만의 고유한 복장을 디자인해야 했다. 그 일이 마무리되자 옷과 머리 및 여러 장식품들을 계획하고 분류하는 일에 나섰다. 그러다가 카의 주택 건설, 음식으로 옮겨가더니 다시 살림, 휴일, 정치로 관심을 돌려서 자신이 좋아하는 그림책 《비주얼 박물관》을 본떠 그림이 들어간 글을 영어로 쓰는 일에 몰두했다.

이들 기록물은 루이스가 간직한 복슨의 자료들, 도표와 그림으로 가득 찬 클래스 올덴버그의 공책들, 스타니스와프 렘이 실물처럼 모방해서 만든 가짜 기계들과 많은 유사점이 있었다. 메러디스 덕분에 비로소 나는 이런 것들의 배후에 놓인 창작 과정을 깨달을 수 있게 되었다. 또 월드플레이는 가상 놀이를 통해 아동이 자기 나름대로 인간의 문화를, 말하자면 문학, 예술, 사회과학, 수학, 과학 등을 이해하고 배우는 방식이라는 것도 알게 되었다.

내 딸의 가상 세계 창조는 다양한 측면에서 딸아이가 학교에서 배운 내용과 직접 연결되어 있었다. 그리 놀라운 일은 아니었다. 벤자민 히스 멀킨의 셋째 아들로 작가이자 등산가, 크리켓 선수였던 토머스 멀킨Arthur Thomas Malkin(1803~1888)은 가상 언어를 만드는 데 자신이 배운 라틴어를 이용했고, 바버라 폴렛은 파크솔리아 이야기를 쓰려고 학교에서 배운 문학작품에서 어휘와 플롯을 제멋대로 가져다 썼다.

메러디스의 경우 이따금 외부 영향이 미친 결과가 놀랍게 나타났다. 예를 들어 딸의 4학년 때 선생님이 구구단을 외우라고 하자 딸은 카 산수를 만들기 시작했고 결국 그것은 곱하기, 나누기와 계산 결과를 기록하는 대체 수단이 되었다. 딸은 자유 선택으로 자기 나름대로 기호 체계를 만들기 위해서 산수를 한층 깊이 이해하게 되었다.

가상 놀이를 하면서 메러디스는 언어학자, 시인, 시각예술가, 음악가, 인류학자, 역사가, 수학자 등 다양한 역할을 맡았다. 게다가 한꺼번에 여러 가지 역할을 해내는 것을 배웠고, 삶의 한 영역이 다른 영역에 미치는 파급효과도 알게 되었다.

처음부터 딸의 가상 세계 창조에는 무엇보다도 중요한 원칙이 하나 있었으니 모든 것이 실제처럼 보여야 한다는 것이었다. 월드플레이를 하는 많은 아동들이 그와 똑같은 생각을 가지고 있었다. 하틀리 콜리지는 동생에게 이치에 맞지 않는다는 말을 듣고 에죽스리아의 구성 요소를 다시 손질했다. 오든은 광산 기계로 이루어진 놀이 세계에서 "물리적으로 불가능한 것과 마술적 수단"을 용납하지 않았다. 스타니스와프 렘 역시 그의 '하이 캐슬'과 가짜 기계들을 '실제적 구체성에 대한 갈망'과 '정밀함에 대한 열정'을 가지고 만들었다.

메러디스의 경우 장난스럽기는 하나 일관성 있는 선택의 계보를 발견할 수 있었다. 처음에 딸은 카랜드에 금속이 없는 것으로 결정했다. 그 결과 딸이 일상생활 도구를 세세하게 갖추는 문제에 관심을 갖게 되자 비금속 소재로 만든 숟가락, 칼, 대접, 농기구를 상상해야 했다. 그러자 이번에는 나무나 돌, 진흙으로 만든 조리 도구가 카의 주방에 영향을 미쳤다.

그토록 조사하고 연구했건만 내 딸의 월드플레이에도 백일몽은 있었다. 주방과 관련된 실험을 조금 한 후에 딸은 모닥불과 최소한의 조리 도구만 갖춘 채 방 한 칸짜리 둥근 집에 사는 단순한 사람들에게는 꿀, 견과류, 맷돌에 간 옥수수 같은 주식이 적당하다고 결정했다. 그래놓고 한편으로는 훈제 연어 요리나 거위 요리가 시금치 푸딩, 으깬 솔

잎차와 어울린다고 생각했으니! 내 관점에서는 놀랍기는커녕 이것이 야말로 카의 매력이었다. '사실 같은 것'에 대한 욕구는 좀 더 다양한 방식으로 상상하도록 부추기는 자극제 역할을 했다.

다른 아동들과 마찬가지로 메러디스도 실제 세계의 이런저런 것들을 소박한 개념과 검증되지 않은 규범으로 잘도 한데 엮고 꿰맸다. 당연히 딸아이가 만든 모든 것은 독창적인 건 확실했지만 자신이 바란 만큼 현실적이지는 않았다. 마침내 자신도 이 사실을 깨달았다. 딸은 십대 초반부터 중반까지 카의 동식물상을 그리는 데 많은 시간을 보냈다.(그림 1-8 참조)

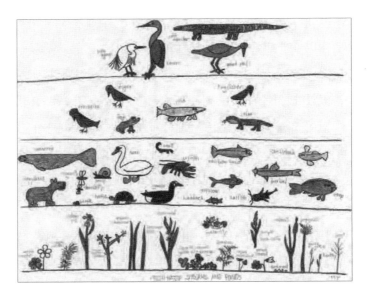

[그림 1-8]

카 생태계. 〈맑은 시냇물과 연못들〉. 1997년 메러디스가 열대여섯 살 때 그린 그림.

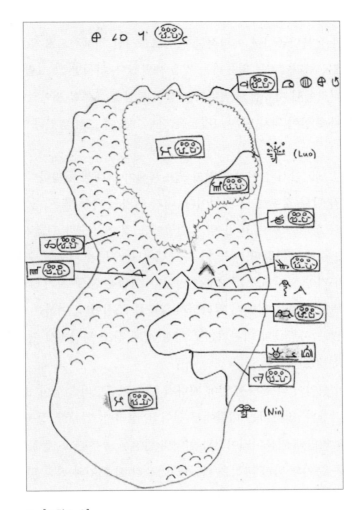

[그림 1-9]

'카롬의 그림'이라는 제목의 카 지도. 메러디스가 열아홉 살이던 2001년에 그린 그림. 중심부의 산들이 '어머니 산'을 둘러싸고 있으며 어머니 산에서부터 두 개의 강, 루오(공작)와 닌(고래)이 발원한다. 닌은 수도인 롬피즈 빌리지를 품고 있다. 각 지역 명칭은 그곳에 사는 사람들이 정한다. 물고기 인간, 늑대 인간, 매 인간, 영양 인간 등등.

4, 5년 뒤 대학에서 진화를 공부하게 된 딸은 그것들이 자신이 섬에 모았던 동물만큼이나 매력적일지는 모르지만 전체적으로 있음 직한 생태계를 나타내지는 않는다는 것을 깨달았다. 하지만 그 그림들은 가상의 나라에서 자유롭게 펼쳐지는 딸의 환상을 표현한 것이었다. 마침내 열아홉 살이 되자 딸은 그것들을 전부 지도에 그려 넣었다.(그림 1-9 참조)

　　만일 메러디스가 어린 시절의 월드플레이에 대해 설명한다면 그것은 내가 말한 것과는 다를 것이다. 내가 여기서 다룬 음운, 동화, 음식에 대한 설명은 딸이 10년 넘게 만들어온 것들을 수박 겉핥기식으로 말하는 것에 불과하다. 이는 니체, 올덴버그, 오든을 비롯한 수많은 사람들의 가상 놀이에도 해당하는 말이다. 그들은 모두 자기 놀이의 가장 내밀한 부분은 남에게 알려지지 않도록 조심했다. 여하튼 내 딸도 다른 많은 사람들과 마찬가지로 가상 세계 창조 경험에서 영향을 받은 게 분명했다.

　　딸이 성인이 되고 나서 얼마 지나지 않아 카랜드의 영향이 표면화되기 시작했다. 딸아이는 대학에서 언어학, 심리학, 인류학, 동물생물학 과정과 연합해 커뮤니케이션과 언어의 발전을 공부한 후, 동물학과 환경 보존 분야의 박사 과정을 밟았다. 아울러 시 쓰기와 판화 및 시각예술에도 이에 버금가는 관심을 쏟았다.

　　〈세상은 어떻게 시작되었나?〉에서 사춘기 딸은 '모든 것을 다 만든 사람'이 만들어진 자연을 재정비하고, 설명하고, 시장을 위해 한두 편의 시를 쓰려고 종종 우묵한 구덩이에 있는 자기 집에서 나올 것이라고 예견했다. 어른이 된 메러디스는 자신과 모이 코브쿨이 유사하다는

것을 깨닫고 그 가상 존재와 마찬가지로 '그토록 아름답고 멋진 세상을 만든 것을 변함없이 기뻐했다.'

공통점과 질문

창조성 연구의 베테랑 심리학자 해럴드 그리어 맥커디 Harold Grier McCurdy는 놀이를 기록한 자료에서 "아동들이 알고는 있지만 보통 속속들이 분명하게 말하지 않는 것들"을 발견할 수 있다고 믿었다. 딸의 가상 세계 창조 과정을 상세히 알고 있었던 덕분에, 또 월드플레이를 하는 많은 아동들의 증언에 힘입어 나는 그들을 대신해서 가상 세계 창조에 관해 잠정적인 특징을 명확하게 말할 수 있었다.

월드플레이는 **혼자** 놀거나 **절친한 사이에서만 공유하는** 놀이처럼 보였다. 오랫동안 나의 거의 모든 친척들은 카랜드에 대해 무언가를 들었거나 보았지만 정작 그 놀이에 푹 빠져 지낸 사람은 메러디스 하나뿐이었다. 토머스 멀킨, 하틀리 콜리지, 바버라 폴렛, 스타니스와프 렘 역시 혼자 놀았다. 프리드리히 니체는 다람쥐왕의 가상 세계에서 여동생과 함께 놀았고 C. S. 루이스는 복슨에서 남동생과 함께 놀았다.

월드플레이는 **건설적**인 것 같았다. 말하자면 가장 포괄적인 의미에서 무언가를 생겨나게 한다는 점에서 창조적인 것 같다. 하틀리는 들어줄 수 있는 모든 사람에게 에죽스리아에 대한 꿈을 큰 소리로 외쳤다. 그는 그 이야기들 가운데 일부를 가족과 친구들에게 기나긴 편지로 썼다. 토머스는 메러디스와 니체가 그랬듯이 역사와 이야기, 음악을 창작했다. 어린 시절에 스타니스와프는 장난감 여권을 만들었고 클래스 올덴버그는 잡다한 부품으로 가상 비행기를 조립했다. 토머스, 바버라, 메러디스 및 어린 모리스 베어링은 가상 언어와 사전을 만들었다.

월드플레이는 현실 세계에서 얻은 지식을 그럴듯하게 변환하는 등 **모방적**인 것처럼 보였다. 토머스는 알레스톤 지도에서 지리적 패턴과 실제 지도 제작법의 세부 사항을 모방했다. 메러디스는 동화의 플롯과 구성을 빌려왔다. 니체는 순회 전시에서 보았던 예술 작품들을 그림의 비례에 유의하며 다람쥐왕의 미술관에 변형해놓았다. 스타니스와프는 그가 제작한 가짜 기계들에 정확한 치수와 진실성을 부여했다.

월드플레이는 수집 중인 세부 사항을 수반하며 **복잡하고 누적적**인 것처럼 보였다. 하틀리가 에죽스리아의 언어, 법률, 정부, 정치적 발언을 정교하게 만든 것과 마찬가지로, 토머스는 알레스톤 사람들의 역사와 제도를 정교하게 만들었다. 클래스는 뉴번의 일상적인 물질문화에 대한 그림과 계획으로 공책들을 가득 채웠다. 메러디스의 경우 카 문화의 무수한 특징을 목록으로 작성하다 보니 상당 부분 그림이 들어간 백과사전이 탄생했다.

월드플레이는 **종합적**이고 **통합적**인 것 같았다. 이치에 맞게 가상 세계를 정교하게 지어내려고 애쓴 결과 역사와 개론, 사전과 목록들이 탄생한다. 자신들이 배운 많은 것을 놀이에 끌어들이는 과정에서 토머스, 하틀리, 와니와 잭스, 스타니스와프, 클래스, 메러디스 모두 발달하는 놀라움과 상상의 힘, 문제를 해결하고 창조하는 능력에 의지했다.

마지막으로 월드플레이는 평생 잊히지 않는 **중요한 경험**인 것 같다. 그것은 놀이를 하는 어린이뿐 아니라 그 놀이를 추억하는 어른들의 감성도 건드린다. C. S. 루이스와 스타니스와프 렘의 회고록을 보면, 어릴 때 가상 세계에서 발견한 후로 평생 갔던 의미에 관한 내용을 이야기할 때 점점 더 열정적이고 감상적으로 변하는 걸 알 수 있다. 부모나 형제자매로서 월드플레이를 관찰하거나 때로는 동참했던 경험 또한 그 영향이 오래오래 갔다. 벤자민 멀킨, 더웬트 콜리지, 엘리자베스 포스터 니체 모두, 가정에서 이루어진 가상 세계의 재미와 경이로움에 깊은 즐거움을 표현했다. 나 역시 그랬다.

10여 명 아동들의 경험에서 잠정적으로 끌어낸 이 같은 월드플레이의 대략적인 공통점이 내 연구의 단초를 제공했다. 그것이 시사하는 바는, 저마다 노는 모습은 다를지라도 결국 월드플레이는 반복적 구조와 역할을 지닌 현상이라는 점이다. 하나의 사례를 특징짓는 어떤 요인들은 다른 많은 사례들의 특징이 될 수도 있다.

그렇다면 얼마나 많은 경우 그럴까? 으레 간과되기 일쑤지만 사실 월드플레이는 우리가 생각하는 것보다 더 흔히 행해지는 놀이가 아닐까? 그것은 일반적이거나 특별한 방식으로 상상력을 발전시키는가? 그것은 다른 환경에서라면 잠자고 있을지도 모르는 잠재적 창조성을 키우는가? 그 잠재력은 놀이 특유의 것인가, 아니면 조금 일반적인 종류인가?

이런 의문들을 조사하다 보니 자연히 로버트 실비Robert Silvey에 이르렀다. 실비는 최초로 자신의 어린 시절 놀이를 그 유명한 브론테 남매들의 놀이와 비교한 사람이자, 최초로 연구를 위해 상당수 익명 남녀들 사례를 수집한 사람이었다. 만일 그의 노력이 없었다면 그들의 가상 세계는 영원히 묻혀 있었을 것이다.

파라코즘을 찾아서
사람들은 어떻게 어린 시절의
가상 세계를 발견했을까

> 나는, 무심코 지나치는 사람 눈에는 아무것도 보이지 않던 경이로운
> 세계가 끈기 있는 관찰자에게는 제 모습을 드러낸다는 사실을 깨달았다.
> ─ 카를 폰 프리슈Karl von Frisch, 동물행동학자

가상의 문제들

기차에서 한 남자가 계속 먼 곳을 응시한 채 옆에 놓인 서류 가방에
든 문서를 멍하니 만지작거리고 있는 모습을 상상해보라. 1970년대
어느 날, 최근 은퇴한 BBC 방송국의 시청자 조사 팀장 로버트 실비는
정신과 마음을 사로잡는 기발한 작업에 착수했다. 아직 만난 적도 없
는 사람과 정중하게 편지를 주고받은 후, 그는 겨드랑이에 중요한 국
가 서류를 낀 채 두 가상 국가의 정상회담을 향해 빠른 속도로 가고 있
는 중이었다.

그 서류들 가운데 머나먼 대서양 망망대해에 위치한 커다란 가상 대
륙의 지도가 있었다.(그림 2-1 참조)

실비가 그 지도를 그린 후로 60년이 흘렀다. 지도책과 역서曆書에 푹 빠져 있던 소년 시절에 '신新헨티아국The New Hentian States'이라고 명명한 평행 세계Parallel World를 위해 그는 정부 예산과 재무 도표, 각료 명단을 작성했다.

이 가상 놀이에는 커다란 즐거움과 무無에서 체제를 창출한다는 도취감이 있었다. 비록 상상의 산물이긴 하지만 신헨티아국을 위해 만든 역사, 헌법, 일간신문 등은 사실적이고 진실했다. 실비는 모형 기차를, 그를 목적지에 데려다주는 실제 기차나 마찬가지로 진짜라고 믿었다.

우리가 상상한 열차가 정거장으로 들어올 때, 실비가 얼마나 서둘러서 플랫폼으로 내려가고 구식 중산모를 자랑스럽게 쓴 신사는 악수를 하려고 얼마나 간절하게 앞으로 나서는지 그 모습을 그려보라. 히스 로빈슨Heath Robinson (1872~1944)의 아들이요, 풍자시와 아무렇게나 만든 기구로 유명한 삽화가인 미스터 '중산모'는 장난기를 타고난 사람이었다. 어릴 때 자신의 가상 세계를 창조했던 까닭에 실제로 그는 실비가 개최한 이 가상 국가들의 'UN' 회담의 가상 대사 역할에 딱 맞았다.

[그림 2-1]
로버트 실비가 그린 신헨티아국 지도.

실비는 재미는 제쳐놓고 진지한 목적으로 임했다. 누군가 어디에서 가상 국가나 파라코즘을 만들었다는 소리만 들으면 먼 길도 마다하지 않고 달려갔다. 파라코즘은 그의 요구에 따라 만들어진 신조어로 '평행 세계'를 의미한다. 실제로 그는 한동안 아동기의 가상 세계 창조를 체계적으로 연구하는 일에 착수하겠다는 희망을 품었다. 그의 목표는 소박했다. 파라코즘 국가들의 방향과 다양한 형태 및 그것이 사람들의 삶에 미치는 영향을 알고 싶다는 것이었다. 그는 가상 세계 창조가 가상 놀이의 보기 드문 형태가 아닐까, 라고 생각했다. 또 그것이 외로운 아동들, 특히 남자아이들의 마음을 가장 혹하게 한다고 믿었다. 아울러 월드플레이가 '지식 습득보다는 호기심 자극'이라는 측면에서 교육적 가치를 지니고 있다고도 생각했다.

실비의 선구적 연구는 필시 이 단순한 예측을 뛰어넘을 터였다. 싫든 좋든 그의 파라코즘 연구는 가상 놀이와 창조성, 창조성과 천재성, 천재성과 광기의 얽히고설킨 관계를 다루지 않을 수 없었다. 또 아동에게 장차 예술 분야로 진출하는 데 필요한 창조성이 있는지 여부를 가상 놀이를 통해 예측할 수 있다는 종래의 가설에도 반영되었다.

실비가 이 모든 문제를 예견했거나 그것을 자신의 경험에 연관시켰는지는 확실하지 않다. 하지만 모든 판도라의 상자가 열린 것만큼은 분명하다. 1977년, 그는 영국 신문 여러 곳에 대중의 호기심을 끄는 질문을 던지는 것으로 자신의 상자를 열었다. "존경하는 독자 여러분, 여러분은 한 번이라도 가상 세계를 창조한 적이 있나요?"

파라코즘을 부르는 이 기묘한 질문에 금세 50명도 넘는 사람들이 응답했다. 우리는 실비의 기쁨뿐 아니라 그의 용의주도함에도 관심을 쏟을 수 있다. BBC에서의 오랜 근무 경험을 통해 그는 자신에게 연락한 사람들이 반드시 일반인들을 대표하지는 않는다는 것을 깨달았다. 그들은 열광해서 자원한 그룹으로, 라디오 쇼 프로그램이 받는 청취자 사연이 담긴 '우편 행낭'과 똑같은 가치를 지니고 있었다. 그들은 일반 대중의 경험 일부를 반영하기도 했지만 그것이 어떤 부분인지, 또 어느 정도 비율인지는 알려지지 않았다. 그럼에도 이것은 아동기 가상 세계 창조의 일반적 특징을 규정하는 데 이용될 자료를 모을 수 있는 전례 없는 기회가 되었다. 결국 1979년, 그는 은퇴한 심리학자 스티븐 맥키스Stephen MacKeith에게 앞으로의 연구 계획을 수립하는 데 동참해달라고 요청했다.

우선, 두 사람은 파라코즘 놀이를 아동기의 다른 가상 놀이와 구분하는 기준을 세우는 일에 착수했다. 이를테면 장난감 놀이, 동화책에 나오는 인물 역할 놀이, 셰헤라자데Scheherazade 유의 잠자리 동화와 구분하려는 것이었다.

그들은 하루가 지나면 사라져버리는 가상 놀이와 구별하기 위해서 아동이 자신이 창조한 세계와 '상당히 오랜 시간' 이상을 끈질기게, 또 반복적으로 놀 것을 요구했다.

또 아동이, 자신이 만든 가상 세계가 시시때때로 변하지 않도록 그것을 '체계화'함으로써 일관성을 중요시해야 한다는 점도 요구했다.

그리고 아동이 그 놀이를 높이 평가할 것을 요구했다. 의식적이든 무의식적이든 파라코즘은 정서적·지적 요구를 만족시켜야 했고 '중요한 것'이어야 했다.

이러한 기준의 많은 부분이 실비 자신의 신헨티아국 놀이에서 비롯된 것들이었다. 하지만 그의 경험을 특징짓는 다른 요소들은 포함되지 않았다. 예를 들면 월드플레이가 혼자 하는 놀이여야 한다고 주장하지 않았다. 또 지도나 내각 명단, 역사가 반드시 포함되어야 한다, 교육적 가치가 있어야 한다, 실제적이거나 최소한 실제처럼 보여야 한다고 고집하지도 않았다. 실비가 한 놀이의 어떤 사항들은 널리 알려진 형태의 월드플레이에서 요상하게 벗어난 변형일 가능성이 늘 존재했다. 실제로 그는 그 놀이가 겉보기에만 가지각색이라는 사실을 깨달을 만큼 자신의 것 외에도 이미 충분히 많은 가상 세계를 알고 있었다.

그 가운데 단연 군계일학처럼 돋보이는 사례가 있었다. 교양 있는 영국인들이 그렇듯 실비도 브론테 자매들의 가상 세계에 대해 아주 잘 알고 있었다. 생각이 많은 남자 주인공과 정열적인 여자 주인공이 등장하는, 전통에서 벗어난 이들 자매의 소설들이 19세기 중반 문학계에 혜성처럼 등장했다. 작가로서의 불후의 명성 덕분에 샬럿, 에밀리, 앤세 자매가 남자 형제인 브란웰과 함께 만들어서 놀았던 가상 세계는 끊임없이 사람들의 관심을 끌어왔다. 1857년 샬럿이 사망하고 나서 2년 뒤에 출판된《샬럿 브론테의 생애Life of Charlotte Brontë》에서 저자 가스켈Gaskell 여사는 사남매가 했던 가상 놀이의 '창조력'에 깜짝 놀랐다고 고백했다. 90년쯤 후에 파니 래치포드Fannie Ratchford는 이들 남매의 상상 놀이가 그들 자매가 보여준 천재성의 온상이었다고 주장했다.

공정성 여부를 떠나, 실비는 다른 모든 아동기의 월드플레이에 대한 평가가 브론테 남매의 원형과 비교되리라는 것을 깨달았다.

글래스타운, 앙그리아, 그리고 곤달

다음은 대부분의 전기작가들이 동의하는 사실이다. 1826년, 샬럿이 열 살, 브란웰이 아홉 살, 에밀리가 여덟 살, 앤이 여섯 살일 때 브란웰은 아버지에게 나무 병사 열두 개로 구성된 장난감 인형 세트를 받았다. 아버지는 영국 웨스트요크셔 지방 황무지에 있는 하워스 마을의 종신목사였다.

그 장난감 병사들을 보자마자 아이들은 즉시 '청년들' 또는 '12인조'라고 부르는 일련의 가상 인물들을 만들어냈다. 3년 후 샬럿은 일기에서 그 순간을 이렇게 회상했다.

아빠가 집에 돌아오신 게 밤이어서 우린 이미 잠자리에 들었다. 다음 날 아침 브란웰이 장난감 상자를 들고 우리 방문을 두드렸을 때 에밀리와 나는 침대에서 벌떡 일어났고 나는 장난감 병사를 하나 낚아채며 "이건 웰링턴 공작이고 앞으로 이건 내 거야!"라고 소리를 질렀다. 내가 이렇게 말하자 에밀리도 하나를 집으면서 자기 것이라고 했고 앤도 우리 방에 왔을 때 그렇게 했다. 브란웰은 나폴레옹을 선택했다.

그 12인조 장난감이 브론테 남매에게 가상 놀이를 하도록 자극한 최초의 장난감은 아니었다. 또 '청년들'의 모험이 그들의 관심을 끌었던 유일한 가상 놀이도 아니었다. 열세 살 때 브란웰은 나무 병사 장난감을 세 세트나 가지고 있었는데 '터키 음악가들' 가운데 두 개와 '인디언들' 가운데 하나는 그들 남매가 6년 넘게 가지고 논 끝에 '망가지고 부서져서 못 쓰게 되었다.' 샬럿은 이솝 우화를 바탕으로 만든 놀이인 '우리 친구들'과 따분하던 순간에 제각기 영국의 섬과 '족장'을 하나씩 골라서 만든 '섬사람들'에 대해 기록을 남겼다. 그녀와 에밀리는 자기 전에 잠자리 동화도 같이 만들었다.

시간이 흐르면서 아이들은 잠자리 동화나 '친구들' 놀이는 그만두었고 대신 '청년들'과 '섬사람들'의 내용을 아울러서 하나의 놀이로 합쳤다. 이들 사남매는 손에 장난감 병사를 들고 목사관 안팎을 휘젓고 다니면서 12인조를 위해 전투를 벌이고, 왕국을 찾아 바다를 항해하는 놀이를 하며 많은 시간을 보냈다. 결국 12인조는 아프리카에 도착했고 사남매는 그곳에서 병사들이 다스리는 국가 연합체를 망라하는 가상의 '위대한 글래스타운'을 생각해냈다. 그들은 병사들을 위해 요크셔 사투리에 의거한 특별 언어를 만들었다. 또 그들 자신을 위해 '제니'라는 수호신 역할을 만들었는데 이 커다란 수호신은 상황이 허락할 경우 죽은 것도 다시 살려내고 마치 신과도 같은 여러 위업을 수행했다.

십대에 접어들어서도 비록 형태는 수정되었지만 글래스타운 놀이는 계속되었다. 남매가 가로세로 3×5cm 크기의 손으로 만든 작은 책에 '청년들'의 모험을 기록하기 시작했을 때 샬럿은 열세 살, 브란웰은 열두 살이었다.(그림 2-2 참조)

그들은 아버지 서재에 있는 책들과 근처 읍내에서 구입한 신문, 잡지 들에서 소재를 얻어 장난감 크기의 '청년 잡지'에 지도, 역사, 이야기, 시 등에 관해 아는 것들을 쓰고 사설을 모방해서 쓰기 시작했다. 그들은 그 작업을 하면서 많은 시간을 보냈는데, 언젠가 샬럿이 글래스타운 이야기로 작은 책을 채우는 데 이틀에 걸쳐 꼬박 다섯 시간 반이

[그림 2-2]

샬럿 브론테가 열네 살 때 손으로 만든 책으로 《찰스 웰즐리 경이 쓴, 현대의 저명 인사들의 삶에서 일어난 재미있는 이야기》 '1장'이 펼쳐져 있다. 1830년 6월 샬럿이 쓴 것.

나 걸린 적도 있었다. 나중에 세어보니 이 책은 3,000개 단어로 이루어져 있었다고 한다.

장난감 병사들도 그림에 밀리고 말았다. 정식 미술교육뿐 아니라 독학을 통해서도, 브론테 남매는 책과 잡지의 삽화에서 베낀 낭만적 장면을 배경으로 정교하게 묘사한 남녀 주인공의 초상을 스케치하고 색칠하는 법을 익혔다. 사실 그림은 나중에 브란웰이 화가가 되고 싶다는 희망을 품게 될 정도로 브론테 남매의 월드플레이에서 매우 중요한 부분을 차지했다.

그들 남매가 공유한 가상 놀이가 내밀한 공상 속에서 드러나기 시작한 것도 아마 이 무렵이었던 것 같다. 브란웰 자신의 말에 따르면, 그는 사춘기에 '햇빛에 에워싸인' 아이디어에서 비롯된 '생기 넘치는 마음'을 지니고 있었다. 에밀리는 '심장의 실제 느낌'을 반영하는 '이상한 감정의 물결'을 경험했다고 고백했다. 학교로 돌아가 결국 교사라는 직업을 갖게 된 샬럿은 집을 떠난 채 몰두할 수 있는 시간이나 사생활이 거의 없을 것이라는 상상은 "감히 해본 적도 없었다." 따분한 일과에 시달리는 와중에 좋아하는 인물이 느닷없이 생생하게 떠오르곤 하는 바람에 그녀는 단조로운 환경에서 '완전히 벗어난' 것 같은 기분이었다. "생각이란 얼마나 귀중한 보물인지! 공상이란 얼마나 굉장한 특권인지! 나는 그 리얼리티는 절대로 볼 수 없는 창작의 꿈으로 나 자신을 위로할 수 있는 능력이 있다는 사실에 감사한다." 샬럿의 말이다.

그들 남매가 글래스타운에서 함께 놀며 지낸 시간은 대략 8년쯤 계속되었다. 후반의 4, 5년 동안 브론테 남매는 주로 사적이고 내밀한 공상에 다른 남매들과 함께한 미술, 문학 활동을 결합해서 가상 세계를 만드는 일에 몰두했다.

그러다가 샬럿이 열여덟, 브란웰이 열일곱 살이 되자, 둘은 '앙그리아Angria'라는 이름을 붙인 글래스타운의 파생물로 관심을 돌렸다. 한 연구자에 따르면, 그 후 6년 동안 그들은 인물 설정과 줄거리 전개의 주도권을 장악하려고 씨름하면서 "서로 상대를 능가하거나 상대의 허를 찌르려고 했다." 샬럿이 감정이 얽힌 이야기와 관련해 적어도 열두 권이나 되는 로맨스와 모험 이야기를 지어낸 대신 브란웰은 앙그리아의 역사, 지리, 정치에서 특별한 결과물을 얻어냈다.

한편 에밀리와 앤은 그들이 '곤달Gondal'이라고 부른, 또 다른 글래스타운의 부산물에 정성을 쏟았다. 곤달은 막강한 의지의 여왕이 다스리는 '독특한 사회'로 앙그리아보다 오래 존재했다.

흥미롭게도 샬럿과 브란웰이 앙그리아에 대해 쓴 것을 읽은 것으로 보이는 에밀리와 앤은 더욱 비밀스러웠다. 에밀리의 시에 곤달이 준 영감의 특징이 들어 있다고들 말하지만 그건 단지 흔적에 불과하다. 현대까지 남아서 연구 조사의 대상이 된 역사, 이야기, 시, 그림 들의 대부분은 글래스타운과 앙그리아에 속한 것들이다.

지니 그리고 '미친' 천재

1970년대 말, 실비는 브론테 남매의 '판타지 왕국'에 대한 언급을 도저히 피할 수가 없었다. 사실 그는 자신의 신헨티아국을 또 하나의 은밀한 곤달로, 자신을 곤달 국민으로 특징지었다. 그는 자신을 신동이었다거나 조숙했다고도 주장하지 않았다. 그보다는 놀이 자체에 의거해 자신을 브론테 남매와 동일시했다.

유감스럽게도 이러한 연관성에는 실비가 피하고 싶었을 게 분명한 케케묵은 생각이 담겨 있었다. 그가 월드플레이 연구를 시작할 때만 해도 지나치게 공상 세계에 열중하는 것을 대개 병적인 것으로 간주했는데 특히 아동 초기가 지나서도 계속될 경우에 더 그랬다. 예를 들어 1955년도의 실화를 편찬한 책에서 정신과 의사 로버트 린드너Robert Lindner는 환상에 빠져 지내는 어떤 환자에게 미친 치명적 영향이 '고독한 어린 시절'에 시작되었다고 회고했다. 성인 환자는 더는 무엇이 현실이고 무엇이 가상인지 구별하지 못했다. 훌륭한 의사조차 가상 놀이에 빠져들었다. 따라서 현실감각을 가지고 노는 것은 곧 '양날의 칼'을 휘두르는 것〔이익이 될 수도 있고 해가 될 수도 있다는 뜻〕이라는 게 린드너의 결론이었다.

몇 년 후, 미국의 작가 조안 그린버그Joanne Greenberg〔1932~〕는 Yr이라는 징벌적인 가상 세계에서 벗어나지 못한 자신의 정신분열적인 모습을 썼다. 상상력이 뛰어난 천재성의 이면은 광기처럼 보였다.

이런 정서를 반영해 브론테 연구자들은 사남매에게 드러난 정서불안 징후를 하나도 빼놓지 않고 열심히 추적했다. 만일 브론테 남매의 창조성이 그들의 월드플레이에서 꽃을 피웠다면, 대부분의 전기작가들이 추론하듯이 단란한 가정과 공상 속에 있는 그들의 특이한 은신처 역시 마찬가지였다.

한 20세기 연구자가 이 문제를 구체화한 후 또 다른 연구자들이 그 뒤를 이었다. 1949년 파니 래치포드는, 그들 남매의 '과도한 가상 놀이'는 그들의 창작 요구에 매우 적합한 것이었다고 좀 더 단순하게 주장했다. 비록 작가 직職에서 '가장 이상한 도제제도'이긴 했지만……. 몇 년 후, 마거릿 레인Margaret Lane은 브론테 남매의 공상에 빠진 삶이 창작의 불꽃을 피워올린 반면 현실 생활에 대한 적응 능력을 말살한 것도 사실이라고 설득력 있게 주장했다. 공상의 세계가 마치 마약이나 되는 듯이 갈망하면서 브론테 남매는 '평범한 생활을 심각하게 외면하거나 거부하는 삶'으로 들어섰다.

10년쯤 후, 학문적으로 인정받지 못하는 브란웰을 구조하려는 색다른 노력으로 대프니 듀 모리에Daphne Du Maurier〔최고의 이야기꾼으로 칭송받는 영국의 여성 작가(1907~1989)〕가 브론테의 광기의 불길에 부채질을 했다. 어쨌거나 브란웰은 사남매 가운데 유일하게 어릴 때의 기대에 미치지 못한 사람이었다. 브란웰이 아편과 알코올중독자라는 증거가 있음에도 그녀는, 그의 창작 활동을 방해한 비정상적 행동이 정신분열증이나 간질 때문이라고 추측했다. 특히 간질은 적어도 19세기에는 정신이상과 깊은 연관이 있는 것으로 보았다.

그리하여 실비가 브란웰, 샬럿, 에밀리, 앤 사남매를 전형적인 가상 세계 창조자로 언급하던 무렵에는, 브론테 남매가 현실보다 내면적 상상을 더 좋아했으며 종종 둘 사이를 거의 구별하지 못한 경우도 있었다는 것을 사실로 받아들이는 데까지 학문적 합의를 보았다.

어떤 광기가 창조성, 천재성과 상관이 있느냐는 오늘날까지도 끈질기게 학자들의 관심을 끌고 있는데 그 상관관계와 장단점에 대해서는 의견이 엇갈린다. 1955년, 심리학자 아놀드 루드비히Arnold Ludwig는 20세기 유명 인사 1,004명에 대한 대규모 연구 조사와 설득력 있는 통계 자료를 바탕으로 정신 질환과 창조적 성과 사이에 아무런 필요 충분 관계도 없으며 따라서 아무런 인과관계도 발견되지 않을 것이라고 주장했다. 예술계 종사자들이 과학자들보다는 가벼운 정신 장애 경험이 약간 더 있는 것 같긴 했으나 심각한 형태의 정신 질환은 그들의 작업에 유해하다는 사실이 드러났다.

현재, 학자들은 전 직업에 걸쳐 대체로 창조적 탁월성은 정신 건강과 상관이 있다는 데 잠정적으로 합의하고 있다. 물론, 특히 문학과 예술 분야에서 약간의 엉뚱함은 그 분야에 유용한 경험과 표현의 참신성을 촉진하는 데 많은 도움이 되기는 한다. 실제로 루드비히는 어느 정도 가벼운 심리적 불안은 모든 종류의 창작 활동 개시에 수반될 수도 있고 그 활동으로 경감될 수도 있다는 점을 시사했다. 그 같은 긴장이 문제 해결의 즐거움을 높이는 한, 창조적 사고 과정과 활동에 '중독'되는 결과를 낳을 수도 있다.

브란웰은 아니더라도 브론테 자매들의 경우는, 세상에서의 광기 어린 움츠러듦이라기보다 이러한 창작 활동에 대한 갈망으로 보는 게 옳을 듯하다. 물론 사남매 다 대부분의 다른 사회 활동보다 월드플레이를 더 좋아했던 것도 사실이다. 자매들은 학교로 보내지자 수척해졌고 브란웰은 정식 미술 공부로 방향을 바꿨다. 게다가 그들 모두 20대에 하워스 바깥에서 적당한 터전을 잡는 데 실패했다. 브란웰은 연달아 직장을 잃었고 에밀리는 집안의 가정부로 집에 틀어박혀서 지냈다. 샬럿과 앤은 학교 교사와 가정교사 자리를 얻었지만 엄격한 관리에 몹시 고통스러워했다. 샬럿은 일기장에 "바보 같은 환경, 일자리용 교과서, 얼간이 같은 사회, 이 모든 것들이 나에게 신성하고 고요한, 보이지 않는 생각의 나라를 떠올리게 한다"라고 적었다. 집이란 마음대로 앙그리아와 곤달의 세계로 들어갈 수 있는 자유를 의미했고 적어도 자매들에게는 그 세계에서 영감을 얻은 문학작품을 쓸 수 있다는 뜻이었다.

샬럿이 일기와 편지에서 분명히 밝혔듯이 그러한 결합은 사람을 도취시키는 것이었다. 그녀는 기회가 날 때마다 흥미진진한 공상의 세계를 불러오고 그것을 이야기로 기록하는 일에 몰두했다. 그녀는 어릴 때부터 자신이, 거리낌 없이 놀이로 흘러들어가는 '강력한 상상'에 홀려 있다고 생각했다. 또 글을 쓸 때면 자신이 "그 순간 내 마음속을 스쳐간 뮤즈의 램프에서 나온 강렬한 섬광"에서 영감을 얻었다는 것을 알아차렸다. 그녀는 남들보다 나이 많은 여학생으로서의 개인적 경험을 통해 천재성의 특징이 저절로 우러나는 생각과 상상력이라고 주장했다. 몇 년 후, 그녀는 정열적으로 분출하는 제인 에어를 옹호하기 위해 상상력이 저절로 흘러나오는 놀이를 다시 찾게 된다.

작가가 최고로 글을 잘 쓰는 경우나 적어도 매끄럽게 쓰는 경우를 보면 그들 내부에서 그들의 주인이 될 어떤 영향력이 깨어나는 것처럼 보인다. 그것은 자신의 명령 이외의 모든 명령을 도외시한 채 공들여 다듬은 케케묵은 아이디어를 거부하고 불현듯 새로운 아이디어를 창출하고 채택하면서 자기 자신의 길을 취할 것이다. 그렇지 않은가? 우리는 이 영향력에 대항하려고 해야 할까? 과연 그것에 대항할 수는 있을까?

'우리는 상상력의 영향에 대항해야 하는가?'라는 샬럿의 질문은 단순히 수사적인 것만은 아니었다. 공상에 빠지고 글을 쓰면서 강렬한 기쁨을 느끼면서도 그녀는 자신이 생각하는 월드플레이의 불길한 매력 때문에 몹시 괴로워하기도 했다. 그 자체로는 현실도피가 아니라 경험에 대한 신성모독이었기 때문이다.

거의 처음부터 그녀와 브란웰은 그들이 만든 가상 국가를 자신들의 '극악무도한 세계'라고 말했다. 브론테 집안의 공공연한 기독교적 도덕관과는 대조적으로 앙그리아는 폭력과 잔인함과 악덕이 판을 치는 곳이었다. 브란웰이 무자비한 두로 후작이 관련된 전쟁과 정치에 관한 속보를 쓴 반면, 샬럿은 사랑에 홀린 여인들과 두로가 벌이는 합법적 연애와 불륜을 탐색했다. 그녀가 스무 살이 되면서 새로이 교사로서의 경력을 쌓기 시작할 무렵 도덕적 갈등은 극에 달했다. 그 당시 그녀가 친구에게 보낸 편지 내용은 이렇다. "만일 네가 내 생각을 안다면, 내 마음을 홀리는 꿈과 이따금 나를 사로잡는 뜨거운 상상과 그것 때문에 내가 현재 사회를 몹시 무미건조한 곳으로 느낀다는 사실을 안다면, 너는 나를 불쌍히 여길 테고 감히 말하건대 나를 경멸할 거야."

당시 사회 분위기에 따라 샬럿이 추구해야 하는 방향이 어땠어야 하는지는 다음 해 샬럿이 영국의 전기 작가 겸 계관 시인 로버트 사우디Robert Southey(1774~1843)에게서 받은 편지에 적나라하게 드러나 있다. 샬럿은 사우디에게 작품을 보내면서 자신의 재능에 대한 의견을 부탁했다. 사우디의 반응은 양면적이었다. "문학은 여자들이 할 일이 될 수 없습니다. 또 그래서도 안 되고요." 그의 견해에 따르면 여자의 의무를 다하다 보면 작가로 성공하기 위해 노력할 시간이 남지 않는다는 것이었다. 또 여자는 한가한 시간에 정신을 고양하려고 시를 쓸 수는 있지만 그것이 출판이나 명성을 위한 것이어서는 안 된다고도 했다.

사우디는 어떤 여성 탄원자에게나 똑같이 말했을 것이다. 그런데 그는 또 특별히 샬럿에게 그녀의 왕성한 공상 활동을 줄이고 '몽상적 세계'의 심연에서 벗어날 것을 촉구했다.

> 당신이 습관적으로 빠지는 공상이 어지러운 마음 상태를 초래할 것 같습니다. 또 그에 비례해 모든 '평범한 세상의 용도'가 당신에게는 '단조롭고 무익한 것으로' 보일 테고요. 당신이 다른 어떤 것에도 적응되지 않으면 그것들에도 적응되지 않을 겁니다.

사우디에게는 걱정할 만한 이유가 있었다. 그는 오랫동안 이 책 Chapter 1에 잠깐 나왔던 하틀리 콜리지의 삼촌이자 대리부로 살았다.

하틀리는 총명한 아이로 공상에 잠기는 일이 잦았다. 하지만 성인이 되어서는 생계를 유지하느라 발버둥을 쳤고 시적 재능은 탕진해버렸다. 사우디는 고삐를 벗어난 상상력을 탓했다. 비록 샬럿은 이런 언외의 사정을 몰랐던 게 분명하지만 그래도 그의 충고를 가슴속에 새겨두었다. 자신의 종교와 가상 놀이 사이에서, 또 자신에게 주어진 역할과 창작 열망 사이에서 점점 커져가는 적대 관계를 느끼며 그녀는 미온적이나마 월드플레이를 포기하려는 시도를 여러 번 했고 적어도 한 번은 결연하기까지 했다.

그녀가 스물넷, 남동생이 스물두 살이 되면서 놀이 동무로서 둘의 관계가 서먹해지고 나서야 앙그리아는 완전히 해체되었다. 하지만 문학작품을 위해서 다행스럽게도 글쓰기는 멈추지 않았다. 여전히 창작 활동에 대한 '중독'에 사로잡힌 채 샬럿은 자신의 파라코즘에 대한 열띤 이야기에서 영국을 배경으로 한 이야기로 옮겨갔고 동생들도 마찬가지였다. 어릴 때는 누이들 못지않게 상상력이 풍부했던 브란웰은 이같은 예술적 전기를 맞이하지 못했다. 실제로 경제적 궁핍과 더불어 그의 재능도 파탄에 이르는 바람에 누이들은 자신의 작품을 팔겠다고 한층 군건히 다짐했다. 얼마 지나지 않아 자매들은 공동 시집을 출간했고 다시 1년 후인 1847년, 앤은 《아그네스 그레이Agnes Grey》를, 에밀리는 《폭풍의 언덕Wuthering Heights》을, 샬럿은 《제인 에어Jane Eyre》를 출간했다. 특히 《제인 에어》는 순식간에 대성공을 거두었다.

이들 처녀작은 다른 어떤 것도 해낼 수 없는 사실을 입증했다. 브론테 자매들이 온통 은밀한 공상에만 빠져 있지는 않았다는 사실이었다. 만일 광기를 현실 세계에서 효율적으로 기능하지 못하는 무능함이라고 정의한다면, 이들 자매는 동료와 자손들이 염려한 것처럼 미치지는 않았던 것이 확실했다. 사실상 그들은 강렬하고 내밀한 상상을 최고의 대중 예술로 변형시키는 수단을 가지고 있었다. 그들은 자신에게 필요한 것은 그 어느 쪽도 희생시키지 않은 채 상상한 것과 실제의 것을 구분했다.

보통의 가상 세계

실비는 자신을 어린 시절의 브론테 남매와 동일시하면서 광기란 천재성과 다름없다고 생각했다. 린드너의 환자나 조안 그린버그 같은 일부 아동들은 트라우마나 우울증, 또는 정신 질환을 치료하려고 가상 세계를 창조했을 수도 있다. 하지만 실비는 그보다 더 많은 사람들이 일상적인 경험을 풍요롭게 하려고 가상 세계를 창조했다는 사실을 본능적으로 알고 있었다. 이 같은 아동들에게 초점을 맞추기 위해 그와 그의 동료 맥키스는 파라코즘 놀이에 마지막 기준을 하나 더 추가했다. 그것은 일정 기간 이상 일관성 있게, 또 의미 있게 지속되어야 할 뿐 아니라 가상 놀이로 이해되어야 한다는 점이었다.

이런 식으로 두 연구자는 정신이상자, 즉 공상의 세계를 재미있게 지배하고 그것을 현실과 구분할 능력이 결여된 사람들은 좀처럼 조직화된 공상을 하지 않는다는 점을 심리학적 연구가 보여주리라 기대했다. 실비와 맥키스는 이러한 차이를 주장함으로써 '병리학'으로부터 정상적으로 발달하는 상상력에 의한 놀이를 되찾게 되었다.

이 무렵 실비는 때 아닌 죽음으로 더는 연구에 공헌할 수 없었다. 그럼에도 그는 상당한 성과를 이루었다. 설문 조사를 통해 가상 세계 창조자들 57명이 어린 시절의 파라코즘, 아동의 자아정체감, 또 그들이 자란 학교와 가정환경에 대해 풍부한 정보를 제공했다. 한편 동료를 잃고 나서도 맥키스는 포기하지 않고 처음에는 예비 분석, 이어서 공동 보고서를 써 내려갔다. 마침내 그는 놀이 전문가 데이비드 코헨David Cohen과 손잡고 실비가 처음 시작했던 작업을 그의 사후에 책의 형태로 완성했다.

실제로는 두 사람과 유령 하나가 쓴《상상력의 발달, 아동기의 내밀한 세계The Development of Imagination, the Private Worlds of Childhood》(1991)는 세 가지 측면에서 파라코즘 놀이를 설명한 책이다. 파라코즘 발달의 윤곽 세우기, 그것이 어떤 유형의 인물의 마음을 끄는지 평가하기, 그 형식과 내용 범주화하기가 그것이다.

첫 번째 경우에 대해 세 사람은 가상 세계 창조가 대개 아홉 살 무렵 시작되어 몇 달 혹은 몇 년간 계속되다가 십대 후반에 사라진다고 주장했다. 가상 친구를 창조하던 초기의 뿌리, 사춘기 공상, 또 구조화된 스토리텔링과의 유대 관계 때문에 월드플레이는 아동기 내내 활발하게 이루어지는 다른 창조적 활동과 유사하다. 하지만 가상 놀이의 이런 공통 형태와 달리 연구자들은 가상 세계 창조가 아동기의 모든 발달단계에서 드문 일이라고 생각했다. 그들은 물론 이 점이 입증되지 않았다는 걸 잘 알고 있었다. 하지만 전체 인구에 비해 알려진 사례들이 소수라는 사실이 이를 뒷받침하는 주장처럼 보였다.

둘째, 세 사람은 월드플레이의 매력이 특정 유형의 사람들에게 제한된다고 주장했다. 응답자들에게 형용사 26개 중에서 아동기의 자신을 가장 잘 표현한 것을 고르라고 부탁한 결과, 응답자 5분의 3 이상이 선택한 것 두 개가 '상상력이 뛰어나다'와 '총명하다'였다. 5분의 2가량은 '공상적이다'와 '호기심이 많다'를 골랐다. 대충 4분의 1에서 3분의 1 정도가 스스로를 '놀이를 잘 못하는', '소심한', '기계에 무관심한', '고독한' 사람이라고 했고, 6분의 1 조금 못 되는 응답자가 '놀이를 잘하는', '개방적인', '기계에 관심이 많은', '사교적인'을 골랐다. 이 자료를 바탕으로 실비와 맥키스는 가상 세계를 창조하는 아동들을 '공상적인' 성격으로 분류했다. 이들 유형은 모두 '상상력이 뛰어나다'와 '총명하다', '호기심이 많다'로 표현되었을 수도 있는 것들이었다.

마지막으로 연구자들은 파라코즘 놀이꾼 57명이 만든 64개의 세계를 그 내용에 따라 다섯 개 그룹 또는 범주로 나누었다.

- 장난감에 바탕을 둔 나라로 '애니멀랜드'를 비롯해 '흑인 인형, 땅딸보들, 동물들, 인형들이 사는' 떠다니는 섬이 이에 해당한다. 유치원에 들어가기 전에 '필립'이라는 꼬마 형제는 알록달록한 모직으로 흑인 인형을 만들었는데 실제로 놀이를 하기보다 서로를 위해 잠자리 동화에 나온 사건을 읊어주었다.
- 지방에 있는 특별한 장소로 무시무시한 원장 부부가 운영하는 가상 고아원이 포함된다. '레오노라'와 두 친구들은 여덟 살 때부터 사춘기까지 '더 게임 The Game'을 했다.
- 섬, 나라, 사람 들로 '데니스'가 열한 살부터 열네 살 사이에 만든 국제 철도망이 포함된다. 배경 이야기와 초상화를 갖춘 가상 인물 두 명이 대륙을 횡단하고 가상 터널 건설 장치를 이용해 바다를

건널 수 있는 전 세계적 철도망을 구축했다. 데니스는 계속해서 주요 인사들이 재직하는 가상 학교를 세웠는데, 그는 그들을 위해 공식 초상화를 그리고, 간단한 전기를 쓰고, 제복과 훈장, 문장, 귀족 가문의 족보도 만들었다.

- 제도, 문서 자료, 언어 들로 실비의 신헨티아국을 비롯해 시간표와 지도에 초점을 맞춘 수많은 철도망의 세계들, 그리고 섬나라 '포섬불Possumbul'이 포함된다. 포섬불은 사촌 '댄'과 '피터'가 다섯 살 무렵부터 열세 살 때까지 놀았던 나라로, 처음에는 봉제 동물 인형과 장난감 병사들이 사는, 장난감에 기반한 가상 세계였다. 그러다가 점차 지도, 도시계획, 무공훈장, 제복뿐 아니라 민주적 정부와 언어, 종교까지 갖추게 되었다.

- 체계가 갖추어지지 않은 전원 왕국으로 '브렌다'의 유토피아적 환상의 나라들이 포함되는데 이들 가운데 하나는 덤불 숲속에 있고 또 하나는 지도에 나오는 가상 섬에 위치한다. 그녀는 아홉 살부터 열한 살 사이에 "이런저런 일이 벌어지는 공간을 만들어내는 일에 완전히 몰두했다." 그 놀이의 상당 부분은 "사회적 상호작용을 가상적으로 실현"하는 것과 관련이 있었다.

내용 범주와 각 범주에 포함된 사례들의 역사를 자세히 살펴보면 가상 세계 창조의 단순한 발달 과정이 드러난다. 일반적으로 아주 어린 아동들은 장난감, 동물, 혹은 가족이나 여타 소규모 공동체에 속하는 가상 인물들을 중심으로 돌아가는 파라코즘을 만든다. 일곱 살부터 열두 살 사이의 아동들은 나라와 국민을 만들고 언어와 정부 및 기타 체제들을 만든다.

아동이 성장함에 따라 인간사에 대한 그들의 관심도 개인적으로 친밀한 장난감 가족의 세계에서 점차 광범위한 사회적 상호작용이나 일반적으로 사회를 특징짓는 요소인 추상적 문화, 경제, 정치제도로 이동한다. 상당 기간이 지나서도 여전히 월드플레이를 고집하는 사람들은 새롭게 달라진 파라코즘을 만들거나 본래의 파라코즘을 변화하는 관심사에 맞게 수정할 수도 있다.

그런데 어떤 경우든 내용 범주의 경계가 흐려지지 시작한다. 예를 들어 파라코즘 놀이꾼 데니스의 경우를 보면, 그는 적어도 가상 세계 두 개를 창조했다. 실비, 맥키스, 코헨은 그의 가상 학교를 (그의 철도 세계와 함께) 섬, 나라, 사람 들이라는 세 번째 범주에 포함시켰다, 지방에 초점을 맞추면 레오노라의 고아원 놀이와 비슷한데도.

가상 학교를 위해 훈장과 제복을 만드는 재미에 푹 빠져 있다는 점에서 데니스 역시 포섬불 창조자들과 놀이 활동을 공유했다고도 할 수 있다. 바로 제도, 문서 자료, 언어에 집중한 네 번째 범주다.

포섬불 또한 맨처음에는 봉제 동물 인형을 가지고 놀았던 까닭에 필립의 애니멀랜드와 비슷한 특징을 지닌다. 장난감에 기반한 첫 번째 그룹이다. 일목요연하게 범주가 나뉘었음에도 나이에 따라 월드플레이 내용을 정교하게 만드는 과정에서 변화와 중복이 상당히 많이 나타난다.

자신들이 연구하는 가상 세계가 전 범주에 걸쳐 공통 특징을 지녔음을 알고 있었기에 실비와 맥키스는 일찍부터 추가로 네 가지 '차원'의 변이 형태 연구에 나섰다. 이는 놀이 내용보다는 그것의 속성이나 양식과 더 상관이 있는 유형을 중심으로 이루어졌다.

- 첫째, 그들은 아동들이 월드플레이를 모든 것이 믿을 수 없을 만큼 매혹적으로 나오는 동화처럼 환상적으로 만들려고 하거나, 아니면 모든 것이 자연과 사회의 법칙에 일치하는 자연주의적인 것으로 만들려고 한다는 것을 깨달았다.
- 둘째, 아동들은 모든 사람이 행복하고 모든 것이 계획대로 움직이는 이상적이고 유토피아적 세계를 창조하거나 아니면 도덕적·사회적 딜레마를 반영하는 사실주의적 세계를 창조한다.
- 셋째, 아동들은 개인의 상호작용에 높은 관심을 보이며 자신이 창조한 인물들의 사교계에 집중하거나 아니면 개인의 상호작용에 낮은 관심을 보이며 배경과 제도에 집중한다.
- 넷째, 아동들은 자신을 놀이 속 인물로 관여시키거나 아니면 놀이 바깥에 선 채 놀이를 들여다본다(연구자들이 붙인 용어로는 자아 관여 또는 비자아 관여).

실비와 맥키스에게 이 네 가지 차원은 애니멀랜드(공상적)와 포섬불(자연주의적) 사이나 데니스의 철도 세계(개인의 상호작용 정도가 높다)와 시간표나 지도에 집중하는 세계(개인의 상호작용 정도가 낮다) 사이의 중요한 차이를 분명하게 밝혀주었다. 우리는 같은 파라코즘을 공유한 아동들 사이에 존재하는 모종의 차이를 밝히기 위해 이들 차원을 활용할 수 있다.

샬럿과 동생 브란웰이 앙그리아의 이야기, 그림, 기타 문서 들을 공동으로 제작했음에도 두 사람의 놀이 방식이 완전히 똑같지는 않았다. 그들 남매는 그들이 만든 가상의 나라가 일어날 법한 사건과 있을 법한 행동이 나오는, 고도로 자연주의적이고 사실적인 곳이라는 데 합의했다. 둘 다 놀이 속 인물이 아니라 창조자로서 놀이 바깥에 남아 있음으로써 그들 자신과 그들이 만든 인물 사이에 확실한 구분을 두었다. 그렇지만 브란웰이 앙그리아의 정치적·군사적 역사에 대한 내용(개인의 상호작용 정도가 낮다)에 집중했던 반면 샬럿은 브란웰이 만든 남자 주인공과 악당들의 개인적 삶(개인의 상호작용 정도가 높다)에 정성을 쏟았다.

흥미롭게도 브론테 남매의 패턴은 실비, 맥키스, 코헨의 조사에 응답한 57명이 보여준 월드플레이의 전형이었다(물론 사남매의 놀이가 정상 변수 범위에 들어간다는 지적이 있기는 하다). 아동기 파라코즘의 압도적 다수가 도덕적·사회적 딜레마를 다루고 있었고, 3분의 2 이상이 자연과 사회법칙에 일치했으며 3분의 2가 자아와 분리되어 있었다.

게다가 일부 여자아이들이 대부분의 남자아이들보다 공상 세계를 훨씬 더 좋아한다는 사실 외에는 앞의 세 가지 범주 가운데 남녀 간에 차이가 많이 나는 것은 하나도 없었다. 하지만 개인적 상호작용에 관해서는 성별 차가 뚜렷했다. 대부분의 남자아이들이 집단과 제도에 몰두한 반면 여자아이들 3분의 2가 인물과 그 인물들의 정서적 관심사에 집중했다. 전체적으로, 남녀 숫자(남 31명, 여 33명)가 거의 같다고 본다면 자연주의적·사실적·비자아 관여적 및 개인적 삶에 최소한으로 관련된 가상 세계가 우세했다.

월드플레이의 동향

실비의 파라코즘 탐구는 아동기의 상상력 연구를 향한 새로운 지평을 열었다. 그의 초기 가설 중 일부가 제대로 맞지 않았다고 해서 그리 놀랄 것도 없다. 월드플레이는 단순히 혼자 하는 활동이 아니었다. 그가 수집한 파라코즘 가운데 많은 경우가 다른 사람과 함께 공유한 세계였다. 또 여자아이들보다 남자아이들에게 더 매력적인 놀이도 아니었다. 그럼에도 전체적으로 볼 때 그의 예감은 믿을 만한 것이었다. 파라코즘 놀이의 기본 충동은 사실적이고 자연주의적인 세계의 모형을 만드는 것이었다. 그것은 실비 자신과 매우 비슷한 아동들에게 속하는 것으로 연구할 만한 가치가 있는 현상이었다.

실비와 그의 연구 파트너가 거둔 성과는 사실상 놀이 연구의 분수령으로 간주될 수도 있다. 파라코즘 조사가 이루어지기 전에는 그것이 정상임을 확인해줄 만한 것이 거의 없었다. 조사 후에는 가상 세계 창조가 상상력 발달 과정의 절정이라고 확인해주는 것이 상당히 많아졌다. 사람들은 이제 자신이 돌보는 아동의 월드플레이나 자신이 과거에 했던 월드플레이를 설명해줄 관찰력과 통찰을 얻으려고《상상력의 발달, 아동기의 은밀한 세계》를 읽을지도 모른다.

나는 그 책을 읽으면서 내 딸이 고전적 파라코즘 놀이꾼이었다는 사실을 깨달았다. 총명하고, 호기심이 많고, 공상하기 좋아하며, 여럿이 노는 것보다 혼자 노는 데 더 관심이 많았던 아이는 아홉 살 무렵 가상 세계를 창조하기 시작했다. 그 세계는 섬과 나라, 사람 들을 바탕으로 한 파라코즘의 특징 및 제도와 문서 기록과 언어에 중점을 둔 파라코즘의 특징을 보여주었는데 이 두 가지 유형이 완벽하게 섞여서 온전한 하나로 기능했다. 딸의 월드플레이는 자연주의적·사실적이었으며, 개인의 상호작용 정도뿐만 아니라 체계화하고 추상화하는 수준 또한 높았는데 딸아이는 그 놀이의 바깥에 서 있는 존재였다.

나는 메러디스가 성장함에 따라, 파라코즘 놀이 덕분에 그 애가 예술과 과학 둘 다에 흥미를 발달시켰다는 사실 또한 깨달았다. 이 결과를 보고 나는 책의 몇몇 다른 결론에 대해 의문을 품게 되었다. 코헨과 맥키스는 특히 골치 아프고 모순되는 두 가지 주장을 폈다. 첫째, 파라코즘 놀이가 예술에 대한 선호와 연관된다는 것이고 둘째, 어쨌거나 그것이 상상력 또는 잠재적 창조성을 충분히 발달시키지는 못한다는 점이었다. 연구 과정에서 얻은 몇몇 가설과 결과로 인해 이런 모순되는 주장이 나온 게 분명했다.

실비는 세상을 뜨기 전에 맥키스와 함께 회고록, 자서전, 전기에 언급된 가상 세계 목록을 작성했다. 이 짧막한 목록에는 저명한 소설가와 시인 15명을 비롯해 미술가와 저술가가 약간 수록되어 있는데, 시인 W. H. 오든, 소설가 로버트 루이스 스티븐슨Robert Louis Balfour Stevenson〔《보물섬》,《지킬 박사와 하이드 씨》 등을 쓴 영국의 소설가, 시인(1850~1894)〕, 화가이자 조각가인 클래스 올덴버그, 배우 피터 유스티노프, 미국의 철학자 앨런 와츠(1915~1973)가 여기에 포함되었다. 실비와 맥키스는 아무래도 작가가 '쉽게 자서전을 쓰기!' 때문에 목록에서 주를 이룬다는 사실을 깨달았다. 어쨌거나 그들은 문학가들 사례가 우세한 점을 아동기 가상 세계 창조가 성인기 예술 분야 진출을 예측하게 한다는 주장의 정당한 증거로 삼았다.

실비와 맥키스는 그 점을 강조하지는 않았다. 아마도 자원한 '우편 행낭' 표본에 바탕을 둔 결론에 실비가 저항을 느꼈기 때문일 것이다. 그런데 실비 사후에 맥키스와 코헨은 가상 세계 창조가, 공상하기 좋아하는 아동이 커서 예술 분야로 진출하도록 준비시킬 것이 틀림없다는 주장에 침묵을 지키는 태도를 보였다. 브론테 사남매는 말할 것도 없고 목록에 나온 작가와 화가들의 경우에는 분명히 그랬지만 그들이 조사한 익명의 파라코즘 놀이꾼들 사이에서는 이를 뒷받침하는 증거가 나타나지 않았기 때문이다. 비록 파라코즘 놀이꾼들의 성인기 이력이 체계적으로 기술되지는 않았지만, 연구자들은 그들 가운데 단 두 명만이 문학적 성공을 거두었고 "본래 표본 57명 중에서는 화가가 된 사람이 거의 없다"고 말했다. 그들 자신의 데이터를 통해 명백하게 밝혀졌듯이 아동기에 가상 세계를 창조했다고 해서 성인이 되어 꼭 문학이나 미술 쪽 직업을 갖게 되는 것은 아니었다. 그 결과 두 연구자는 앞서 내린 결론을 뒤엎고 아동기의 가상 세계 창조가 창조성 발달과 상관이 없다고 주장하기도 했다. 심지어는 어쩌면 역으로 상관이 있는 것 같다고 말하기까지 했다.

돌아보면 코헨과 맥키스는 결론을 훼손하는, 문제의 소지가 있는 가설을 많이 내세웠다. 공정하게 말하면 이 가설들은 당시 심리학자들 사이에서 일반적이었고 아직도 대중에게 상당히 신뢰받고 있다. 이런 가설들 가운데 하나가 예술 같은 어떤 활동은 본래부터 창조적인 데 반해 과학이나 공학 같은 것들은 그렇지 않다는 것이다. 또 다른 가설로 창조성이란 어떤 사람의 공상하는 능력의 작용이라는 것도 있다. 그러니까 '고정관념을 벗어나' 불가능한 일을 상상한다는 말이다. 심리학자들은 참신한 것을 생산하는 이 능력을 종종 '확산적 사고'라고 표현한다.

이 가설들을 종합하면 코헨과 맥키스의 생각이었던 것 같은 결론에 도달하게 된다. 우선, 공상적 상상력은 예술 분야로 진출하는 데 유용하다. 둘째, 따라서 공상에 대한 선호는 창조적 상상력을 전형적으로 보여주는 특징이다. 셋째, 따라서 아동기 가상 놀이의 창조적 가치는 말도 안 되는 별난 생각 속에 들어 있음에 틀림없다. 이런 이유로, 이상적이거나 정말로 매혹적이고 환상적인 경우가 거의 없었던 평범한 가상 세계 창조는 전혀 기대에 미치지 못했던 것이다.

대신 연구자들이 발견한 것은 고도로 자연주의적이고 사실적인 대부분의 월드플레이가 심리학자들이 말하는 이른바 문제 해결을 위한 '수렴적 사고'와 좀 더 뚜렷한 연관성이 있다는 점이었다. 게다가 월드플레이의 몇몇 현상만이 예술적 판타지와 관련이 있는 것으로 드러났는데, 그것도 오로지 새로운 것만 만들기보다는 상당 부분이 정교한 규칙들, 그럴듯한 조직과 분석의 모형에 초점을 맞춘 것들이었다. 그러므로 연구자들의 요지는 월드플레이가 "아동들이 할 수 있는 가장 복잡한 형태의 창조적 활동"처럼 보이기는 하나 아동으로서 파라코즘 창조는 어쨌거나 창조성 발달을 방해한다는 것이었다.

우리는 두세 가지 근거에서 이 같은 결론과 그 토대가 되는 가설에 도전할 수 있다. 첫째, 어떤 직업도 본질적으로 다른 직업보다 더 창조적이지 않다. 세상에는 실험 기사나 회계 담당자만큼이나 변변치 않은 삼류 작가와 상상력이 빈곤한 화가들도 많다. 둘째, 모든 발명과 발견에는 탁월한 시나 소설, 또는 새로운 조각에서 볼 수 있는 것과 똑같은 종류와 정도의 상상력이 필요하다. 게다가 이름 없는 발명가도 가장 탁월한 혁신가와 똑같은 상상력과 창조적 행동을 많이 활용한다. 예술적 천재만 창조성을 발휘한다는 생각은 받아들일 수 없다. 따라서 그런 생각에 의거한 것이 분명한 코헨과 맥키스의 주장은 재검토되어야 한다.

사실 실비 자신의 커리어가 공동 연구자들을 주저하게 만들었어야 했다. 스스로의 질문에 대답하면서 그는 소년 시절의 자신을 상상력이 풍부하다고 했지 예술적이라고 표현하지는 않았다. 실제로 어른이 되어서도 그는 다른 분야에서 성공했다. 그는 통계조사 요건에 사회학적·심리학적 요소를 결합함으로써 BBC에서 여론조사 부문을 개척했다. 이는 얼마쯤은, 그가 유효한 표본은 가상 세계처럼 "세계의 축소 모형이 되는 것과 같은 방식으로 선택되어야 한다"는 점을 속속들이 이해했기 때문이다.

그는 1960년에 예술, 과학, 공공 부문에 기여한 공로를 인정받아 대영제국 훈장을 받은 뒤에도 파라코즘 연구의 활성화를 위해 계속 노력했다. 이런 것들을 통해 그는 자신이, 자신의 특별한 삶의 여정에서 패턴과 가능성을 알아내는 데 유능하고 창의적인 사람 이상이라는 사실을 입증했다. 그리고 그가 성인이 되어 발휘한 창조성은 어린 시절의 놀이와 상관이 있었다.

그러고 보면 실비의 경험은 월드플레이가 예술뿐 아니라 어떤 직업을 위해서나, 또 천재들뿐 아니라 평범한 재주를 지닌 사람들에게도 유용한 준비가 될 수 있다는 점을 시사했다. 그의 획기적 업적 및 그의 공동 연구자들이 보여준 최고의 통찰과 창조적 일에 대한 광범위한 정의를 기반으로 할 수도 있다는 사실을 염두에 두면서, 나는 월드플레이가 얼마나 특별하거나 평범할지 판정하는 일에 착수했다. 또 서로 분야가 다른 직업에 진출한 사람들에게 그것이 나타나는지 나타나지 않는지, 만일 나타난다면 어떤 분야의 직업이든 사람들이 성인기의 창조적 활동과 이 놀이 사이에서 어떤 연관성을 끌어내는지 살펴볼 작정이었다.

한마디로 나는 나 자신의 월드플레이 프로젝트를 꿈꾸었다.

기억의 집계

맥아더 펠로와 대학생 들,
어린 시절 놀이를 회상하다

아동 초기 상상력의 작용과 훗날 상상력의
작용 사이에는 긴밀한 관계가 있다고 생각한다.
－폴 해리스Paul Harris, 심리학자

월드플레이 표본 추출과 평가[*]

From : Bob 〈rrb@michstateu.edu〉

Date : 15 Oct 9 : 00 (EST)

To : 〈mrb@michstateu.edu〉

Subject : 콩

통계는 어떻게 되어가시나?

• **Chapter 3**에서는 월드플레이 프로젝트 진행 중에 저자가 《생각의 탄생》공저자인
  남편 로버트 루트번스타인과 주고받은 이메일을 소개한다. ― 옮긴이

From : Michele ⟨mrb@michstateu.edu⟩

Date : 25 Sep 11 : 02 (EST)

To : ⟨rrb@michstateu.edu⟩

Subject : 완두콩

완두콩을 세는 것과 더 비슷한 것 같네요. 아주 오래전에 당신이 내게 멘델이 황록색 완두콩은 노란색이냐 초록색이냐를 놓고 몹시 고민스러워했다고 말한 사실을 기억하나요? 나는, 그래, 이건 가상의 장소야, 라거나 아니, 그렇지 않아, 라고 말하는 것이 이렇게 시시콜콜 따지는 것처럼 보일 거라고는 꿈에도 생각하지 않았어요. 일시적인 것이다/아니다, 지속적인 것이다/아니다, 정교하게 다듬어진 것이다/그렇지 않다, 라고 말하는 것이요. 큰 소리로 '이건 월드플레이고 이건 월드플레이가 아니다!' 라고 외치기 위해서요. 만일 이 표본을 심사숙고하는 과정에서 배운 것이 있다면, 가상 세계 창조는 이쪽 아니면 저쪽이라는 식의 경험과는 거리가 멀다는 점이에요.

From : Bob ⟨rrb@michstateu.edu⟩

Date : 15 Oct 11 : 45 (EST)

To : ⟨mrb@michstateu.edu⟩

Subject : 퍼지 집합

꼭 '퍼지 집합'처럼 들리는군. 끊임없이 이산군離散群으로 변하는 것들을 분류하려고 할 때 움직이기 시작하는 퍼지 집합 말이오. 애매모호함이나 선입견 없이는 일이 안 되겠구려. 펄이라는 유전학자가 과학자 15명에게 똑같은 옥수수 알갱이 532개를 황색 전분, 황색 당,

백색 전분, 백색 당으로 분류하도록 했을 때 보여준 것처럼 말이오. 과학자들은 저마다 다른 결과를 얻었지. 펄은 객관성 대신 모든 사람이 관찰할 때 개입시키는 지각상의 미묘한 차이인 '개인적 오차'를 발견했어요. 사람들은 옥수수의 이종교배를, 그리고 놀이의 종류를 서로 구별되는 것으로 생각하기 좋아할지 모르나 자연은 그보다 훨씬 더 복잡하다오.

> From : Michele 〈mrb@michstateu.edu〉
> Date : 15 Oct 2 : 30 (EST)
> To : 〈rrb@michstateu.edu〉
> Subject : 희미한 기억

인간의 본성도 마찬가지예요! 기억을 집계하는 것이 연구자의 지각에 의한 선입견에 좌우된다면, 집계되는 기억들 역시 개인의 회상이 갖는 모호함에 영향을 받기 쉽지요. 그래도 나는, 사람들이 상상력을 발휘한 아동기의 창조 활동과 성년기의 창조 활동 사이에 상관관계가 있다고 생각하는지 아닌지 입증할 수 있을 것 같아요.

> From : Bob 〈rrb@michstateu.edu〉
> Date : 15 Oct 5 : 00 (EST)
> To : 〈mrb@michstateu.edu〉
> Subject : 기억을 집계하는 것은 중요해요

열심히 세어보소!

From : Michele 〈mrb@michstateu.edu〉

Date : 15 Oct 2 : 30 (EST)

To : 〈rrb@michstateu.edu〉

Subject : 월드플레이 프로젝트

기꺼이.

잘 알다시피 20세기 후반에 파라코즘 연구가 영국에서 시작되었으나 아동기 월드플레이의 범위와 그것이 상상력 발달에 미치는 영향, 또 성인기의 창조적 활동이나 직업과의 연관성에 대한 문제는 해결되지 않았다. 나는 실비, 코헨, 맥키스가 시작했던 작업을 계속 추진하겠다고 마음먹고, 2000년대 초에 맥아더 펠로MacArthur Fellow들을 상대로 가상 세계 창조를 연구하는 월드플레이 보완 프로젝트에 착수했다. 그러면서 이른바 '천재'상 수상자들인 그들이 가상 세계 창조와 창조성의 관계를 밝힐 만한 자료를 꽤 제공해주리라 기대했다.

맥아더재단은 30년 넘게 비공개적인 심사 과정을 통해 매년 비범한 독창성과 장래성이 있는 인재를 선발해 아무 조건 없이 상금을 수여해왔다(나의 남편도 1981년도에 1회 수상자 명단에 올랐음을 고백한다). 선정 당시 일부 수상자는 이미 자기 분야 최고의 자리에 올라 있었고 그 밖의 수상자들은 이제 막 최고의 자리에 오르기 시작한 사람들이었다. 어떤 경우든 그들은 예술, 과학, 사회과학, 인문학, 공익 관련 부문 등 다양한 분야에서 일하고 있었다. 월드플레이 프로젝트와 관련해서, 나는 이들의 다양한 활동 영역이 창조적 삶의 발달에서 상상 놀이가 어떤 역할을 하는지 폭넓은 시각을 제공해주기를 기대했다.

아동기 파라코즘에 관해 이 그룹을 표본조사하려는 월드플레이 프로젝트의 목적은 정성定性적이거나 입증되지 않은 근거에 의해 사실이라고 믿는 특정 가설들을 주로 정량定量적인 방법으로 조사하는 것이었다. 선행 연구는 파라코즘이 흔치 않은 놀이라고 결론을 내리면서 예술과 친근하다는 점을 지적했다. 하지만 나의 추측은 달랐다.

첫째, 파라코즘 놀이는 비교적 흔한 놀이로 특히 눈에 띄게 창조적인 사람들에게 더욱 그러할 것이다.

둘째, 이 사람들은 성인이 된 후에 다양한 예술, 과학 분야에서 활동할 것이다.

셋째, 이들 가운데 많은 사람들이 아동기 놀이와 성인기 업무의 연관성을 인식할 것이다. 어쩌면 아동기의 가상 세계 창조가 어떻게 평생 두루 이용할 수 있는 창조적 능력을 배양하고 훈련했는지도 분명하게 설명할 수 있을 것이다.

나는 2002년 맥아더 펠로 505명과 접촉하는 것으로 월드플레이 프로젝트에 돌입했다. 이는 1981~2001년 수상자의 거의 90%에 해당하는 숫자였다. 나는 우편이나 이메일로 이들에게 간단한 설문지를 보냈다. 직업, 취미, 아동기 놀이에 대한 질문, 특히 '가상 세계 창조'와 '성인기의 창조성'의 관계를 지각했는지에 대한 질문이 포함되었다.

만일 이들 펠로에게서 받은 정보가 그다지 창조적이지 않은 사람들이나 또는 적어도 그런 이유로 선택되지 않은 사람들에게 받은 정보와 다르기만 했다면 꽤 흥미로웠을 것이다. 한편 월드플레이 프로젝트는 미시간주립대학MSU에 재학 중인 학생들 역시 통제 집단으로 포함시켰다.

이 주립대학의 입학 수준이 적당히 어려운 것으로 여겨지긴 하지만, 학생들은 창조적 생산성보다 일반적 학업 성취도로 선발된 사람들 그룹을 대표한다. 2003년도에 과학, 인문학, 역사, 예술, 교양 과정 등 이 대학 8개 강의실에서 조사가 이루어졌다. 맥아더 펠로들에게 준 것과 거의 똑같은 설문지에 익명으로 응답하도록 했다.

만일 창조적 경향이 두 집단의 유일한 차이라고 추정할 수만 있었다면, 학생들은 맥아더 펠로의 대조 집단으로서 아주 훌륭하게 임무를 수행했을 것이다. 하지만 현실은 그렇게 단순하지 않았다. 두 집단은 나이 차이 또한 현저했다. 응답한 펠로의 절반 이상이 50, 60대였던 반면 학생들은 거의 모두 20대 초반이었고 일부만 30대 또는 40대였다.

이 나이 차가 연구 결과에 잠재적인 선입견을 불러일으켰다. 아동기와 시간 차가 상대적으로 덜 나는 학생들이 어린 시절의 월드플레이에 대해 펠로들보다 좀 더 생생한 기억을 많이 떠올릴 것 같았다. 그럼에도 실비는 아동기 월드플레이가 생산적 경험으로서 파라코즘 놀이꾼에게 장기적 중요성을 지닌다는 사실을 발견했다. 이처럼 놀이의 중요성이 크기 때문에 시간의 흐름이 아동기 월드플레이의 회상에 미칠지도 모르는 영향이 줄어들 듯했다. 그러므로 나이 차는 무시될 수 있을 것이다.

한편 505명의 펠로 중에서 106명이 월드플레이 프로젝트에 답변을 보내와 응답률이 약 5분의 1쯤 되었다. 16명의 펠로가 조사에 참여하는 걸 정중하게 거절했다. 일부 펠로는 신중한 태도로 현재의 창조적 영감을 보호하고 싶다는 의사를 표명했다. "너무 아픈 데를 찌르는군요"라고 말한 사람도 있고 "성역에 해당하는 주제라 영감을 망칠까 봐

남들과 왈가왈부하지 않는 게 더 낫다고 생각해요!"라는 사람도 있었다. 나머지는 시간 또는 관심이 없다고 답했다. 모두 다 해서 90명의 맥아더 펠로가 전체적이거나 부분적으로 설문 조사에 응했다. 이들 가운데 39명이 월드플레이를 했다고 응답했고 51명은 한 적이 없다고 했다. 표면상 이 그룹 응답자의 43%가 어릴 때 가상 세계를 창조했다는 의미였다.

한편 설문지를 받은 1,000명가량의 학생들 가운데 262명이 응답했고 이 역시 표본 대상자의 약 4분의 1에 해당하는 숫자였다. 아동기에 월드플레이를 했느냐는 질문에 105명의 학생들이 '예'라고 대답했고 157명은 '아니요'라고 답했다. 가상 세계 창조에 대한 이 그룹의 긍정적인 자기 보고 비율은 40%였다.

이러한 예비 결과들은 매우 놀라운 것이었다. 일단 실비와 맥키스는 파라코즘 놀이가 매우 드물다고 생각했다. 하긴 그들은 매우 광범위한 신문 독자에게서 겨우 57명의 응답만 얻었을 뿐이다. 한편 나는 가상 세계 창조가 창조적 집단에서나 흔하게 나타날 것이라 예상했었다. 그런데 펠로나 학생 들이나 거의 비슷하게 높은 비율을 보인 것이다.

그런데 더욱 자세히 검토한 결과 이들의 응답 가운데 많은 경우가 '잘못된 긍정'임이 드러났다. 그들이 응답한 놀이 세계가 항상 파라코즘은 아니었다. 최소한 브론테 남매의 글래스타운이나 내 딸의 카랜드, 또 《상상력의 발달》에서 설명한 다양한 가상 세계와 비교할 경우에는 그랬다. 설문지의 질문이, 월드플레이는 상상력이 넘치고 또 종종 창의적이라는 의미를 함축했던 까닭에 많은 펠로와 학생 들이 의식적, 무의식적으로 자신의 놀이를 그렇게 특징지었던 것 같다. 주관적 자기 보고는 객관적 기준에 따라 반드시 재평가되어야 했다.

펠로와 학생 들이 기술한 놀이는 대부분 심리학자들이 대표적으로 인정한 세 가지 종류에 해당되었다. 이는 연극처럼 만든 가상 놀이(연극하기나 사회극 놀이), 가상적 몽상(백일몽), 잘 구성된 가상 놀이인데 마지막 것에는 '놀이 관련 소품이나 인공물을 정교하게 만들기' 혹은 모형 만들기가 포함된다. 이론적으로 이들 상상 놀이 유형은 서로 뚜렷하게 구별되었다. 하지만 실제 파라코즘 창조를 보면 서로 간의 경계가 희미했다.

아동이 정교한 가상 놀이를 혼자 하는가, 아니면 다른 아동들과 함께하는가, 공상에 빠지는가 또는 블록이나 다른 재료로 상상한 공간의 모형을 만드는가는 월드플레이에 중요하지 않았다. 중요한 것은 그 자신의 삶을 영위하는 가상 놀이였다. 월드플레이 프로젝트에서의 내 임무는 다수의 놀이 경험 내에서 대규모 가상공간 창조를 실제로 포함하는 것들이 무엇인지 인지하는 일이었다.

나는 실비와 맥키스의 기준에 의거해 체크리스트를 만들었다. 가상 세계는 지속적이고, 일관성이 있고, 그 개인에게 중요해야 한다는 것이었다. 또 놀이의 부가적 특성을 위한 조항도 만들었다. 문제의 놀이 세계는 장소 그리고/혹은 사람과 관련해서 지금, 여기를 뛰어넘는 가상 차원을 실제로 포함한다는 증거가 있어야 한다. 또 그 가상 차원은 구체적으로 상상한 것으로, 장소나 사람에 대해 두루뭉술한 개념보다 구체적 개념과 관련돼 있다는 표시가 있어야 한다. 내가 정확히 파악하고 싶은 차이는 인형을 가지고 노는 것과 롤리돌리랜드에서 노는 것의 차이점이었다.

프로젝트의 월드플레이 기준에는 놀이의 소유권에 관한 문제인 혼자 하는가 아니면 절친한 친구 한둘과 함께하는가도 포함되었다. 또 학교 운동장이든 집 근처든, 수시로 인원이 변동되면서 많은 아동들이 함께하는 집단 놀이에서는 놀이 과정과 그 상상 차원에 대한 개인의 통제가 훨씬 줄어든다는 걸 기정사실로 받아들였다.

마지막으로, 월드플레이를 확실하게 뒷받침하는 증거로 기록된 이야기, 지도, 그림 들과 기타 구조물들도 찾았다. 그 같은 놀이 증거물의 존재는 지속적 가상 세계와 일시적 가상 놀이를 구분할 수 있게 해주었다. 또 그것 덕분에 보고된 가상 친구 사례 두 가지를 파라코즘 놀이로 인정할 수 있게 되었다. 이들 가상 친구가 순전히 상상한 곳, 상세하게 기록된 곳에서 살고 있었기 때문이다.

이러한 기준에는 본래 모호한 점들이 있었다. 아동기 놀이는 일시적이거나 지속적인 경향이 있다. 가상 놀이 속 장소나 사람은 일반적이거나 독특한 경향이 있다. 놀이 시나리오는 계속 반복되거나 끊임없이 발전하는 경향이 있다. 아동들은 놀이 시나리오를 확실하게 장악하거나 확실하게 끌려다녔다.

게다가 기억해낸 놀이는 가상 세계 창조의 모든 기준에 별로 적합하지 않았다. 한 맥아더 펠로가 집 안의 자질구레한 장식품들을 가지고 혼자서 놀던 '궁전의 방'은 지속적이고 일관성 있고 구체적인 가상 장소를 포함한 것처럼 보였다. 하지만 그녀는 상상 속에서 말고는 단 한 번도 그 세계를 기록하거나 체계적으로 조직한 적이 없었다. 이와 비슷한 경우로, "도로 표지판 및 모든 것을 다 갖춘 작은 '구획'"은 한 여대생이 '남동생들과 이웃 친구들'과 함께 집 뒤 숲속에 세운 것인데, 오랫동안 즐겁게 놀던 평행 놀이 세계의 뚜렷한 특징을 가진 것처럼 보였다. 그런데 '숲속에 남아 있는 것 말고는' 어떤 식으로도 정교하게 다듬어지지 않았다.

결국 어떤 특정한 놀이가 인지할 수 있는 월드플레이인지 여부는 그렇지 않은가 라는 제안에 가까운 것이었다. 어떤 특징들은 확증하는 것이었지만 어떤 것들은 판단에 아무 도움도 되지 않는 것들이었다.

체크리스트의 최종 형태에서 진짜 월드플레이는 (1) 특정한 '다른' 장소에 대한 개념을 필요로 하는데 그것은 부분적이든 전체적이든 가상적이어야 한다. (2) 부분적으로든 전체적으로든 가상적인, 특정한 사람들에 대한 개념을 포함할 수도 있다. (3) 일정 기간이 지나서도 시종일관 특정 시나리오로 돌아오는 일이 반드시 포함되어야 한다. 그 증거로 장소나 인물에 붙인 이름이나 연속적인 이야기의 정교화 작업 및 여타 체계화 작업이 있어야 한다.

이러한 기준으로도 모호함이 해결되지 않을 경우, 놀이가 단체로 이루어진 것이 아니라 혼자만의 내밀한 것이라거나 사사롭게 공유된 것이었다는 표시가 고려되었다. 아동이 창의적으로 통제했다는 여타의 증거는 월드플레이라고 결론을 내리는 쪽으로 작용했다. 결국 월드플레이 프로젝트는 '궁전의 방'은 가상 세계로 인정했지만 숲속의 '구획'은 인정하지 않았다. 느슨한 아동 집단 사이에서 이루어진 공동 놀이는 혼자만의 또는 사사롭게 공유한 정교함이라는 증거와는 상대가 되지 않았기 때문이다.

월드플레이 비율

월드플레이 프로젝트의 첫 번째 과제는 조사자가 평가한 아동기 월드플레이의 비율을 확립하는 일이었다. 39명의 맥아더 펠로가 아동기에 가상 세계를 창조했다고 응답했다. 프로젝트 체크리스트에 의거해 이 응답을 평가해보니 16개 답변이 일시적 연극 놀이, 가상 친구, 책이나 영화 등에서 차용한 가상 놀이 혹은 그 밖의 놀이의 사소한 형태를 기술했다는 사실이 드러났다. 나머지 23개 답변은 파라코즘 놀이로 인지할 만한 자격을 갖추었다.

이러한 월드플레이 사례에는 한 펠로가 아홉 살 무렵 숲속에 세운 모형 도시도 포함되었다. 그 도시가 제도와 역사를 갖추었기 때문이다. 또 다른 펠로가 가상 오페라 무대가 설치된 모형 극장을 가지고 논 것도 월드플레이 창조로 볼 수 있었다. 마지막으로 좀 모호하긴 하지만 인정할 수 있었던 예로 또 다른 펠로가 간직하고 있던 '가상 인물 출연자' 족보가 있다. '현실 세계'에서 이루어지는 그들의 모험에 '진화하는 역사'가 담겨 있었다.

이처럼 인지 가능한 월드플레이 사례 23건을 놓고 보면 응답한 펠로 90명 가운데 가상 세계를 창조한 비율은 26%였다. 물론 설문에 응하지 않은 펠로 400명이 가상 세계를 창조한 비율이 이와 같거나 더 높은지 아니면 더 낮은지에 대해서는 알려진 바 없다.

한편 설문에 응한 사람들이 실제로 전체를 대표하는 표본이라고 가정한다면 26%는 아동기에 가상 세계를 창조한 맥아더 펠로들의 최대 비율을 의미한다(다시 말해 우리가 접촉했던 펠로들 505명 가운데 131명가량이 아동기에 가상 세계를 창조했다는 말이다). 하지만 가상 세계를 창조한 것으로 평가된 23명이 아동기에 이 경험을 한, 표본조사된 펠로들만 대표한다고 가정하면 겨우 5% 내외(505명 중 23명)만이 아동기에 가상 세계를 창조한 셈이 된다. 아마도 이 5%에서 26% 사이 어딘가에 진실이 놓여 있을 것이다.

이러한 결과를 상황에 맞게 자리매김하려고 MSU 학생들의 월드플레이 사례 역시 판정했다. 자가 보고된 파라코즘 놀이 105건 가운데 실제로 73건은 사회극 놀이, 책과 오락물 이야기에서 빌려온 가상 놀이, 가상 친구, 일관성 있는 가상 장소가 결여된 일시적 공상이나 잠자리 동화들, 또 가상 세계가 결여된 언어 놀이와 엉뚱한 놀이 형태 한두 개를 기술한 것이었다. 학생 응답 중 32건이 조사자가 평가한 월드플레이로서의 자격을 갖추고 있었다.

진짜 월드플레이로 인정된 이 32건의 보고 가운데 사람과 다른 생물들이 살고 지도와 역사로 가득 찬 '미스티카Mystica'라는 가상 국가가 포함되었다. 여기에는 또 놀이를 하는 아동이 "가상 동물들과 내가 사랑하는 만화들과 함께 사는 무지개 집"도 포함되고, "구름 속에 살면서 밤이면 당신의 꿈속으로 들어오는" 사람들에 대한 이야기로 엮어진 잠자리 동화로 된 파라코즘도 포함되었다.

이렇게 따지고 보니 학생 응답 가운데 인지 가능한 월드플레이 비율이 12%였다. 펠로의 경우와 마찬가지로 이 비율이 설문지를 받았던 모든 학생을 대표한다고 가정한다면 이 12%는 그 그룹에서 월드플레이를 한 최대 비율이다. 한편 아동기에 월드플레이를 한 모든 학생들이 설문에 긍정적으로 응답했다고 다르게 가정하면 전체 집단에 대한 비율은 3%가 된다. 그러므로 MSU 학생들 가운데 실제로 월드플레이를 한 경우는 3~12%를 차지할 것이다.

펠로나 학생이나 똑같이 연구자들이 판정한 월드플레이 사례 비율이 자가 보고 비율보다 상당히 낮았다. 그럼에도 그것은 그 범위 내에서 뚜렷한 놀이 특징의 윤곽을 보여주었다.

학생들에게서 얻은 결과의 최고치를 통해 총 인구의 8분의 1 이상이 아동기에 장기간 가상 세계를 창조했을 수도 있다는 추정이 가능한데, 이는 2004~2005년 미국 통계조사 결과, 취미 생활로 사진 찍기를 꼽은 성인의 비율과 같은 수치(11.4%)이다. 한편 펠로의 경우 최고치는 두드러지게 창조적인 사람들 4분의 1이 가상 세계를 창조했을 수도 있음을 시사한다. 이는 미국 성인들이 1년 동안 미술관에 가는 빈도에 얼추 상응하는 비율(27%)이다.

최저치를 놓고 추정했을 때에도 아동기의 월드플레이는 적어도 총 인구 대비 성인의 취미 생활 중 연날리기가 차지하는 비율(3.2%)과 거의 비슷하다. 또는 창조적인 인구 대비 성인의 취미 생활 중 연간 체스(4.6%)나 그림 그리기(6.7%) 활동에 참여하는 비율과 비슷하다. 실비와 맥키스의 주장과는 달리 아동기 가상 세계 창조는 드문 일이라기보다는 오히려 눈에 띌 정도로 흔한 현상이라고 생각하지 않을 수 없었다.(표 3-1 참조)

같은 프로젝트의 데이터 역시 아동기 월드플레이가 성인기 창조성과 연결될 수도 있다는 점을 시사한다. 만일 아동기 월드플레이가 성인기 창조 활동과 아무 상관이 없다면 보통 사람이나 창조적인 사람이나 놀이의 빈도수가 거의 똑같다고 예상할 수도 있다. 그런데 사실은

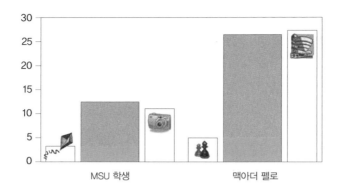

[표 3-1]
맥아더 펠로와 MSU 학생 들의 월드플레이 경험 비율의 최소치(보라색)와
최대치(회색)를 미국 통계조사 결과 나온 취미 생활(연날리기, 사진 찍기, 체
스, 미술관 관람, 2004~2005년도)과 비교한 그래프.

그 비율이 최대치든 최소치든 간에 펠로들이 MSU 학생들보다 인지
가능한 월드플레이를 2배 정도 많이 했다.

그런데 두 집단 간의 차이가 두드러진 창조성만은 아니었다. 비록
맥아더 펠로와 MSU 학생 들의 나이 차가 학생들이 진짜 월드플레이
를 회상하는 데는 특별히 유리하게 작용하지 않았지만, 그래도 펠로들
의 월드플레이 실행에는 유리하게 작용했을 수도 있었다. 펠로들이 학
생들보다 좀 더 많이, 복잡한 가상 놀이를 하게끔 떠밀렸을 테니까.

그 결과 두 그룹 다 아동기 놀이의 분수령이라 할 수 있는 것들의 양
쪽에 양다리를 걸친 것처럼 보였다. 지난 30년에서 50년 사이에 등장
한 텔레비전, 컴퓨터, 인터넷 같은 20세기 오락 산업 기술은 가상 놀이
에 심각한 타격을 입혔다(특히 컴퓨터게임이 월드플레이 충동에 미칠 수도
있는 영향은 11장에서 다룰 것이다). 펠로들은 어릴 때 선택할 수 있는 오

락거리는 적고 가상 놀이를 할 수 있는 자유 시간은 많았기에 대학생들보다 더 많은 가상 세계를 창조했을 수도 있다. 반면에 MSU 학생들은 선택할 오락거리는 많아지고 자유 시간은 줄었기 때문에 가상 세계를 적게 창조했을지도 모른다.

이처럼 세대 효과의 가능성을 감안할 때, 아동기 월드플레이와 가상 놀이를 할 수 있는 자유 시간 사이에, 또 아동기 월드플레이 및 가상 놀이를 할 수 있는 시간과 어른이 된 후의 창조적 활동 사이에 긴밀한 상관관계가 있는 것 같았다.

직업 분야별 성향

월드플레이 프로젝트는 빈도에 더해 아동기 파라코즘 창조와 연관된 성인기 직업을 추적했다. 실비, 맥키스, 코헨은 가상 세계 창조를 예술 계통 직업과 연결했는데, 물론 표본조사된 파라코즘 놀이꾼들의 성인기 활동 분포를 체계적인 방식으로 조사한 결과는 아니었다. 월드플레이 프로젝트는 의도적으로 그 같은 데이터를 수집했다.

편의상 프로젝트는 맥아더재단이 사용한 펠로들의 활동 분야 분류를 활용하기로 했다.(표 3-2 참조) 1981~1996년 맥아더재단은 펠로의 약 4분의 1 정도를 예술 분야에서 선정했고 4분의 1이 조금 넘게 과학 분야에서, 인문학과 공공 문제 분야에서 각각 5분의 1을, 사회과학 분야에서 10분의 1을 선정했다. 프로젝트 조사에 응한 맥아더 펠로들의 직업 분포는 이 분포와 밀접한 양상을 보였다. 다만 인문학 분야가 예상보다 3분의 1쯤 적게 나오고 대신 사회과학 분야가 3분의 1가량 더 나왔다는 점이 달랐다.

　예상대로 MSU 학생들은 펠로들과 거의 비슷한 범주의 직업 분야에 종사하기를 희망했다. 많은 학생들이 법률, 비즈니스, 교육 분야에서 일자리를 얻으려고 했는데, 공공 문제나 사회과학 분야 직업의 합이 총 학생의 거의 3분의 2를 차지한 반면 예술과 과학 쪽은 3분의 1을 약간 넘겼기 때문이다. 6%의 학생들은 아직 진로를 정하지 않았다.

　월드플레이를 배경으로 대학생과 펠로 들의 직업 분포를 살펴본 결과 부가적 차이가 드러났다. 인문학, 예술, 공공 문제 분야의 학생들이 사회과학이나 자연과학 계열 학생들보다 두세 가지 요인에 의해(표 3-3 참조) 아동기에 가상 세계를 더 많이 창조한 것 같았다. 이 결과는 파라코즘 놀이꾼들에게는 예술(그리고 좀 더 확대하면 예술과 밀접한 관계

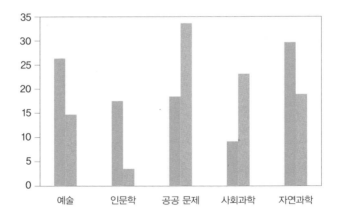

[표 3-2]

예술, 인문학, 공공 문제, 사회과학, 자연과학 분야의 직업 분포와 희망 직업 분포 양상(%) : 맥아더 펠로(보라색 막대)와 MSU 학생(회색 막대).

가 있는 인문학 분야의 직업들)이 특히 적성에 맞을 것이라는 실비, 맥키스, 코헨의 가정을 반영하는 것처럼 보였다.

하지만 표 3-3에서도 볼 수 있듯이 맥아더 펠로들에게는 이러한 상관관계가 들어맞지 않았다. 그 그룹에서 예술가 비율은 인문학 분야에서 일하는 사람들보다 다소 적고, 어릴 때 가상 세계를 창조했던, 사회과학 분야에서 일하는 사람들의 절반 정도밖에 되지 않았다.

게다가 이 예술가들은 교육, 저널리즘, 공공 정책 분야나 과학 분야에서 일하는 펠로들보다 가상 세계를 조금 더 창조했을까 말까였다. 이런 결과는 어릴 때 가상 세계를 창조했던 창조적 사람들은 다른 직업도 예술만큼 보람 있는 일임을 발견할 거라는 예측을 뒷받침하는 것

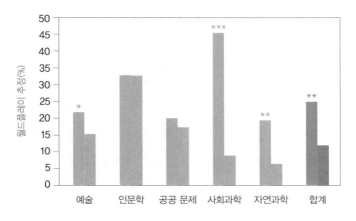

[표 3-3]

아동기의 월드플레이 : 맥아더 펠로(보라색 막대)와 MSU 학생 (회색 막대).

* = p⟨0.05 ** = p⟨0.001 *** = p⟨0.0001

(p-value와 그 의미에 대한 설명은 권말 주석을 참고할 것)

으로 보였다. 월드플레이 프로젝트에서 표본조사한 펠로들의 경우에 비추어볼 때 아동기의 파라코즘 창조는 예술 및 그와 관련된 인문학 분야만이 아니라 자연과학이나 사회과학 분야와도 밀접한 관계가 있다고 예상할 수 있었다.

이어진 결과 분석은 이 데이터 해석이 옳음을 증명해주었다. 활동 분야별로 직업 분포를 비교한 결과 두 그룹 간의 몇몇 차이가 매우 중요하다는 점이 드러났다. 특히 사회과학, 자연과학, 예술 분야의 펠로들이 이 분야로 진출하려는 대학생들보다 아동기에 가상 세계를 더 많이 창조한 것 같았다. 이 세 분야 전체에서 아동기 월드플레이가 성인기의 창조적 성취를 예언할 수도 있는 것처럼 보였다.

연관성 인식

일반적인 직업이든 특수한 직업이든 아동기의 가상 세계 창조는 성인기의 창조적 성취와 매우 긴밀하게 연관되어 있었다. 그럼에도 그 통계적 상관관계는 설명을 요했는데 그것 자체로는 아동기 월드플레이가 어떤 직접적 방법으로든 성인기 창조성을 유발한다는 사실을 입증할 수 없었기 때문이다. 파라코즘 놀이가 성인기 활동에 미치는 실질적 영향 혹은 결과는 간접적이거나 상관적인 것 같았다. 일련의 요인들이 서로 연계하여 결국 창조적 결과를 낳는 데 영향을 미치는 식이라고나 할까. 월드플레이 프로젝트는 세 번째이자 마지막 과제를 위해 펠로와 학생 들이 아동기 가상 세계 놀이의 가치에 대해 어떻게 생각하는지 조사했다. 개인적 활동에서 작용하는, 있을 수 있는 요인 체계를 확인하기 위해서였다.

어떤 종류든 간에 아동기의 놀이가 본업이나 취미에 중요한지 아닌지에 대한 질문에 맥아더 펠로의 40% 정도가 중요하다고 대답했다. 여기에는 인문학 분야 수상자로 다음과 같이 쓴 펠로가 포함된다. "내 어린 시절은 완전히 천방지축이었다. 항상 집 주변을 뛰어다녔고, 무언가를 짓고 새로운 '발명'(결코 작동하지 않는)으로 이어지는 '비즈니스'를 시작하고 우주 공간으로 우리 자신을 발사하고, 항아리에 벌레를 잡아넣고, 도자기에 구멍을 냈던 기억이 난다. 뒤돌아보면 온통 생기발랄하고 자유분방하고 가능성이 흘러넘치던 시절이었다. 오늘날 내가 하는 일도 그것과 거의 똑같다." 선견지명이 있는 역할 놀이, 천문학이나 역사, 또는 일찍이 터득한, 물건을 해체했다가 다시 조립하는 일에 대한 취미나 관심에 초점을 맞춘 펠로들도 있었다.

표본조사한 학생의 53% 정도 역시 아동기의 놀이가 현재의 취미나 희망 직업에 영향을 미쳤다고 대답했다. 실제로 이 그룹에서 나온 자세한 코멘트의 대부분은 아동기 놀이와 현재 여가 활동 사이에 관련이 있다는 내용을 담고 있었는데 여기서 여가 활동이란 스포츠 활동부터 음악 감상, 게임하기, 영화 감상을 아우르는 범위였다.

게다가 다수의 펠로와 학생 들이 현재 진행 중인 월드플레이를 보고했는데, 가상 세계를 창조하거나 거기에 동참한다는 뜻이었다. 설문지는 그림, 연극, 영화, 소설에 나오는 '가상의 영토'나 과학자 등에 의해 가설적으로 세워진 '가능한 세계'에 대해 질문했다. 설문에 응답한 펠로 중 실제로 그런 세계를 창조했거나 거기에 참여했다고 대답한 사람이 절반을 약간 넘었고, 마찬가지로 학생들도 절반이 이미 그런 활동을 했거나 하기 바란다고 대답했다.

흥미롭게도 응답한 펠로 5분의 2와 응답한 학생 4분의 1 이상이 성인의 월드플레이가 상상한 세계나 가능한 세계를 직업적으로 창조하는 것을 수반한다고 명시했다(맥아더 펠로들이 현재 진행 중인 월드플레이라고 말한 것이 무슨 뜻인지 조사한 내용은 8장에 나온다). 두 그룹 다 적은 수의 응답자들이 취미로 현재 하고 있는 월드플레이가 있다고 대답하거나 진행 중인 월드플레이의 상황을 특기하지 않았다.

성인기에 가상 세계에 참여하고 그것을 창조하거나 또는 그것의 창조를 예상한다고 해서 아동기에 가상 세계를 꼭 창조해야 할 필요는 없었다. 특히 성인기의 월드플레이가 공공 활동 혹은 최소한 사회적으로 용인되는 활동과 관련이 있을 경우에는 더 그렇다. 그런데 몇몇 사람들의 경우, 성인기의 월드플레이는 좀 더 사적인 공간에서 활발하게 이루어졌다. 펠로 다섯 명이 아동기에 처음 창조한 가상 왕국으로 "아직까지도 이따금 돌아가는" 경향이 있다고 털어놓았다. MSU 학생들 열두 명 역시 "지금도 여전히 이 가상 세계에서 놀고 있다"거나 "머릿속으로만 여전히 종종 그 세계로 빠져든다"는 등 다양한 대답을 내놓았다.

아울러 몇몇 펠로들은 성인기에 새로 만든 파라코즘적 공상의 세계가 있다고 털어놓았다. "혼자 있을 때 (차 안이나 지하철을 타러 걸어갈 때) 의견이 다른 상대편과 논쟁하거나 연설을 하는 것으로 나의 능력"을 훈련하는 버릇을 떠올린 펠로가 여기에 포함되었다. 그는 그것을 "그 안에서 나 자신을 발견하는, 실제 환경의 상상 속 버전"으로 생각했다. 여기에는 또 "우리 부부는 항상 정교한 가상 세계 놀이를 한다"고 고백한 펠로도 있었다.

전반적으로 펠로와 학생 들은 현재 진행 중인 월드플레이에 대해 상당히 말을 아꼈다. 한 펠로는 어린 시절 공상 세계에 관해 이렇게 말했다. "나는 그것에 대해 굉장히 부끄러워한다. 그 유치함이 당혹스럽다." 그와 똑같은 곤혹스러움이 성인기의 내밀한 월드플레이에도 수반되었다. "우리가 나이를 먹을수록 사람들(부모/타인들)이 그것을 점점 더 하찮게 생각하는 것 같다"라고 쓴 학생도 있었다.

이 같은 사회적 압력이 십대 후반과 이십대 초반 청년들이 왜 월드플레이를 하지 않는지 설명하는 데 도움이 된다. 실비와 맥키스는 크리스토퍼 어셔우드Christopher Isherwood〔미국의 작가(1904~1986)〕와 그의 대학친구가 뒤늦게 만들어 재미있게 놀았던 '모트미어Mortmere'는 언급했지만, 다른 청년들이 어릴 적 파라코즘에 매달리거나 새로운 파라코즘을 만든 경우는 거의 발견하지 못했다. 모트미어의 경우에도 그들이 학교를 졸업한 후에는 더는 그 놀이를 하지 않았다.

이런 점에 비추어볼 때 일부 펠로들이 중장년이 되어서까지 계속 아동기의 세계에 빠져 있다는 사실이 한층 더 놀랍게 보였다. 아니, 놀라운 일인가? 심리학자들은 오래전부터 공상에 빠지는 경향과 사고의 독창성 사이에 밀접한 관계가 있다고 주장해왔다. "창조성이란 성인이 되어 느닷없이 튀어나오는 게 아니다"라고 주장하는 사람들 또한 많다. 어른이 된 후에도 아동기의 월드플레이를 계속해온 맥아더 펠로 등은 아마 계속해서 활동적인 상상력을 키웠을 것이다. 마찬가지로 자신의 직업이나 취미를 그 같은 놀이라는 관점에서 인식한 사람들 역시 어릴 때 파라코즘을 만들었는지 여부와 상관없이 지속적으로 상상력을 키워왔다고 하겠다.

우리가 알게 된 사실은 다음과 같다. 어릴 때 월드플레이를 한 사람들이 성인판 월드플레이와의 연관성을 인식하는 비율이 높았는데 펠로가 61%, 학생이 72%였다. 일련의 후속 인터뷰를 통해 펠로들의 그같은 연관성의 특징이 명확해졌다.

미국의 시인 골웨이 킨넬Galway Kinnell(1927~)이 첫 번째 예를 보여준다. 일곱 살 무렵 킨넬은 손위 형제들과 '리틀맨Little Men'이라는 놀이를 하면서 지하실에 마분지 상자로 작은 동네를 만들었다. 아이들은 마분지 상자로 집을 만들면서 문과 창문을 오려내고 안에 벽지를 바르고 각 방에 작은 가구를 만들어놓았다. 그리고 그 마을에 쇠로 만든 병사, 선원, 해적, 목동 들과 아메리카 원주민들을 살게 했다. 월드플레이 프로젝트 인터뷰에서 킨넬은 형제들과 함께한 그 놀이의 특징이 진지하게 몰두했던 기억임을 떠올렸다. 감정이입 능력에 힘입어 "자기 자신을 벗어나 다른 존재 속으로 들어간다"는 것이었다.

사전에 연출된 것은 아무것도 없었다. 우리는 그저 지하실로 내려가서 놀이를 시작했을 뿐인데… 이내 그 세계로 빠져들어갔다. 형들은 얼마나 깊이 빠져들었는지 잘 모르겠지만 아무튼 나는 줄곧 그 세계에 푹 빠져 있었다. 그때가 평생 처음으로 진짜 의식을 초월하는 경험을 한 순간이었다. …잘 시간이라고 말씀하시는 엄마의 목소리가 계단을 타고 울려 퍼지면 나는 깜짝 놀라곤 했다. …우리가 이렇게 노는 동안 두세 시간이 훌쩍 지나버렸기 때문이다. …그 놀이를 하는 동안 나는 그야말로 다른 세계의 황홀경에 빠져 있었다. 나중에 글을 쓰기 시작했을 때 나는 그 황홀경에 연결되어 있다는 모종의 느낌을 감지했다. 내가 완전히 시에 몰두했을 경우 나는 시의 세계로 들어갔다.

미국의 경제학자 앨리스 리블린Alice Rivlin(1931~)도 이와 비슷하게 아동 중기의 상당 기간을 '정말로 복잡한' 잠자리 동화에 열중했던 기억을 떠올렸다. 그녀는 홍수로 폐허가 된 세상에서 거룻배에 살며 자급자족하는 가정들의 공동체를 상상했다. 문제는, 어떻게 충분히 먹을거리를 구할 것인가 하는 실질적인 것들이었고 해결책 역시 실질적이었다. 몇몇 집은 옥수수를 키우고, 어떤 집은 야채를, 또 다른 집은 소를 키우는 식이었다. 리블린은 어릴 때 이미 "우리가 그 세상을 돌아가게 할 수 있다는 느낌에서 오는 만족감"을 알았다.

사실 가상 놀이 제일의 요지는 "이 세계에서 이런저런 것들을 어떻게 배열하고 또 무슨 일이 일어나고 있는가에 대해 생각하는 것"과 관련이 있었다. 그러니까, 지식을 발견하고 종합하고 체계화하는 것뿐만 아니라 사회제도를 모방하고 그 모형을 만드는 것이었다. 따라서 리블린은 그 놀이가 자신이 하고 있는 공공 정책 분석, 도시와 주택 지구 계획 업무와 직접 관련이 있음을 깨달았다. 아울러 "내가 평생 해온 경제학에서의 다른 종류의 문제 해결"과도 관련이 있다는 것을……. 그녀는 프로젝트 인터뷰에서 지방 차원이든 국가 차원이든, 현 정책의 결과를 분석하든, 새 정책을 '구상'하든 간에 "시스템이 작동하는 방식을 생각해내는 것과 아동기의 이 같은 상상하기 사이에는 상관이 있다고 생각한다"고 말했다.

마지막으로 미국의 과학자 R. 스티븐 베리Stephen Berry(1931~)는 월드플레이가 그에게 일찍부터 일반적인 연구 실습을 시킨 것 같다고 인정했다. 특히 실험 모형을 만들고 그럴듯하게 추측하는 창의적 임무에 큰 도움을 주었다고 한다. 2차 세계대전 중에 십대였던 베리는 친구들과 함께 전쟁 놀이용으로 유사 세계를 만들었다.

우리들 몇몇은 정말로 지도를 좋아했다. 또 세상에서 일어나는 일들을 이렇게 지도 형태로 묘사한 것을 가질 수 있다는, 어쩐지 매혹적인 기분도 무척 좋았다. …우리는 가상 대륙에 가상 국가를 두서너 개 세웠는데 대개 전쟁 중이거나 조만간 전쟁을 치르게 될 터였다. 또 확실한 이유도 없이 우리는 한 나라가 다른 나라를 침략하게 해서 그 나라의 넓은 지역을 강탈하게 할 수 있었고 그러면 지도에서 그 부분을 지울 수 있었다.

베리에게 이 놀이와 그의 과학 사이의 연관성은 간접적이지만 그래도 강력한 것이었다.

나는, 현실 세계와 조화를 이루면서도 가능한 세계를 상상하는 것이 나중에 과학 연구를 할 경우 어느 정도까지 창의성을 일깨울 수 있을지 궁금했다. 나는 과학 분야의 많은 독창적인 아이디어들이 이제까지 본 적도 들은 적도 없었던 것에 대해 질문하는 모종의 생각 놀이에서 비롯된다고 생각한다. 물론 그 질문 대상은 현실의 범위 안에 존재하는 것이다.

하나의 패턴을 살펴보자. 펠로 셋, 파라코즘 셋, 직업 세 가지, 전반적인 연관성에 대한 인식 하나. 여기서 하나하나 나열된 것, 또 앞으로 이어질 장에 나오는 것 같은 개인적 증언은 월드플레이가 예술과 과학 분야에서 성인기 활동까지 이어질 수 있다는 것을 보여준다. 게다가 그것은 상상력과 창조 행위의 네트워크를 통해서도 이를 보여준다. 첫 번째 것에는 감정이입하기, 모방하기, 모형 만들기가 포함되고, 두 번째 것에는 정신적 몰입, 지속성, 문제를 발견하고 해결하기, 그럴듯한 추측이 포함된다. 마지막 것에 지식의 구축, 통합, 체계화가 포함된다. 월드플레이가 성인기의 창조적 성과를 유발하거나 보장하지는 못한다 하더라도 그것이 모종의 결합을 통해 성인기의 창조성을 촉진할 수도 있는 수많은 요인을 계발하리란 추측은 가능하다.

그림 3-4에 제시된 모형은 다음과 같은 매개 요인들의 네트워크를 계발함으로써 아동기의 월드플레이가 성인기의 창조성에 영향을 미칠 수도 있다는 가설을 내세운다. (1) 창작 과정과 그에 수반되는 행동을 갖추는 재주뿐 아니라 상상력도 포함된 인지 능력, (2) 지식 구축이나 문제의 발견과 해결 같은 학습하고 발견하는 전략, (3) 표출적 문화에서의 구성 능력, 특히 이야기, 역사, 그림, 지도, 손으로 만든 책, 야외 성채 또는 기타 모형들과 같은 구성적 형식.

어떤 특정한 사례에서든 아동기의 월드플레이는 정도 차이는 있지만 이 매개 요인들의 전체 또는 일부를 훈련할 수도 있다. 파라코즘은 기록된 이야기 형태의 문화 창조를 포함할 수도 있고 포함하지 않을 수도 있다. 또 그 활동에 정서적 투자를 강화하면서 지식의 구축과 함께 오래도록 놀이를 연장할 수도 있고 연장하지 않을 수도 있다.

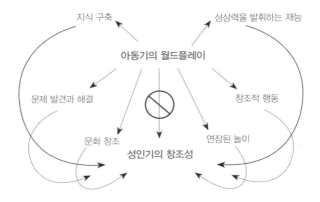

지식 구축　　　　　상상력을 발휘하는 재능

아동기의 월드플레이

문제 발견과 해결　　　　　창조적 행동

문화 창조　　　연장된 놀이

성인기의 창조성

[그림 3-4]
월드플레이–창조성 네트워크. 아동기의 파라코즘 창조는 성인기의
결과에 간접적인 영향을 미칠 수도 있다.

　　아동에게 미치는 영향의 종류와 특성의 이러한 변화는 필연적으로
성인기의 창조적 역량과 생산성에 유동적인 영향을 미친다. 모형을 보
면 알 수 있듯이, 아동기의 월드플레이가 훈련하는 요인들이 더 많이,
더 강력하게 결합할수록 성인기에 모종의 창조적 결과를 얻을 가능성
도 그만큼 더 커진다. 다른 말로 하면 더 적은 요인들이 더 빈약하게
활동할수록 창조적 영향력도 그만큼 더 약해진다.

　　따라서 이 모형은 월드플레이가 성인기의 소박한 개인적, 그리고/
또는 직업적인 창조적 성취에서부터 창조적 생산이라는 탁월한 수준
에 이르는 범위까지 결과를 끌어낼 수도 있다는, 명백한 모순을 해결
한다. 인지적·창조적·구성적 중요성에 의지하면서 파라코즘 창조는
다양한 방향으로 나아갈 수도 있다. 아무튼 적어도 개인들의 사례에서

드러난 연관성은 놀이가 일반적이면서도 특별한 방식으로 평생 동안 학습, 발견, 창조를 위한 인지적 전략으로 작용할 수 있고 또 작용한다는 사실을 말해준다.

예비 결론 및 추측

어떤 분야건 자가 보고를 바탕으로 인간의 활동을 연구하는 데에는 어려움이 있다. 사람들은 자신의 이해관계, 또는 단순한 스케줄에 따라 조사에 응하기도 하고 응하지 않기도 한다. 월드플레이에 대한 그들의 증언은 상상력과 창조성에 대한 믿음이라는 프리즘을 통과하면서 의식적이든 무의식적이든 굴절된다. 그들이 언제 태어나고 어떤 환경에서 성장했는가도 삶의 이력과 그들의 설명을 왜곡한다. 하지만 이런 선입견이 작용한다 해도 기억은 중요하다. 함께 공유한 행동들이 추가되면서 의미 있는 상관관계를 확립할 수 있다. 입증되지 않은 개별적 설명의 누적은 가설적인 인과관계를 제기할 수 있다. 요컨대 여기서 수집된 기억의 집계는 많은 결론을 시사한다.

월드플레이는 이제까지 알려진 것보다 훨씬 더 일반적이다. 또 창조적인 사람들 사이에서 가장 널리 행해지는 것일 수도 있다. 광범위한 분야에서 아동기의 월드플레이와 성인기의 창조성 사이에 긴밀한 연결 관계가 있는 것으로 보이는데 특히 예술, 사회과학, 자연과학 분야에서 그 정도가 뚜렷하다. 월드플레이 프로젝트에 참여한 파라코즘 놀이꾼의 절반 이상이 어린 시절의 가상 세계 놀이와 성인이 되어서 하는 업무 사이에 어느 정도 연관성이 있다는 걸 알고 있었다. 게다가 어릴 때 가상 세계 창조가 두드러졌는지 여부와 상관없이, 펠로와 학생 양쪽 모두, 모든 연구 참가자 절반 이상이 자신의 직업이나 취미 활동에서 월드플레이의 요소를 발견했다. 성인기의 창조적 상상력이 놀랄 만큼 아동의 놀이처럼 보일 수 있다는 사실도 드러났다.

실제로, 아래 여섯 가지 결과들이 이루는 모종의 조합이 드러날 경우, 아동기의 월드플레이가 성인기의 창조성과 특별한 관련이 있음을 시사하는 증언이 거듭 나왔다.

- 월드플레이는 상상력을 훈련한다.
- 월드플레이는 창조적 역량과 행동을 발달시킨다.
- 월드플레이는 아동기 후반과 십대 청소년들이 상상력을 발휘한 창조적인 놀이를 나이 들어서까지 연장하는 데 기여한다.
- 월드플레이는 가상적인 혹은 추측된 시스템 안에서 문제를 발견하고 해결하는 능력을 훈련한다.
- 월드플레이는 새로운 지식을 상상하고 구축하며 끊임없이 이어지는 인간의 문제에 대처하는 능력과 대담함을 길러준다.
- 월드플레이는 상상한 아이디어, 재미있는 실행과 미술, 음악, 실험, 이론, 혹은 발명에 관한 증거 자료 사이의 틈을 메꿔줌으로써 문화 창조를 자극한다.

이어질 장에서 이러한 결과들을 차례차례 다룰 것이다. 먼저 아동기가 나오고 성인기가 이어진다. 이 장에서 기억을 집계한 후, 2부에서는 가상 세계 창조를 넓고 깊게 이해하기 위해 놀이, 영재성 및 창조성 연구 역사에 의존할 수 있을 것이며, 그 반대도 가능하다.

> From : Bob ⟨rrb@michstateu.edu⟩
>
> Date : Nov 24 3 : 27 (EST)
>
> To : ⟨mrb@michstateu.edu⟩
>
> Subject : 담에는 뭘꼬?

이제까지는 아주 좋았어요. 근무 시간에 나를 보러 온 마지막 학생에게 다른 말로 설명하려면, 담에는 뭘꼬?

> From : Michele ⟨mrb@michstateu.edu⟩
>
> Date : Nov 24 4 : 11 (EST)
>
> To : ⟨rrb@michstateu.edu⟩
>
> Subject : Re : 담에는 뭘꼬?

가상 놀이의 토대로, 그것이 무엇이고 어떻게 발전하는가에 대한 문제지요. 장소 만들기와 가상 세계 창조를 연합한 것처럼 보이는, 좀 애매한 놀이 행동이 있어요. 말하자면 장소 만들기 놀이와 월드플레이는 같은 둥지에서 생겨난 거지요.

> From : Bob ⟨rrb@michstateu.edu⟩
>
> Date : Nov 24 3 : 27 (EST)
>
> To : ⟨mrb@michstateu.edu⟩
>
> Subject : Re : Re : 담에는 뭘꼬?

아하, 놀이 '잡종들'의 연속체로군. 비록 근래에는 줄곧 세탁실에 처박아두긴 했지만, 아무튼 내가 십대 초반에 마분지로 만든 성이 메러디스의 카랜드 창조와 **아주 똑같은 것은 아닌** 것처럼 말이오. 우선, 내 기사騎士들을 위해 이야기를 만드는 일은 톨킨스러운Tolkienesque (톨킨에 의해 탄생된 판타지 세계를 일컫는 말) 활동인데 나는 한 번도 그런 적이 없었다오. 그래도 나 또한 가상적인 것을 만들고는 있었지. 전체적이 아니면 부분적으로라도 마음속에 평행 세계가 떠올랐거든.

> From : Michele 〈mrb@michstateu.edu〉
>
> Date : Nov 24 4 : 11 (EST)
>
> To : 〈rrb@michstateu.edu〉
>
> Subject : Re : Re : Re : 담에는 뭘꼬?

> 평행 세계

에구머니나, 정확하기도 하셔라. ☺

2부

가상 놀이의
정원 탐험하기

상상 놀이는 인지력과 사고력 발달에 어떤 영향을 미치나
월드플레이와 영재 교육의 관계
가상 놀이는 어떻게 공감각을 향상시키나

가상 놀이와 장소

아동 중기 놀이의 시학

마음이 곧 자리다.
-패트릭 브론테Patrick Brontë, 목사

장난꾸러기의 마음

스미소니언연구소에서 2000년 가을에 개최했던 '장난꾸러기의 마음The Playful Mind'이라는 심포지엄을 살펴보면 두 가지 통찰을 얻을 수 있다. 하나는 모든 놀이는 다 흉내 내기라는 것이고 또 하나는 아동기 가상 놀이의 발달은 자연스럽게 가상공간과 가상 장소 만들기로 이동한다는 것이다.

심포지엄은 하루 종일 진행되었고 예술가, 과학자 및 기타 연구자들이 모여 '놀며 창조하며'라는 새로운 전시의 개막 테이프를 잘랐다. 기계 조각으로 괴상한 뼈를 간질이는 작품을 전시한 예술가도 있고, 사람의 감각이 혼합된 장난감인 소리/빛 합성 장치를 들고 나온 인류학자도 있었다. 또 수 새비지 럼보Sue Savage-Rumbaugh (1946~) 같은 미국의 과학자는 장난이라고 불릴 수도 있는 것을 가지고 작은 침팬지인 보노보의 놀이 습관에 관한 이야기를 시작했다.

무대로 나오라고 하자 새비지 럼보의 다 큰 아들이 계단을 뛰어 올라오더니 강연대 주변과 탁자 너머로 어머니를 쫓아다녔다. 그들은 숨을 돌리려고 잠시 멈추더니 입을 벌리고 입술로 이를 다 가린 채 거칠게 숨을 헐떡거렸다. 그러다가 느닷없이 어머니가 아들을 공격하자 아들이 의자 뒤로 다급하게 도망쳤다.

나와 내 왼편에 앉은 노신사는 재빨리 서로 힐끔 쳐다보았다. 말은 한마디도 없었지만 우리도, 다른 청중들도 모두 미소를 짓거나 웃음을 터트렸다. 우리는 이가 가려진 벌린 입에서 보노보의 '장난치는 얼굴'을 보고, 거친 헐떡임에서 보노보의 웃음소리를 듣는다. 마치 우리가 정말로 침팬지 새끼들을 보고 있기나 한 듯이 우리는 흉내 내기를 흉내 내는 모습에서 우리에게 친근한 기호를 깨닫는다. 강당의 모든 사람들이 "진짜 동작을 대신하는 가짜 동작"을 이해한다. 우리는 우리 자신이 놀고 있다는 사실을 안다.

이것은 소수만 아는 특별한 지식이 아니다. 아이들이건, 여타 문화권의 사람이건, 아니면 다른 종의 동물이건 그들을 관찰할 경우, 사람들은 놀이를 보면 그것이 놀이임을 안다. 또 어떤 행동을 그 행동에 대한 논평으로 만드는 풍자적 태도를 '감지했을' 경우에도 그렇다. 물론 모든 흉내 내기가 다 놀이는 아니다. 위장된 속임수는 사람들에게 미소나 웃음을 유발하지 않을 것이다. 하지만 놀이를 흉내 내는 것에는 간교한 속임수가 없다. 가짜 추격에서 우리가 금방 파악하는 것은 소리/빛 합성 장치를 들고 온 인류학자가 '신나게 움직이기'라고 불렀던 바로 그 속성이다.

　루이스 캐럴Lewis Carroll〔《이상한 나라의 앨리스》를 쓴 영국의 동화작가 겸 수학자(1832~1898)〕의 정말로 재미있는 시에서 빌려온, '신나게 움직이기 걸럼핑galumphing'이라는 말은 과장되고, 반복적이고, 신나게 들뜨고, 대담한 행동을 뜻하는데 무엇보다도 즐거운 행동이라는 의미가 가장 강하다. 사회생활 규칙에서는 심각한 목적을 나타내는 신체 공격이 무대 위 '침팬지'의 경우에는 그 같은 의미를 지니지 않은 채 위협은 사라지고 뚜렷한 이유 없이 정교해진다. '현실 세계'에서의 실제 추격과 달리 추격 놀이에는 분명한 목적이 없다. 나는 새비지 럼보 모자의 놀이를 지켜보면서 놀이란 오로지 재미를 위한 것이라는 점을 떠올렸다.

　놀이에는 직접적인 목적이 없을지 모르나 동물행동주의자들은 오랫동안, 가짜 추격이나 유사 행동들은 장기적으로 볼 때 생물학적으로 적응할 수 있는 것이라고 주장해왔다. 동물행동학의 창시자 가운데 한 사람인 니코 틴버전 Niko Tinbergen〔네덜란드 출신 현대 영국의 동물행동학자(1907~1988)〕에 따르면, 선천적이고 본능적인 능력을 학습된 능력으로 보완하는 동물 종들은 신체 놀이를 독학으로 배운다고 한다. 예를 들어 털실 뭉치에 와락 덤벼드는 새끼 고양이는 진작부터 사냥에 필요한 행동을 갈고 닦은 덕분에 결국 살아남게 된다.

　근래 들어 연구자들은 학습된 적응력의 중요성을 강조해왔다. 놀이는 신체적 역량만 키우는 것이 아니라 다양한 도전 수준에 맞게 방어기제를 조정하고 친밀한 사회적 유대를 촉진함으로써 개인의 '복지'를 향상시킨다. 가짜로 추격하는 어린 보노보는 집단 내의 공격에 잘 대처하면서 관계도 수립하는데 둘 다 집단의 안녕뿐 아니라 각자의 생존과 번식 성공에 영향을 미친다. 영장류와 포유류에서 볼 수 있는 동물의 놀이는 적응 지능의 표시다. 다시 말해 환경에 맞게 문제를 제기하고 문제를 해결하는 반응성을 계발하는 능력이 있다는 말이다.

새비지 럼보가 이야기를 시작할 때, 내 생각은 장난스러운 침팬지에서 장난스러운 아동들로 뛰어넘어갔다. 나는 추격 놀이를 하는 아이들을 보아왔는데 거의 매번 또 하나의 이야기가 동시에 전개된다. 말 두 마리가 바람과 함께 달리고, 날개 달린 고양이 세 마리가 마법의 깃털을 뒤쫓는다.

인간은 아동기에 그 같은 상상의 차원에서 많은 시간을 보내는데 거기서는 현실 세계에 있는 것들이 추측한 생각과 상황의 대역을 한다. 우리는 고양이 날개로 쓰이는 스카프 같은 소품이나 "우리, 말인 척하자" 같은 말을 통해 그 단서를 알아챈다. 또 이런저런 방법으로 놀이에서 객관적 사실이 상상 속의 존재, 사건, 이야기를 위해 자기 권리를 유보했음을 깨닫는다. 아울러 그들은, 실제의 것들로 이루어진 현실 세계와의 협력을 통해 상상 속 존재와 상상 속 장소로 이루어진 모의 세계 역시 존재한다고 믿는다.

어떤 연구자들은 가상 놀이가 두 발로 걷는 직립보행이나 마주 보는 엄지손가락처럼 인간을 다른 동물과 구분한다고 주장해왔다. 하지만 단순한 흉내 내기가 끝나고 가상 놀이가 시작되는 지점은 어디인가? 새비지 럼보는 가상 놀이가 원숭이들 사이에서도 나타난다는 설명을 재빨리 시작한다. 적어도 조지아주립대학교 언어연구센터에 감금된 채 연구 대상이 된 원숭이들은 그렇다고 한다. 비록 침팬지나 보노보의 상상 놀이가 인간의 놀이처럼 정교하지는 않더라도 가상 장난감, 가상 식량, 심지어 가상 괴물과의 지속적인 상호작용이 포함된다.

그녀가 관리하는 원숭이들은 어릴 때부터 언어를 습득한 까닭에 그것들 역시 '때로는… 흉내 내려고 언어를 사용하고' 자기들의 흉내 내기에 동료 보노보나 인간을 끌어들이려고 사용하기도 한다. 동물과 아동의 놀이를 연구하는 수많은 심리학자들과 마찬가지로 새비지 럼보도 언어 습득과 가상 놀이 사이에, 또 가상 놀이와 마음과 현실의 투사 사이에 긴밀한 관계가 있다고 생각한다.

새비지 럼보 덕분에 나는 아동기의 수많은 흉내 내기를 파라코즘 놀이에 연결해주는 것이 무엇인지 생각해냈다. 가상 세계 창조는 그 가장 단순한 형태에서 모든 가상 놀이의 기초가 된다. 이 같은 이해를 바탕으로, 매일 하는 놀이를 월드플레이에 연결하는 다양한 요소의 특징이 무엇인지 설명할 수 있을 것이다. 그리고 나는 나를 도와줄 수 있는 사람이 누구인지 알고 있다. 바로 내 곁에 있는 노신사다.

가상 놀이의 발달

최근 예일대학교에서 은퇴한 심리학자 제롬 싱어 Jerome Singer 는 가상 놀이 전문가 중 일인자다. 실제로 그는 본인의 말마따나 "인간의 사고 중 가장 덧없는 현상"을 연구하는 데 평생을 바쳤다. 그는 1960년대에 성인들의 상상력과 공상을 관찰하고 그 광범위한 발생 사실을 입증함으로써 이 연구를 시작했다. 그러다가 역시 심리학자인 아내 도로시 Dorothy 와 함께 1970년대 초부터 아동기의 가상 놀이를 집중적으로 연구했다.

　물론 싱어 교수 부부가 놀이하는 아동을 처음으로 연구한 것은 아니다. 이미 19세기와 20세기에 다양한 학파의 학자들이 이 문제를 풀려고 손을 잡았다. 19세기 말, 독일의 심리학자 칼 그루스Karl Groos(1861~1946)는 놀이가 성년기의 활동 능력을 준비하고 유지하기 위해 본능적으로, 사람의 경우는 종종 의식적으로 작용한다고 주장했다. 그것은 단순한 오락이 아니었다. 50년쯤 후, 스위스의 심리학자 장 피아제Jean William Fritz Piaget(1896~1980)는 인지 기능 발달에 관한 연구에서 그 문제의 범위를 좁혔다. 그는 오랫동안 자기 자녀들을 가까이에서 연구하면서 아동 초기 놀이를 바탕 삼아 이성적 사고의 출현을 탐색했다.

　원래 피아제는 가상 놀이가 아동에게 현실의 내적 그림이나 바탕을 구성하도록 해준다고 주장했다. 하지만 일단 논리적 사고력이 확립되면 가상 놀이는 이제 인지 발달에 불필요한 것이 되었다(따라서 성인기에는 장기적 중요성을 갖지 않았다). 정신분석학적인 방법에 따라 연구하는 칼 융Carl Jung(스위스의 정신과 의사(1875~1961))이나 에릭 에릭슨Erik Erikson(독일 태생 미국 정신분석학자(1902~1994)) 같은 심리학자들은 아동기 놀이를, 치료에 도움이 되도록 개인적으로 사회적·정서적·신체적 현실에 숙달시키는 것에 초점을 맞추었다.

　싱어 부부에게 이 모든 영향은 이른바 '인지적–정서적cognitive-affective' 놀이 모형으로 수렴되며, 이 모형에서 여러 가지 가설이 나온다. 첫째, 인간의 놀이에는 어느 정도의 신체적 도전, 색다른 경험, 또는 상황의 부조화 및 어떤 식으로든 이 세 가지가 결합된 것은 모두 포함된다. 둘째, 사람은 정보를 처리하는 동물로 끊임없이 자신의 현실 관념을 조정하기 위해 경험에서 얻은 교훈을 이용한다. 셋째, 참신함의 추구와 현실의 처리는 긍정적인 정서 반응과 밀접하게 연결되어 있거나 그에 의존하는 경우가 있다. 실제로 정서적 보상은 아동이 유모에게서 가족, 이웃으로 계속 확대되는 인간관계를 추구하도록 격려하며 또 그럼으로써 자주성과 정체성이 점차 발달하도록 자극한다.

이처럼 매우 광범위한 인간의 탐험 놀이의 영역에서 싱어 부부는 상상력 자체의 발달에 초점을 맞추었다. "아동기의 공상은 …단순히 개인적으로 특이한 현상이 아니라 사실은 인간의 공통적 속성을 반영하는 것"이라고 그들은 주장한다. 실제로 상상력의 발달에는 시종일관 변하지 않는 패턴이 있다.

흉내 내는 능력은 처음 두 살 때 대개 혼자서 하는 간단한 행동으로 나타난다. 세 살이 되어 가상 놀이에 한창 빠져들면 아이는 여럿이 하는 가상 놀이에 참여하기 시작하고 그때부터 적어도 2년 이상 이 놀이를 계속한다. 이 상호작용적 가상 놀이를 부모는 놀이 집단에서, 교사들은 유아원이나 유치원에서 쉽게 관찰할 수 있다. 그 내용과 특성은 미국의 수석교사 비비안 구신 페일리Vivian Gussin Paley(1929~)가 똑 부러지게 잘 정리해놓았다. 《아동의 일 : 판타지 놀이의 중요성A Children's Work : The Importance of Fantasy Play》(2004)에서 저자는 아기를 돌보고 우주 공간을 탐험하고 쌍둥이 타워에서 떨어지는 사람들을 감동적으로 구조하는 아동들을 관찰했다.

이들 시나리오의 내용이 저마다 다를 수도 있는 것처럼 여럿이 하는 가상 놀이에는 실생활의 소재나 상황이 결여된 채 이루어지는 익숙한 활동이 항상 포함된다. 어떤 대상은 다른 것을 대신하거나 상징할 수도 있다. 어린이는 진짜 차가 아니라 커다란 마분지 상자에 앉아서 가게 쪽으로 운전하는 시늉을 한다. 평소 다른 사람이 하는 활동이 종종 도용되기도 한다. 보통은 엄마나 아빠가 운전하지만 놀이에서는 아동이 그 역할을 맡는다. 그 활동을 재연하는 과정 또한 논리적이지 않을 수도 있다. 어떤 아동은 상자/자동차에서 날개가 솟으면서 날 수 있다고 제안한다. 생물과 무생물의 구분이 희미해지기 시작한다. 마분지 상자는 거대한 새가 되고 두 아이는 새의 등에 올라탄다. 결국 아는 것에서 모르는 것으로의 유연한 이행은 유연하게 탐색하며 정서적 반응을 하도록 해준다. 비행이 너무 무서운 것으로 생각되면 아동들은 유아원 교실 한가운데 놓인 상자에 안전하게 착륙한다.

여럿이 하는 가상 놀이는 네 살부터 여섯 살까지 행동의 중요한 부분을 이룬다. 하지만 일곱 살쯤 되면 아동들은 점차 여럿이 만든, 규칙이 있는 놀이로 관심을 돌린다. 피아제도 깨달았듯이 이러한 놀이의 변화는 사실인 것과 사실이 아닌 것을 구분하는 아동의 능력이 점점 향상됨을 반영한다. 또 사실을 선호한다는 점도 반영된다.

특히 일곱 살부터 열두세 살까지의 아동은 현실 세계의 구체적인 것들을 조직화하려는 활발한 욕구를 보인다. 구체적으로 작동하는 사고는 가족, 학교, 이웃 사람들 사이에서 자신을 독립적인 존재로 생각하는 자아감의 발달과 보조를 맞춰 성장한다. 요컨대, 여럿이 하는 규칙이 있는 놀이에 열중하는 것, 아울러 이성적 사고와 자의식의 출현은 아동 전기에서 아동 중기로 옮겨간다는 표시다. 그 이행이 매우 극적일 수 있는 까닭에 피아제를 비롯한 많은 연구자들이 흉내 내기 놀이와 함께 가상 놀이도 대부분 사라진다고 추정해왔다.

싱어 부부는 이에 이의를 제기했다. 비록 사회적 규모는 움츠러든 게 분명하지만 가상 놀이는 사라지지 않을지도 모른다. 아동이 유치원에서 초등학교로 올라감에 따라 교실, 운동장, 가정에서 제멋대로 하는 놀이 시간은 눈에 띄게 줄어들고 대신 구조화된 운동이나 조직적 오락 또는 독서, 텔레비전 시청, 컴퓨터게임 등이 주로 그 자리를 차지한다. 가상 놀이를 고집하는 아동들은 종종 또래나 부모에게 '철 좀 들라'는 압력을 받는다. 하지만 그 같은 사회적·제도적 압력에도 아랑곳없이 가상 놀이는 사라지지 않고 다만 속으로 숨어드는지도 모른다.

싱어 자신도 잘 알고 있을 것이다. 1975년에 출간된《백일몽의 내면 세계The Inner World of Daydreaming》에서 그는 예비 참조 사항으로 개인적 경험을 소개했다. 브론테 남매나 로버트 실비처럼 그 역시 어릴 때 가상 인물과 장소를 만들었다. 초등학교 시절에는 꾸며낸 그리스 로마 사회에 살면서 수염을 기르고 토가toga〔고대 로마의 남성이 시민의 표적으로 입었던 낙낙하고 긴 겉옷〕를 입은 고대 그리스 원로원 의원을 상상했다. 그는 또 가상 음악가-작곡가를 상상하며 지어낸 기보법記譜法으로 음악을 써내려갔다. 하지만 어린 싱어가 여러 친구들과 함께했던 것은 야구 보드게임으로, 우선 이것이 어떻게 그리고 왜 여럿이 하는 가상 놀이가 사라질 수도 있는지 보여주었다.

모형 경기장에 "공을 던지고, 실제로 치고, 심지어 담장을 넘겨서 홈런까지 칠 수 있는 작은 금속제 야구 선수들"을 거느리고 있는 그 놀이는 구체적이고 실제적으로 운동을 실연實演했다. 남자아이들은 가짜 경기를 위해 서로 다른 실제 야구팀을 선택했다. 하지만 차츰차츰 가상 야구 선수들에 이어 가상 팀 전체가 놀이에 영향을 미치기 시작했다. 싱어의 친구들이 진짜 운동 경기를 하게 되면서 "함께 그런 짓 하는 걸 그만두었을 때"에도 그는 여전히 머릿속으로 혼자 그 놀이를 계속했다.

싱어는 여럿이 하는 놀이였던 것을 공상 속에 통합해서 보이지 않는 곳에 숨겼다. 장난감 운동장에서 장난감 선수들을 조종하는 대신 그는 마음속으로 플라이 볼과 홈런을 상상했다. 또 경기 중인 선수들을 능숙한 만화 일러스트레이션으로 휘갈기듯 그렸고, 박스 스코어를 기록하고 통계를 작성했다. 게다가 꽤 오랫동안 그런 공상에 빠져 지냈다. 좋아하는 선수들이 야구장에서 경기하는 모습을 상상하다 보면 어느새 잠이 들곤 했다는 게 어른이 된 후 싱어의 고백이었다.

이런 식으로 가상 놀이에서 공상으로 이행하는 양상을 심사숙고한 끝에, 싱어 부부는 가상 놀이와 현재 진행 중인 의식적 사고의 발달과의 연관성을 주장했다. 그들은 원래 가상 놀이가 언어 표현 능력과 함께 등장한다고 지적했다. 놀이를 말로 표현하기, 곧 이야기를 짜맞추는 재잘거림은 아동의 발달하는 의식의 흐름을 나타내는 것처럼 보인다. 가상 놀이는 이러한 사고의 발달과 함께 의식의 흐름이 소리 없이 표현되거나 내면화하는 중대한 변화를 겪는다. 아동이 읽는 것뿐 아니라 입술을 움직이지 않고 읽는 것까지 배우게 되면 가상 놀이는 또래나 부모의 직접적인 시야를 벗어나 내면적 말하기의 자료가 된다. 두 심리학자는 "마음속으로 말하고 생각하는 재주가 발달함에 따라 가상 놀이는 계속 공상에 빠지는 활동이 될 수도 있다"라고 썼다.

싱어 부부는, 가상 놀이가 아동 중기를 지나 사춘기까지 이어지며 내면화한 형태로 성인기까지도 계속된다고 가정한다. 그게 사실이라면 우리는 그것에 대해 거의 모르는 채 지내고 있다는 말이 된다. 어떤 놀이책을 뽑아보더라도 정확히 유아원이나 유치원 아이들을 대상으로 한 것이 대부분일 것이다. 일곱 살부터 열세 살까지 혹은 그 이상을 대상으로 한 연구는 거의 찾아볼 수 없다. 이는 피아제 같은 이론가들이 남긴 영향을 반영하는 것일 수도 있다. 피아제는 인생 후반기에는 놀이가 별로 흥미롭지 않다는 걸 발견했다. 한편 그것은 연구자들이 더 이상 객관적으로 관찰할 수 없는 현상을 관찰하느라 겪는 어려움을 반영하는 것인지도 모른다.

간단히 말해, 나이가 많은 아동들은 놀이를 의식적으로 왜곡하지 않고서는 어른들 앞에서 더는 가상 놀이를 하지 않는다. 그렇기는 하지만 아동 중기는 다른 어떤 것만큼이나 중요한 '흉내 내기 놀이'의 활동 무대가 되어줄 수도 있다. 그 안에서 아동은 내면화된 흉내 내기로 움츠러들고, 자아감은 점점 커지고, 물질세계를 점점 더 장악하게 되고, 이 모든 것이 서로 영향을 주고받으며 상호작용을 한 결과 연장된 가상 놀이는 복잡한 형태로 탈바꿈한다.

장소 만들기의 시학

복잡하게 연장된 놀이의 증거 일부는 월드플레이 프로젝트에서 미시간주립대 학생들과 맥아더 펠로들에게서 수집한 모든 자가 보고에도 나와 있다. 보고된 놀이들이 월드플레이로 간주되는지 여부와 상관없이 그들은 전체적으로 모든 어린 시절의 가상 놀이에서 대체 현실을 느껴본 경험이 있다고 증언했다.

어떤 펠로는 비록 아동기에 오래 지속된 파라코즘을 만들지는 않았어도 놀이를 하면서 다양한 가상 세계를 방문했다고 주장한다. "영화, 책, 라디오, TV 프로그램, 카우보이 놀이, 전쟁놀이, 로빈후드 놀이, 해적 놀이 등에서 빌려온 세계로… 방문할 수 있는 세계는 아주 많았다." 또 다른 펠로도 비슷한 주장을 했다. "가상 세계가 딱 하나만 있는 건 아니었다. 우리는 새로운 놀이를 위해 새로운 세계를 만들었다. …모든 세계가 수명이 짧았는데… 일주일 정도밖에 가지 않거나 놀이를 하던 오후에만 잠깐 존재하기도 했다." 한 학생도 이와 비슷하게 가상 장소에 대한 느낌을 말했다. "나와 내 친구들은 함께 모일 때마다 늘 새로운 세계를 창조하곤 했다. 우리가 만든 세계는 단 한 번도 똑같지 않았다."

이런 놀이들은 일시적이고 덧없는 것이었을지 모르나 그럼에도 그처럼 기억되는 소중한 가상공간에서 이루어졌다. 사실 이들 보고가 말하는 것은 파라코즘을 포함한 장소 만들기 놀이인데 물론 파라코즘에 한정된 것은 아니다. 더욱 광범위하고 더욱 일반적 현상으로서 장소 만들기 놀이는 월드플레이를, 은밀하고 특별한 공간 주위를 빙빙 돌면서 여럿이 함께 창조한 것을 종종 혼자서 하는 내면화된 소일거리로 자리매김하게 한다.

《공간의 시학 The Poetics of Space》(1964)에서 철학자 가스통 바슐라르Gaston Bachelard(프랑스의 과학철학자이자 문학비평가(1884~1962))는 우리가 어떻게 직관적으로 특별한 공간을, 비밀스러운 은거지를, 그리고 생산적인 상상을 함께 끌어내는지에 주목했다. "집 안의 모든 구석진 곳이, 방 안의 모든 귀퉁이가, 그 안에 숨어 있고 싶거나 그 안에서 자기 자신 속으로 물러나고 싶은 철저하게 격리된 공간이 상상을 위한 고독의 상징이다. 다시 말해 그것이 방의 기원이거나 집의 기원이다." 맥아더 펠로와 MSU 학생 들에게서 받은 연합 보고서들을 엄밀히 조사하고 그 가상 놀이 경험 안에서 패턴을 찾으면서 우리는 장소 만들기 놀이의 '시학'에서 다음과 같은 요소를 발견했다.

- 여럿이 하던 가상 놀이가 슬그머니 종말을 고하고 난 후의 가상 놀이의 연장.
- 다양한 사회적 상황에 대한 적응.
- 성인 세계와 접하며 혼자 하는 내밀한 활동으로 움츠러듦.
- 발견하거나 새로 만든 환경의 조직화.
- 다양한 상상 방식 또는 놀이 방식에서 어느 정도 장소로의 내면화.
- 순전히 상상으로 이루어진 장소 만들기에 대한 가능성.

이제부터 차례차례 하나씩 살펴보기로 하자.

놀이의 시작과 지속 기간

장소 만들기 놀이는 아동 초기에 나타나서 아동 중기에 절정을 이루다가 아동 후기에 수그러든다.(표 4-1 참조)

3분의 1이 조금 넘는 학생들이 세 살부터 여섯 살 사이(아동 초기)에 놀이를 시작했고, 절반이 조금 넘는 숫자가 일곱 살부터 열두 살 사이(아동 중기)에 놀이를 시작했다고 했다. 열세 살 넘어서(아동 후기) 놀이를 시작한 숫자는 무시해도 상관이 없을 정도였다. 맥아더 펠로의 패

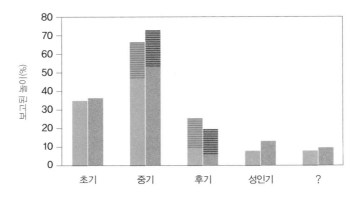

[표 4-1]

맥아더 펠로(보라색 막대)와 MSU 학생 들(회색 막대)의 놀이의 시작과 지속 기간. 놀이나 게임의 시작(음영이 꽉 찬 부분), 아동 초기에 시작해서 여전히 하고 있는 놀이/게임의 지속 기간(가로줄 부분). 보고된 놀이/게임의 수=펠로 48, 학생 113. 연령대별 나이는 다음과 같다. 초기(3~6세), 중기(7~12세), 후기(13~19세), 성인기(20세 이상). ?=알려지지 않은 놀이의 시작과 지속 기간

턴도 이와 비슷했다.

게다가 두 집단 모두 아동 초기에 만든 놀이의 절반 이상이 계속 이어졌고 아동 중기에는 장소 만들기 놀이가 상당한 증가세를 보였다. 학생 4분의 1과 펠로 5분의 1 정도만 아동 중기에 시작한 놀이를 십대까지 계속 이어갔다.

전체적으로 볼 때 아동 초기부터 중기 사이에 특히 장소 만들기 놀이의 지속 기간이 높은 비율을 나타내는 것으로 보아 아동 초기에 많이 볼 수 있는 가상 놀이는 완전히 사라지는 것이 아니라 겉으로 드러나는 양상만 변화할 뿐이라는 싱어의 주장을 뒷받침해준다. 그러한 변화의 일부 요인은 장소 만들기 놀이의 사회적 특성, 그것의 프라이버시 측면 및 실제든 상상이든 간에 장소 자체의 형성에서 찾아볼 수 있다.

사회적 특성

학생과 펠로 들이 보고한 거의 모든 놀이는 집 안이나 집 주변에서 이루어졌다. 또 혼자 놀거나 절친한 친구 한둘과 함께 놀거나 대규모의 유동적인 아동들과 어울려 노는 등 다양하게 형성된 사회집단 속에서 이루어졌다.

학생들의 경우 혼자 놀기보다는 절친한 친구와 함께 노는 경우가 많았고, 집단적으로 놀기보다는 혼자 노는 경우가 더 흔했다. 5분의 2 조금 넘는 숫자가 형제나 자매 또는 '절친한 친구'와 함께 놀았다고 보고했고, 5분의 2 조금 못 미치는 숫자가 혼자 놀았다고 대답했다. 나머지 5분의 1은 '근처에 사는 아이들'이나 '모든 친구들'과 함께 놀았다고 했다.

이와 달리 펠로들에게 장소 만들기 놀이는 친밀한 사람과 함께하거나 집단적으로 하는 것이 아니라 대부분 혼자 하는 활동이었다. 5분의 3이 혼자 한다고 했고, 5분의 1은 절친한 사람과, 5분의 1이 안 되는 숫자가 집단 속에서 한다고 답변했다.(표 4-2 참조)

펠로와 학생 들의 또 다른 차이는 시기에 따른 놀이 형태에서 드러났다. 학생들의 경우에는 아동 초기의 사회적 놀이(다른 사람과 함께 또는 집단으로 노는 형태)가 단독 놀이의 2배가 넘었다. 물론 아동 중기가 되면 단독 놀이가 그 사회적 상황 속으로 적당히 끼어들었다. 펠로들의 경우는 정확히 그 반대였다. 아동 초기에는 단독 놀이가(함께 혹은 집단

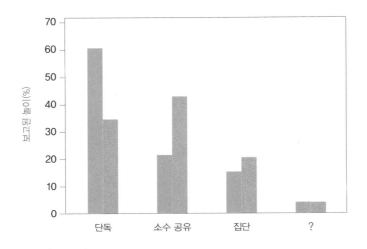

[표 4-2]

맥아더 펠로(보라색 막대)와 MSU 학생 들(회색 막대)의 장소 만들기 놀이의 사
회적 상황. 놀이/게임의 수=펠로 48, 학생 113.

으로 하는) 사회적 놀이에 비해 압도적으로 많다가 중기에 접어들면 4분
의 3 이상에서 절반 이하로 떨어진다.

이들 데이터가 나타내는 바는, 비록 펠로들은 반드시 그렇지 않았으
나 학생들은 심리학자들의 예상과 상당히 유사하게 행동했다는 것이
다. 싱어 부부는 아동들이 아동 중기에 여럿이 하는 가상 놀이를 그만
두기 때문에 이러한 가상 놀이를 계속하는 아동들은 단독 놀이로 '움
츠러들' 수도 있다고 주장한 바 있다. 학생들의 데이터는 이것을 확인
해주는 것처럼 보일 것이다. 적어도 장소 만들기 놀이와 관련해서는
아동 중기에 단독 활동이 증가했기 때문이다.

하지만 펠로들의 데이터가 시사하는 바는 다른 아동들과의 격리 때

문이든 아니면 개인적 취향 때문이든 아무튼 일부 아동들은 이미 아동 초기에 함께 노는 것보다 혼자 하는 가상 놀이를 선호하는 것 같았다는 점이다. 실제로, 자신이 "'그 세계'에 관해 소유욕이 좀 있다"고 고백한 학생에게 가상 세계 지배는 단독 놀이 가운데 최고였던 것처럼 보일 것이다. 이는 일부러 뒷마당에 있는 그네로 숨어들어간 펠로에게도 맞는 말이었다. "그 안에서는 누구도 나와 논 적이 없었다. 그랬다가는 모든 게 다 망가졌을 것이다"라는 게 그녀의 회상이다.

비밀주의와 프라이버시

부모나 보호자에게 놀이를 공개하는가, 숨기는가는 아동기 가상 놀이의 비밀주의와 프라이버시에 관해 많은 것을 드러내준다. 일반적으로 학생과 펠로 양쪽 다 부모에게 전혀 말하지 않거나(즉 그들의 놀이는 비밀이다), 부모에게 말하지는 않았지만 부모가 놀이에 대해 확실히 알고 있거나(그들의 놀이는 공공연한 비밀이다), 부모에게 말했거나 아마도 말한 것 같은 (놀이가 비밀이 아니다) 세 가지 경우가 나왔다.

학생들의 경우, 기억하는 놀이 중 부모에게 직접 공개된 (비밀이 아닌) 놀이의 숫자가, 간접적으로 공개되거나(공공연한 비밀인), 전혀 공개되지 않은(비밀인) 놀이와 대충 같았다. 펠로의 경우 이 질문에 답변하지 않은 사람이 많은 까닭에 비밀인 놀이와 비밀이 아닌 놀이의 상대적 비율은 알 수 없다. 펠로 측 데이터가 시사하는 내용은 부모에게 놀이를 비밀로 하는 일이 아동 중기에 나타난다는 것이다. 이는 학생들에게도 분명한 사실로, 이들이 보고한 놀이 가운데 아동 중기에 부모에게 공개한 것은 3분의 2에서 3분의 1로 줄어든 반면, 비밀이거나 공공연하게 비밀인 놀이가 급증했다.

이러한 급증 현상은 비밀에 대한 아동의 인지적 발견을 반영하는 것처럼 보이는데 이 발견은 대개 대여섯 살 이후에 이루어진다. 이 나이의 아동들은 자신의 생각과 느낌만 감출 수 있는 게 아니라 부모가 놀이에 간섭하는 것을 피하려고 그렇게 하는 경우도 있다. 결국 놀이의 공개에는 반대나 무관심이라는 위험, 심지어 열광까지도 종식시킬지 모른다는 위험이 수반된다. 그 범위의 양극단에 해당하는 예로, 한 펠로가 부모에게 자신의 놀이에 대해 말했다가 낭패를 본 기억이 있다. "나는 몇몇 구체적인 부분을 모욕당했고 다시는 부모님께 그것에 대해 말하지 않았다." 한편 한 여학생은 아버지에게 공개했다가 아버지가 딸들의 "놀이 세계를 방문하고 싶어 안달하는 것"을 알았지만 "아버지 뜻대로 되지 않았다"고 회상했다.

비밀 놀이의 공개가 원치 않는 간섭을 묵인하거나 기본적인 프라이버시를 포기하려는 것처럼 보이지만 사실은 그렇지 않다. 한 펠로는 그녀의 어머니가 공개된 가상 놀이를 함께하려고 하고 또 거기에 다른 식구들을 끼워 넣으려 했을 때 "몹시 화가 나고 배신감을 느꼈다"고 회고했다. 공공연한 비밀인 놀이 혹은 비밀이 아닌 놀이에서도 아동은 물리적 은신처를 찾거나 잘 보이는 곳에 있다 해도 심리적으로는 깊숙이 틀어박힌 상태로 논다. 놀이를 숨겼던 모든 학생이나 펠로 들과 달리 전면적이든 부분적이든 비밀주의를 불필요하게 생각하는 사람들이 있었다. 놀이의 프라이버시가 여전히 존중되었기 때문이다.

놀이에서의 비밀주의는 단독 놀이와 마찬가지로 아동의 성향을 반영하는 것 같다. 실제로 단독 놀이와 비밀 놀이는 함께 이루어지는 경우가 흔하다. 학생들의 경우, 단독 놀이라고 보고된 놀이의 절반 이상이 역시나 비밀 놀이였다. 또 비밀 놀이의 절반 이상이 역시 단독 놀이였다. 반면에 한두 명의 절친한 사람과 함께하는 놀이나 공개적인 놀이에서도 절반 이상의 시간에는 다른 것과 연합해서 놀았다. 아동 중기에 접어들면 혼자 하는 비밀스러운 가상 놀이의 시작은 늘어나는 반면, 남들과 함께하는 공개된 놀이의 시작은 줄어들었다.

최근의 연구는 어느 정도의 비밀주의나 프라이버시가 실은 아동 중기의 아동에게 유익하다는 점을 시사한다. 내면적 또는 심리적 공간 개념을 받아들여 이 두 가지를 놀이에 혼합하는 것은, 부모나 가족들과 구분되면서 그들로부터 독립된 정체성이 성장하도록 도와준다.

발견되고 만들어진 장소들

내면적·심리적 공간에 대한 증거로 여덟 살부터 열한 살에 이르는 아동들이 집 주위나 덤불 밑에서 특별한 장소를 발견하는 것을 볼 수 있다. 아니면 그들은 집에서 좀 떨어진 곳에 '요새'나 '은신처'를 만든다.

월드플레이 프로젝트에 들어온 보고서를 보면 한 여학생이 부모의 도움을 받아 세운 티피teepee(아메리카인디언의 원뿔형 천막)와 또 다른 학생이 놀이방에 세운 마을이 있다. 또 어떤 펠로가 "어두컴컴한 다락방 처마"와 뒤뜰 덤불 밑에 마련한, 발견된 '집들'도 여기에 포함된다. 그 밖의 특별한 장소들은 일반적인 것과는 거리가 먼 모습이었는데 한 학생이 "초등학교 운동장에 있는 금속 로켓선" 안에 만든 집이나 어떤 펠로가 "집 근처 숲속에 조약돌"로 세운 '모형 도시' 같은 것이 있었다.

실제로 만들어진 것은 제3의 종류의 장소에 잘 어울리는 것으로, 펠로들에게 특히 흔한 미니어처나 모형으로 만들어진 장소다. '조그만 동물, 나무, 장난감 나무토막, 가는 철사 등'으로 식탁 위에 온종일 브롱크스동물원을 만들었던 기억을 떠올린 사람도 있다. 종이 인형을 위해 몽고메리사의 오래된 카탈로그에 실린 가정용품 사진을 오려서 놀이 장소를 만들었다는 펠로도 있었다. 인형의 집을 가지고 놀면서 "가구를 재배치하고 온갖 것을 차려놓는 것을 좋아했다"고 쓴 여학생도 있다. 실제로 그녀는, 일부 연구자들이 '작은 세상'이라고 부르는 것의 제작자로 직접 활동했다.

바로 그와 똑같은 개인적 행위가 수많은 사람들의 회상에 대한 정보도 제공했다. 그 장소가 발견된 것이냐 만들어진 것이냐, 실물 크기냐 축소 모형이냐는 상관이 없었다. 형제들과 함께 숲속에 요새를 세웠던 한 여학생은 '우리가 창조한 삶'에 대해 생생한 기억을 간직하고 있었다. 그와 마찬가지로 어떤 펠로는 로마제국을 본떠 어린이가 사는 지역 전체를 '공화국'으로 만들려 했던 용감한 시도를 기억해냈다.

심지어 자신의 시골집 주위에서 발견한 자연환경과 사이좋게 지냈던 한 펠로는 그 주어진 세계를 자기 자신이 만든 역동적 공간으로 경험하기도 했다. 주로 나무와 들판과 건초 더미와 상상 속에서 상호작용을 한 덕분이었다. 장소 만들기 놀이는 항상 구체적인 것들을 형상화하고 체계화하는 작업을 포함하는데 여기에는 무형의 내면적인 것들도 포함된다. 물론 후자의 경우 국외자에게는 더욱 보이지 않을 것이다.

놀이 방식과 상상의 경향

장소 만들기 놀이의 내면화는 아동의 교우 관계, 프라이버시, 개인적 행위, 또 장소를 만드는 실제 소품들에 따라 어느 정도 달라지는 것처럼 보인다. 실제로 표 4-3에도 나왔듯이 혼자서 비밀 놀이를 할 기회가 많으면 많을수록 내면적인 장소 만들기 정도도 그만큼 높아진다.

적어도 두 종류의 장소 만들기를 기억하고 있던 맥아더 펠로의 예를 살펴보자. "나에게는 이것을 함께한 여자 친구가 있었는데 우리는 인디언식 이름을 가지고… 인디언인 척하면서 숲속을 미친 듯이 뛰어다녔다." 이 놀이에 스며든 강력한 내면화 경향은 자기 혼자만의 순간에 더 심화되었다. "밤에 잠자리에 들면 나는 내가 인디언 거처에서 나뭇잎으로 만든 침대에 누워 있다는 상상을 하곤 했다"라는 게 그 펠로의

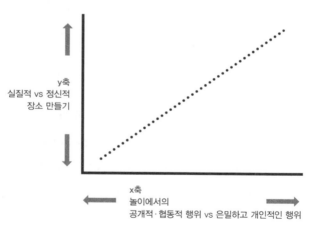

[표 4-3]
장소 만들기 놀이에서 상상의 경향.

고백이다. 그 결과 이 펠로는 실제 소품이나 어울릴 친구가 없는 상상의 왕국으로 빠져들어가 친구와 함께 실제로 하던 가상 놀이를 혼자, 내면적인 방식으로 계속했다.

그녀의 경험이 시사하는 바는 장소 만들기 놀이는 적어도 뚜렷한 상상 방식을 두 가지 드러낸다는 점이다. 그것이 얼마쯤은 사회적이고, 얼마쯤은 개인적이며, 또 얼마쯤은 실제 배경 속의 실제 대상을 조직하고 조작하는 것에 의존하기 때문이다.

첫 번째 방식은 아동들이 만들거나 발견한 배경에서 다양한 인물의 역할을 하면서 친밀한 사람들과 함께 공개적으로 노는 것이 특징이다. 많은 펠로와 학생 들이 언급한, 로빈슨 크루소식 공동체 건설이 좋은 예가 될 수 있겠다.

두 번째 방식은 사사롭고 내밀한 장소 만들기가 특징인데 오로지 부분적으로만 실제 장소나 교우 관계와 닿아 있다. 인디언 놀이를 한 펠로가 그 예다. 미니어처 공간에서 이루어지는 많은 놀이가 이 두 번째 방식에 해당된다. 특히 놀이의 일부가 실제가 아니라 마음속으로 경험한 것일 경우 더욱 그렇다.

이 두 번째 방식은 남들과 함께 공개적으로 노는 것과 순전히 혼자 공상하는 것을 이어주는 가교처럼 보인다. 실제로 혼자서 비밀스럽게 장소 만들기 놀이를 했던 펠로와 학생 들에게서는 놀이의 내면화가 점점 더 강화되는 추세를 보이는데, 그 경우 장소의 실재성은 상상의 산물에 그 자리를 내준다.

순전히 상상한 장소

펠로와 학생 들의 경우, 장소 만들기 놀이의 약 3분의 1이 순전히 상상으로 이루어진 현장에서 꽃을 피웠다. 이 현장들은 발견되거나 만들어진 환경을 덮어씌운 것이 아닌, 놀이를 할 수 있도록 마음속으로 불러낸 장소로 존재했다.

펠로들의 경우, 여기에는 역사적 과거에서 상상해낸 시간과 장소가 포함되는데 그곳에 가상 친구와 인물들이 등장해 빌려온 환경에서 자신의 삶을 살았다. 또 **중국 아메리칸 원주민 제국**을 위해 만들어진 것처럼, 꾸며낸 가설적 과거나 상상력이 뛰어난 사람에게만 보이는 우주 여행권의 미래 세계도 포함된다. 학생들의 경우에는 순전히 상상으로 만든 '요정, 마법, 산꼭대기 왕국들, 해저의 굴 등' 중세의 공상적 영토와 부분적으로 상상해서 만든 도시, 프티 Pettit 가 포함되었다.

그처럼 순전히 상상으로 이루어진 놀이의 양면성은, 실제로 장소를 증명할 필요가 없는데도 상당수가 미술이나 공예에서 다시 구체화된다는 점에 있다. 순전히 상상만으로 장소를 만들었다고 보고한 펠로와 학생 들은 그들의 놀이를 이야기, 그림, 지도, 등장인물 명단, 역사적 연대기 등으로 보강했다고도 보고했다. 젊은 축에 드는 사람들은 오디오나 비디오테이프를 들기도 했다. 다섯 살 때, 공개하지 않은 '작은 가상 주민과 사회'로 된 세계에서 혼자 놀았다는 한 여학생 역시 놀이에 쓰려고 '생쥐 집'을 많이 그렸다고 한다. 십대에 톨킨 J. R. R. Tolkein 의 《반지의 제왕 Lord of the Rings》에 푹 빠져 지내던 펠로는 중세 기사 모형을 그리고 집 거실에 마분지로 성을 짓느라 수많은 시간을 보냈다고 한다.

실제로 노는 일 없이 이렇게 꾸며서 그림을 그리고 마분지 성을 세우는 것은 두 가지 역할을 하는 것처럼 보인다. 장소에 대한 상상력을 향상시키고, 그 내면적 요소들을 고정하고 유지하는 역할이 바로 그것이다. 싱어가 자신의 놀이를 언급하며 지적했듯이 그림, 음악 작곡, 박스 스코어는 그의 공상을 위한 구조물이 되어주었다. 그러니까 가상 놀이로 인정받을 수 없었을지도 모르는 것들한테 그림, 음악 또는 운동경기 통계라는 형식으로 인정받을 수 있는 분명한 표현을 제공했다는 말이다. 그림을 그리고 이야기를 쓰고 모형을 세움으로써, 다른 아동들 역시 남들과 함께 놀기를 그만두고 나서 오랜 후까지도 마음속으로 상상한 가상 놀이 형식에 탐닉할 수 있게 된다.

마침내 그것이 우리를 장소 만들기 놀이의 핵심에 놓인 시심詩心으로 데려간다. 모든 가상 놀이의 속성에는 새로운 차원의 개념을 자극하는 것이 들어 있다는 이해를 바탕으로, 우리는 상상으로 이루어진 장소와 공간에 대한 이 조사를 시작했다. 상상할 줄 아는 사람에게 가상 놀이를 자극하는 것도 장소의 역할, 특히 꾸며낸 장소의 역할이라는 것을 이해하며 이제 이 장을 마치려 한다.

지하실 놀이방이든 뒤뜰의 텐트든 숲속의 도시든, 또 이야기나 그림 속, 아니면 지도에서든 장소 만들기는 다른 존재의 상태에 몰두하는 행동이다. 그것은 정신적 경험을 반복적으로 조직화하는 것이다. 그 경험은 일시적으로 놀이용 소품을 제작하거나 아니면 좀 더 지속적으로 인공물이나 예술 형태의 무언가를 만드는 식으로 나타날 수도 있다. 그것은 여럿이 하는 놀이를 실제 장소에서 계속 실행하게 할 수도 있고 혹은 혼자만의 내면적 공간으로 이동하게 할 수도 있다. 또 마음속에서 서서히 사라지거나 아니면 표준이 되는 기억이 될 수도 있다. 그리고 마지막으로 그 만들어진 장소를 파라코즘으로 데려갈 수도 있다.

장소 만들기 놀이의 관점에서 볼 때, 월드플레이는 아동 중기의 가상 놀이를 특징짓는 상상 방식의 범위 내에서 자연스러운 결과로 나타난다.

연장된 놀이와 그 너머

거칠게 뛰고 구르는 유인원의 놀이를 보든, 아니면 어린 자녀의 가상 놀이를 보든 우리는 상상한 것으로 실제의 것을 대체하는 능력의 최초의 징후를 본다. 우리 인간은 지혜로운 동물이라서 성장함에 따라 어릴 때의 놀이 능력도 점차 복잡하게 발전한다. 여섯 살부터 열두 살까지 우리는 집 안팎에서 발견되거나 거기에 만들어진 장소들로 가상 놀이를 가져간다. 그 같은 장소나 공간과 연결된 놀이는 독립심과 주체적 행위자라는 느낌을 키워주며 실제 경험과 상상한 경험을 결합한다.

그런 장소 만들기 놀이는 정신적 월드플레이에서의 흉내 내기와 장소에 대한 이해의 틀을 제공한다. 학교에 들어가면서 많은 아동들이 혼자서 내면화된 가상 놀이를 하려고 겉으로 드러나게 노는 것을 포기한다. 그리고 그 내면화가 점점 더 확고해질수록 가상 놀이도 부분적 혹은 전면적 가상 세계 창조와 점점 더 긴밀한 관련을 갖게 된다. 실제로 맥아더 펠로나 MSU 학생 들의 어릴 때 놀이는, 실제로 하고 놀던 구체적 형태의 장소 만들기 놀이를 내면화, 추상화한 형태의 월드플레이와 연결해주는 상상 활동 범위의 좋은 예가 된다. 물론 제롬 싱어의 진화하는 공상도 그러하다.

이들 놀이는, 내면적 공상이 상상 놀이의 발달 과정을 끌어내고 그 결과 아동기의 월드플레이를 성인기의 창조성과 이어주는 요인들의 네트워크에 기여하는 방식에도 해당한다.(그림 3-4 참조) 여섯 살에서 열두 살에 이르는 아동들의 장소 만들기는, 일반적으로 아동 초기의 가상 놀이에 대한 열광이 사라지고 난 뒤에도 한동안 가상 놀이를 계속할 수 있는 능력을 훈련시킨다. 내면적 놀이와 그 꾸며낸 구조물이 서로를 보강하는 것처럼, 어쩌면 좀 더 내면화된 파라코즘이 한층 더 발달한 상상력을 나타낼지도 모른다. 또한 아동기 장소 만들기의 가장 복잡한 사례로서 월드플레이는 잠재적 창의성을 일찌감치 예언하는 것일지도 모른다.

이 문제들은 숲속의 비밀스러운 장소처럼 우리를 다음 장으로 이끌면서 초창기 심리학자 두 명과 아동의 창조적 영재성에 관한 그들의 독창적 연구를 살펴보라고 손짓하고 있다.

Chapter
05

가상 국가와 영재들의 놀이

최초의
'창조성 IQ' 조사

터먼과 신동

월드플레이에서 재능과 관련된 우리의 첫 번째 작업은 1917년 여름 뉴욕 시에서 시작된다. 바로 루이스 터먼Lewis Terman이라는 젊은 연구원이 컬럼비아대학 사범대의 특수 아동심리학 강의실로 들어오던 순간이다. 터먼은 스탠퍼드대학의 여름방학을 맞아 동료 교수 레타 홀링워스Leta Hollingworth와 그녀의 학생들에게 새로운 지능검사를 선보이려고 온 것이다.

터먼이 들고 온 문제의 테스트는 1900년대 초 프랑스 심리학자 알프레드 비네Alfred Binet가 개발한 지능 측정 도구에서 비롯된 것이었다. 기억력, 상상력, 집중력 및 이해력을 검사한 끝에 비네는 프랑스 학령기 아동들의 표본에서 지능 단계를 구분하는 데 성공했다. 터먼은 비네의 측정 기준을 수정하고 미국 학생용으로 그 나름대로 약간 기준을 추가했다.

생활연령별로 준비된 검사를 통해 이 스탠퍼드-비네Stanford-Binet 개정판은 '정신연령' 또는 성취 수준을 산정할 수 있게 되었다. 터먼은 지능지수를 산출하기 위해 정신연령과 생활연령을 분리했다. 정신연령이 4세인 8세 아동의 IQ는 50이고, 정신연령이 10세인 8세 아동의 IQ는 125이다 하는 식이었다. 이들 점수는 지능검사 결과를 보고하기 위해 사용되었다.

터먼은 홀링워스에게 인사를 한 다음 학생들에게 돌아서며 자기도 모르게 옷깃을 끌어올렸을 것 같다. 강의실 바깥 온도는 섭씨 40도 가까이 치솟았고, 그가 나중에 회고했듯이 당시 강의실 안은 "문이 닫혀 있고 환기도 잘 안 돼 찜통 속처럼 더웠다"고 했다. 하지만 그의 불쾌함은 무대 중앙에 놓인 탁자 옆에 앉아 그를 기다리고 있는 일곱 살 먹은 소년에 대한 걱정과도 상관이 있었다. 터먼과 홀링워스가 후속 연구 보고서에서 아동 D라고 부른 이 소년은 조숙한 지적 능력으로 진작에 상당한 이목을 끌었다. 이렇게 무지막지한 더위에 그를 빤히 쳐다보는 구경꾼들 앞에서 소년을 검사한다는 건 옳지 않은 것 같았다. 또 조용하고 쾌적한 환경이라면 나올지 모를 높은 지능지수도 나올 것 같지 않았다. 그럼에도 질문은 시작되었다.

45분쯤 지나자 터먼은 속으로 깜짝 놀랐다. 9세용에서 시작해 평균 성인용까지 계속 이어지는 각 단계 검사에서 소년은 몇 문제 빼고는 대부분 통과했다. 7년 4개월 20일 된 소년은 13년 7개월짜리 정신연령을 보였다. 이 두 연령 비율에서 산출된 IQ는 184였다. 그래도 터먼은 더 높은 지능지수를 찾아내야 했다. 실제로 그의 피검자 명단에서 '전반적 지적 능력'이 D만 한 아동은 없었다.

2년 후 터먼은 《학령기 아동의 지능The Intelligence of School Children》(1919)에서 D의 간략한 프로필을 공개했다. 책에 실린 다른 문건들처럼 이것도 이상하게 뒤섞인 데이터로 구성되었다. D의 가정환경, 아동 초기의 발달 상황, 그리고 물론 그의 지적 조숙함에 관한 데이터들이었다. 터먼은 우월한 지적 능력의 생물학적 유전을 믿었기에 소년의 부모와 조부모, 일가친척의 경제적·사회적 성공을 입증하려고 애를 썼다. 아동 D는 친가, 외가 양쪽 모두에 유명한 유대교 랍비가 있었다. 그의 아버지는 광고인이자 작가이고 어머니 역시 작가로 모종의 대학 과정을 마쳤다. 또 그의 친할아버지는 기계 방면에 특별한 재능이 있었다.

D 자신으로 말하자면, 생후 5, 6개월쯤에 섰고, 9개월에 걸었으며, 12개월이 되자 말하기 시작했다. 세상 모든 아이들과 마찬가지로 그도 '공, 방망이, 스케이트'를 가지고 놀았고 솜씨 좋게 장난감 모형을 만들기도 했다. 가정에서 교육을 받으면서도 그는 매일 동네 학교 놀이터에 나가 놀았는데 이는 외동아이의 사회성을 '정상화'하는 데 상당히 중요한 역할을 한 경험이었다. 터먼은 D가 신체적 결함도 없고 아동기 질병에 시달린 적도 거의 없었다는 점을 똑같이 중요하게 여겼다. 교사들과 부모 모두 소년이 성실하고 고분고분하며 이기적이지 않다고 증언했다.

요즘에야 가족 유전, 병력, 품성 평가가 지적 능력 평가와 상관없는 것처럼 보이겠지만, 여하튼 당시 D의 사례는 터먼에게 멋진 성공의 기회를 제공했다. 당시에는 지적 영재성을 수많은 혐오스러운 특질과 연관시키는 편견이 오랫동안 지배적이었다. 신체 허약, 서툰 행동, 병약함, 불건전하게 사회적 고립을 선호함, 놀기 싫어함, 도덕적 일탈, 일반적인 신경 불안 등등. 스스로도 병약한 얼뜨기 같은 면이 있던 터먼은 이러한 오명을 뒤엎는 것을 자신의 임무로 삼았다. 그는, 지적으로 우월한 아동들이 모든 면에서 우월하지 못한 아동들보다 신체적으로 건강하고, 사회적으로 잘 적응하고, 도덕적으로 성숙하다고 주장했다.

D는 확실히 이 모든 것을 갖춘, 최고로 총명하고 비범한 일류 대표 선수 격이었다. 터먼에 따르면 D는 아기일 때 철자 바꾸기 놀이를 했고, 말하기를 배우면서 동시에 읽기도 배웠다고 한다. 또 세 살 때에는 아홉 살에게나 어울릴 법한 책을 읽고 이해했다. 일곱 살 때에는 셰익스피어의 희곡과 영국의 역사가 에드워드 기번Edward Gibbon[1737~1794]이 쓴 로마의 역사, 조지 그로트George Grote[1794~1871]가 쓴 그리스 역사에 푹 빠졌다.

D는 또 독학으로 인쇄하는 법과 "양손에서 각각 두 손가락만 이용해" 빠른 속도로 타자 치는 법을 배웠다. 그는 흥미를 느끼는 주제에 대해 계속 메모했고, 이야기를 썼으며, 카드를 가지고 놀면서 독학으로 계산법을 깨우쳤다. 일곱 살에 홈스쿨링으로 수학 공부를 시작해서 여덟 살에는 대수와 기하를 공부하는 수준까지 발전했다.

터먼은 D가 과외 활동으로 카드놀이인 솔리테어solitaire[혼자서 하는 카드놀이를 총칭하는 말]와 체스, 또 자신이 고안한 특이한 프로젝트에 흥미를 보인다고 기록했다. 이 프로젝트에는 가족이 사는 아파트를 정확하게 지도로 그린 것, 자동차, 야구팀, 뉴욕의 트롤리 시스템에 관한 방대한 데이터를 기록한 것 등이 포함된다. D는 운동, 문학작품 속의 인물, 도시와 강들에 초점을 맞춘 자신만의 놀이를 직접 만들었다. 또 놀이터 친구들을 위해 직접 기사를 작성하고 타자를 쳐서 주간지를 발행했는데 신문은 뉴스, 광고, 유머란으로 구성되었다.

터먼은 우연히 D가 '보닝타운Borningtown'이라는 가상 국가를 만들어서 놀았다는 사실에도 주목하게 되었다. 소년은 그 나라의 지정학적 지도를 그리느라 여러 주일을 보냈고, 목차와 각 장의 제목을 갖춘, 그 나라의 특징을 상술한 책을 두 권 쓰기 시작했다. "이제까지 쓴 것으로 타자로 친 것 다섯 쪽과 삽화가 하나 있다"라고 터먼은 말했다. 이 놀이는 소년의 비범한 지능과 성숙을 확인해주는 일종의 증거로서 감명을 주었다. 터먼이 이미 첫 번째 검사에서 D가 탁월한 창조성을 발휘할 천재라고 결론을 내린 다음에 발견한 사실이라 이것이 증거로 활용되지는 않았다.

1917년의 그 무덥던 여름날을 돌이켜보면서 터먼은 나중에 자신이 '진짜 천재' 앞에 있는 느낌이었다고 회상했다. 실제로 그는 D를 찰스 다윈의 배다른 사촌이었던 영국의 유전학자 프랜시스 골턴Francis Galton(1822~1911)과 비교했다. 그는 19세기 후반에 처음으로 뛰어난 인물에 대한 연구를 시작해서 나름대로 독창적인 기여를 한 사람이다. 터먼은 골턴에게 IQ 200이라는 극히 이례적인 지능지수를 소급해서 부여했는데 이는 프랜시스가 유난히 어린 나이에 읽고 계산하고 구구단을 외우고 시계를 보기 시작한 데 의거한 것이었다. 터먼은 "일고여덟 살 먹은 아동이나 할 법한 일을 할 수 있는 네 살 먹은 어린이야말로 '1등 가는 천재'"라고 썼다.

터먼은 D에게서, 그가 골턴과 똑같이 가속적으로 지적 능력과 지식을 습득한다는 점, 개인적 관심사를 지속적으로 추구한다는 점, 이른 나이에 인격이 성숙해졌다는 점을 깨달았다. D가 골턴처럼 성인이 된 후 특정 분야에서 탁월한 성과를 거둘지는 두고 보아야 했다. 하지만 터먼은 희망에 부풀어 있었다. "D의 인간적·도덕적·지적 특성이 훌륭하게 조화를 이루는 걸 고려할 때 그는 출중한 인물이 되리라고 믿을 만한 조건을 다 갖추고 있다." 출중한 인물이 되리라고 믿을 만한 모든 조건인즉슨 높은 IQ와 창조적 운명이 사이좋게 손을 잡는다는 뜻이었다.

창조적 영재성의 자리매김

터먼은 IQ를 통해 아동기 영재성의 자리를 찾고, 그 정체성을 밝힐 열쇠를 얻을 수 있다고 확신했다. 하지만 그의 탐색에 동참하기 전에 우리는 그의 연구 과정에 놓인 어려움의 일부를 고려해야 한다. 지적 총명함이나 조숙한 재능은 비교적 발견하기 쉽다. 사람들은 체스나 수학, 음악 연주에서 어른을 능가하는 아동을 알아본다. 하지만 창조적 역량은 파악하기가 좀 어렵다. 이 역량은 독창성과 창조성을 포함하며, 아동이 아직 숙달되지도 않은 분야에서 장차 어른이 되어 기여할 것이라는 희망을 불러일으키는, 어릴 때의 징후와 행동의 범주다. 그런데 만일 이런 능력을 파악하거나 예측하기 어렵다면 그 어려움의 일부는 창조성의 개념 자체와 상관이 있다.

이제까지 이 책에서 '창조적 creative'이라는 용어는 아무런 조건 없이 사용되어왔다. 물론 이 말의 일반적 쓰임새가 이 현상을 연구하는 사람들이 사용하는 조금 제한적인 의미와 다르다는 것은 알고 있다. 사람들은 흔히 무언가를 만드는 사람을 보고 창조적이라고 한다. 예를 들어 손수 자기 스웨터를 뜨거나 시를 쓰는 경우처럼……. 작곡가 이고르 스트라빈스키 Igor Fyodorovich Stravinsky〔제정 러시아 태생의 미국 작곡가 (1882~1971)〕도 대체로 이 가설에 동의했다. 그가 판단하건대 사적이고 내면적인 상상이 기계, 이론, 또는 교향곡으로 구체화되는 순간 그것은 공개적이고 창조적인 것이 되었다.

하지만 심리학자들이나 인문학을 공부하는 학생들은, 만일 교향곡이나 이론, 시나 스웨터가 참신하고(즉 이제까지 아무도 생각하거나 만들지 않았고) 유효하지(즉 다른 사람들에게 유용하거나 가치 있지) 않을 경우에는 대체로 그런 상상력의 산물을 창조적이라고 간주하지 않는다. 어떤 사람들은 이 참신함과 유효성이 인간의 지식과 성취 영역에 관해 효력이 있다고 주장한다. 한편 그것이 개인에게만 맞는 말이라는 데 동의하는 사람들도 있다.

한 순진한 시인이 사랑과 장미 사이에 나름대로 참신한 연관성을 상상하고 그것을 언어로 표현한다고 가정해보자. 그녀의 시가 진부한 시상의 조합으로 드러날 경우 부모나 친구들을 제외하고는 그녀의 개인적 창작 행위를 창조적인 것으로 공공연하게 인정하지 않을 것이다. 따라서 상상력을 발휘한 행동과 결과는 계속 확대되는 사회적 상황에 미치는 영향에 따라 어느 정도 창조적인 것으로 간주된다. '빅 C big C 창의성'은 대규모 집단 사람들과 관련된 지식의 전 분야를 바꾸는 결과들을 가리키는 반면, '리틀 c little c 창의성'은 한 개인이나 소규모 집단인 가족, 학교, 이웃 등등의 지식을 바꾸는 것들을 가리킨다.

아동기 놀이는 '리틀 *c*'가 지배한다. 어린 소녀는 처음에 혼자 마음속으로 상상한 것을 실례를 들어 설명하기 시작한다. 단, 사회극 놀이의 주제로 다른 아동들에게 가상 세계를 알리는 정도까지만……. 물론 금방 사라지고 말 세계다. 어린 소년은 자신의 상상을 구체적이면서 어느 정도 영구적인 구조물로 정교하게 만든다. 단, 상상한 세계의 일부를 정확히 포착해서 이야기로 쓰거나 그림을 그리는 정도에서 그친다. 여하튼 천재의 경우를 제외하면 아동의 상상력의 산물이 가정이나 학교 밖에서 평가되는 일은 극히 드물다.

또 일반적으로 성인에게 기대하는 것만큼의 참신성이나 유효성을 아동에게(신동에게조차!) 기대하지도 않는다. 아동들은 글을 쓰거나 그림을 그리거나 어떤 행동을 하거나 무엇을 만들어본 경험이 적다. 한마디로 현실 세계에 대한 경험이 적다. 그들은 자신에게는 참신해 보이는 바퀴를 상상해서 재발명할 수도 있다. 하지만 전반적으로 사회에 유용한 신기술이나 새로운 예술 형식을 창조하는 일은 거의 없다. 아동이 문화적으로 창의적(빅 *C*)인 경우는 전혀 없다고 해도 과언이 아니다.

사실 이것 때문에 조기에 나타나는 창조적 영재성의 징후를 찾아내는 일이 어렵다. 대체로 학자들은 대규모 집단이나 개인들 가운데에서 영재성의 지표를 찾거나, 탁월한 성인들의 어린 시절을 소급해서 조사하거나, 아니면 아동기에서 성인기까지 그들의 장래를 예상 추적하는 방법을 선택한다. 20세기 초에 활동했던 루이스 터먼은 대규모 아동 집단의 장래 예측 연구에 착수하려던 참이었고, 그의 동료였던 레타 홀링워스는 소수의 개인을 상대로 장래 예측 연구에 돌입했다.

그들은 함께, 창조적 운명의 미스터리 속으로 들어가기 위한 종합 계획을 세운다. 정확하게 계획을 수립하는 것이 아니라 실험 대상인 그들의 자녀/아동에 직업적 흥미를 오버랩시킨 것이었다. 만일 사람들이 이것 때문에 그들의 연구에 관심을 갖는 게 아니라면, 관심을 끄는 원인은 연구자들이 (무심코일망정) 드러낸 다음과 같은 사실 덕분일 것이다. 첫째, 지적 영재성과 창조적 영재성은 동의어가 아니라는 점, 둘째, 가상 세계나 그 밖의 형태의 복잡한 놀이를 창조하는 것은 어느 게 어느 건지 구분하는 데 도움이 될 수도 있다는 점이다.

홀링워스, '창조성 IQ'의 지휘봉을 이어받다

문제는 터먼이 아동 D를 열렬히 극찬한 데에 있지 않았다. 뉴욕에서의 그 무덥던 여름이 끝날 무렵 그는 그 소년에 대한 후속 연구를 동료에게 넘기고 스탠퍼드로 돌아왔다. 홀링워스가 영재 연구에 끌린 까닭은 터먼과 비슷했다. 즉 그녀 자신도 아동기에 천재성이 있었다는 생각과 비록 생물학적으로 유전된 것이라 하더라도 지적 재능에는 특별한 평가가 필요하고, 이 재능이 결실을 맺도록 키워야 한다는 확고한 믿음 때문이었다. 그녀는 특히 IQ 180 이상인 아동들에게 관심이 많았다. 그녀가 이해하기로 천재는 조숙하게 발달한 이성적 정신의 최고 능력에 의존하기 때문이었다.

그녀는 IQ가 매우 높은 피험자들의 놀이에 대한 흥미에 관해서도 민감했다. 그녀 판단으로, 놀이 내용은 그 자체로는 지적 역량을 보여주는 것 같지 않았지만 천재에게는 이와 똑같이 중요한 상상하는 능력, 이른바 IQ에 포함된 창의력 지수를 보여주었다.

논점을 보강하기 위해 그녀는 워싱턴대학 교수인 요더A. H. Yoder의 책을 자신의 경전으로 삼았다. 1890년대 초에 요더가 50명의 위인을 연구한 결과 그들이 소년 시절에 놀이에 몹시 집착했다는 증거가 나왔다. 요더는 아동에게 놀이가 지속적인 관심사가 된다는 사실을 이해하고 있었다. 물론 그는 특히 왕성한 상상력의 작용에 주목하면서 그 능력이 "다양한 방식으로 드러날 수도 있다"라고 썼다. 그의 조사 대상자들의 경우, 흔히 혼자서 하는 이러한 놀이에는 연속극처럼 이야기하기, 일관성 있는 주제로 놀기, 장난감이나 기계장치 만들기, 호기심을 만족시키려고 실험하기, 꼭두각시 인형극 공연하기, 그림 그리기, 시 짓기가 포함되었다.

따라서 요더는 상상력을 아동이 자기 마음대로 무언가를 만드는 일과 밀접한 관련이 있는 것으로 보았다. 그것이 금방 사라질 놀이 소재냐, 아니면 좀 더 오래가는 물리적 구조물이냐 하는 것은 상관없었다. 그의 주장을 요약하면 다음과 같다. 과거를 돌아보건대, 위인들은 특별한 놀이를 추구했던 것으로 보아 어릴 때 평범한 아동들보다 더 많은 상상력을 지녔던 것 같다. 앞날을 내다보건대, 아동기에 하는 놀이의 유사성을 통해 성인기에 위대해질 운명인 아동들을 정확하게 예측할 수도 있다.

홀링워스는 요더의 의견에 충심으로 찬성하면서 자신의 연구 대상인 영재들의 놀이 생활을 성심성의껏 조사했다. 그 결과 월드플레이가 영재성의 지표로 불쑥 튀어나오게 되었다. D는 그녀가 가상 국가를 가지고 처음 만난 아동도 아니었고 마지막으로 만날 아동도 아니었다. 《영재 아동 : 그들의 속성과 육성 Gifted Children : Their Nature and Nurture》(1926) 이 출간되었을 때 그녀는 IQ가 매우 높은 아동 6명의 사례를 다루었으나 나중에는 12명까지 사례가 확대되었다.

12명의 연구 대상자 모두, 요더가 말한 것과 같은, 혼자서 하는 색다르고 대단히 상상력이 넘치는 놀이에 흥미를 지니고 있었다. 홀링워스에 따르면 "독서, 계산, 설계, 통계 편집, 상상의 나라 건설이 그런 아동들의 오락 활동에 두드러지게 나타났다"고 한다. 실제로 그녀의 연구 대상자 가운데 두 명은 가상 친구가 있었고, 세 명은 월드플레이 증거를 다량 제공했다. 아동 A는 세 살 때 아이들이 밤새 깨어 있으면서 불장난을 하고, 원할 때마다 엘리베이터를 타는 '센터랜드 Center Land'를 만들었다. 아동 E는 상상 속에서 금성에 사람들이 살고 해군을 보유한 비밀의 나라를 만들었다. 그리고 아동 D에게는 물론 보닝타운이 있었다.

홀링워스의 생각대로 아동 D에 관한 문건은 상당히 늘어났다. 보닝타운 및 그것과 관련된 소년의 관심사에 대해 그녀가 기록한 자료 역시 늘어났다. 홀링워스의 보고에 따르면, D는 네 살부터 일곱 살까지 "도로를 배치하고, 그 지역 지도를 그리고, 언어(보니쉬 Bornish)를 만들어서 기록하고, 그곳의 역사를 쓰고 문학작품을 지었다"고 한다. 그는 또 계산과 분류에 대한 열정을 표명하면서, 말하기에 나오는 각 단어의 빈도수를 산정하려고 자신이 읽는 글에 나오는 명사, 동사, 형용사의 수를 세었다. 그리고 자신이 아는 한 명칭이 없는 개념을 나타내려고 단어를 만들어서 그가 만든 보니쉬어 사전에 실었다.

보닝타운에 대한 흥미가 사라진 후에도 D는 '단어 만들기 작업'을 계속했다. 미묘한 색상 차이를 나타내는 이름을 만들고, 거기에 숫자로 표시한 평가를 부여하고, 그것을 그 아름다움에 따라 분류했다. 그는 나방이나 새뿐 아니라 숫자와 음표에도 새로 이름을 붙이고 다시 분류하기도 했다. 실용적인 실험에도 어느 정도 기발한 생각이 반영되었다. 열한 살 때 그는 고무줄로 발사한 압정의 평균 기하학적 궤도를 측정하고 그 결과를 기록했다.

홀링워스가 그 같은 데이터베이스에서 끌어낸 결론은 놀라운 것이 아니다. IQ가 높은 그녀의 연구 대상자들은 정신적으로 자기 또래를 능가하기 때문에 혼자 노는 경향이 있었다. 혼자 놀면서 자기 자신만 만족시키면 되었으므로 그들의 놀이는 지적으로나 상상력의 측면에서나 고도로 세련되고 복잡했다. 따라서 가상 친구와 가상 국가를 비롯해 고도로 복잡한 가상 놀이는 최고의 지력과 조숙한 학습을 갖춘 아동들에게 속하는 것이었다. 혹은 그렇다고 그녀는 생각했다. 하지만 흥미롭게도 터먼은 이미 다른 견해를 시사하는 데이터를 가지고 있었다.

총명한 아동 천 명과 함께 이루어진
터먼의 전환 그리고 월드플레이

1917년 스탠퍼드로 돌아오자 터먼은 최초로 지적 영재 아동에 대한 장기적 대규모 연구에 착수했다. 교사들의 보고와 월반한 학생들에 의거해 그는 캘리포니아 학군의 우등생 몇십 만 명의 IQ를 검사했다. 통계분석을 할 만한 양의 자료를 확보하려고 그는 140 이상의 IQ나 검사받은 아동 200명 당 한 명을 받아들였다. 그의 목표는 1,000명이었다. 이따금 예술 분야에서 발견되는, 조숙한 재능을 지닌 IQ 140 이하의 아동들을 위한 특별 대책도 마련했다. 하지만 여기에 해당하는 아동의 숫자는 미미했다(최초 검사 대상자의 2% 미만). 그 결과 그의 최종 연구 대상자들은 학교생활이나 특별 교육, 또 IQ 검사에서 높은 평가를 받은 고분고분한 아동들을 대표했다.

이 대규모 프로젝트에서 터먼은 아동 D에게서 얻은 것과 거의 똑같은 종류의 데이터를 수집했다. 영재아의 사교성을 설명하기 위한 전반적 노력의 일환으로 그와 그의 연구팀은 교사, 부모, 아동 들에게서 그들의 놀이 흥미에 관한 정보를 수집했다. 대표적 아동기 놀이의 양상이 신체적인지 지적인지, 또 여럿이 함께하는지 아니면 혼자 하는지가 주 관심사였으므로 대부분의 질문이 놀이터에서 아주 흔히 하는 놀이와 가정에서의 취미 활동을 다루었다.

하지만 자신이 D의 사례에 관여하고 있고, 홀링워스는 복잡한 놀이가 고도의 영재성을 가리키는 특징이라고 주장하고 있는 중이라, 터먼 역시 더 멀리 찾아나서는 것이 적합하다고 생각했다. 부모용 설문지에서 그는 첫째, 아동에게 '가상의 놀이 친구'가 있는지, 둘째, '가상의 나라'가 있는지 물었다.

1925년 출간된 《천재의 유전 연구Genetic Studies of Genius》 1권에서 터먼은 설문 결과로 나온 데이터를 상세히 설명했다. 부모용 설문지 643부 가운데 136부(21%)가 가상의 친구가 있다고 대답했고 48부(7%)가 가상의 나라가 있다고 대답했다.

이것은 대단히 주목할 만한 결과였다. 당시에는 혼자 하는 가상 놀이에 대해 몹시 부정적이고 편견이 있었음에도 적지 않은 부모들이 자녀가 "보이지 않는 친구와 가공의 나라에서 특이한 놀이"를 한다는 사실을 기꺼이 드러낸 것이다. 주관적 편견에 의거해 터먼은 "상당수 영재아들이 가상의 놀이 친구나 가상의 나라를 가지고 있었다"라고 결론을 내렸다.

유감스럽게도 그는 통제 집단에서 이런 형태의 놀이에 대한 비교 자료를 얻을 준비를 하지 않았다. 또 가상 국가는 IQ가 매우 높은 아동들 사이에서 발견될 것이라고 홀링워스가 가정했음에도 어떻게 혹은 왜 가상 국가 건설이 좀 더 순위가 낮은 영재아들에게서 나타나는지도 질문하지 않았다. 그럼에도 데이터는 바로 그 질문을 간절히 요했다. 터먼이 검사한 영재아 가운데 열다섯 명만이 IQ 180 이상이었다. 그리

		100% 보고율 가정 시	85% 보고율 가정 시
영재 집단 소년	352	–	(299)
가상 친구가 있는 소년	51	14%	17%
가상 국가가 있는 소년	23	6.5%	7.6%
영재 집단 소녀	291		(247)
가상 친구가 있는 소녀	85	29%	34%
가상 국가가 있는 소녀	25	8.59%	10%
합계			
영재 집단 아동	643		(546)
가상 친구가 있는 아동	136	21%	25%
가상 국가가 있는 아동	48	7%	9%

[표 5-1]
643명의 영재 학생을 대상으로 1925년에 실시된, 터먼의 연구에 나오는 가상 친구와 가상 세계에 관한 보고. 1925년 스탠퍼드대학 출판부에서 나온 터먼의 《천재의 유전 연구》 1권 '영재아 1,000명의 정신적·신체적 특징' 41, 435~437쪽 자료에 의거함.

고 그들 가운데 적어도 48%가 가상 세계를 창조했다. 홀링워스는 자신의 주장을 재편성해 내세웠지만 결국 그 같은 놀이가 널리 행해져왔다는 안타까운 증거만 나왔을 뿐이다.

그 이래 얼마나 더 많은 것들이 분명해졌는지 모른다. 그동안 몇십 년 이상이 흐르면서 심리학자들은 가상 친구들과의 놀이가 지적 영재아뿐 아니라 전체 유아의 3분의 1 내지 3분의 2에게서 나타난다고 결론을 내렸다. 월드플레이 프로젝트를 통하여 드러났듯이 가상 국가 건설 역시 일반 아동들 사이에서 나타나는 현상으로 아마 전체 아동의 3~12%에 해당할 것이다.

오늘날 터먼의 놀이 연구 결과를 보면 가상 세계 창조가 IQ가 매우 높은 아동들에게만 나타나는 것이 아니라 '전반적인 지력知力'을 가진 아동들 사이에서 나타남을 알 수 있을 것이다. 한 걸음 더 나아가 그의 데이터를 논리적 능력과 독창적이면서 왕성한 상상력은 서로 독립적으로 발생한다는 첫 번째 증거로 해석할 수도 있을 것이다. 하지만 터먼은 그렇게 결론을 내리지 않았다. 그는 현재 일부 분야에서 통용되는 개념, 즉 창조성은 IQ 검사에서 측정된 지능과는 별개의 것일 거라는 생각에 내심 동조하기는 했지만, 지적 능력과 창조적 능력을 구분하지는 않았다.

오히려 그 반대였다. 자신의 장기적 연구 조사를 '천재의 유전 연구'라고 부른 터먼은 애초에 예상했던 바를 공공연하게 주장했다. 적어도 그의 연구 대상인 지적 영재아들 중 일부는 탁월한 창조성을 발휘할 수도 있다는 주장이었다. 그가 말하는 탁월함이란, 골턴이 19세기 후반에 연구했던, 매우 높은 성취를 이룬 사람들이 거둔 공개적인 성공을 의미했다. 대충 성인 4,000명당 한 명에 해당하는 남자들이었다(골턴의 명단에 오른 여자는 아주, 아주 적었다).

세계적으로 유명한 정치가, 군사 지도자, 지식인, 예술가 들처럼 공개적인 활동 무대에서 굳건한 지위를 차지한 사람들은 반드시 명민함을 갖추었음에 틀림없다는 게 터먼의 믿음이었다. 그리고 그는 어떤 분야에서 성공했건 그런 명민한 사람들을 IQ 검사로 찾아낼 수 있어야 한다고 생각했다. 물론 이 말이 IQ가 높은 모든 아동들이 일정한 정도의 탁월함을 이룬다거나, 모든 탁월한 사례들이 창조적 성과를 포함하리라는 뜻은 아니었다. 터먼이 생각하기에, 그 같은 낙관주의가 공인되지는 않았지만 그래도 그는 여전히 자신이 선택한 아동들에게 조심스러운 희망을 품었다.

통계적으로 말하면, 터먼은 1,000명의 영재 아동 가운데 50명 이하가 실제로 골턴의 천재들과 같은 정도의 탁월함에 이를 수도 있다고 예측했다. 또 200명 정도(20%)가 《미국 인명사전Who's Who in America》에 하위로 오를 수도 있을 것 같다고 생각했다. 이 사전은 보편적 이익을 위해 주목할 만한 (반드시 탁월하지는 않은) 업적을 이룬 인물들을 바탕으로 편찬된 동시대의 전기다. 결과적으로 1950년대에 진행된 후속 연구는 두 가지 예상 다 입증하지 못했다.

터먼이 연구를 시작한 지 40년쯤 흐른 뒤인 1959년, 그의 영재 그룹 중 겨우 31명의 남자와 2명의 여자만이 《미국 인명사전》에 이름을 올렸다(5%). 터먼의 연구 대상자들 중 IQ가 높던 많은 아동들은 지적 능력을 요하는 분야에서 성공한 것이 분명한 반면, 그 밖의 아동들은 1930년대의 대공황과 2차 세계대전 기간 동안 좌절을 겪었다. 75년이 지난 뒤에도 주목할 만한 공헌을 한 사람은 거의 없었고 두드러지게 탁월한 성과를 거둔 사람은 하나도 없는 것으로 드러났다. 터먼의 연구 대상자 그룹은 대부분 "스탠퍼드-비네 지능검사에서 높은 점수를 얻는 능력으로 한정된… 우월한 지능 덕분에 뽑혔는데" …대부분 그 재능을 다 소진했다. 결국, 처음과 마찬가지로 천재에게서 꽃을 피우는 창조적 역량은 그물 사이로 미끄러져나갔다.

홀링워스, 지적 인간과 창조적 인간을 구분하다

IQ가 매우 높은 아동들인 홀링워스의 훨씬 적은 표본에도 똑같은 말을 할 수 있을 것 같다. 그녀 역시 자신의 연구 대상자에게 다가올 탁월한 장래에 높은 기대를 걸었지만 말이다. 하지만 터먼과 달리 홀링워스는 IQ나 학과 성적과는 별도로 열두 아동들의 잠재적 창조성을 평가하고자 했다. "아동들의 눈에 띄는 성과는 단지 자신이 배운 것을 경이적으로 재생산한 것인가? 아니면 그들은 독창성과 창조성의 징후도 드러내는가?"

처음부터 그녀는 창조성을 전통적 예술 추구와 똑같이 취급하는 동시대의 생각을 거부했다.

요더가 진작에 제안했고 이제는 홀링워스가 주장하는 것처럼 아동기의 창조성은, 훨씬 더 광범위하게 드러난 독창성과 창의력을 통해 나타났다. 오로지 지능지수와 학과 성적에만 초점을 맞춘 '성적표'에서는 자취를 감추었던 것이 종종 꾸며낸 놀이와 언어, 색다른 지식 분류, 자발적 물건 수집, 기계적 건조물 및 상상력을 발휘한 유별난 과외 활동 형태로 그 모습을 드러냈다.

1942년, 그녀의 사후에 출간된 연구 요약서에서 홀링워스는 연구 대상자의 3분의 1이 두드러지게 창조적이고, 3분의 1은 중간 정도로 창조적이었다고 평가했다. 그리고 그녀 생각에 나머지 3분의 1은 전혀 창조성이 보이지 않았다.

그것은 많은 사례에서 '구성적 독창성'(즉 지도 그리기, 이야기 쓰기, 새로 만든 언어의 분류)과 관련되었기 때문에, 아동기의 가상 국가 건설이 그녀 대상자의 '창조성'을 따지는 데 두각을 나타내게 했던 건 전혀 놀랄 일이 아니다. 가상 친구와의 놀이 역시 많은 수를 차지했다. 두드러지게 창조적인 그룹의 아동 네 명 가운데 A와 D, 둘이 어릴 때 가상 세계를 건설했다. A는 그 그룹 안의 다른 아동 한 명처럼 가상 친구도 있었다. 중간 정도의 창조적인 그룹에서 홀링워스는 가상 친구가 있는 또 다른 아동을 발견했는데 아동 E는 아동 A와 D처럼 가상의 나라도 가지고 있었다. 전체적으로, 놀이에서 독창성을 보여준 대상자 여덟 명 가운데 다섯 명이 재미로 가상 인물이나 장소를 만들어냈다.

흥미롭게도 월드플레이와 여타 '구성적 독창성' 형식에 찬성했던 홀링워스는 가상 놀이에 맹목적으로 몰두하는 데 대해 다소 불편한 심기를 드러냈다. 이를테면 가상 친구가 있는 영재 아동이 실제 사람들과도 교제하도록 장려해야 한다는 것이었다. 그런데 과도한 학과 공부 역시 발달 격차를 남겼다는 것을 그녀는 인정했다.

아동 E는 그녀에게 적절한 예가 되어주었다. 여덟 살 때 천재로 판정된 E는 학교교육 과정을 속성으로 마쳤다. 아홉 살에 중학 과정을, 열한 살 10개월에 고교 과정을 마쳤으며, 열다섯 살에 대학을 졸업했다. 이어 열여섯 살에 석사 과정을 밟으면서 철학박사 과정에 등록했다. 열여덟 살에 신학대학에 들어가서 스물세 살 때에는 철학박사 학위를 취득했고, 스물다섯 살 때에는 신학 석사 과정을 밟았다.

E가 이렇게 빨리 학교 과정을 마쳤다는 건 상당히 놀라운 일이었고 홀링워스 또한 깜짝 놀랐다. 그럼에도 그녀는 무언가 빠진 것이 있다고 느꼈고 그 결여된 것 때문에 E가 그토록 박학다식한데도 그를 중간 정도밖에 창조적이지 않다고 평가했다. 체계적으로 교육 과정을 밟는 데 목을 맨 나머지 그에게는 놀 수 있는 여가 시간이 거의 없었다. 그가 어릴 때 우주 국가를 만든 것은 사실이지만 여기에 바칠 시간이 없었다. 그에게는 다른 어떤 취미도 없었다. E가 신학 공부를 마쳤을 때, 홀링워스는 《타임》지가 "뉴욕에서 가장 유명한 천재"라고 부른 그 청년이 세상을 위해 창조적으로 공헌하리라는 기대를 아예 버렸다.

홀링워스는 여덟 살에 처음 검사를 받을 때부터 마지막 검사를 받던 열여덟 살 때까지 오랫동안 아동 E를 추적 조사했던 관계로 그의 발달 상황을 잘 알고 있었다. 그녀의 다른 연구 사례들 또한 잠재적 창조성이 거의 혹은 전혀 계발되지 않은 채 학문적으로 높은 지능이 계발될 수도 있다는 점을 시사했다. 결국 그녀는 이렇게 말했다. "독창성과 지능지수의 상관관계에 관한 문제는 이제까지보다 좀 더 면밀하게 연구할 가치가 있다."

창조성 역시 교육이 필요한 것으로 나타났다. 하지만 학과 성적과 관련된 개인 가정교사나 학교에서의 월반과는 분명히 다른 종류의 것이다. 지능지수가 높은 그녀의 표본 대상자 가운데 자기 주도적 가상 놀이를 할 시간과 그에 대한 지원 및 그에 수반되는 열정이 있었던 아동들이 가장 창조적인 것으로 나타났다. 그녀는 이 아동들이 성인이 되었을 때 탁월한 창조적 성과를 거둘 가능성이 가장 높다고 믿었다.

하지만 홀링워스에게는 이렇다 할 증거가 전혀 없었다. 그녀의 대상자 중에서 가장 장래가 촉망되는 아동이 D였는데 1917년에 터먼을 매우 감동시켰던 바로 그 소년이었다. D는 대학에서 화학을 전공하고 기업에 일자리를 구했다. 안타깝게도 그는 그 분야에서 미처 위대한 성과를 거두기도 전인 1938년, 스물여덟이란 나이로 요절했다. 두드러지게 창조적이라고 여겨졌던 다른 세 아동도 어른이 된 다음 별다른 성과를 보여주지 못했다. 1938년, 당시 스물네 살이 되었을 아동 A는 수학과 과학에서 우수한 성적을 거두며 대학을 졸업했다. 하지만 출간된 홀링워스의 자료에는 그의 진로에 대한 언급이 전혀 없다. 그해, 열네 살 소녀였던 아동 H와 열한 살 소년 L은 아직 성인이 되지 않았다. 중간 영재 그룹에 속하는 두 명의 대상자도 마찬가지였다. 그 그룹에서 3분의 1이 의사가 되었다.

이 여섯 명이 모종의 탁월한 성과를 거두기 위해 계속 매진했는지 여부를 홀링워스는 결코 알 수 없게 되었다. 1939년, 쉰셋의 이른 나이로 사망했기 때문이다. 그렇다고 우리가 그녀 대신 알 수 있을 것 같지도 않다. 그들 연구 대상자의 삶을 추적해보려고 해도 출간된 자료에는 모두 익명으로 처리되어 있기 때문이다. IQ가 높았던 아동들 중 유일하게 신분이 공개된 사람은 E로, 교회 역사학자인 에드워드 로치 하디 주니어 Edward Rochie Hardy Jr. 다.

터먼의 많은 연구 대상자들과 마찬가지로 하디도 지적 능력을 요하는 커리어를 잘 쌓아나갔다. 학력 사다리를 타고 올라가 수많은 책을 저술하고 편집했으며,《미국 인명사전》에도 이름을 올렸다. 여하튼 터먼의 기준에 따르면 그는 탁월함의 하위권에 진입한 셈이다. 만일 홀링워스가 살아서 그 성과를 평가했다면 자신의 예측이 정당하다고 느꼈으리라는 데는 의심의 여지가 없다. 그녀가 엄청나게 지적이고 중간 정도로 창조적이라고 판정했던 아동이 성인이 되어 세계를 위해 그에 상응하는 공헌을 했다.

홀링워스는 생전에 창조적 능력과 지적 능력을 구분했다. 그러면서 미래의 탁월함에 대한 희망을 양쪽의 균형에 두었다. 만일 그녀의 죽음으로 연구 활동이 중단되지 않았더라면, 잠재적 창조성의 지표로서 월드플레이의 역할이 아동기 영재성 연구 및 아동기 영재성과 성인 천재와의 상관관계 연구에서 크게 부각되었을지도 모르겠다. 홀링워스와 터먼은 그 선구적 업적으로《미국 인명사전》에 이름을 올렸다. 그런데 알고 보니 잠재적 창조성 평가에 관심을 가진 심리학자들이 터먼의 뒤를 따르고 있었다.

터먼의 지능검사의 결함을 보완하려고 그들은 주어진 시간 안에 풀어야 하는 다른 검사지를 개발했는데 최초의 생각을 확인하려는 의도였다. 이 구조화된 실험용 검사에 대한 신뢰가 급상승하면서 실생활에서 이루어지는 복잡하고 유별난 놀이에 대한 관심이 시들해졌다. 이것에 관한 홀링워스의 연구 결과도 간과되었다. 유별나게 상상력을 발휘하는 놀이, 특히 가상 세계 건설과 관련된 그 복잡한 가상 놀이에 대한 그녀의 심도 깊은 이해도 목욕물과 함께 버려지는 아기 신세가 되고 말았다.

우리가 이제 알게 된 것 : 창조성이 창조성을 예언하다

터먼과 홀링워스가 영재성 연구 분야의 문을 활짝 연 이래 많은 사실이 알려졌다. 이제, 우리는 눈의 색과 함께 유전되는 영재성 부분은 사회계층에 의해 분리되지 않는다는 사실을 대개 알고 있다. 커다란 잠재성을 지닌 아동들은 어디에서나 찾아볼 수 있다. 부자냐 가난한 사람이냐, 역사적으로 핍박을 당한 사람들이냐 특권을 누린 사람들이냐를 가리지 않는다. 그동안 다른 가설들도 변했다. 이제 심리학자들은 대부분의 남자나 여자에게 있어 창조적 영재성은 지적 영재성과 같은 것이 아니며 또 똑같은 척도로 발견할 수 있는 것도 아니라는 사실을 인지하고 있다. 그럼에도 미래의 혁신과 창조를 위한 잠재성을 지닌 아동들을 판정하고 교육하려는 노력이 좌절되는 수가 많다.

왜 이런 일이 일어나는가는 어려운 수수께끼다. 소문난 감식가들처럼 우리도 창조적 업적을 보면 그것을 이해한다고 생각한다. 하지만 어떤 지식이나 문화를 흡수하는 데에는 몇 년, 아니 몇십 년씩 걸릴 수도 있다. 그런데 대체로 말해서 세상은 성인이 생산한 수많은 (물론 다는 아니고) 생각과 표현, 물질문명의 혁신을 알아차리기까지 먼 길을 돌아온다.

아무튼 이전 아동기의 행동이나 활동이 성인기의 성취와 다른 한, 우리는 그 문제에 관해 일관성이 있거나 명확한 실마리를 찾아내지 못했다. 20세기 중반에 개발된 검사지들은 사고의 유창성, 유연성, 독창성을 측정하고자 했는데 그중 가장 유명한 것이 토런스 창의력 검사Torrance Tests of Creative Thinking, TTCT다. 하지만 많은 비평가들이 지적했듯이 이 구조화된 검사에 실린 문항들은 사실은 창의적 해결을 거부하며 현실 세계의 창조적 성취와는 거의 무관하다시피 하다. 전체적으로, 어떤 종류의 검사이건 창조적 재능이 잠재적인지 아닌지 확인하는 데 부적합한 것으로 드러났다.

사정이 이렇다 보니 일부 연구자들은, 아동의 창조 능력은 천재적인 행동 그 자체로 평가되어야 한다고 주장했다. 일반적으로 수학, 과학, 체스, 언어에서 확인된 천재들은 어린 나이에 성인에 근접한 수준을 확실하게 드러낸다. 일부 심리학자들에게는 그 같은 조숙한 성취가 막강한 지표가 된다. 한 연구자의 말처럼 바로 "그것은 미래의 가능성에 대한 희미한 징후라기보다 지금 드러내놓고 원숙하기" 때문이다.

그런데 천재가 반드시 창의적인 것은 아니다. 예를 들면 음악이나 수학에서의 특별한 능력이 새로운 음악을 창작하거나 새로운 문제를 해결하는 특별한 능력과 같은 것은 아니다. 게다가 실제 창조 활동에 이르면 아동은 성인들의 활동 분야에서 불리하다. 보통은 잘해봤자 겨우 '리틀 c' 정도 근처에나 갈 수 있을 뿐이다. 아동의 잠재적 창조성을 확인하기 위해서는 아동기 특유의 행동으로서, 어쩌다 보니 성인기에 유용한 기능과 노하우를 발전시키기도 하는 행동을 추적하는 것이 훨씬 더 합리적이다.

아동기의 상상 놀이와 창조적 능력 발달의 연관성을 주장한 것으로 보아 홀링워스도 속으로는 같은 생각이었던 듯하다. 본질적으로 한쪽 상황(즉 아동기 놀이)에서 적당히 인정된 창조성은 다른 쪽(즉 성인기의 예술이나 과학 분야)의 창조성을 예언하거나 준비한다는 게 그녀의 주장이었다.

이러한 통찰이 그 분야 연구자들에게 완전히 외면당한 것은 아니었다. 월드플레이를 하는 문학 영재 바버라 폴렛에 대해 쓰기 6년 전인 1966년, 심리학자 해럴드 그리어 맥커디Harold Grier McCurdy는 역사상 유명한 천재 20명에 대한 회고적 연구에서 발달 패턴을 찾았다(그들 모두에게 소급 적용해서 높은 IQ가 부여되었고, 또 모두 반박할 여지가 없이 창조적이었다). 그는 아동기에 "풍성하게 꽃을 피운 공상"이 믿음직한 요소임을 발견했다. "내 요지는 공상이 천재성의 발달에 중요한 특징일 거라는 점이다. 이는 일반적 의미에서 상상력이 뛰어난 작품을 창작해 유명해진 경우만이 아니라 성인기에 남다른 종류의 성취를 이룬 경우에도 그러하다."

맥커디는, 박학다식했던 괴테Johann Wolfgang von Goethe [1749~1832], 작가 알프레드 드 뮈세Alfred de Musset [프랑스의 시인·소설가·극작가(1810~1857)], 철학자 제러미 벤담Jeremy Bentham [영국의 철학자·법학자(1748~1832)], 정치가 소小피트William Pitt the Younger [영국의 정치가(1759~1806)], 정치가이자 역사가인 바르톨트 게오르그 니부어Barthold Georg Niebuhr [독일의 사학자(1776~1831)]처럼 탁월한 사람들은 속성으로 지식을 습득하는 과정에서 생긴 수많은 빈틈을 가상 놀이로 메웠다고 주장했다. 비록 그가 분석에 참고했던 전기적 정보에 결정적 증거는 빠져 있지만……. 마찬가지로 브론테 남매의 아동기 놀이를 분석하는 과정에서 교육자 앤 맥그리비Ann McGreevy는 자신이 선택한 공상 놀이를 자기 페이스대로 하도록 폭넓게 용인하는 것을 주 특징으로 하는 '학습 실험실'의 존재를 깨달았다.

근래 들어 연구자들 또한 지적 영재 아동이나 특별히 재능이 뛰어난 아동들의 여가 활동으로 관심을 돌렸다. 수많은 탁월한 실례들처럼 많은 영재아들이 호기심을 만족시키고 흥미를 개발하는 활동에 과외 시간을 아낌없이 바쳤다. 그들은 게걸스럽게 독서했고, 특별한 재능과 관련된 기능을 훈련했고, 그림을 그리고 춤을 추고 음악을 작곡하면서 시간을 보냈다. 또 난해한 보드게임을 하고 도전 의식을 불러일으키는 퍼즐을 풀었다. 게다가 어떤 연구자의 말대로 그들은 정교한 가상 놀이에 열중했는데, 대체로 "다양한 개념과 사실들로 이루어진 복잡한 덩어리"를 결합한 데에다 환상의 날개까지 펼쳐서 "내적으로 일관성 있는 개념 구조"로 만들었다.

이 같은 연구가 영재 아동들은 복잡한 상상 놀이를 좋아한다는 홀링워스의 최초의 발견이 옳았음을 확인해준다. 하지만 천재성과 가상 놀이의 연관성에 대해서는 좀 더 알아야 할 게 있다. 이제 홀링워스가 중단한 지점인, 다른 영재성의 징후에서는 독립적이면서 그 자체로 잠재적 창조성의 지표가 되는 월드플레이 곁으로 돌아가야 할 시간이다. 그녀 자신은 장차 발견될 결과에 대해 낙관적이었다. "영재 아동은… 대체로 착실하고 이성적인 집단이라 아마도 이 상상 놀이에서 아무런 영향도 받지 않거나 오로지 좋은 영향만 받을 것이다." 우리가 복잡한 놀이에 집중하라는 그녀의 외침에 주의를 기울인다면 새로운 접근 방식이 필요한데, 이는 이미 영재로 판명된 아동들에게만 해당되는 것은 아니다.

첫째, 월드플레이 그리고 다른 정교한 가상 놀이는 지적 영재성과는 독립된 요인으로 연구될 수 있다. 터먼과 홀링워스가 가설을 세웠음에도 아직 어떤 복잡한 가상 놀이 형태도 이를 지능지수나 천재적 재능에 연관시키는 체계적 연구가 이루어지지 않았다. 가상 국가 건설은 실제로 보통 또는 보통 이상의 지력을 요하는 것으로 드러날 수도 있다. 하지만 이제 검사를 잘 받는 아동들보다 잘 노는 아이들 사이에서 놀이를 찾아볼 시간이다.

둘째, 월드플레이는 그 자체로 잠재적 창조성의 지표로 연구될 수 있다. 터먼과 홀링워스는 월드플레이를 조숙한 아동들에게서만 나타나기 쉬운 잠재적 창조성의 표시로 간주했다. 하지만 실제로 월드플레이는 정신연령이나 IQ와 상관없이 모든 아동들에게서 볼 수 있는 잠재적 창조성의 표시일 뿐만 아니라 그 원천으로 드러날 수도 있다.

셋째, 월드플레이는 학과나 기술에 거창하게 적용하기보다 창작 실습에서 일종의 자체 도제제도로 연구될 수 있다. 아동기에 가상 국가를 세우는 사람들은 흔히 즉석에서 다양한 방식으로 그 세계를 정교하게 만든다. 그들은 이야기를 짓고, 음악을 작곡하고, 지도를 그리고, 모형을 만들고, 놀이를 설계하고, 아마도 비밀의 언어도 만들 텐데 이는 모두 놀이 상황 내에서 이루어진다. 따라서 아동기의 월드플레이를 통해 단기간에 수학 지식을 습득하는 것이나 음악이나 체스에서 조숙한 재주를 훈련하는 것과는 본질적으로 다른 유익함을 얻는 듯하다. 실제로 가장 중요한 차이는 다음과 같은 것일지도 모른다. 천재들이란 대체로 학습과 재능에서 전문가들이다. 가상 국가를 건설하는 아동들이 다양한 기술과 변신이 가능한 만능 재주꾼의 기량을 발달시키는 것은 당연한 일이다.

이는 가상 장소를 창조한 모든 아동이 자라서 활동 분야를 개혁하거나 새로운 분야를 개척할 것이라고 주장하는 것이 아니다. 또 터먼과 그 밖의 여러 사람들이 밝혔듯이, IQ가 높거나 뛰어난 재능을 지닌 아동들도 대부분 그렇게 되지는 못한다. 동기나 기회 같은 부차적 요인들 또한 창조적 천재성을 발달시키는 데 중요한 역할을 한다. 우리는 아동기에 복잡하고 정교하게 가상 세계를 만드는 것을 포함해 자동으로 또는 일관성 있게 성인기의 비범한 성취라고 판정하는 어떤 하나의 척도도 바라서는 안 된다. 영재 아동이 천재 어른이 된다는 가정은 결국 가정일 뿐이다.

우리가 예측할 수 있는 것은, 다음 장에 나오는 것처럼 월드플레이의 실태를 자세히 관찰하면 아동기의 상상 능력과 잠재적 창조성에 대해 좀 더 심도 깊게 이해할 수 있으리라는 점이다. 아울러 그것들과 성인기의 창조적 활동과의 연관성에 대한 이해의 폭도 넓어질 것이다.

창조 활동의 학습 실험실

그럴싸한 상상 헤아리기

그리고 이 문제는 아주 흥미진진하다. 흔해빠진 어린애들의 장난감들로
가득 찬 다락방이 《일리아스Iliad》나 소설 《바셋 주 이야기Barsetshire》에 나오는
세상처럼 시종일관하고 자급자족하는 세상으로 바뀌는 과정을 추적하는 일은
일반 심리학에 적지 않게 공헌할 것이다.
- C. S. 루이스, 작가

아동의 마음

터먼과 홀링워스가 가상 국가를 주목하기 몇 년 전에 이미 뉴잉글랜
드의 클라크대학에서 그 중요성에 대한 생각이 표면화되기 시작했다.
터먼 자신도 그곳에서 공부했었다. 미국 심리학의 선구자 G. 스탠리
홀Stanley Hall(1844~1924)은 오래전부터 아동의 마음과 상관이 있는 일체
의 것을 예의주시하고 있었다. 그와 그의 제자들은 (터먼도 잠시 그의 학
생들 가운데 하나였다) 호기심, 놀라움, 인형 놀이, 수집 본능 등등에 라
벨을 붙였다. 홀 자신은 다른 사람들이 나비를 수집하듯이 유별난 아
동기 놀이의 증언을 수집했다.

1914년 가을, 아동 D가 IQ 검사를 받기 한참 전에 홀은 다른 표본

을 발견하고 그물을 끌어당겼다. 그는 새로 들어온 대학원생에게 편지를 썼다. "친애하는 폴섬Forthwith Joseph Folsom 군에게, 자네가 기술한 아동기는 정말로 독특하더군. 만일 자네가 기꺼이 그에 대한 모든 것을 20쪽 이내로 써준다면 그것을 내가 발행하는 잡지《페다고지컬 세미너리Pedagogical Seminary》에 싣고 싶네." "사회를 위해 영원히 가치 있는 일을 하거나 그런 것을 만들고, 세상에 개인적 영향을 미치기를 간절히 바라던" 폴섬은 즉시 교수를 위해 자신의 어린 시절 파라코즘 놀이에 대해 모호하지만 그래도 강렬한 흥미를 불러일으키는 에세이를 썼다.

자신이 발행하는 최초의 아동심리학 전문 잡지에 〈아동의 과학적 놀이 세계〉를 실으면서 홀은 속으로 그 글을 "성장하는 아동기의 자서전에 진정한 가치를 더하는 것"이라고 예찬했다. 또 필자에게는 "뛰어난 능력과 장래성을 갖춘 사람"으로 '천재'라는 찬사를 바쳤다. 폴섬은 조숙성과 관련된 것으로 이미 간주된 요인에 대한 이해력만큼이나 놀이에 대한 구체적 기억 수준 또한 확실히 특별했다.

어렸을 때 이미 폴섬은 "비인격적인 것에 대한 정신적 이해력"에서 자신이 또래들보다 앞선다는 것을 알았다. 또 어머니가 '길바닥에서' 놀지 못하게 하는 바람에 자신이 다른 아동들에게서 고립되었다는 것도 알았다. 그의 생활은, 일찍부터 상상 자체의 작용을 내성적으로 세밀하게 관찰하는 데 최적화된 기질로 열심히 상상에 빠지는 게 일이었다. 다행히도 그는 훌륭한 교수를 위해 자신이 소년 시절에 어떻게 놀이 세계를 건설했는지, 그 수많은 독특한 개념들을 어떻게 정교하게 만들었는지 분석해주었다. 요컨대 그가 어떻게 창조적 상상력을 발휘하는 데 몰두했는지 분석해준 것이다.

기억할 수 있는 어린 시절부터 폴섬은 무생물을 의인화하는 버릇이 있었다. 여섯 살 무렵, 엄마가 그에게 아무것도 감기지 않은 나무 실패를 주자마자 그는 당장 그것에 이름을 붙이고 사람처럼 취급했다. 그는 또 망가진 체스의 말, 나무토막, 제각각 크기가 다른 돌멩이에 가상의 존재를 불어넣었다. 얼마 지나지 않아 가짜 인물이 너무 많아지는 바람에 그는 개인들은 가족으로, 가족들은 '조직'으로 편성했다.

마침내 다해서 조직 열두 개가 만들어졌다. '실패 조직'에 더해 누이동생의 인형을 위한 '인형 조직', 종이 요정과 날아가는 달을 위한 '미스터리 조직', 나중에 육체 없는 영혼이 된, 구멍이 팬 흙더미를 위한 '화산 조직' 등이 그것들이었다. 심지어 그의 가족과 집안 하인들과 집에서 기르는 개를 위한 실제 인물 조직까지 있었다.

물질적 대상에 그 바탕을 두었던 까닭에 어른 폴섬은 이 조직 놀이를 '구체적인 놀이'라고 말했다. 어릴 때에는 물질적 재료들이 상상한 구조물과 자연스럽게 융합되었다. 어린 폴섬은 자기가 만든 조직 세계를 위해 선반과 상자들로 구체적인 장소를 만들고 장난감 기찻길을 만들었다. 뒷마당에는 흙으로 만든 것들도 있었다. 그는 마음속으로 '흐름의 네트워크'를 상상하면서 이 다양한 장소를 연결했는데, 이 흐름이란 집의 대들보나 철로, 보도를 통해 지하를 달리는 속이 빈 파이프나 터널들이었다. 이것들은 놀이 세계의 서로 다른 지역을 이어주는 교통수단이나 불, 물, 전기의 통로가 되었고, 수증기가 많은 화산들의 이동 경로로 사용되기도 했다.

폴섬은 자신의 열정에 따라 아동 중기의 상당 시간을 이 조직 놀이를 정교하게 만드는 데 바쳤다. 한편 그는 이 '놀이 국민의 세계'의 서사적 부분을 활성화하기 위해 네 살 어린 누이동생의 협조를 얻기도 했다. 남매는 가정생활과 결혼, 출산, 죽음의 의식을 중심으로 돌아가는 조직 사람들을 위해 즉석에서 놀이 대본을 함께 짜냈다.

폴섬은 또 누이동생을 연속되는 이야기의 첫 번째 청중으로 삼았다. 또 다른 파라코즘을 배경으로 하는 이야기로 미국 북동부와 다소 비슷한 상상의 장소였다. 그런데 "뉴욕, 시카고, 버팔로가 나오긴 하지만 그 사이에 끼여 있는 나라의 모든 것은 왜곡되고 재구성되었으며 가상의 이름들이 주어졌다." 이 놀이에서 이들 남매는 특급열차를 타고 여기저기 돌아다니면서 주요 인사를 만났을 뿐 아니라 "철도 사고, 대화재, 화산 폭발, 범죄" 등을 겪었다.

폴섬이 나중에 회고하기를, 자신은 양쪽 가상 세계에서 "정말로 살고 이동하고 존재했다"고 했다. 4, 5년 정도 누이동생과 함께 놀이를 하고 난 후, 새집과 새 학교, 부모의 압력이 어린 폴섬으로 하여금 "이 어린애 같은 짓을 그만두어야 한다"라는 생각을 갖게 했다. 하지만 실제로는 놀이를 그만두는 대신 그것을 내면화했다.

비록 대부분의 조직 사람들을 상자에 넣어 치워버렸지만, 열한 살 때부터 열네 살 때까지 폴섬은 이제 더 이상 누이동생과 함께하지 않는 "놀이 세계 전체에 대한 자세한 설명"을 썼다. 다 썼을 때 이 역사는 1만 개도 넘는 단어와 그림, 지도, 도표로 이루어졌으며 표로 만든 분류에 각주, 참고 문헌까지 있었다. 그리고 이것들은 모두 장章 및 제목이 달린 문단으로 세밀하게 나뉘었다. 그는 다시 가상 철도 여행을 기록하는 일에 착수했다. 폴섬은 1915년에 "실질적인 놀이를 하기에는 나이가 너무 들어버린 몇 년 후에도 나는 여전히 도시의 지도를 그리고 이

지역의 열차를 스케치했다. 오늘날까지도 시간이 나면 가끔 기차를 타고 그 불가사의한 나라를 여행하는 상상을 하곤 한다"라고 썼다.

놀이 분석

폴섬은 자신의 가상 놀이 내용과 발달 과정을 추적했다. 또 그 정교화 작업에 본래부터 내재되어 있던 상상 및 구성 활동도 기억해냈다. "일반적인 과정을 보면, 대부분의 경우 첫 번째는 경험에서 얻은 아이디어였다. 두 번째는 아이디어와 느낌을 결합해 복합체로 만들기, 세 번째는 놀이를 위해 만든 창작물들로 이 아이디어의 복합체를 표현하고 한층 더 정교하게 다듬기, 네 번째는 이 모든 별개의 창작물들을 일관성 있는 놀이 세계로 통합하기였다." 그가 안내하는 대로 따라 하면 우리도 그 놀이 과정을 차례차례 풀어볼 수 있다. 또 월드플레이가 상상력을 훈련하고 잠재적 창조성을 키워주는 학습 실험실로서 어떻게 작용하는지 구체적으로 설명할 수 있게 된다.

경험에서 얻은 아이디어

놀고 있는 아이로서 자신의 사고思考를 검토했을 때 폴섬은 "내 놀이 세계의 물질적 내용이나 주제는 반드시 실제 주변 환경에서 얻은 것"이라는 사실을 깨달았다. 어렸을 때 그는 직접 경험을 통해 자연계에 대한 개념을 형성했다. 가족 소유지에 널린 돌멩이와 화산재에 대한 개념이 그 예가 될 것이다. 또, 다른 사람의 경험에서도 끌어왔는데 목사였던 아버지의 업무에 관해 들은 내용, 화산, 달, 별, 전기에 관해

읽었던 책들이 그것이다. 그는 직접, 간접경험에서 얻은 아이디어를 이용해 자신의 놀이 세계를 지배한, 폭발적인 강력한 영혼을 상상해냈다.

그것은 얼마나 정확하게 그대로 이루어졌을까? 우선 '경험에서 아이디어를 얻는다'는 게 무슨 뜻인지 잠시 생각해볼 필요가 있다. 사람들은 대부분 '돌'이라는 말을 들으면 그 대상의 시각적 이미지나 무게와 중량의 운동감각 이미지, 또는 거친 표면의 촉각적 이미지를 떠올리는 수가 많다. 이들 이미지가 여기에 말로 표현되기는 하지만 모든 사고의 바탕은 마음속을 흐르는 이런저런 감각적 인상에 놓여 있다. 말이 없어도, 오히려 특히 말이 없을 경우에 우리는 경험한 적은 있지만 지금 눈앞에 존재하지는 않는 시각, 청각, 미각, 후각, 촉각이나 압력 또는 균형을 마음속으로 떠올릴 수 있다.

우리는 마음속으로 불러낸 경험을 상상할 수도 있을 것이다. 또 실제로는 온전하게 지각한 적이 한 번도 없었던 것들의 심상을 형성할 수 있다. 어린 폴섬처럼 화산의 정수精髓가 그물처럼 연결된 지하 파이프로 전기처럼 흘러간다고 가정할 수도 있다. 어디 그뿐인가, 우리도 꼭 폴섬처럼 우리 경험 중에서 "인상적인 것, 특별한 것, 격렬한 것, 왕성하게 움직이는 것, 그리고 불가사의한 요소들에 주목하고" 그것들을 마음속으로 결합함으로써 "객관적 사실들의 세계"를 가지고 공상적 세계를 만들 수 있다.

아이디어와 느낌의 결합

폴섬은 화산 사람들의 기원을 설명하려고 애썼다. 뒷마당에 쌓여 있던 지저분한 흙더미, 보이지 않는 전류, 강력한 개성, 도덕적 권위에 대한 관념과 느낌이 그가 '복합체'라고 부르는 것 속에 혼합되었다. '복합체'는 실제 경험에서 가져온 두세 가지 관념이나 느낌을 결합해서 비현실적인 합성물을 생산했는데, 고대 그리스 로마신화에 나오는 짐승들이 다양한 실제 동물과 결혼해서 기상천외의 동물이 되는, 뭉뚱그려 키메라라고 알려진 것과 똑같은 방식이었다.

미국의 인지과학자 마크 터너Mark Turner(1954~) 같은 현대 학자들은 상상 작용을 어떤 아이디어를 다른 것과 인지적으로 '혼합하기', 또 '아동 초기 사고의 중추'라고 주장한다. 예를 들어 아동은 상상 속 애완견의 특징을 줄에 끌려다니는 진짜 풍선에 겹쳐놓고 그것을 '상상 개'라고 부를 수도 있다. 물질적 대상을 사람에 대한 기억과 상상 속 개성과 혼합한다는 점에서, 개념상으로는 어린 폴섬의 화산 사람도 이것과 전혀 다르지 않다.

폴섬의 가상 세계 역시 전체적으로 혼합된 아이디어, 지각, 느낌을 표현했다. 인류학자 스티븐 나흐마노비치Stephen Nachmanovitch(미국의 바이올린 연주자이자 시인·교사·컴퓨터 아티스트(1950~))는 놀이를 하다 뜻밖의 혼합물을 발견하는 것을 '브리콜라주bricolage(손에 닿는 대로 아무것이나 이용하는 일 또는 그렇게 해서 만든 작품)'라고 불렀다. 가까이 있는 재료를 뚝딱뚝딱 만져서 다른 용도로 사용한다는 말이다. 타고난 수선장이인 아동들은 땅바닥에 널린 것이 무엇이든, 아침 식탁에서 주워들은 정보가 무엇이든 "아무것이라도 다 놀이 속으로 통합시킨다." 폴섬도 "혜성이나 마스토돈mastodon(마스토돈트과에 속하는 절멸 코끼리의 총칭)처럼 근사하고 불가사의한 것들을 놀이 속으로 흡수시키면서" 집이나 학교에서 배운 것들을 이용했는데 "어쨌거나 그것들은 강렬한 아이디어와 느낌,

호기심과 결합되었다."

예를 들어 그는 자기가 만든 철도 세계의 이상적인 지리를 위해 뉴욕, 시카고 및 다른 주요 랜드마크 사이의 거리를 정확하게 지도로 작성했고, 그 틈새기로 불규칙하게 뻗은 가상 철도망이 놓여 있다고 상상했다. 한편 열차 노선에 따라 각각의 여행객과 주사위 놀이와 상징 색을 갖추었다. 상상 놀이가 발달함에 따라 간단한 혼합이 합성물을 형성하기 위해 연합하고, 그 합성물은 다시 가상 놀이의 '복합체'로 용도가 변경되었다.

혼합과 브리콜라주는 어린 시절 상상력과 그것이 성인기 창조력으로 발전할 가능성에 대해 많은 것을 말해줄 수 있다. 아동이 작은 장난감 트럭으로 커다란 불자동차를 대신하거나 인형 세트를 텔레비전 쇼에서 끌어온 이야기 배경 속으로 끌어들인다고 해서 놀랄 사람은 아무도 없다. 어쩐지 그래야만 할 것 같지만. 아무리 평범한 것이라도 모든 혼합은 상상력이 작용 중임을 반영한다. 그런데 그 요소들의 병치가 사실 같지 않을수록 대체로 터무니없는 공상에 더 주목하게 된다. 아동의 놀이에서 우리가 주목하고 또 주목하는 것은 우리에게 생소한 혼합물과 복합체다. 말하자면 풍선 개, 실패 사람, 예정 시각에 시카고에 도착하려고 신비한 풍경 속을 씽씽 달리는 당당한 '녹색' 특급열차 따위들이다.

그렇다고 해서 전통적 사고방식에서의 일탈만이 왕성한 상상력의 척도는 아니다. 가장 놀라운 혼합물들은 지금까지 무관했던 것들 사이의 숨겨진 유사성과 연관성을 드러내기도 한다. 전혀 비슷해 보이지 않던 애완견과 풍선이 스스로 튀어 오르는 경향 말고도 문득 우정에 대한 취향도 비슷한 것처럼 보일 수도 있다. 마찬가지로 화산과 권위적 인물들도 상당히 많은 신체적·정서적 힘을 공유한다. 어떤 경우든 은유적 연관성 때문에 우리는 서로 닮지 않은 것들에 대한 관념을 통합하게 된다.

실제로, 상상에 의한 혼합물을 평가할 경우, 우리는 더욱 의외의 것으로, 더욱 통찰력이나 재능이 엿보이도록 합쳐놓은 아동을 좀 더 창조적이라고 생각한다.

아동들이 개인적인 '리틀 *c*' 방식으로 창조성을 발휘한다는 5장의 내용을 떠올려보라. 그럼에도 그들이 상상한 공상의 세계가 더욱 창의적이면 창의적일수록 개인적 상황을 뛰어넘는 잠재적 창조성도 그만큼 더 많이 드러나게 마련이다.

어린 폴섬은 확실히 그 같은 잠재성을 보여주었다. 그는 놀이의 물질적 요소와 정신적 요소를 혼합해 대단히 독특하고 통찰력이 뛰어난 병치를 이루어냈다. 그는 철도 설비, 지하 수로, 조직 사람, 결혼 허가증, 놀이 기록물 같은 것들을 만들어냄으로써 이 혼합의 실례를 보여주었다. 또 지식, 경험, 감정을 결합하고 또 재결합해서 자신이 고안한 환상적인 작품으로 탈바꿈시킴으로써 놀이에서 "사실에 의거한 독창적 가상의 창작품"을 체계적으로 정교하게 만들어냈다.

놀이 창작물에 의한 정교화

어린 폴섬은 시시콜콜한 주변 세상에 대해 만족을 모르는 호기심을 가졌고 아울러 그것을 조직하려는 불타는 열정도 가지고 있었다. 그가 나중에 어른이 되어 회고한 바에 따르면, "특히 두드러진 점은… 내가 비교하고 분류할 수 있는 대상들에 흥미가 많았다는 사실이다. …비슷하지는 않지만 관계가 있는 사물이나 현상을 질서정연하게 체계화할 생각만 하면 그렇게 즐거울 수가 없었다."

아동 초기와 중기에 폴섬은 자연계에서 이 욕구를 자극하는 것들을 많이 발견했다. 그는 밤이면 밤마다 달의 형태와 위치를 비교했고, 서로 다른 유형의 기관차를 분류하고 기적 소리에 따라 각 지방 열차를 구분했으며, 열차 시간표와 철도 노선표를 열심히 읽으면서 기차역들을 외웠다. 사춘기에는 눈에 보이는 새들과 관찰한 꽃과 나무들의 목록을 작성하면서 자신의 감수성을 비교하고, 분류하고, 목록을 만들었다.

이와 똑같이 정신적·물질적 환경 속의 소재들을 관리하려는 욕구가 폴섬의 놀이를 특징지었다. 이른바 자칭 '분류열classifying fever'은 볼케이노Volcanoes(화산)와 함께 절정에 달했다. 미친 듯이 증식하는 천상의 동물로 재빨리 변신한 그 흙더미들 말이다. 그는 우선 전체 볼케이노에 100만까지 번호를 붙였고 "계속해서 알려지지 않은 숫자인 매드래캔캔틸리온Madrackankantillion까지 번호를 붙였다." 이어 다른 볼케이노에는 글자를 붙이고 또 다른 것에는 공룡 이름을 붙여주다가 알고 있는 선사시대 동물이 바닥나자 그는 "이름을 붙일 수 있는 볼케이노 가운데 가장 무시무시한 볼케이노인 곤드론돈테리움Gondrondontherium"이라는 이름까지 만들어서 붙였다.

조직화에 대한 폴섬의 열망은 거기서 그치지 않았다. 그는 고귀하고 선량한 기질인 '맹렬함'을 비롯해 일정한 특징과 성향에 따라 그의 모든 조직 사람을 가차 없이 비교했다. "모든 사람의 맹렬함의 정도를 측정하려고 일종의 종이 기계"를 만들면서 그는 그들 모두의 체온을 쟀다. "애완견들은 5~20도… 인형들과 여성 실패Spool 사람들은 대개 35~70도인데 남성 실패 사람들과 탑, 유카탄 사람들은 40~100도 이상까지 갔다." 그는 또 헤아릴 수 없이 많은 볼케이노들의 '맹렬함'을 표로 만들어 이 특징을 어느 정도 반영하는 원형 체계에 그것들을 형상화했다(그것들이 순전히 가상적인 것이기에).

체계적 정리와 분류가 폴섬의 놀이에서 중요한 역할을 했지만 그것이 다는 아니었다. 그는 그들 남매가 자발적으로 고안한 사회극 놀이 안에서 말 그대로 살고 이사를 했다. 두 남매는 그들이 만든 놀이 속 사람들을 대신해 "여러 가지 말투와 억양을 사용해서" 말했고 정말로 그들과 함께 '놀이 속 사건'에 등장인물로 참여했다. 그들은 자기들이 만든 조직 사람들과 차례차례 공감하고 개인, 가정, 공동체의 행동에 대한 아이디어를 실행하는 것으로 상상의 나래를 펼쳐나갔다.

사실 어린 폴섬에게, 동생과 함께 노는 놀이에서 소재를 서사적으로 조직하는 것은 혼자 놀면서 갈고 닦은 체계적 분류 작업만큼이나 중요한 일이었다. "나는 혼자 계획을 세우고 그 작은 세계에 관한 일들을 열심히 생각했겠지만 동생의 공감과 협조 없이 실제로 노는 것은 아무 재미가 없었다."

이 대목에서 우리는 놀이 소재를 조직하는 데 서사와 분류가 어떻게 작용하는지 이해할 수 있을 것이다. 그것들은 또 그 소재들을 정교하게 만들고 단순한 실마리들을 복잡한 가상 놀이로 엮어내는 역할도 하며 그러는 과정에서 지식과 이해의 폭을 넓힌다.

먼저 서사에 대해 생각해보면 그것은 지식과 상상이 엇갈리는 교차

지점에서 작용한다. 과거를 회상하든 미래를 계획하든 대체 현실을 가정하든, 인간이 경험이라는 카오스를 대리로 탐험하고 관리하는 것은 결국 이야기를 통해서다. 우리는 우리의 삶이나 기타 과정들을 특정 장소에서 특정 자극에 의해 움직이는 특정 배우들이 때맞춰 나오는 일련의 사건들로 설명한다. 그렇게 이야기를 만들고 싶은 충동이 아동기 놀이에 깊이 내재되어 있다. 아동들은 장난감 소품이나 자기 자신이나 다른 가상의 존재들에게 공공연한 실체를 불어넣는다. 그리고 이들 가상 존재에게 가상의 인과의 힘을 불어넣어주면 그들은 상상한 사건들을 연결한다.

터너를 필두로 하는 몇몇 연구자들에게, 서사적 충동은 "마음의 기본 원리"로 사람의 생각하는 능력을 형성하는 "정신적 도구"다. 우리는 폴섬의 간단한 혼합물을 이야기의 최소 단위로, 좀 더 큰 서사 구조를 세우기 위한 건축용 벽돌로 간주함으로써 그가 말하고자 하는 바를 이해할 수 있다. 볼케이노와 인간의 혼합은 적어도 짤막한 이야기 두 가지를 함축한다. 하나는 지질학적 폭발에 대한 것이고 다른 하나는 사람에 대한 것이다. 화산이 폭발한다. 사람이 화가 난다. 이 간단한 두 가지 이야기를 함께 섞으면서 소년은 공포를 불러일으키는 화산 존재에 대한 즉흥적인 이야기를 시작하게 되었다.

그 과정에서 폴섬은, 상투적 문구가 공동체와 문화의 사고를 분명하게 표현하는 것과 동일한 방식으로 자신의 생각을 확장시켰다고 추측할 수도 있다. "사람은 어려운 때에 대비해 미리 저축한다a man squirrels away savings for hard times ahead"라는 문장은 혼합된 요소들로 이루어진 작은 이야기를 함축한다. 다람쥐는/사람은, 도토리를/돈을, 묻는다/예금

한다. 미래에 필요한 것을 상상할 수 있게 함으로써 이 경우의 이야기는 연기된 욕구 충족과 계획하기의 이점에 대한 지식을 형성한다. 혼합물에서부터 단편적 이야기, 즉흥적인 놀이 대본에 이르기까지 이야기는 아동에게 실제 경험과 상상 속 경험을 이해할 수 있도록 해준다.

아울러 분류 작업을 수반하는 지식의 구축에 대해 생각해보라. 거기에는 기본적으로 패턴을 인식하고 형성하는 일이 포함된다. 이야기가 인과적 순서를 부여하는 것처럼 패턴 인식은 경험의 흐름에 분석적 순서를 부여한다. 이런저런 사물이나 절차들은 개인적 경험이나 지각에 따라 감각적 속성, 기능성, 정서적 결합 등에 의해 그룹을 지을 수도 있다. 물질계에서 놀고 있던 어린 소년 폴섬은 돌과 실패의 모양과 크기에서 패턴을 발견했다. 또 사회생활 속에서도 개성, 감정, 행동의 패턴을 발견했다. 이 사회적 패턴을 장난감에 부과함으로써 그 역시 패턴을 형성했다. 말하자면 자기 나름대로 사물과 절차를 조직하고 이해하는 방식을 만들어냈다.

자신이 만든 가상 세계를 체계적으로 조직해 정교한 이야기로 만들면서 사실상 폴섬은 영국의 물리학자이자 철학자 마이클 폴라니Michael Polanyi(1891~1976)가 무언의 개인적 지식이라고 주장했던 것을 제 힘으로 만들어냈다. 무언의 지식은 개인의 특정한 능력, 선입견, 열정에 의존하는 까닭에 필연적으로 특이하고 대체로 직관적이다. 함께 공유한 경험에 바탕을 둔 것인 한 그것은 명백한 집단적 지식과도 상관이 있을 수 있다.

가상 존재, 개성, 글자, 감정 간의 상호작용에 대한 어린 폴섬의 이해가 그 좋은 예다. 때때로 그의 놀이 속 이야기에는 죽을 만큼 무서운 가상 인물들이 필요했다. '맹렬함'의 정도가 낮은 조직 사람들만 그렇게 두려워할 수 있었고, 그 정도가 높은 사람들(즉 볼케이노)만 무서운 일을 할 수 있었다. 또 볼케이노들은 희생자들에게 큰 소리로 특정 글자들을 외쳐서 두려움에 떨게 했는데 그 글자들 역시 그 효과에 의해 서열이 정해졌다. 폴섬은 어른이 된 후 다음과 같이 설명했다.

다른 말로 하면, 공포로 죽음에 이르게 할 가능성은 집행자의 맹렬함, 사용된 글자의 공포심 유발 능력, 반복 횟수, 고함 소리 크기 등에 따라 즉시 달라졌다. 또 희생자의 맹렬함이나 전반적인 저항력에 반비례했다. 어릴 때 나는 한 번도 그것을 이런 식으로 표현한 적이 없었지만 분명 그 같은 개념을 가지고 있었다. 그리고 만일 그때 내가 대수代數를 알았더라면 앞에 말한 내용과 같은 것을 공식으로 만들었을 게 확실했다.

반비례에 대한 폴섬의 개인적 개념은 그가 나중에 대수학에서 깨닫게 되는 원리에 대한 순진한 발견이었다고 보는 것이 합리적 설명일 수도 있다. 물론 그가 놀이에서 만들어낸 모든 패턴이 그 놀이 밖에서도 다 의미 있는 설명이 된다고 말하려는 건 아니다. 물질계에서 화산은 감정적 이유로 폭발하지 않았다. 특정 자음과 모음의 소리는 생명을 앗아가지 않았다. 하지만 놀이 영역에서는 이런 황당무계한 혼합이 말이 된다. 서사와 분류의 논리에 따라 그것들은 서로 연결돼 무엇보다 중요한 하나의 패턴이 되었다.

일관성 있는 놀이 세계의 통합

어렸을 때 폴섬은 자신이 만든 분류, 비교, 측정, 목록, 이야기 등을 자신의 가상 세계에 부속된 아주 많은 '사실들'이라고 여겼다. 배운 것이든 상상한 것이든 정보는 조직화할 필요가 있었고, 더 중요한 것은 그것이 일관성 있고 진짜처럼 보이는 조직화를 요했다는 사실이다. 그는 어린 시절을 회고하면서 이렇게 말했다. "내 마음은 굉장히 상상력이 뛰어났지만 동시에 아주 현실주의적이고 논리적이었다. 나는 아이들 대부분이 거의 이렇다고 생각한다."

폴섬도 기꺼이 인정했듯이, 그의 경우 일관성에 대한 충성은 절대적이었다. 그가 동생과 함께 공유한 월드플레이의 모든 것은 서로 연결되어 있어야 했다. 체계적 정리 작업은 영혼을 만족시키는 방식으로서뿐만 아니라 논리적으로도 일관성이 있어야 했다. 예를 들어 그의 놀이에 나오는 모든 기차 여행은 "열차 시간표와 해당 장소 간의 거리와 일치하도록 서술되었다." 볼케이노가 '맹렬함'의 순위표에서 1위를 차지하고 고귀한 색인 녹색에 대한 선호를 표명했기 때문에 그들만이 철학자 역할에 적합했다. 그와 다른 유형의 개성을 부여받은 조직의 사람들은 법률가, 의사, 범죄자, 혹은 "혀를 반쯤 내민 채 말하는" 멍청한 사람들 역할을 맡았다.

이 같은 개성과 직업 분류 내에 설득력 있게 자리매김할 수 없는 새 인형이나 가상 존재는 어떤 것이든 즉석에서 폴섬에게 거부당했다. 그 결과 그 가상 세계는, 폴섬도 나중에 말했듯이 "비현실적 전제 위에 세워진 기하학 가설 같았지만 처음부터 끝까지 임의의 조건에 정확하게 일치했다." 문외한에게는 그의 놀이가 깜짝 놀랄 만큼 공상적인 것처럼 보였지만 정작 자신은 그것이 깜짝 놀랄 정도로 믿을 만하다는 사실을 발견했다. 가상 세계가 현실 세계의 것을 보유하고 굴절시켰을 뿐만 아니라 그것도 일관성 있게 그렇게 했기 때문이다.

꼬마였을 때조차 그는 자신의 가상 세계가 '과학적' 토대에서 세워져야 한다고 생각했고 그 결과 그것들은 그럴싸하거나 진짜처럼 보였다. 그리고 그 그럴싸함에는 놀이를 하는 데 가장 중요한 것이 무엇인지에 대한 중요한 열쇠가 들어 있다. 어린 폴섬뿐만 아니라 가상 세계를 창조하는 모든 아동들에게 중요한 것 말이다.

이러한 주장을 하려면 로버트 실비가 시작한 파라코즘 연구와 그 데이터에서 스티븐 맥키스와 데이비드 코헨이 도출한 결론으로 잠시 다시 돌아갈 필요가 있다. 실비에게 자료를 제공했던 많은 사람들이 논리적으로 일관된, 다시 말하면 믿을 수 있는 가상 세계를 건설하고 싶다는 아동기의 욕구에 대해 언급했다.

예를 들어, 여자 친구 두 명과 가상 고아원, 고아들을 지어내어 놀았던 '레오노라'는, 자칭 '더 게임The Game'이 "아니, 그렇게 하면 안 돼. 그 상황에서는 그렇게 할 수 없을 거야" 등 고아들의 행동에 관한 즉석 토론 때문에 자주 방해받았다고 회상했다. '암브로즈' 역시 화성의 위성들 중 한 곳에 세운 가상 세계를 위해 '규칙을 확립하는' 작업에 착수했다. "나는 사람들이 어떻게 거기에 갔는지, 왜 언어가 그렇게 발전했는지, 왜 그렇게 많은 사항이 지구의 것들을 닮았는지를 설명할 온갖 종류의 근거를 만들어야 했다." 마찬가지로 가상 언어를 만든 '제레미'는 "모든 것을 구성하려고… 영어에서 가져온 규칙을 만들었다"고 말했다.

물론 모든 가상 놀이에는 어느 정도 규칙 지배적 행동이 포함된다. 하지만 월드플레이에서는 설득력 있고 신뢰할 수 있는 '만약의 문제'에서 근거와 규칙이 문제 해결 훈련으로서 가상 모험의 뼈대를 이룬다. 포섬벌Possumbul이라는 섬나라는 다섯 살짜리 '댄'과 그의 사촌 '피터'가 사회학자 아버지에게 들은 '가능한 세계'에 기초해 세운 나라인데 반드시 정치적 진행 절차(아이들이 이해한 대로)를 따라야 했다. "일단 만들어지면 구성 요소들을 그냥 뒤엎고 새롭게 시작할 수는 없었다. 그것들은 현실 세계에서와 마찬가지로 수정되어야 했다"라는 게 댄의 회상이다. "신비한 조화를 이루는" 두 세계를 언급한 '브렌다'는 "모든 것이 일관성 있는 제도 또는 온전한 패턴으로 연결되어야 한다는 점에서 그럴싸하다는plausible 점은 정말 중요했다"라고 말했다.

그런데 흥미롭게도 이런저런 자료들을 분석하면서 코헨과 맥키스는 "이런 종류의 체계적 상상은 심리학적으로 대단히 호기심을 끈다. 아동들은 한편으로는 놀고 공상에 빠지고 상상하는데 한편으로는 그 공상이 아주 논리적이다. 그들의 세계에서 벌어지는 일들은 규칙을 따라야 한다. 그것은 놀이라기보다 일처럼 보인다"라는 의견을 피력했다.

그렇게 말하면서 그들은 심리학자 장 피아제의 견해에 의존했다. 피아제의 아들 'T'는 일곱 살 때부터 '시윔발Siwimbal'이라는 가상 국가를 정교하게 만드느라 바빴다. 피아제에 따르면 T는 시윔발과 그곳에 있는 마을의 지도를 그리고, 초등학생들을 그곳에 살게 했으며, 그 땅에서 벌어지는 수많은 모험을 서술했다. 열 살이 되자 그는 또 역사에 등장하는 복장을 한 조그만 곰과 원숭이들을 그려서 역사적으로 정확한 배경에 갖다 놓았다. 두 경우 다 피아제는 그 같은 활동을 "놀이와 지적 활동 중간쯤 되는” 건설적 놀이로 생각했다. T의 지도와 그림은 “그에 상응하는 현실을 모방해서 재생산한 것일 뿐”이라는 게 피아제의 판단이었다.

그들이 연구한 파라코즘 놀이꾼들에 대해 똑같은 주장을 하면서 코헨과 맥키스는 그럴싸한 놀이를 “반쯤 웅장한 규모의 상상”으로 특징지었다. 유감스럽게도 이러한 평가는 복잡한 가상 놀이에서의 규칙 만들기의 역할과 그럴싸한 모방을 오해하고 있으므로 일반론으로 받아들여질 수 없다. 현실 세계 요소들을 대체 환경인 가상 놀이 배경으로 치환한다고 하는 게 더 나을 모방은, 상상력을 박탈하기는커녕 서사적이고 분석적인 재창조라는 결과를 낳는다.

폴섬은 자신의 놀이를 “내 취향에 맞게 개조된 현실 세계”라고 말했다. 주제는 객관적 경험을 구성하는 요소들에서 비롯되었을 것이다. 하지만 소년다운 상상력이 이런저런 요소들을 다양하게 결합해서 기상천외한 ‘사실’과 현상을 탄생시켰다. 치환 덕분에 그는 모든 실제적인 것들은 낯설고 기상천외하게 보이고, 모든 기상천외한 것들은 현실감을 주는 세계를 만들 수 있었다. 요컨대 그곳에는 돌로 된 생물과 화산으로 된 존재가 있을 수도 있고, 그것들은 불과 전기에 대해 당신이나 나처럼 생각하고 느끼고, 모종의 자연법과 사회법을 준수한다. 모든 것이 그럴싸하고 실제처럼 보여야 한다는 규칙을 비롯한 규칙들은 즉흥적인 놀이에 제약을 둠으로써 놀이 세계의 완전무결함을 확립한다.

제약 안에서, 상상은 마음대로 가정하고 통합한다. 실제로 많은 놀이꾼과 일부 심리학자들이 상상은 제약에 의존한다는 주장을 해왔다. 이것들 가운데 스트라빈스키의 말이 가장 유명하다. “만일 나에게 모든 것이 허용된다면… 나는 이 자유의 심연에서 길을 잃고 헤맬 것이다." 그러면서 그는 "반대로 내 활동 영역을 좁게 제한하면 제한할수록, 또 내 주변에 장애가 많으면 많을수록 내 작곡의 자유와 정밀도는 그만큼 더 확대된다"라고 말했다.

이는 어린 가상 세계 창조자들도 성인 창조자들과 똑같았다. 프랑스 작가 자크 보렐Jacques Borel(1925~2002)은 어릴 때 가상 언어 라다히Ladahi를 만들려고 언어학적 상상력을 마음껏 발휘하면서 라틴어의 규칙과 문법을 어떻게 적용했는지 회고했다. "몇 주일이 지날 무렵 나는 적당한 일상 어휘뿐 아니라 어느 정도 편리하게 말하고 쓰기에 충분한 구문도 가지게 되었다." 시인 오든도 비슷한 경험을 말했다. 그가 만들어서 놀았던 월드플레이의 제약이, 특히 그것을 '현실과 사실'에 얽맸던 "규칙들이 모든 예술적 구성에 적용되는 모종의 원칙을 내게 가르쳤다는 사실을 나중에야 깨달았다."

자신의 놀이를 제한하는 아동들은 그것 때문에 '반만 웅장한' 상상력을 발휘하지 않는다. 오히려 그럴싸함이라는 제약은 많은 창작 활동을 자극할 수 있고 자극하고 있다.

모형 만들기와 기억 창조

결국 규칙 만들기 제약과 그럴싸한 재창조는 잠재적으로 창조적인 특정 방향으로 상상력의 물꼬를 튼다. 사실 가상 세계를 창조하는 것은 예술과 과학에서 모형 만들기를 실습하는 것이다. 이는 실비가 자신의 신헨티아국을 매우 복잡한 메카노Meccano(조립 세트 장난감 상표)의 모형과 비교하면서 지적한 점이기도 하다.

　일반적으로 우리는 어떤 사물이나 절차의 모형을 만들 때 직접 관찰하고 조작하기에는 너무 크거나 작게, 혹은 너무 멀거나 가깝게 만든다. 모형은 복잡한 것을 단순화한다. 또 오로지 상상만 할 수 있는 것을 모방한다. 가상 세계도 그렇다. 실제로 비밀의 나라나 공상적 가족 체제의 모형 만들기에는 두 가지 전제 조건이 필요하다. 첫째, 직접 조사하기 어려운 패턴이나 관계에 대한 강렬한 호기심, 둘째, 그러한 패턴과 관계를 상상 속에서 개념화하고 놀이라는 대체 영역에서 조종하고 조직하려는 욕구.

　이러한 종류의 놀이 모형에 어울리는 특별한 이름이 있다면 그것은 틀림없이 '애널로곤analogon'일 것이다. 이 말은 19세기 중엽에 더웬트 콜리지Derwent Coleridge〔새뮤얼 콜리지의 세 번째 자녀로서 저명한 학자이자 작가 (1800~1883)〕가 형 하틀리 콜리지가 만든 가상 세계 에죽스리아를 언급하며 사용한 것이다. 애널로곤은 상사체相似體라는 뜻인데 겉으로는 다르게 보일지 몰라도 실제로는 다른 것과 비슷하게 기능하는 사물이나 절차를 가리킨다. 예를 들어 아가미는 허파의 상사체, 혹은 애널로곤이다. 더웬트에 따르면 하틀리의 에죽스리아는 "그가 알고 있는 한 그 모든 부분을 다 갖추고 있는 사실 세계"의 애널로곤이었다. 폴섬의 조직 세계가 그가 알고 있는 실제 세계의 애널로곤인 것과 똑같은 식이었다.

　부분적으로만 알고 이해한 것을 개념화하고 조작하기 위한 모형으로서, 애널로곤은 어떤 것이 작용하는 방식에 대한 이해를 테스트하는 데 도움이 된다. 아울러 지금 그리고 여기를 뛰어넘어서 그 이해를 확장하는 데에도 도움이 된다. 마치 가상 놀이 설정의 논리가, 하나의 방식이 작용할 수도 있는 다른 방식들을 연상시키는 것과 똑같다. 월드 플레이에서 얻게 될 창조적 이점 대부분이 바로 여기에 있다. 파라코즘의 내용을 성공적으로 조직하고 모형을 만들면서 아동들은 가능한 것을 고안하고 탐색하는 법을 배운다.

실제로 가상 세계에서 노는 아동들은 가능한 것을 분명하게 말하는 법을 배운다. 모형 만들기는 그들 마음대로 물질적인 것(특정 장소, 인형 가족, 흙더미)에서 상상하기 시작한 비물질적인 것들(비현실적 풍경, 화산 사람들, 지하 터널)을 정교하게 만들고, 종종 내면적 놀이를 기록한 것(그림, 지도, 이야기)을 생산한다.

4장에도 나왔듯이 이 같은 인공물들은 사적이고 내면화한 가상 놀이에 허용되는 형식이나 구조를 제공한다. 게다가 미국의 심리학자 제롬 브루너Jerome Bruner(1915~)에 따르면 사람들은 상상의 산물을 그림으로 그리고 글로 써내려가면서 두 가지 일을 한다고 한다. 자신의 내면생활에 대한 기록을 만들고, "우리의 생각과 의도가 구체적으로 표현된" 그 기록 덕분에 반성이 가능해졌다는 것이다. 그는 "사고 과정과 그 산물이 서로 얽힌다…"라고 했다. 이러한 특징 때문에 가상 놀이는 그림이 되고 파라코즘 놀이가 된다. 가상 세계를 환기시키는 모든 인공물이, 끈질기게 가상의 장소로 돌아가서 그 대체 영역을 좀 더 정교하게 만들고 그 내적 일관성을 점검하는 일을 가능하게 한다.

실제로 그림, 이야기 부스러기, 지도 들은 놀이 당시뿐 아니라 먼 훗날까지도 아주 중요한 역할을 한다. 그러니까 오랜 기간에 걸쳐, 때로는 평생 동안 가까이 할 수 있거나 유의미한 존재로 남아 있을 경우에 그렇다는 말이다. 예를 들어, C. S. 루이스는 늙어서 자신의 젊은 시절을 회고하며 "혼자만의 기억은 불완전하다. 또 설령 기억나는 것처럼 보이는 부분도 확실하다고 주장할 수 없다"라고 말했다. "흔해빠진 아이들 장난감으로 가득 찬 다락방이 하나의 세계로 탈바꿈하는 과정을 추적하려고" 애쓰는 과정에서, 남아 있던 지도 및 애니멀랜드와 복슨의 이야기들이 '구전'되던 기억과 새로 만든 단어들을 되살아나게 하고 보완해주었다. 그가 어른이 되고 난 후에도 동생 워렌Warren과 함께했던 놀이였다.

그림, 이야기, 지도 들이 기억의 보조자로서, "일종의 현실을 다루고 있다는 확신"에도 기여한다는 점을 루이스는 이해하고 있었다. 실제로 그것들은 상상한 현실을 유효한 것으로 만들었는데 이는 시각예술가이자 조각가인 클래스 올덴버그가 주장한 바이기도 하다. 그는 '뉴번'을 위해 그린 초기의 그림을 회상하면서 "내가 처음으로 진지하게 그린 그림이 연필과 수채 물감으로 창조한 가상 세계를 정말로 존재하는 것처럼 보이도록" 입증하는 데 도움을 주었다고 말했다.

두 사람 다 아동기에 월드플레이를 하며 만든 인공물들이 그들이 성인이 되어 발휘한 창조성의 기원을 설명해주었다. 이것은 어떤 기능을 조기에 받아들인 것과 관련이 있을 수도 있는데, 루이스의 경우는 글쓰기, 올덴버그의 경우는 시각예술이라 할 수 있다. 하지만 월드플레이의 창조적 이점은 다른 데에도 있다. 자신의 독창성을 '내가 꼬마였을 때 만든' 것에서 찾고 있는 올덴버그는 작품을 위해 의식적으로 상상력이 넘치고 창의적이었던 아동기 놀이 과정을 빌려온 것처럼 보인다. "나는 항상 실제의 것에서부터 시작한다. …그리고 그것을 나 자신과 온갖 것이 뒤죽박죽 결합된 상태로 만든 다음 직접적이고 소박한 방식으로 세계를 재구성한다."

루이스는, 놀이 관련 인공물을 많이 만드는 것은 "공상과는 본질적으로 다른" 무엇과 관련이 있는데 그것이 바로 '창조'라고 분명하게 주장했다. 다시 그 창조는 이야기, 그림, 지도 같은 다양한 표현 형식을 수반하며 그것은 서로 다른 방식으로 정보를 전달한다. 다시 말해 말이나 직관적·순차적으로뿐 아니라 시각적·공간적·개념적으로도 전달한다. 게다가 그것은 이야기를 그림이나 역사와 통합하는 것과도 관련이 있었다. 루이스에게 소설가로서의 훈련에는, 월드플레이를 하며 모든 것을 짜 맞추도록 어린 그를 몰고 갔던 '조직자의 기분'이 그 어떤 초기작들보다도 훨씬 더 중요했던 것으로 드러났다.

가상 세계의 모형을 만들고 기록하면서 루이스, 올덴버그, 폴섬처럼 노는 아동들은 세 가지 의미에서 문화를 건설하거나 창조한다. 첫째, 그들은 문화적 인공물을 생산한다(이야기, 그림, 지도). 둘째, 그들은 적절한 장소, 경험, 시간을 갖춘 존재들의 통합 체제인 가상 문화를 창조하는데 놀이 인공물들이 그것을 상징하고 인증하고 보존한다. 셋째, 그들은 창조 과정과 창조 행위에서 개인적 문화를 생산한다. 가상 세계를 건설하면서 아동들은 창조자로서의 자아의식도 형성한다.

창조하는 자아

1915년에 쓴 에세이에서 폴섬은 자신이 한 놀이의 수많은 독특한 특징들을 늘어놓으면서 "나는 다른 사람들의 놀이에서 그 비슷한 정도까지 발달한 특징들을 발견할 수 없었다"라고 주장했다. 홀 교수는 다른 아동들의 놀이 세계도 세부 내용은 매우 다를지라도 일반적 양상은 그의 것과 놀랄 정도로 비슷하다고 그에게 대놓고 가차 없이 말했다. 1907년에 나온 논문에서 이미 홀은 두 형제가 자기 집 뒤 모래 더미에서 함께했던 모형 만들기 놀이를 고찰했다. 그는 폴섬에게 우나 헌트Una Hunt라는 사람과 그녀가 '내 나라'라고 부른 가상의 나라를 알려주었다. 또 '엑스루즈Exlose'라는 가상 국가를 기억해내느라 애쓰는 또 다른 대학원생 로리 데이Lory Day도 소개해주었다.

기상천외한 상상과 서사적이고 체계적인 구성, 모형 만들기와 기억의 창조라는 면에서 헌트와 데이는 폴섬과 많은 부분을 공유했다. 특히 그들은 월드플레이에서 창조적 정체성을 형성했다. 헌트의 경우, '반쯤 요정'의 나라인 상상 속 마법의 나라에서 노는 것은 그녀에게 우나 메리Una Mary라 부르는 자신의 내밀한 부분과 관련된 감정을 탐색하도록 해주었다. 또 "사방에서 나를 압박하는… 아는 것과 모르는 것"을 연결하도록 해주었다. 아울러 강렬한 정서적 반응과 함께 우화, 민요, 동화를 숲속 오솔길과 산의 일몰과 혼합하도록 해주었고, "우리의 모든 바람이 순식간에 실현되는" 심리적 공간을 만들도록 해주었다.

데이 역시 "나 자신의 흥미와 욕구에 따라" 발달시킨 세계인 엑스루즈에 또 다른 자아를 투사했다.(그림 6-1 참조) 동시에 그는 외부에 존재하는 막강한 '어린이 신'이 만끽하는 모든 성급한 도취도 경험했다. "엑스루즈는 가상 세계였고 나는… 삼라만상의 조물주였다."

폴섬의 경우에도, 가상 놀이에서 발달한 정체성은 두 사람과 마찬가지로 창조력을 지니고 있다는 느낌과 상당한 관련이 있었다. 여동생과 함께 놀았던 까닭에 그는 놀이의 소재와 서사를 공동으로 장악하는 문제로 씨름을 해야 했다. 그와 누이동생 둘 다 '당연히 세계의 지배자'였다. 게다가 데이의 '어린이 신'이나 브론테 남매의 '제니'와 마찬가지로, 어린 폴섬은 자신의 상상 놀이를 자기 나름의 방식으로 만들었다는 사실을 예리하게 의식하고 있었다.

자발적으로 놀이를 만들 경우 누이동생이 자신보다 훨씬 더 고분고분하다는 것을 그는 일찌감치 알아차렸다. 동생은 "다른 사람들이 만든 신화를 수동적으로 즐기는 경향이 더 강했다. …반면 나는 내 개인적 취향에 맞도록 나 자신의 공상의 세계를 만들어야 했다." 이따금 그는 다른 사람들이 만든 서사 구조를 맘에 들어하지 않았다. "내게는 다른 사람들이 지어낸 허구보다 사실이 훨씬 더 훌륭하게 보였다. 그래도 내가 지어낸 허구는 더 나았다."

가상 세계를 건설하는 수많은 아동들은 창조적 자아의식이 매우 강하기 때문에 그것을 월드플레이의 결정적 특징에 포함시켜도 괜찮을 것 같다. 예를 들어 실비의 파라코즘 놀이꾼들이 사례를 기술할 때 나왔던 많은 증언들을 살펴보라. 가상 세계 두 개를 공유했던 '안드레아'에게 그 같은 놀이의 "궁극적 즐거움은 무언가를 창조했다는 데 있었다." '크랩Crab'이라는 가상 세계를 정교하고 길게 만들었던 '에리카' 역시 그것의 첫 번째 매력이 "창조적인 사람이 될 기회"에 있다고 회고했다. "고안하고 상상하고 내가 읽고 생각했던 것을 모종의 결정적 형태로 만들어나갈 수 있는 기회"였다는 것이다.

한편 '로잘레드'는 자신의 월드플레이에서 "창조하고 또 창조하는 것이 가상 사건이나 그런 사건을 가지고 노는 것보다 더 중요했다"라고 말했다. 또 앰브로즈는 "지구 크기만 한 화성의 위성"에 가상 국가를 건설하는 것이 어떤 의미인지 알고 있었다. "현실 세계의 모습을 재현함으로써 그것을 지배하고, 그 안에서 질서를 찾고, 나 자신을 그것과 관련시키려는 시도"라는 것을. 그 과정에서 그는 "상상력이 어떻게 작용하는지" 배웠다.

[그림 6-1]
가상 세계 엑스루즈의 대륙을 자세히 그린 지도 중 하나. 로리 데이의 어린 시절 그림.

결국, 아동은 창조자로서 최초의 생각에 무대를 마련해주는 모든 영역의 능력을 다 발휘한다. 우리는 경험과 아이디어를 혼합하고, 실제의 것과 상상한 것을 분류하고, 체계적 패턴과 서사적 순서를 조직하고, 세계의 모형을 만들고, 인공물을 산출하고, 알고 느끼는 모든 것을 하나의 웅장한 디자인으로 통합한 것에서 창조 행위의 흔적을 발견한다.

창조하는 자아는 가상 놀이의 과정과 산물, 이야기를 정교하게 만드는 일, 또 사람과 장소를 체계적으로 배치하는 일을 '소유한다.' 나아가 공들여 만든 것에 대한 심미적 만족감도 마음껏 누린다. 오랫동안 진화하고 있는 포섬벌의 세계에 생명을 불어넣는 메달, 제복, 지도를 설계하면서 댄은 "내가 만든 세계, 특히 그 아름다움과 질서에 몹시 황홀한 기쁨을 느꼈다고 했다." 그리고 흥미롭게도 그 심미적 경이로움은 헌트, 데이, 폴섬이 공유하는 또 다른 특징인 공감각에 대한 융합된 지각과 상관이 있을 수도 있다.

윌드플레이와 공감각, 그 관계는?

헌트, 데이, 폴섬 모두 자서전과 놀이에 대한 회고록에서 아동기의 공감각에 대해 말했다. 공감각이란 인지에 흥미로운 결과를 가져오면서 감각들이 경계를 넘나들고 결합하는 지각 상황이다. 그러니까 어떤 감각에 자극이 주어졌을 때, 다른 영역의 감각을 불러일으키는 감각 간의 전이 현상을 말한다. 예를 들면 음악은 청각뿐 아니라 저도 모르게 시각적 이미지로도 느껴질 수 있다는 말이다. 이 융합된 지각 방식은 다시 이것은 저것 같다, 라는 비유적 사고를 촉진한다.《형태를 맛본 남자The Man Who Tasted Shapes》(1993)의 저자 리처드 사이토윅Richard Cytowic은 여기에 더해 공감각적 지각이 정서적으로 부과된 것을 순수 이성에 의한 것이라고 특징지었다. 다시 말해 이는 "직접적으로 경험되며 확신감을 동반하는 깨달음으로, 피상적 현실을 뚫고 얼핏 초월적인 것을 보여준다"는 것이다.

사실적 혹은 임상적 공감각으로 간주되는 경우, 감각과 순수이성의 융합은 모르는 사이에 일어나서 유전될 확률이 높다. 비임상적 공감각의 경우 감각의 융합은 지각 경험에 대한 유동적 감수성에 좌우되는데, 그 경험은 학습될 수도 있고 학습되지 못할 수도 있다. 어떤 경우건 융합된 지각의 구체적 양상은 사람마다 다르며 그 강도 또한 모두 다르다.

성인 100명 중 4명꼴로 보면서 듣고, 맛과 함께 촉감을 느끼거나 또는 실제 감각을 관련된 다른 감각과 뒤섞고 융합한다. 아동의 경우는 그 비율이 더 높아서 5~15%의 아동들이 색채를 소리, 글자, 숫자와 결합하거나 또는 감각의 경계를 넘나든다. 물론 이 수치는 나이를 먹고 학교교육을 받으면서 점차 줄어든다. 많은 아동들이 공감각에 대해 입도 뻥긋하지 않지만, 어떤 아동들에게는 감각의 연합이 그들의 어린 시절 삶에서 가장 중요한 역할을 담당할 정도로 생생하게, 지속적으로 나타난다.

이것은 헌트, 데이, 폴섬에게 분명히 해당되는 일이었다. 헌트는 자신의 아동기에 대한 기술을 공감각적 기억으로 가득 채웠다. "거의 모든 것에 색이 있었다. 심지어 사람에게도 그들을 보자마자 금방 구별되는 색상이 있었다." 게다가 숫자와 글자들도 개성을 지녔다.

이것은 데이도 마찬가지였다. 특히 대문자는 "얼굴 표정 그리고 그 밖의 운동신경 표정을 가지고 있었다"는 게 그의 말이다. 이런 표정들의 일부는 모호한 감정을 연상시켰지만 어떤 것들은 훨씬 더 구체적인 감정과 개성을 드러냈다. 이를테면 대문자 D는 "자부심이 강하고 오만했고 E는 다소 추하고 심술궂고 이따금 잔인한 경향을 보였다……." 나중에 홀을 위해 쓴 에세이에서 데이는 글 전체를 '알파벳 친구들'을 설명하는 데 바쳤다.

폴섬 역시 글자 그리고 색깔까지 감정과 개성에 결합했다. 그의 철도 세계에서 VIP는 한 지역에서 다른 지역으로 빨리 가려고 그리니아르텐Greeniarten 특급열차를 탔다. 다른 어떤 이름의 열차도 그렇게 빨리 달리거나 VIP를 실어 나르지 않았다. 그는 청소년기에 쓴 놀이에 대한 설명에서 "녹색은 가장 위엄 있고 고귀하고 중요한 색"이라고 말했다.

헌트, 데이, 폴섬이 임상적인 공감각을 드러냈는지 아니면 학습된 공감각을 드러냈는지는 확실하지 않으며 그것이 그렇게 중요한 것도 아니다. 중요한 것은 세 어린이 모두 생생하고 무의식적인 감각의 융합을 경험했다는 사실이다. 그들은 공감각을 그들의 놀이에 통합했고 그것을 빌미로 놀이를 정교하게 만들었다.

어린 우나의 경우, '내 나라'는 '구불구불한 황갈색' 꽃줄기가 있는 페르시아 담요에서 시작되었다. 그녀는 그것을 아마존 강과 결부시켰는데 "색깔이 그 단어의 소리 같았기 때문이다." 담요의 다른 디자인들도 숲, 들판, 여름 별장과 연관된 비슷한 공감각을 지니고 있었다.

어린 로리는 엑스루즈에다 좋아하는 글자들로 가득 찬 지명을 잔뜩 붙였다. 엑스루즈가 커지면서 점점 더 많은 가상 영토를 포함하게 되자 그는 100개도 넘는 지명으로 지도를 채웠는데, "각 지명은 알파벳 친구들에서 그 어원을 찾을 수 있었다."

어린 폴섬에게는 색깔, 글자, 감정의 감각적 융합이 그가 만든 각 가상 가족을 특징지었다. "각 조직은 정치적 국가처럼 깃발이 있었는데 그 기에 조직의 글자와 서로 다른 특정한 상징이 새겨져 있었다. 또 각 조직의 국기에는 특정한 색상이 사용되었다."

공감각적이고 통합적인 결합이 폴섬, 데이, 헌트의 아동기 놀이에서 상당히 두드러졌기 때문에 다음과 같은 질문이 저절로 나온다. 폴섬, 데이, 헌트 외에 월드플레이를 하는 다른 아동들도 공감각적일까? 내 딸 메러디스는 사춘기 초기에 종종 각각의 숫자와 글자에 저만의 독특한 색깔이 있음을 드러냈다. 언뜻 보기에 이 공감각은 그 아이의 월드플레이에서 조직하는 역할은 전혀 안 했지만 그래도 언어 학습에 대한 장기간의 변함없는 사랑에 영향을 주었다. 파라코즘 놀이꾼들인 레오 리오니Leo Lionni(칼데콧 상을 수상한 네덜란드 작가(1910~1999))와 스타니스와프 렘의 회고록이나 메모에 나오는 어떤 구절들은 그들 역시 아동기에 공감각적이었을지도 모른다는 사실을 암시한다.(둘 다 9장에 나옴)

여기서 살펴본 증언으로 보건대 어떤 결론이 드러난다. 아동기에 경험한, 경계를 넘나드는 방식의 생생한 결합은 기상천외하게 혼합된 가상 놀이를 위한 무대를 마련해줄 수도 있고, 또 그런 혼합을 설명하는 데 도움이 될 수도 있다. 공감각은, 물리적으로는 비현실적이지만 지각적·인지적·정서적으로는 사실인 융합을 무의식적으로 발생시킴으로써 가상 놀이의 매력을 높일 수도 있다. 그 생각을 뒤집어보면, 특히 복잡한 형태의 아동기 가상 놀이의 목표는 공감각적 지각과 혼합된 결합물의 그럴싸함에 대한 탐구를 통해 그것들을 이해하는 것일지도 모른다. 이를 좀 더 깊이 이해하기 위해서는 공감각과 상상 놀이를 묶어서 체계적으로 연구할 필요가 있다.

성인기 활동으로의 변환

아동들은 가상 국가를 세우면서 창조적 삶에 대한 자신의 잠재력을 탐색한다. 월드플레이와 창조성의 네트워크와 관련해서(그림 3-4) 그들은 창조적 행동을 발달시키고, 개인적 지식을 구축하며, 가상 세계에서의 존재 방식을 기록하고 구성하는 그림, 지도, 이야기 등의 형식으로 문화적 인공물을 창작하거나 생산한다. 다시 말해 그들은 자기 나름대로 무언가를 만드는 실험실에서 참신하고 유효한 것을 창조하는 법을 배운다. 게다가 이 창조 활동의 일부는 아동기를 지나서까지 계속될 수도 있다. 바로 어린 폴섬의 경우가 그랬다.

클라크대학에서 박사 학위를 받은 후 폴섬은 뉴잉글랜드의 작은 대학들에서 여러 가지 직책을 맡으면서 인류학과 경제학, 심리학까지 가르쳤다. 그는 세 가지 분야를 모두 종합해 사회심리학이라는 새로운 혼성 학문 분야를 개척하는 데 기여했는데, 그는 이 분야가 "인간의 삶을 좀 더 살 만한 것으로 만드는 데" 도움이 될 거라 믿었다. 폴섬은 또 결혼과 가족에 관한 연구도 진행했는데 그의 어린 시절 놀이에 친숙한 사람이라면 아무도 이에 대해 놀라지 않는다. 그는 1934년《가족, 그 사회학과 사회심리학The Family, Its Sociology and Social Psychiatry》을 출간했고 4년 뒤에는 섹스, 구혼, 미리 준비하는 부모 되기에 대한 실용적 입문서

인《결혼 계획Plan for Marriage》을 편집했다.

1941년, 피임법에 대한 내용이 검열에 걸리면서《결혼 계획》은 자취를 감추었지만 거기에 담긴 많은 생각들은 그대로 살아남았다. 동료들이 그의 "창의적이고 실험적이며 자유로운 사고방식"을 높이 평가했음에도 폴섬 또한 1960년 사망 후에는 세간의 관심 밖으로 밀려났다. 그래도 그가 평생을 바쳤던 연구 분야는 지금도 남아 있다. 아울러 월드플레이에 대한 그의 기록과 그것이 그에게 얼마나 중요했는가 하는 사실도 여전히 남아 있다. 그는 아직 클라크대학 학생이었을 때 다음과 같이 선언했다. "우리는 우리의 어린 시절을 완전히 잃어버리지 않는다." 우리가 나이를 먹는다고 해서 "열렬한 흥미"가 사라지는 것은 아니다. "단지 형태만 바뀔 뿐이다."

이 변형은 예나 이제나 하찮것없는 성취가 아니다. 혼자서 조용히 상상력이 뛰어났던 아이가 공공연하게 창조적 어른이 되게 되면, 그 사람은 결국 자신의 흥미와 능력의 방향을 일반적으로 사회에서 높이 평가하는 분야로 돌려야 한다. 월드플레이에서 갈고닦은 창조 행위는 성인기 활동 분야의 필요와 관심사에 맞게 활용되어야 한다. 어쨌거나 폴섬은 직업 전선에 들어서기 직전인 청년기에 이 사실을 간파했다. 또 어쨌거나 아동 E나 C. S. 루이스, 또 아동기에 가상 세계를 창조하며 놀았던 수많은 아동들과 마찬가지로 창조적 상상력과 창조 행위를 잘 성숙시켰다. 바로 이 '어쨌거나'가 다음 장의 주제다.

3부

성인기의 일에
월드플레이 접목하기

스티븐슨, 월드플레이를 통해 문학적 재능을 꽃피우다
월드플레이는 다양한 직업 세계에서 어떻게 활용되는가
톨킨과 르 귄, 렘, 상상 놀이가 평생 취미가 되다

창조적 상상력의 성숙

멘토로서의 로버트 루이스 스티븐슨

> 나는 항상 어린이들의 놀이는 삶을 준비하는 데 절대적으로 필요하다고 믿어왔다.
> 아동 초기의 뇌는 놀이를 통해 발달이 촉진되면서 좋아하는 취미와 즐기는 오락에 따라
> 확실한 도덕적·지적 특징이 형성되는데 미래는 주로 이 특징들에 의해 좌우될 것이다.
> – 산티아고 라몬 이 카할Santiago Ramon y Cajal, 신경과학자이자 노벨상 수상자

장난감 상자 예찬

1877년, 스물일곱의 나이에 로버트 루이스 스티븐슨은 아동기 놀이에 대한 충성을 선언했다. 〈심술궂은 나이와 청춘Crabbed Age and Youth〉이라는 에세이에서 그는 이제 그만 '장난감 상자'를 떠나야 하는 나이가 된, "장난감을 (특히 납으로 만든 병사들을) 유난히 좋아하는" 소년을 가정했다. 하지만 그 어떤 것도 '삶의 정수精髓'를 포기하도록 소년을 납득시킬 수 없었다. 그를 대신해서 스티븐슨은 다음과 같이 말했다. "돈을 충분히 벌었다 싶다는 생각이 들자마자 나는 장난감들 사이로 은퇴해 죽을 때까지 그 안에서만 지낼 것이다." 필자는 이런 식으로 가볍게 아동기 놀이에 대한 압력에 저항했고 그것이 성인기에도 계속 가치

가 있다고 주장했다.

　서구 사회에서 아동이 나이를 먹으면 놀이도 임종을 고하는 일은 그 문명만큼이나 변함없이 이어져 내려온 오래된 일이다. 성경에도 이렇게 나와 있다. "내가 어렸을 때에는 말하는 것이 어린아이와 같고 깨닫는 것이 어린아이와 같고 생각하는 것이 어린아이와 같다가 장성한 사람이 되어서는 어린아이의 일을 버렸노라."《고린도전서》13장 11절〕 심리학자들은 그 같은 현상에 관심을 돌리면서 그 요인이 무엇일지 질문했다.

　예를 들어, 1900년대 초에 G. 스탠리 홀은 아동이 "자신이 하는 놀이의 허구적 속성을 의식하게 되면" 그 놀이는 매력을 잃고 만다고 주장했다. 20세기 중엽에 스위스 심리학자 장 피아제〔1896~1980〕는 이성적 사고 능력이 발달함에 따라 가상 놀이는 학습과 성장에 부적합한 것이 된다고 주장했다. 최근 들어 학자들은 가상 놀이를 압박하는 여러 압력들을 검토해왔다. 가상 놀이는 한 심리학자가 인습을 향한 문화적 '수로화canalization〔매스미디어의 영향이 강해져 대중의 행동을 한 방향으로 이끌어가는 현상을 지칭하는 말〕'라고 부른 것에 굴복한다. 그 똑같은 수로화가 나이 든 축에 속하는 아동들과 성인들에게 나타나는, 개인적 상상력과 잠재적 창조성이 눈에 띄게 줄어드는 현상을 설명해준다.

　아동기 상상 놀이의 흐름을 좌우하는 대표적인 급소가 두 군데 있다. 먼저 언어를 습득하고 장난감을 갖게 되면서 놀이는 사회적으로 승인된 방향으로 전환된다. 어린이가 헝겊 인형을 가지고 노는가, 상업화된 캐릭터 인형을 가지고 노는가는 동화를 듣느냐 비디오게임을 하느냐와 똑같은 결과를 가져올 수 있다. 그러다가 아동 후기와 사춘기에는 성인이 되기 위한 준비 때문에 또래 집단에게 인정된 놀이나 오락을 선호하게 되면서 색다른 가상 놀이가 설 자리를 잃는다. 특히 자신이 만든 복잡한 놀이와 관련된 아동이나 청소년들에게 이 두 번째 급소는 가상 세계와의 의식적 작별을 불러일으킬 수도 있다.

우리는 이미 샬럿 브론테가 스물네 살 때 앙그리아를 떨쳐버리겠다고 노력할 결심을 한 것을 보았다. 그 가운데 '앙그리아, 안녕'이라는 글이 있다. 실비의 파라코즘 놀이꾼 가운데 하나인 '고드프리'는 열일곱 살 때 비슷한 고별사를 쓰면서 '도비드Dobid'를 포기하는 이유를 설명했다. 가상의 섬나라인 도비드의 고대 언어와 그 시대의 운송 시스템에 7년 동안이나 푹 빠져 지내고 난 다음이었다. "한 나라에 대해 시시콜콜 생각하고 쓰고 그리는 일들이, 비록 바로 나 자신에 관한 것이기는 했지만 아무튼 우스꽝스러운 게 되어버렸다. 나는 이 사람들과의 어떤 연결 고리도 다 끊어버리고 공부와 내 주변 세계의 일에 집중하기로 작정했다."

이 두 개의 공식 작별 인사는 결말이라기보다는 중심의 이동으로 보는 게 더 맞는 것 같다. 샬럿도, 고드프리도 용인되는 성인기의 일로 그 요소들을 접목시킨 한 월드플레이를 저버린 것은 아니다. 조셉 폴섬이 누이동생과 함께 놀던 것에서 그것을 글로 쓰고 결혼 상담과 학문적 연구로 방향을 돌린 것과 똑같은 식이라고 할 수 있다.

샬럿은 앙그리아에 이야기를 담는 짓을 그만두는 대신, 명목상 영국 풍경 속의 명목상 영국 인물 속에 이야기를 담아냈다. 여기에서 앙그리아 여주인공의 모든 열정을 그대로 지닌 솔직한 제인 에어가 탄생했고, 여기에서 불가사의하고 불길한 손필드 홀과 최고의 자연의 힘 자체인 로체스터가 나왔다. 고드프리는 시각예술가가 될 계획을 세웠다. 그는 그 직업이 "나의 광기와 취미를 결합해 위대한 친구들의 나라로 만드는 수단"이 될 것이라고 기대했다. 어릴 때의 폴섬과 마찬가지로 고드프리와 샬럿도 성인 폴섬의 말처럼 "그들의 어린 시절을 잃어버린" 것이 아니었다. 다만 "훗날 실질적인 생활에 대한 절박한 관심 때문에" 그것을 변형했던 것이다.

이 모든 것이 우리를 다시 스티븐슨과 장난감 상자에 대한 그의 집착으로 데려간다. 어떤 사람들은 놀이는 포기하지 않은 채 '어린애 같은' 짓들을 포기한다. 그보다 소수의 사람들은 어릴 때의 창조적 경험을 대중문화 분야에서 성인의 활동에 중요한 방식으로 변화시키는 데 성공한다. 스티븐슨은 당연히 이들 가운데 하나였다. 게다가 그의 이야기는 의붓아들 로이드 오스본Lloyd Osbourne〔미국의 작가(1868~1947)〕의 이야기도 되는데, 그는 그 아들과 함께 놀고 함께 일했다. 두 사람의 관계는 아동기의 놀이가 어떻게 성인기의 창조성으로 변환하는지에 대해 많은 것을 알려준다.

혹은 변환이 얼마나 불완전하게 일어날 수도 있는지 보여준다고 하는 게 더 나을지도 모르겠다. 월드플레이를 했던 아동들 모두가 어른이 된 후 의미 있는 성취를 이루는 것은 아니라는 사실을 우리 모두 알고 있기 때문이다. 기록에도 나오겠지만, 오스본은 이들 가운데 하나였다. 의붓아버지와 의붓아들 모두 월드플레이를 했고 둘 다 글 쓰는 직업을 가졌지만 결과는 달랐다. 실제로, 서로 얽혀 있으면서도 사뭇 다른 이들의 이야기에서, 아동기 이후 월드플레이의 치환과 창조적 상상력의 성숙에 대해 많은 것을 알려줄 모종의 요인들이 드러난다.

가상 놀이를 향한 평생의 열정

누구에게 물어봐도 로버트 루이스 스티븐슨은 호감이 가는 매력적 인간성의 소유자로, 진지한 예술가와 익살맞은 개구쟁이 소년의 면모를 똑같이 지니고 있었다. 그 두 가지 기질은 아동기의 가상 놀이에 대한 탐닉과 성인기의 작가로서 상상하는 역할에 그를 완벽하게 어울리게 했다. 그가 스스로에 대해 말한 바에 따르면 그는 "이 세상에서 자신의 어린 시절을 잊지 않는 얼마 안 되는 사람들 중 하나"로 자신의 추억을 예술을 위해 썼다.

오늘날 그림Grimm 동화집이나 마더 구스Mother Goose 동요집만큼이나 유명한《어린이의 노래 화원A Child's Garden of Verses》(1885)을 들어보지 못한 사람이 있을까? "나에게는 나랑 같이 드나드는 작은 그림자가 있다네"나 "소파는 산이, 양탄자는 바다가 되게 하자. 거기에 나를 위한 도시를 세울 거야" 같은 구절을 알아차리지 못할 사람이 누가 있을까? 서른다섯 살에 출간된 이 단순한 동시집에서 스티븐슨은 그림자와 장난감을 의인화하고, 보이지 않는 친구들을 불러내고, 마법을 써서 상상으로 날아다니는 땅을 불러냈다. 그는 자신을 가상 놀이의 미식가이자 온갖 놀이의 맛을 보는 감식가라고 주장했다.

놀기 좋아하는 소년

1850년 스코틀랜드의 등대 기술자 집안에서 태어난 스티븐슨은 일찍부터 '화려한 놀이들'에 빠져 있었는데 그것은 그 후 평생 그의 곁을 떠나지 않았다.《한 남자의 회고록Memoirs of Himself》에서 그는 정원에서 사냥꾼 놀이를 하던 기억을 떠올렸다. 손에 장난감 총을 들고 "놀이에 완전히 몰입하고 있는 나 자신을 느끼면서 나는 아직도 잔디밭으로 휙 몰려오는 영양 떼를 볼 수 있다고 생각한다. …그것은 거의 환상이었다." 그의 기억 속에 그것만큼이나 생생한 것으로 잠자리 동화 또는 잠들기 직전에 읊조리는 노래들이 있었다. 이것들은 신앙심 깊은 유모의 이야기에 나오는 불이나 유황에 제압당하지 않을 경우, 여러 차례에 걸쳐 지어지는 연속되는 이야기의 모습을 지녔다. 그 안에서 그와 그의 장난감들은 모험을 떠났다.

병약한 외동아이였기 때문에 스티븐슨의 어린 시절 놀이는 당연히 혼자 하는 것이었다. 하지만 (사촌이 많았기에) 사촌들을 볼 때마다 그는 열심히 그들을 놀이에 끌어들였다. 그가 사촌형 봅과 함께했던 놀이에 대해 설명한 것을 보면 특별히 월드플레이의 냄새가 강하다. 스티븐슨이 쓴 내용은 이렇다.

우리는 순전히 환상적인 상태에서 함께 살았다. 우리에게는 나라가 있었는데 형의 것은 노싱토니아Nosingtonia이고 내 것은 인사이클로피디어Encyclopedia였다. 우리는 그곳을 지배하고, 전쟁을 일으키고 발명품을 만들었으며, 끊임없이 그곳의 지도를 그렸다. 형의 것은 약간 아일랜드 비슷한 모양이고 내 것은 커다란 자치기처럼 종이를 가로지르며 비스듬하게 놓여 있었다.

소년들은 그들 삶의 모든 것을, 심지어 식사 시간까지도 유사한 '놀이판'으로 바꾸었다.

사촌형과 나는 아침에 포리지porridge〔오트밀에 우유나 물을 부어 걸쭉하게 죽처럼 끓인 음식〕를 먹으면서 식사 시간에 활기를 불어넣을 계획을 가지고 있었다. 형은 자기 것에 설탕을 넣으면서 계속해서 눈 아래 파묻히는 나라라고 설명했다. 나는 내 것에 우유를 따르면서 서서히 진행되는 범람으로 고통을 겪는 나라라고 설명했다. 당신은 우리가 뉴스 속보를 교환하는 모습을 상상할 수 있을 것이다. 어떻게 여기 아직 물에 잠기지 않은 섬이 있는지, 아직 눈에 파묻히지 않은 계곡이 있는지, 어떤 발명품이 만들어졌는지, 형의 국민들이 어떻게 횃대 위 오두막에 살면서 죽마竹馬를 타고 여행하는지, 나의 국민은 어떻게 항상 배 안에 있는지, 안전한 육지의 마지막 귀퉁이가 사방으로 떨어져나가면서 매 순간 작아짐에 따라 얼마나 흥미진진해지는지, 그리고 우리가 이런 공상들로 음식의 맛을 내는 동안, 요컨대 음식이 어떻게 부차적인 중요성을 갖거나 심지어 메스꺼운 것이 될 수도 있었는지 등등을…….

스티븐슨은 사촌형과 함께했던 다른 가상 놀이도 떠올렸다. 두 사촌 형제는 변장 놀이를 하며 놀았고 함께 그림을 그렸다. 그런데 무엇보다도 가장 중요한 놀이는 두꺼운 판지로 만든 시판용 무대를 구해서 놀았던 일일 것이다. 병아리 작가에게 그것은 "내 어린 시절 가장 큰 즐거움 가운데 하나"였다.

이 극장 놀이를 포기하는 것이 너무도 싫었던 스티븐슨은 사춘기 중반에 이것을 한쪽으로 치웠다가 오랜 시간이 흐른 후에, 마분지 배경막과 〈스켈트의 아동 드라마Skelt's Juvenile Drama〉라는 멜로드라마 같은 짧은 희극에 에세이 한 편을 오롯이 헌정했다. 그는 다양한 배경의 채

색을 좋아했고 나아가 무대에서 벌어지게 할 작정인 이야기들을 좋아했다. 그는 위험을 두려워하지 않는 대담한 역사적 용기를 다룬 스켈트의 대본에서 "장면과 인물들의 전시실을 얻었는데" 그것은 나중에 그의 상상력에 결정적인 영향을 미쳤다. 노는 행동 자체도 마찬가지였다. 그는 어른이 되어서도 노는 일에 몰두했기 때문이다.

놀기 좋아하는 남자

많은 고수들처럼 스티븐슨도 끊임없이 실습하는 버릇이 있었다. 친구들 사이에서 그는 '지나칠 정도로 그리고 유쾌하게 어리석었다.' 아마도 병상 또는 책상에서 보낸 오랜 시간을 벌충하려고 했기 때문일 것이다. 서른 살에 아이 둘 딸린 화가 이혼녀 파니 오스본Fanny Osbourne과 결혼한 스티븐슨은 그 놀기 좋아하는 성향으로 의붓아들과 평생 끈끈한 유대 관계를 유지했다. 건강을 추스르려고 스위스 산골에서 요양 생활을 하며 보낸 기나긴 두 겨울 동안 그는 로이드와 놀며 쇠약해진 원기를 보충했다.

스티븐슨은 당시 열두 살이던 소년을 장난감 극장의 무대를 색칠하고 장난감 연극을 각색하는 놀이에 끌어들였다. 두 사람은 또 로이드의 인쇄기로 작은 책과 잡지들을 만들기도 했다. 이 책들에 실린 많은 글이 스티븐슨의 펜 끝에서 나왔고, 책을 위해 그가 독학으로 배운 목판화도 함께 실렸다. 그 가족을 아는 한 지인에 따르면 이 인쇄된 책들은 "프랑수아 라블레François Rabelais〔프랑스의 풍자작가(1494~1553)〕식의 순진한 풍자를 담은 채 아직은 천재성이 흘러넘치는 눈길로 힐끔거리는 것 같은, 일종의 문학적 난리법석"에 해당하는 것이었다.

나중에 로이드 역시 "변치 않는 어린이의 영혼"과 스티븐슨이 열심히 흉내를 내며 함께 놀아주던 놀이를 회고했다. 그는 의붓아버지가 자신이 "양철로 된 무대로 배우들을 슬그머니 밀어 넣거나 빼고, 질주하는 말을 흉내 내고, 곤경에 처한 여주인공을 위해 비명을 지르도록" 도와준 사실을 기억했다. 아이뿐만 아니라 어른도 놀이에 푹 빠져 있었다. 하지만 두 사람이 가장 열정적으로 몰입한 놀이는 양철 병사들을 몇백 개 가지고 하는 '전쟁놀이'였다.

로이드에 따르면 전쟁놀이는 잘 겨냥한 공깃돌로 병사들을 쓰러뜨리기 위한 구실로 시작되었다. 하지만 그것은 순식간에 요모조모 정교하게 다듬어졌다. "무수한 규칙들, 길어진 산술적 계산들, 피트 자로 끊임없이 측정하기, 주사위 던지기" 등. 놀이가 한창일 때면 의붓아버지와 의붓아들은 다락방 바닥에 다양한 색깔의 분필로 산, 강, 마을, 다리, 도로 등을 표시하고 지도까지 그렸다. 그 결과 미니어처 세계에서 미니어처 전쟁이 일어났다.

실제로 전쟁놀이는 월드플레이의 모든 특징을 다 지니고 있었다. 놀이는 끈질기게 계속되었다. 그들 부자는 전쟁놀이를 한 판 끝내는 데 몇 날 며칠씩이나 한꺼번에 오랜 시간을 보냈고 그 2년 동안 수많은 전쟁놀이가 이루어졌다. 그 놀이는 또 일관성이 있었다. 교전 원칙만 경건하게 지켰던 게 아니라 전쟁 영웅과 그들이 벌인 회전會戰의 역사도 놀이를 거치면서 진화했다. 스티븐슨은 이것들 가운데 일부를 두 가지 가상 신문을 위해 가상 전선에서 작성한 전쟁 보고서에 상세히 보도했다.

그 결과물인 '전쟁 통신'은 심각한 문제를 익살스럽게 풍자한 유쾌한 글이었다. 놀이는 중요한 것이 되었다. 로이드에 따르면 "현실적 상황과 실제 전투"의 모형을 만들려고 "스티븐슨은 전투 교본을 연구하고 상이용사들과 기나긴 대화를 나누었다." 두 사람은 전술작전과 군수물자 보급뿐만 아니라 지형, 날씨, 하다못해 '늪의 독기' 및 여러 질병까지 고려하려고 애썼다. 전쟁놀이는 진짜처럼 그럴싸했다.

전쟁놀이에 나타난 월드플레이의 또 다른 특징은 스티븐슨이 오로지 로이드하고만 공유했던 사적이고 내밀한 놀이였다는 점이다. 5, 6년 후 스티븐슨이 잠깐 사촌 봅을 놀이에 끌어들여 어릴 때 같이 하던 놀이의 일부를 반복한 적이 있기는 했다.

원래는 전쟁놀이 역시 비밀스러웠던 것 같다. 다른 식구들이 아니라 외부의 어른들에게 비밀로 했다는 말이다. 그들이 놀이를 시작하던 첫해 겨울, 예기치 않은 손님에게 '놀고 있던 현장'을 들키자 스티븐슨은 '귀까지 빨갛게 달아올라서' 그날의 놀이를 중단하고 말았다. 하지만 놀이가 점점 더 복잡해지고 그것이 어른인 그에게 더욱 중요한 것이 되면서 그는 더는 곤혹스러워하지 않았다. "그들 부자가 과학적으로 하던 전략적 전쟁놀이에 대해 그가 어떻게 (이제는 의식적으로 매우 자랑스러워하면서) 말했는지 당신에게 보여주고 싶다." 그의 지인 가운데 한 사람이 쓴 내용이다.

그가 결혼 초 몇 년 동안 의붓아들과 함께 놀았던 일이 가정적으로 도움이 되었다고 해도 전혀 놀랄 일은 아니다. 하지만 놀이 역시 그 자체로도 중요했으니, 그의 말을 빌리면, "하루 중 가장 즐거운 시간을 만들어주는 소일거리였기 때문이다. 그렇지 않았다면 나는 그 한가하고 무료한 계절을 몹시 울적하게 보냈을 것이다." 게다가 로이드와의 놀이는 스티븐슨으로 하여금 그가 가장 가치를 두는 것과 계속 접촉하도록 했다. 미국의 소설가이자 비평가였던 헨리 제임스Henry James (1843~1916)의 말에 따르면 바로 "성공적으로 놀이를 하는 능력"이었다.

그가 로이드와 함께 놀았던 초창기에 쓰고 출판한 〈심술궂은 나이와 청춘〉에 나오는 "이른바 죽을 때까지 장난감을 간직할 거"라던 소년은 분명 스티븐슨 자신이었다. 그는 의붓아들에게서 그 맹세를 평생 지킬 수 있게 해줄 놀이 친구의 면모를 발견했던 것이다.

아동의 놀이에서 문학적 재주로

그의 개인적 삶에서의 역할을 감안한다면, 스티븐슨의 수많은 작품에 어린 시절 놀이에 대한 매혹이 주제처럼 흐르는 것을 발견한다 해도 전혀 놀라운 일이 아니다. 이는 시뿐 아니라 에세이, 단편소설, 장편소설, 서신에 두루 나타난다. 전체적으로 그의 어린 시절 묘사는 목가적이면서 풍자적이기도 했다.

그가 회고록에도 밝혔듯이 스티븐슨은 어릴 때 관능적이고 '동물적'인 행복에 미친 듯이 기뻐했다. 그러면서 또 몸져 누워 있는 나날, 밤에 대한 공포, 호된 학교 공부에 시달리기도 했다. 그 같은 복합적인 경험에 대한 기억 때문인지 그는 놀이를 하던 평화로운 시절에 대한 향수를 흉내 내고 싶어 했다. 어른이 되어서도 계속 놀이에 의존했던 경험 때문에 그는 놀이의 심리적·예술적 깊이를 측량하고 싶어 했다. 그리하여 이 우상 파괴자는 애석한 심정으로 자기 임무에 착수했다. 그가 한 에세이에서 '워즈워스Wordsworth에 대한 경의'라고 표현했음에도 불구하고…….

　스티븐슨은 그 위대한 시인을 가볍게 언급하지 않았다. 두 세대를 거슬러 올라가서 윌리엄 워즈워스 William Wordsworth〔영국의 낭만파 시인 (1770~1850)〕는 낭만주의적으로 아동기를 이상화한 선도 주자였다. 그는 특히 어린이의 일원적 상상력을 높이 평가했는데, 이는 자아와 세계 사이에 경계 없이, 생물과 무생물을 가리지 않고 모든 것과 동일시하는 의식을 가리킨다. 시인 새뮤얼 테일러 콜리지와 의견을 주고받으면서 워즈워스는 아동에 대한 총체적 비전을 타고난 창조적 천재성과 연결했다. 그 훼손되지 않은 천재성 일부를 보존하는 것이 성인 시인의 야망이었다. 상상력 문제에 있어서 그는 "어린이는 어른의 아버지"라고 했다.

　흥미롭게도 아동의 상상 활동에 대한 워즈워스의 견해는 부분적으로 콜리지의 아들 하틀리와의 친밀한 관계에 바탕을 두었다. 이 책 앞부분에 이미 나왔듯이 하틀리는 아주 어릴 때부터 매우 뛰어난 상상력을 과시했다. '여섯 살짜리 H. C.에게'라는 시에서 워즈워스는 소년의 "아스라한 공상"과 "자신의 속에서 일어나는 재잘거림"에 깜짝 놀랐다고 했다. 실제적인 것만큼이나 천상적인 재잘거림이었다. 또 그를 '행복한 어린이!'로 만든 그 '축복받은 공상!'에 대해서도 깜짝 놀랐다고 했다.

　천재에 대한 시인의 철학에 유감스럽게도, 하틀리는 전도유망했던 어린 시절의 기대를 실현하지 못했다. 대학에서 퇴학당한 뒤, 그는 시골에 몸을 숨긴 채 빌붙어 사는 하찮은 주정뱅이 시인이 되었다. 하지만 가족과 친구들의 실망에도 아랑곳하지 않고 그는 행복한 소년 혹은 소년 같은 남자로 평생을 살았고 기묘하게도 그런 사람으로 유명했다.

그와 동시대 사람인 영국의 비평가 겸 수필가 토머스 드 퀸시Thomas De Quincey(1785~1859) 역시 건강한 아이다움을 비롯해 하틀리와 똑같은 이유들로 유명했다. 두 사람 다 신체가 왜소한 데다 둘 다 미성숙함의 요소를 끝내 버리지 못했다. 드 퀸시는 어린이의 복장과 태도, 하틀리는 어린애 같은 무심함, 몰래 월드플레이를 육성하는 것 등이었다. 우연히도 드 퀸시 역시 어릴 때 가상 세계를 창조했는데 '곰브룬Gombroon'이라는 환상 속 섬이었다.

몇십 년 후, 사람들이 그들의 아동기 놀이와 함께 이들 둘을 치켜세운 것이 아동문학 창작에 긍정적 자극이 되었는데 특히 머나먼 섬과 가상 장소에서 벌이는 모험소설들이 많이 나왔다. 그러한 작가들 중 하나가 바로 스티븐슨이었다.

사실상 스티븐슨은 아동의 낭만주의적 이상화에 아주 딱 들어맞았던 까닭에 그러한 전통에서 멀어지려는 그의 노력은 임시 별거라기보다는 이혼에 가까웠다. 〈어린이의 놀이Child's Play〉(1876)라는 에세이에서 그는 상반되는 감정을 피력했다. 만일 그가 어릴 때 충분히 행복하지 않았더라면 그는 "똑같은 식으로 두 번 다시 행복하지 않았을 것이다." 워즈워스가 전반적으로 어린 시절에 귀속시킨 공상의 즐거움을 스티븐슨은 아주 구체적으로 놀이에 두었다.

더 중요한 것은 스티븐슨이 어린이의 상상 놀이와 어른의 장난스러운 상상을 구별 짓는 특징에 관여했다는 점이다. 전자가 감각적·무의식적·카타르시스적·물질적이고 외면화된 것이라면 후자는 지각해서

의식하고, 심미적으로 감수성이 강하고, 인위적으로 반영하며, 지적이고 내면화된 것이었다. 그는 "세상의 모든 것은 뜻을 알 수 없는 새들의 지저귐에 대한 경탄과 분절적 음악을 들을 수 있게 하는 감정 사이에 존재한다"라고 설명했다. 몰입하는 놀이 활동의 모든 감정이입적 형상화에 아동의 "상상력이 어느 정도는 들어 있지만 진부한 공상에 불과한 것이었다." 말하자면 오늘날 그것을 사용할 수는 있으나 거기에 '빅 *C*' 변종이 지닌 창조적 가치는 결여되었다.

스티븐슨에게 아동기 가상 놀이를 '진부하게' 만든 것은 그 즉흥적 성격, 바로 그 '놀이할 수 있음'이었다. 소품들은 인물, 상황, 혹은 놀이를 위한 과제를 암시함으로써 일이 일어나게 했다. 콧수염은 해적을 불러냈고 의자는 항해하는 배를, 깔개는 넓은 바다를 '대체했다.' 장소 또한 독특한 이야기를 확실하게 환기했다. "기분 나쁘게 축축한 공원에서는 살인이 일어나고 낡은 집에는 귀신이 붙어 있어야 한다. 또 해안은 난파선에서 멀리 떨어져 있다." 하지만 결국, 놀이를 가능하게 하는 소품과 장소들은 그 기원을 떨쳐버리지 못했다. 그것들은 놀이 속 이야기에 담긴 바로 그 모든 기발한 영감 때문에 대단히 흥미진진한 놀이를 자극했다.

스티븐슨은, 자신이 후미진 만과 배들 때문에 전율을 느낄 정도로 즐거워했다는 사실이야말로 그의 장난감 극장과 스켈트의 연극이 "미성숙한 나에게 얼마나 깊이 새겨졌느냐"를 나타내는 척도라고 생각했다. 아동들은 모방 작품을 만들려고 이야기의 이 부분 저 부분을 대대적으로 표절하는 등 그들의 가상 놀이를 적나라하게 차용했다. 그들의 능력이란 지칠 줄 모르는 '차용의 힘'으로, 그 이면에 놓인 것은 '창작

불능'이라는 무능함이었다.

만일 아동들에게 타고난 천재성이 있었다 해도 그것은 예술적인 것이 아니었다. 비록 워즈워스나 콜리지 같은 예술가들이 그 일부분을 동경했을 수는 있겠지만… 스티븐슨은 창조적 성취를 어른의 몫으로 남겨두었다. "동화를 만드는 건 어른들이다. 어린이들이 하는 일이란 본문을 잊지 않고 마음에 잘 새겨두는 것이다." 스티븐슨이 내린 결론이다.

문학적 가상 놀이

한 전기작가는 스티븐슨에게 '아동 심리학의 대가'라는 별명을 붙여주었다. 실제로 그의 놀이 분석에는 경탄할 만한 점이 많다. 하지만 이 예술가의 관심은 중립적이거나 객관적인 것과는 거리가 멀었다. 그보다도 그는 아동의 창조적 충동과 성인의 창조적 성취의 실제 차이라고 생각한 것을 명확하게 말하고자 했다. 작가로서, 그는 놀이의 서사가 불완전하나마 문학적 서사에 선행하는 것임을 알고 있었다. 놀이에 드러난 미숙한 상상력은 아직은 어른의 손에 맡길 만한 도구가 아니었다. 아동기의 가상 세계를 문학적 상상의 세계로 바꾸는 사람에게 필요한 것은 그 무엇보다도 기능을 훈련하는 일이었다.

스티븐슨의 경우에는 일찍부터 기능을 실습하기 시작했다. 이야기를 만들어서 놀고 그것에 대해 말하기 시작하자마자 어린 소년은 상상 속 모험을 기록하고 그것을 언어로 보존하고 싶어 했다. 그의 유모가 회고한 바에 따르면 "그는 글씨를 쓰기 한참 전부터 자칭 받아쓰기라고 하는 것을 나에게 시키곤 했다." 그녀가 기억하기에 "재미있었던 이 이야기들은 다 불에 타거나 잃어버렸다." 그래도 루이스가 여섯 살 무렵 엄마나 고모에게 받아쓰게 했던 '모세의 역사'처럼 중요한 것들은 살아남았다.

여기서 루이스는 다른 초기작과 마찬가지로 서사의 기본 요소를 다루는 재주를 일찌감치 발휘했다. 그는 또 나중에 전체적으로 아동기 놀이 덕분으로 돌렸던 파생적 상상력도 과시했다. 성경의 플롯에서 함부로 벗어난 것은 없었다. 고대 이스라엘 사람들을 빅토리아 시대 신사들처럼 높다란 실크해트를 쓰고 파이프 담배를 피우는 모습으로 그린 것만 빼고, 루이스는 성경에 나오는 이야기를 형들의 무릎에서 듣던 그대로 "하나도 빼먹지 않고 다 살려놓았다."

아무튼 이야기를 종이에 옮기던 루이스의 어릴 때 경험은 더 많은 것을 향한 그의 욕구를 자극했다. 십대 초에 그는 여가 시간을 활용해 학교 친구들과 정기적으로 교지 제작을 비롯한 '문학 활동'을 했다. 게다가 그는 이미 스스로의 힘으로 독학 과정을 만들었다. "어떤 책이나 구절을 읽다가… 강렬한 힘이나 뛰어난 문체를 발견할 때마다 당장 그 자리에 앉아 그것을 모방하지 않고는 못 배겼다." 이런 식으로 그는 많은 영국, 미국, 프랑스, 독일 작가들을 베꼈고 혹은 그의 표현대로라면 "남의 문체를 모방했다."

스티븐슨은 아버지가 시킨 공학과 법률 분야의 학교교육과는 별도로 이 개인적 공부를 수행했다. 결국 그 공부에 더 강한 흥미를 느낀다는 게 드러났다. 스물다섯 살이던 1875년, 그는 스코틀랜드 변호사 자격을 얻고 나서 프랑스의 예술인 거리로 부리나케 출발했다. 거기서도 그는 위대한 작가들을 모방하는 일을 게을리하지 않았다. 엄청난 '부지런함과 지적 용기'를 가지고 그는 쓸데없는 것을 삭제하고, 중요한 것을 분명하게 말하고, 독자들에게 보고 느끼게 하고 싶은 것을 전달하는 방법을 독학했다. 자신도 즐겨 농담했듯이 그는 10년도 넘는 세월 동안 빨래 광주리를 가득 채울 정도로 많은 원고를 쓰는 연습과 실습을 계속했다. 그리고 그 과정에서 글쓰기를 익혔다.

스티븐슨이 창조적 활력보다 문학적 기능을 더 중시한 것은 결코 아니었다. 예술 활동을 유지하려면 둘 다 필요했다. 하지만 설령 테크닉은 배울 수 있다 하더라도 창조력은 별개 문제였다. 스티븐슨은 여전히 계속하고 있던 활발한 놀이에서 시적 영감을 구했다. 그가 판단하건대, 읽고 쓰기는 둘 다 내면화된 상상력에 의한 공상을 요했다. 그래서 그는 자신의 이야기를 꺼내 '보통 사람들의 백일몽'을 이야기하고자 했다. 그는, 우리가 아무 거리낌 없이 글을 읽을 경우 자신의 가장 깊은 곳에 있는 백일몽을 만나게 된다고 주장하면서 "우리는 주인공을 한쪽으로 밀어놓고… 자신이 몸소 이야기에 돌진해 들어가 신선한 경험에 둘러싸이게 된다"라고 했다. 우리가 글을 쓸 때도 똑같은 일이 벌어진다. "소설이 어른들에게 갖는 의미란, 바로 놀이가 어린이에게 갖는 의미"라는 게 그의 결론이었다.

스티븐슨에게 처음으로 커다란 성공을 안겨주었던 《보물섬Treasure-Island》(1883)이 바로 이 경우에 해당한다. 헨리 제임스는 이 책을 "잘 놀고 있는 소년들의 놀이처럼 완벽하다"고 했다. 그런데 실제로 이 책은 놀이로 시작되었다. 스티븐슨도, 그의 아내도, 또 그의 의붓아들도 이 작가가 한가한 시간에 열두 살짜리 로이드와 함께 어떻게 처음으로 가상의 섬 지도를 끄적거리게 됐는지 지치지도 않고 수도 없이 자세히 설명했다. 그 섬의 장소들이 플롯을 불러냈고, 플롯은 등장인물들을 불러냈다. 스티븐슨은 나중에 "내가 다음으로 알게 된 것은 내 앞에 놓인 종이에 장章의 목차를 작성하고 있었다는 점이다"라고 털어놓았다. 잉크가 채 마르기도 전에 그는 모여 있는 가족과 친구들에게 그 장들을 읽어주었고 그들 가운데 하나가 연재를 주선했다. 그리고 그 나머지는 이른바 역사가 되었다.

하지만 그들이 말하지 않은 것은 놀이가, 특히 로이드와 함께한 놀이가 문학 창작이라는 바다를 항해하는 데 필요한 밸러스트ballast[기구·비행선의 부력浮力 조정용 모래(물) 주머니]로서 스티븐슨에게 계속 도움을 주었다는 점이다. 보물섬은 15장 이후 암초에 걸리고 말았다. 다시 병이 들고 영감도 바닥난 스티븐슨은 몇 주일 동안이나 글을 쓸 수 없었다. 그의 아내에 따르면, 보물섬이라는 배가 다시 한 번 부력을 얻고 항해에 나설 때까지, 그는 글을 쓰는 대신 장난감 극장에서 로이드와 함께 오랜 시간을 보내고, 인쇄물을 만들고, 양철로 만든 병사들을 데리고 노는 등 "소년의 열정으로 놀이를 선택했다"고 한다.

스티븐슨 더하기 오스본 : 놀이의 몇몇 요인들

스티븐슨이 의붓아들과 함께한 놀이의 역사는, 로이드가 20대가 되어 글을 쓰고 싶다는 희망을 피력하면서 두 사람이 여러 공동 작업을 하게 되기까지 오래도록 이어졌다. 이 공동 작업에는 두 사람이 함께 완성한 소설인 《유산 상속 작전 The Wrong Box》(1889)과 《난파선 The-

Wrecker》(1892)이 포함된다. 한편 《썰물The Ebb-Tide》(1894)은 공동 작업으로 시작되었지만 결국 스티븐슨 혼자 마무리했고, 네 번째 프로젝트는 무기한 중단되었다.

대부분, 학자들은 이 공동 집필을 어떻게 보아야 할지 잘 모르고 있다. 어른이 된 로이드는 흔히 스티븐슨에 빌붙어 재정적·직업적 지원을 얻는 데 만족한, 아무짝에도 쓸모없는 인간으로 평가된다. 비평가와 해설가들은 합작으로 나온 책들이 스티븐슨 단독 작품에 비해 매우 조악하다고 평가하면서 그 책들을 그럴 만한 가치도 없는 의붓아들에 대한 '맹목적 사랑'의 증거라고 일축했다. 하지만 놀이에 대한 열정이라는 관점에서 보면 스티븐슨 역시 마찬가지로 로이드의 덕을 보았는지도 모른다.

공동 작업을 그들의 가상 놀이를 다른 방법으로 확장하려는 시도로 이해할 경우, 그것이 스티븐슨에게 "사람을 도취시키는 상상의 즐거움"을 다시 불붙였던 것으로 보인다. 로이드도 확실히 그렇게 생각했다. 그는 《난파선》이 "일이 아니라 오락"이었다고 기억하면서 "매우 기분 좋은 상태에서" 구상된 작품이라고 했다. 그가 인물과 플롯에 대해 의붓아버지와 즐겁게 토론하며 보낸 밤들은 10년 전 두 부자가 다락방 바닥에 엎드린 채 함께 놀던 시간을 떠올리게 했다.

함께 쓴 소설에는 실제로 전쟁놀이처럼 심각한 장난이 많이 들어 있었다. 스티븐슨 자신이 언급했듯이 두 사람은 "'난파선'에서 발견된 돈을 세고 보물을 헤아리느라 닷새를 보냈다." 두 사람이 협력하게 되면서 그는 비슷한 열의로 로이드의 초기 원고들을 수정하는 일에 착수했다. "쟁기로 갈아놓은 땅을 가지고 있고, 글 쓰는 진짜 재미를 위해 호사스럽게 앉아 있다는 건 영광스러운 일인즉 그 재미란 바로 고쳐 쓰는 것이다."

하지만 《난파선》을 출판하기 위한 공동 노력은 결코 태평스러운 일이 아니었다. 공동 집필은 놀이일 뿐만 아니라 일이기도 했고 예술이기만 한 것이 아니라 생계 수단이기도 했다. 스티븐슨이 종종 로이드 곁을 떠나 남태평양을 항해하는 동안 두 사람은 둘 사이를 느릿느릿 오가는 초고와 교정본을 검토하며 공동 집필을 이어갔다. 보물의 무게를 재고 계산하는 모든 일은 재미있었을지는 몰라도 "고작 어설픈 단 한 장의 이야기로" 그치고 말았다. 쓰기 시작한 지 2년째 되었을 때 스티븐슨은 자신의 원고 완성, 출간, 고료 등의 일에 은밀하게 관여하는 동료에게 그 책으로 인한 '고생'이 "이루 말할 수 없을 정도"라고 털어놓았다고 한다.

그럼에도 스티븐슨은 《난파선》 후에도 공동 프로젝트 두 가지를 더 계획하는 등 공동 작업을 포기하지 않았다. 문제는 왜 그랬는가, 이다. 1894년 뇌출혈로 급사하기 얼마 전쯤, 마지막 정박지였던 사모아 섬에서 쓴 편지에 그 대답이 넌지시 드러나 있다. 거기에 그는 영감이 바닥나면, 놀이 아니면 "일을 바꾸는 오래된 치료법"으로 돌아가는 버릇이 있다고 썼다. 로이드와의 공동 작업은 《지킬 박사와 하이드 씨》만큼이나 많은 측면에서 부실했지만 그래도 "오래된 치료법"의 효과를 두 배로 보기 위한 것이었다.

스티븐슨이 사망한 후에도 오스본은 계속해서 글을 썼다. 스티븐슨에게 받은 유산도 상당하고 자신도 사모아 정치에 관여하고 있었음에도 그는 1900년에서 1929년 사이에 단편소설집 세 권과 소설 여덟 권을 썼다. 아울러 조카인 극작가 오스틴 스트롱Austin Strong과 합작으로 드라마도 여러 편 썼다. 이들 작품은 전반적으로 다소 외설적이면서 줄줄 읽히는 특징이 있었다. 예를 들어 《아기 총탄Baby Bullet》(1906)은 낡은 차를 타고 가벼운 마음으로 유럽 여행길에 오른 한 처녀와 그녀의 가정교사를 따라간다. 《심취Infatuation》(1908)는 '현대의 연애'를 관찰하고, 《야생의 정의 : 남태평양 이야기 Wild Justice : Stories of the South Seas》(1906)는 섬 원주민과 그곳을 식민지로 만들려고 온 서구인들의 얽히고설킨 삶을 다룬다.

스티븐슨의 전기작가들은 대체로 이들 작품을 심리적 통찰이나 주제 발전, 또는 문학적 향기가 결여된 싸구려 대중소설로 치부한다. 당대 평론가들은 다양한 반응을 보였다. 일부는 그에게 찬사를 보내면서 오스본의 재미있는 소설에 나오는 '단순한 파토스'는 '다재다능한 상상력'을 증명했다고 했다.

반면 오스본은 "재능과 최고의 교사와 엄청난 기회가 무색하게도" 고작 시답잖은 문학 나부랭이나 썼을 뿐이라고 혹평한 평론가들도 있다. 오늘날까지 계속 전해지는 평가는 부정적인 것인데 최근 한 스티븐슨의 전기작가는 "공동 작업 이후 오스본의 작가로서의 커리어는 수학적으로 표현될 수 있다. 스티븐슨 더하기 오스본에서 스티븐슨을 빼면 오스본만도 못한 것이 된다"라고 농담을 했다.

조금만 더 호의적으로 본다면, 자기 멘토의 비범한 천재성과 긴밀하게 제휴했음에도 오스본은 그와는 다른 상상력과 구성 능력을 발전시켰다고 주장할 수도 있다. 게다가 그러한 결과는 두 사람을 형성한 삶의 경험을 비교하고 대조할 수 있는 유일한 기회를 제공할 뿐 아니라

스티븐슨의 창조적 상상력을 아동기와 성인기로 나누어 비교, 대조하는 기회도 제공한다.

스티븐슨이 개인적 창조력을 공개적 창조력으로, 아동기의 월드플레이를 성인기 직업에서의 가상 세계 창조로 이행시킨 사실을 고려해보면 세 가지 활동이 전면에 부상된다. 첫째, 활동 분야 또는 직업 분야 기능의 완벽한 훈련(심리학자들은 종종 완전히 숙달하는 데 10년이 걸린다는 10년 법칙을 말한다), 둘째, 성인기에도 계속된 놀이, 셋째, 놀이를 일로 이용하기. 그림 7-1은 이 세 가지 요인이 어떻게 아동기의 준비에서 그것들의 접목을 통해 3장에서 논의된 월드플레이-창조성 네트워크로 흘러갈 수도 있는지 보여준다. 이행 과정에서 이들 활동이 자기 동기부여를 어느 정도나 했는가가 네 번째 요인을 형성한다.

의붓아들에 대한 전기적 평가를 감안한다면, 오스본이 이 요인들 대부분이나 전부를 실은 배를 놓쳤거나 그것을 동원하는 데 실패했다는 사실이 발견될지도 모른다. 하지만 조금 자세히 들여다보면 복잡한 초상화가 드러난다. 사춘기에 의붓아버지와 함께한 월드플레이 경험이 그에게 개인적 창조성의 즐거움에 눈을 뜨게 해주었고, 청년기의 공동 작업이 독립작가라는 공식적 활동을 준비하도록 도왔다고 가정해보자. 하지만 두 경우 모두 상상력 넘치는 영감과 예술적 기교 대부분을 제공한 사람은 그의 의붓아버지였다.

오스본에게 공정하게 말하자면, 이것이 모두 그의 탓만은 아니었다. 최소한 그가 어릴 때는 그랬다. 그의 편을 들어보자면, 스티븐슨은 전쟁놀이뿐 아니라 아이의 인쇄기로 인쇄물을 찍어내는 것 같은 활동까지 좌지우지하면서 끊임없이 로이드의 놀이에 간섭했다고 주장할 수

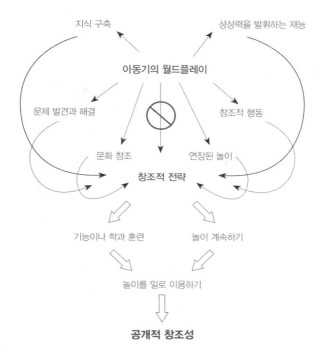

지식 구축   상상력을 발휘하는 재능

아동기의 월드플레이

문제 발견과 해결   창조적 행동

문화 창조   연장된 놀이

창조적 전략

기능이나 학과 훈련   놀이 계속하기

놀이를 일로 이용하기

공개적 창조성

[그림 7-1]
다시 보는 월드플레이–창조성 네트워크 : 공개적 창조성에 영향을 미치는 요인들.
자기 동기부여는 아동기의 월드플레이가 공개적 창조성으로 이행하는 과정의 모든
양상에 영향을 미친다.

도 있을 것이다. 의붓아버지가 작은 책과 잡지를 위해 수많은 글과 그
림까지 제공한 것도 전혀 놀랄 일이 아니다. 스티븐슨이 진작부터 로
이드의 장난감 극장용으로 구입한 무대 장면을 색칠하거나, 그렇지 않
으면 자신의 놀이에 채색을 했기 때문이다. 일단 형성된 상호 의존 패
턴은 두 사람의 공동 작업 내내 유지되었다.

오스본의 작가로서의 훈련조차 부차적인 역할을 했을 뿐이다. 요약하자면, 기껏 달라봤자 그것은 의붓아버지가 몇십 년에 걸쳐 자기 주도적으로 연마한 기술을 훈련하는 것이라기보다 두 사람이 함께한 격식을 차리지 않은 놀이처럼 보였다. 게다가 스티븐슨과의 공동 작업에는《유괴》나《보물섬》에서와 같은 틀에 박힌 서사적 목적이 포함되지 않았다.《난파선》과《썰물》에서 두 사람은 고전적 모험 이야기를 새로 부상하는 장르인 추리소설 및 탐정소설과 결합했다. 스티븐슨은 첫째로 인물과 분위기를, 둘째로 플롯을 발전시킴으로써 그가 이 새로운 형식의 '경박함'이라고 부른 것을 고쳐보려고 했지만 결국 뒤죽박죽인 결과를 얻었을 뿐이었다.

그런데 또 배경의 문제도 있었다.《난파선》과《썰물》둘 다 남태평양의 다문화적인 드라마틱한 사건들을 탐구하기 위해서 유럽을 배경으로 삼지 않았다. 이 작품들과 같은 시기에 스티븐슨 단독으로 쓴 많은 작품들은 원주민들에 대한 동정을 공공연하게 표명했고, 고상한 척 내숭을 떠는 서구의 제국주의를 은연중에 비판했다. 예를 들어 스티븐슨의《팔레사 해안The Beach of Falesá》(1891)은 영국 상인과 원주민 처녀의 성적 관계를 깊이 다루었는데 그 결과 출판사 사장 손에 엄청나게 삭제당하는 수모를 겪었다.

예의범절과 정치 문제에 새로운 장르에 대한 경멸까지 더해져 스티븐슨의 남태평양 이야기들은 많은 비판과 혐오를 유발했는데 스티븐슨 혼자 쓴 것이나 아들과 같이 쓴 것이나 똑같은 대접을 받았다. 스티븐슨의 문학적 감수성이 섞이지 않은 이 새로운 장르와 주제들이 오스본의 취향에 맞는 것으로 드러나는 건 당연했다. 그는 자신의 도제 기간에 걸맞게 흥미를 자극하는 대중소설에 능숙한 작가가 되었다.

오스본은 그의 멘토처럼 문학적 명성을 얻지 못했다(그럴 만한 자격도 없었다). 그럼에도 어쩐지 스티븐슨 연구자들은 그에게 다소 가혹했던 것처럼 보인다. 스티븐슨의 지원 없이 로이드가 과연 작가의 길로 들어설 수 있었을까? 이는 오로지 추측할 도리밖에 없다.

우리가 아는 것이라곤 로이드의 '놀 수 있는' 상상력이 관습에 얽매이지 않은 온전한 것이 되도록 스티븐슨이 멘토 역할을 했다는 점이다. 이를 위해 그는 아동기의 상상력이 성인기의 창조성으로 이행하는 데 도움이 되는 두 가지 요인을 길러주었다. 놀이에 대한 지속적 흥미와 그 놀이를 직업 활동으로 이용하는 교묘한 솜씨가 바로 그것이다.

그리고 그 교육은 스티븐슨의 추종자들이 바랐을지도 모르는 작가가 아니라(세 번째 요인인 그 분야의 훈련이 두 사람에게 전혀 다른 것으로 드러났다) 대가가 먼저 개간해놓은 들판에서 작은 구역을 쟁기로 가는 작가를 만드는 데 효과를 보았다. 적어도 오스본은 그 성과로 1950년도 판 《미국 인명사전》에 이름을 올렸다. 그가 놀이에서의 가상 세계 창조와 공식적인 성인 업무 영역에서의 가상 세계 창조 사이의 틈을 메웠다는 점은 그 자체로 하나의 업적으로 인정해도 될 것 같다.

'아웃사이더 놀이'에 대한 간단한 고찰

로이드 오스본은 운이 좋았다. 첫째, 그가 작가의 길로 들어설 수 있도록 기꺼이 멘토 역할을 해줄 수 있는 뛰어난 의붓아버지가 있었다. 둘째, 실제로 그들 부자가 함께했던 복잡한 놀이 활동을 활용할 수 있는 직업 분야가 있었다. 놀이가 '인생 최고의 것'인 사람들이 오스본이나 스티븐슨처럼 모두 개인적 놀이를 공개적 직업으로 전환할 수 있는 것은 아니다.

취미에 몰두한 채 알려지지 않은 많은 사람들, 괴상한 꿈을 꾸는 많은 사람들, 감시받고 있는 놀이 천재들은 기능 훈련을 피해 갔거나 개인의 창조성을 이용할 기회를 얻지 못했다. 물론 이것이 유리하게 작용할 수도 있다. 상상의 '수로화'를 거부하면서 계속 파라코즘을 고집하는 사람들에게 혼자만의 내밀한 활동은 대단히 독창적인 것으로 드러날 수도 있기 때문이다. 하지만 또한 그 대가를 치를 수도 있으니 바로 창조적으로 고립된 삶이다.

실제로 사회는, '발견'된 결과 '아웃사이더 아트outsider art'로 편입된 몇몇 예외적 경우를 제외하면, 대체로 이러한 개인과 그들의 월드플레이를 모르는 채 지내왔다. 아웃사이더 아트란 전통적 미술교육이나 기존 예술의 영향을 받지 않은 사람들이 창작한 것으로, 그럼에도 형식과 테크닉의 독창성이 사람들의 관심과 주목을 받기에 충분한 작품을 이르는 말이다. 물론 혼자서 하는 월드플레이가 전부 아웃사이더 아트의 자격을 갖는 건 절대로 아니지만 그래도 상당량의 아웃사이더 아트가 혼자만의 월드플레이에 의존하고 있다. 이것은 미국 아웃사이더 아티스트들인 헨리 다거Henry Darger, 리날도 질레 쿨러Renaldo Gillet Kuhler, '밍거링 마이크Mingering Mike'에게도 해당한다.

잡역부였던 헨리 다거는 평생을 지구 밖 어린이들의 가상 세계를 만들면서 보냈는데 1973년 사후에야 그것이 발견되었다. '비비안 소녀들Vivian Sisters'은 인간 적들과 전쟁을 수행하면서 블렌진Blengins이라는 날개 달린 존재들과 불편한 평화를 도모했다. 다거는 '비현실의 왕국The Realms of the Unreal' 등에 사는 그들의 이야기를 방대한 책 두 권으로 남겼다. 또 거기에 딸린 삽화도 몇백 장이나 그렸는데, 종이에 수채화로 그린 이 삽화들은 대단히 훌륭한 아웃사이더 아트의 예로 많은 갈채를 받았다.

2000년대 초에 과학 삽화가인 리날도 질레 쿨러는 끈질기고 호의적인 동료들에게 그가 만든 가상 세계인 '로카테라니아Rocaterrania'를 조금씩 보여주기 시작했다. 쿨러는 몇십 년 이상 그 도시와 국민들의 삶을 기록한 상당한 양의 펜화와 수채화를 그렸을 뿐만 아니라 자신이 만든 세계를 위해 언어도 만들고 알파벳도 만들었다. 이 예술은 세상에 알려진 이래 그 밀도 높은 상상력 덕분에 찬사를 받아왔다.

최근 벼룩시장에서 발견된 것으로, 추적 결과 임시직인 마이크 SMike S라는 사람의 것으로 밝혀진 손으로 만든 앨범 재킷에 대해서도 똑같은 말을 할 수 있을 것 같다. 1960년대에 십대 소년이었던 마이크 S는 노래를 작곡하고 친구들과 그 노래를 부르면서 테이프에 아카펠라로 녹음하는 것으로 리듬앤블루스에 대한 열정을 달랬다. 그는 음악가의 길로 나아갈 수 없게 되자 '밍거링 마이크'라는 이름의 녹음 예술가를 상상했다. 그 공상적 이야기를 상세히 기록하면서 그는 80장이 넘는 마분지 레코드를 제작해서 손으로 그린 앨범 재킷에 넣었다. 가짜 라이너 노트liner note〔해설이 인쇄된 재킷〕와 저작권 정보에 카탈로그 번호까지 갖춘 것이었다. 이 작품의 독창성뿐 아니라 그 엄청난 양에 대한 경탄에 힘입어 결국 앨범 커버 전시회가 열렸다.

다거, 쿨러, 마이크 S가 몇십 년 동안 월드플레이를 했던 것이 뒤늦게 세상에 알려져서 그 진가를 인정받은 사실은 시각예술에서 소박하고 색다른 표현의 가치를 말해준다. 문학예술에서도 그와 비슷한 '발견'이 있었는데, 그것들 가운데 으뜸이 법률가 오스틴 태편 라이트가 남긴 유고소설 《아일랜디아Islandia》(1942/1966)다. 이 작품은 방대한 월드플레이 자료들을 바탕으로 지어졌는데 언어 소사전, 인구 표, 지명 색인, 기후, 지도 등이 바로 그것들이다.

하지만 모든 다거와 쿨러를 위해, 모든 마이크 S, 혹은 라이트를 위해 우리는 '발견'되지 않은 채 월드플레이를 하고 있는 또 다른 사람을 추측할 수 있다. 발견되지 않은 이유는 기존 학문 분야에서 놀이와 관련된 인공물들을 제대로 인정해주지 않는 것과 어느 정도 상관이 있다. 이 범주에 컴퓨터 프로그래머이자 고참 시스템 분석가 와이어트 제임스Wyatt James를 놓아도 좋을 것 같다. 그는 많은 가상적 창조를 입증할 그림, 지도, 역사, 소설, 게임보드 및 웹사이트 등을 남기고 2006년에 사망했다.

제임스는 아동기에 월드플레이라는 취미를 시작한 이래 평생 여기에 매달려 지냈는데 그중 일부는 남동생 크리스와 공유했다. 1960년대 후반, 20대이던 두 형제는 6개월 넘게 씨름한 끝에 '게루슬Gerousle'이라는 보드게임을 개발했다. 그들은 또 실제 게임을 하는 데 필요한 토큰, 마커, 지도뿐 아니라 게임보드와 점수 카드도 손으로 정교하게 만들었는데 이러한 것들을 완성하는 데 엿새가 걸렸다고 한다. 30대가 되자 그들은 자기 태양 주위를 거꾸로 도는 또 다른 가상공간인 '블렌킨숍 행성Planet Blenkinsop' 및 그것과 관련된 지도, 역사, 지리적 설명을 함께 만들었다. 결국 10년쯤 지나자 크리스는 서류가방 두 개를 꽉 채

울 정도의 놀이 기록을 가지게 되었다.(그림 7-2와 7-3 참조)

'블렌킨숍'에 대한 흥미가 사라지자 와이어트는 가상의 성을 구상하는 쪽으로 방향을 돌렸다. 여행 가이드의 안내 및 수많은 가상 마을과 주, 나라들의 지도, 역사를 갖춘 것이었다. 그는 처음에는 그래프용지에 손으로 그렸다가 1990년대 들어서서는 개인용 컴퓨터를 이용해 건축도면을 그려 그것을 뒷받침하는 기록들과 함께 가상의 장소를 위해 만든 웹사이트에 올렸다.

반쯤은 사적이고 반쯤은 공개적인 이 공간에서 익명을 사용한 와이어트는 그들 나름대로 가상 성을 설계하도록 방문객을 초대했고 그들을 자신의 사이트에 합류하도록 했다. "당신은 이런 일을 하지 않고는 못 배기는 사람이 되어야 합니다. 그런데 이건 제법 재미있는 일로 모형 비행기 만들기나 퀼트 또는 태피스트리를 만드는 것과 비슷하다고 하는 게 낫겠군요. 아무튼 당신이 이 일을 제대로 할 경우 그것은 건축과 역사적 허구 연구라는 정신 능력을 결합합니다."

아마도 와이어트는 그냥 가상 세계가 아니라, 가상 세계를 건설하는 사람들의 공동체를 세우고 싶어 했던 것 같은데, 이것은 그저 추측만 할 수 있을 뿐이다. 이따금 이와 비슷하게 소설과 문화 혹은 예술과 가상 장소 건설에 바친 독립적 웹사이트가 발견되곤 한다. 자폐증 환자였던 질 트레앙Gilles Trehin이 그린 도시 풍경이 떠오르듯이, 공상과학 세계와 어울리게 만들어진 지방색을 풍기는 다양한 언어들이 마음속에 떠오른다.

대체로 이들 같은 파라코즘 놀이꾼들은 그들의 사적 놀이를 공개적 창조성으로 활용하게 해줄 기능 훈련이나 수련 과정을 밟지 않은 경우

[그림 7-2]
와이어트와 크리스 제임스 형제가 제작한, 블렌킨솝 행성을 위한 그림, 지도, 건축 계획.

[그림 7-3]
문제의 놀이 : 크리스 제임스가 보관 중인 게루슬과 블렌킨솝 관련 문서 자료들.

가 많다. 제임스의 성 놀이가 상상력이 넘치는 복잡한 것이고 그가 시각적·언어적 표현에 통달했음에도 건축, 사회계획, 역사적 허구의 상호작용을 탐구하는 그 어떤 공식적인 활동 분야나 예술, 과학도 존재하지 않는다. 그의 은밀하고 사적인 오락은 부득이하게 '아웃사이더 놀이'로 남을 수밖에 없었다.

은밀하고 사적인 놀이에서 공개적 창조성으로

대중문화가 상상하고 창조하기 위해서 인간의 잠재력을 완전히 이용하는 것은 결코 아니다. 아동의 놀이와 성인의 직업 활동 사이의 간격을 메꾸기 위해 필요한 사항이 있다. 스티븐슨은 가상 세계 건설에 대한 열정을 글 쓰는 기술과 소설가에게 필요한 예술적 요소로서 성공적으로 활용했다. 그리고 전부는 아니지만 그가 터득한 것의 많은 부분을 의붓아들에게 넘겨주었다. 이 두 사람 모두, 월드플레이에 대한 욕구가 서서히 줄어들거나 사라지지도 않았고, 쿨러, 마이크. S, 라이트, 제임스의 경우처럼 다른 것이 섞이지 않은 순수한 형식을 고집하지도 않았다.

오히려 스티븐슨과 오스본의 경우, 월드플레이는 현실 세계에서의 재미있는 일을 위한 전략을 제공했다. 성인기의 스토리텔링 및 놀 수 있는 준비가 아동기의 복잡한 가상 놀이 상황과 거의 똑같은 까닭에 이 전략은 두드러진 것이었다.

하지만 3장과 4장에 나온 월드플레이 프로젝트에 참여했던 많은 맥아더 펠로들이 보여주었듯이, 월드플레이가 광범위한 분야에서 성인기에 확실한 결과를 얻었다고 보기는 어려울 것 같다. 그들이 업무에 활용 중인 월드플레이에 대해서는 다음 장에서 살펴보겠다.

업무에 활용 중인 월드플레이

맥아더 펠로들, 창조적 분기점에
양다리를 걸치다

이 세상 지식의 대부분은 가상의 구조물이다.
—헬렌 켈러, 작가이자 사회 활동가

실제 정원의 가상 동물

많은 창조적 어른들이 성인기의 놀이에서 아동기의 호기심과 경이
를 되찾으려고 애를 썼다. 그들 가운데 일부는 그 놀이를 가상 세계 창
조와 관련해서 생각하기까지 했다. 존 가드너 John Gardner〔현대 미국이 직면
한 철학·종교·정치 등의 문제를 진지하게 추구한 미국의 소설가(1933~1982)〕에게 소
설을 쓰는 것은 '분리된 현실'을 만드는 것이었다. 레오 리오니에게는
아동용 그림책을 디자인하는 것이 현실에 대한, "질서 정연하게 예측
할 수 있는 대안"을 구상하는 일이었다. 구스타프 말러 Gustav Mahler〔오스
트리아의 작곡가·지휘자(1860~1911)〕에게 교향곡을 작곡하는 일은 "하나의
세계를 건설하는 일"이었다. 미국의 영장류 동물학자 사라 하디 Sarah-

Hrdy(1946~)에 따르면, 가설을 세우고 통찰을 얻는 수단으로서 "가상 세계는 과학 안에 존재한다." 노벨상 수상자 프랑수아 자코브Francois Jacob(노벨 생리의학상을 수상한 프랑스 생물학자(1920~2013))에게 과학적 사실과 이론을 발전시키는 것은 확실히 "가능한 세계나 가능한 세계의 일부"를 창조하는 것이었다.

월드플레이 프로젝트에 참여했던 맥아더 펠로들 중 많은 사람들이 성인기의 업무에서 상상 속으로 대체 세계를 창조한다고 보고했다. 그중 하나가 문학 교수 로라 오티스Laura Otis로, 어릴 때 장난삼아 '글로버쉬너클Globbershnuckle'을 만든 사람이기도 하다.

글로버쉬너클은 "셰틀랜드 조랑말과 상당히 비슷하게 만들어졌는데 당나귀 귀와 토끼 꼬리를 가지고 있으며, 분홍색 점이 있는 밝은 초록색이다." 그림 8-1에 나온 기상천외한 동물 그림에서 볼 수 있듯이 이 말은 사실이다. 그런데 글로버쉬너클이 "여자들만 사는 마법의 행성으로서 아무도 늙지 않고 시간도 재지 않는 '자르프zarf'에서 쏟아져 내려왔다는 점에서 그것은 허구이기도 하다."

우리의 사고 안에서 꿈꿀 수밖에 없는 것들을 생각하면, 자르프는 놀라운 곳이고, "정오에는 암소처럼 우유를 주고… 오후 4시 30분에는 딸기 셰이크를 주는" 글로버쉬너클은 실용적인 것과 공상적인 것을 아주 멋지게 혼합한 것이다. 즉 이렇게 혼합된 동물은 직업상 월드플레이를 위해서는 완벽한 마스코트가 된다. 오티스에게만 그런 게 아니라 성인기 직업에서 가상 놀이의 요소를 탐색하는 모든 사람에게 그러하다.

오티스는 열두 살 때 가상 애완동물을 한쪽으로 치워버렸다. 하지만 자르프와 거기에 살았던 소녀들과의 놀이 경험은 그대로 남아서 성인 기의 활동에 영향을 미쳤다. 그녀가 프로젝트 인터뷰에서도 설명했듯 이 "나는, 가상 상황에 완전히 집중하고 몰두해서 그것을 구체적으로 묘사하고 나를 거기 나오는 인물의 위치에 놓을 수 있는 능력을 여섯 살에서 열 살 사이에 개발했다. …나는 과학역사가와 문학교사로서 이 능력이 중요하다는 것을 깨달았다. 다른 사람들이 보고 느낄 수 있도록 과거나 가상 상황을 설명하려면 이러한 능력이 필요했다."

오티스는 연구와 집필 과정 역시 그 끈질긴 속성이 아동기의 월드플레이를 닮았다는 사실도 깨달았다. "내 경우 책을 한 권 쓰려면 5년 정도 걸리는데 그 과정에서 똑같은 세계로 계속 돌아가서… 모든 부분이 다 어디에 있었는지 기억해내야 한다." 그녀는 무엇보다도 '당신 외부에서' 비롯된 발견한 현실과 마음속으로 상상한, '당신이 조직하고 있는 시스템' 사이에서 균형을 잃지 않도록 타협하는 경우가 많았다. 그녀가 "자르프에 관한 계획을 세우면서 소녀들이 살던 집이 어떻게 보일지, 그들이 어떻게 식량을 구해서 음식을 만들지" 고민했던 것과 똑같은 식이었다.

오티스의 경우, 집중력을 강화하고 끈질기게 일에 매달리고 감정을 이입해 투사하는 것 같은 심리적 습관이 아동기의 월드플레이를 성인기의 일과 연결했다. 그리고 이 같은 연결 관계를 인지한 사람이 그녀 한 사람만은 아니었다. 3장에서 살펴보았듯이 아동기에 가상 세계를 창조했던 펠로들은 성인이 된 다음에도 어린 시절 놀이의 이런저런 흔적을 느꼈다. 실제로 월드플레이 프로젝트에 참여했던 펠로들 절반 이상이 어린 시절의 월드플레이 기억 여부와 상관없이 성인기 생활이 가상 세계와 관련이 있다고 주장했다. 게다가 성인기의 월드플레이 중 상당수가 분명하게 직업과 관련된 것이었다. 예술과 과학 분야에서 활동하는 펠로 열 가운데 넷이 어른이 된 후 참여한 월드플레이가 업무 중에 일어났다고 보고했다.

작가는 가상 세계 창조에 대해 역사학자 또는 정책 옹호자와 본질적으로 똑같은 말을 하는 것일까? 실제의 것과 가상의 것을 이론적으로 혼합하는 일은 과학자에게도 예술가처럼 똑같이 유용할까? 글로버 쉬너클을 가이드 삼아 직업의 정원을 둘러보며 이러한 문제들을 살펴보도록 하자.

월드플레이와 직업

월드플레이 프로젝트와 관련해 출간된 저작물, 설문지 답변 및 개인 인터뷰에서 예술과 과학 분야에 종사하는 맥아더 펠로들은 성인기의 월드플레이가 업무에서 독창적이고 창조적인 전략으로 작용한다는 걸 인식한다고 밝혔다. 다만 한 분야에서 다른 분야로의 변화는 예측할 수 있기도 하고 없기도 했다.

예술 : 진실을 꾸며내기

대부분의 사람들이 가상 세계 창조를 이야기 지어내기와 쉽사리 연결한다. 예술계에 종사하는 펠로들 역시 마찬가지였다. 미국의 현대무용가 겸 안무가 폴 테일러 Paul Taylor(1930~)는 자신의 춤에서 '장소', '나라', '만들어진 세계'를 탐구했는데 그중 최고의 것은 "아동기에 시작된 방법이나 패턴"의 흔적을 간직하고 있다. 그와는 좀 다르지만 안무가 수전 마셜 Susan Marshall(고정된 양식 없이 작품의 필요에 맞추어 안무한 미국의 현대무용가 겸 안무가(1958~))은 "인물이 있는 세계를 창조하는 내용과 관련된 춤의 서사"를 탐색했다. 그녀는 설문지 응답에서 월드플레이 허구는 몸에 의해 형성된 "독특한 특정 논리에 따라, 특정한 동작의 표현 형식과 이 형식의 진화에 의해 그 성격이 규정된다"고 분명하게 밝혔다.

문학예술 쪽 펠로들은 가상현실에 대해 할 말이 더 많았다. 장난감 병사들과 놀았던 경험을 떠올린 한 작가는 아동기의 가상 놀이가 비록 일시적이기는 했어도 성인이 되어서 쓰는 소설의 인물 창조와 연결돼 있다는 것을 깨달았다. 그는 자신의 소설에 대해 "나는 여전히 머릿속으로 조그만 인물들을 조종하고 있다"라고 썼다. 때때로 그는 가상의 나라를 통째로 창조하느라 더 고생을 하기도 했다. 파라코즘 놀이꾼인 오스틴 태펀 라이트와 상당히 비슷한 경우라고 할 수 있다. 물론 이 정도까지 가는 소설가는 별로 많지 않았지만, 이 펠로는 "모든 소설가들이 반드시 상상의 세계와 관련이 있다는 주장도 가능하다"고 말했다.

시인에 대해서도 똑같은 말을 할 수 있을 것 같다. 어떤 면에서 그들에게는 시 하나하나가 다 일관성 있는 '판타지'이기 때문이다. 골웨이 킨넬이라는 펠로가 말했듯이 시를 쓰는 것은 '내면의 세계'를 상상한다는 뜻이다. 그의 경우 형제들과 함께했던 '리틀맨' 놀이는 "통상적 시간과 공간에서 다른 인종과 공간 속으로 사라지는 것을 의식하는 것"과 관련이 있었다. 시의 세계에 들어가는 것도 그와 똑같은 "집중하는 능력을 요한다. …종종 내가 쓰고 있는 것 속으로 완전히 사라져야만 하는 능력이다." 시적 상상력은 "당신 자신에게서 나온 후 다른 존재 속으로 들어가서 그 안에서 나온 양 그것에 대해 쓰는" 능력에 달려 있다. 이상은 모두 그가 인터뷰에서 한 말이다.

킨넬과 다른 사람들이 '부정하는 능력' 혹은 자의식을 극복하는 능력이라고 말한 이 감정이입이 예술가로 하여금 일반화된 존재감과 보편적 의미를 찾도록 해준다. 킨넬은 "최고의 시란 그 안에서 당신이 이 사람 또는 저 사람으로 존재하는 것이 아니라 그냥 한 사람인 누군가로 존재하는 시이다. 만일 더 나아갈 수 있다면 당신은 이제 더는 사람이 아니라 동물이 될 것이다. 거기에서도 더 나아간다면 당신은 풀잎이 될 것이고, 마침내 돌이 될 것이다. 만일 돌이 말을 할 수 있다면 당신의 시가 바로 그 말이 될 것이다"라고 했다. 문학 용어로 말한다면 돌은 인간의 어떤 특징에 해당하는 상징이 되고, 상징은 돌이 된다. 돌이 쓰는 그 시는 독특한 어법으로 추상적 현실을 가장 근사하게 표현한 것이 된다.

예술가가 보편적 중요성을 지닌 대체 세계를 분명하게 표현하려는 의욕을 갖는데도, 혹은 그 의욕 때문에 종종 실제의 것과 가상의 것의 관계가 문제가 되기도 한다. 많은 시인과 작가들이 지적했듯이 모종의 보편적 진실을 말하려고 특수한 것을 꾸며내는 것은 그들의 상투적 수법이다. 킨넬은 자신의 작품에서 둘 사이의 정신 영역이 '다소 위험하다는' 것을 발견했다. "나는, 독자는 사실이라고 믿게 하면서 정작 나 자신은 그것이 시에서 일어나면 안 된다고 믿는 것을 만들고 있는 듯하다. 나는 그 점을, 그 차이점을 독자에게 분명히 밝혀야 한다. 그럼에도 나에게 진실한 것을 깨닫게 하고 보게 하는 시는 잘못된 수단을 용서받을 수 있을 것 같다. 실제로 시가 많은 사람들에게 똑같은 영향을 미치면 그것은 유명한 시가 된다."

여기서 예술의 본질에 관한 명백한 모순이 발생한다. 우리는 많은 사람들과 공명하는, 믿을 만한 탁월한 목소리에서 보편적 진실을 느낀다. 그 목소리는 최소한 부분적으로라도 가공의 거짓 위에 그 권위를 세운다. 따라서 많은 펠로들도 분명하게 밝혔듯이, 현실과 가상은 복잡하고 미묘한 방식으로 서로 스며든다. 실제로 어떤 시인 펠로에게는 그 상호 침투가 너무나 심오한 나머지 하나의 통일체가 되기도 한다. "어린이가 사는 세계는 하나의 창작품이다. 그 어린이가 구체적인 대체 세계를 창조했느냐, 하지 않았느냐와는 아무 상관이 없다."

그와 똑같은 창조가 성인과 예술가에게도 해당한다. 그 예술가가 톨킨 같은 판타지 세계를 정교하게 만들고 있는지 여부나, 또는 시인 월리스 스티븐스Wallace Stevens〔풍부한 이미지와 난해한 은유를 특색으로 한 작품을 쓰며 퓰리처상을 수상했다(1879~1955)〕의 말처럼 순간적으로 리얼리티를 구축하고 밝혀주는 이 세계에 대한 초월적 비전을 상상했는지 여부는 아무 상관도 없다. 허구적 리얼리티와 사실적 리얼리티는 어떤 근본적 단계에서 경계가 흐려진다. 사진작가이자 작가인 한 펠로는 이 생각을 다음과 같이 요약했다. "이름값을 하는 모든 예술은 이 세계에 대한 상상인 동시에 또 다른 세계에 대한 상상이다."

인문학 : 상상 기록하기

인문학 분야 전문가들에게 실제의 것과 가상의 것에 대한 이중의 상상은 그 분야의 월드플레이를 설명하기도 한다. 한 펠로가 말했듯이 "모든 역사가는, 특히 3,000년 전에 번성했던 인간 사회를 연구하는 역사가라면 과거를 다시 상상하는 일과 관련이 있다." 그의 경우 여기에는 종종 그가 고대 의식儀式의 '허구적 재구성'이라고 부르는 일이 필요한데, "가능한 한 엄밀하게 기록으로 남아 있는 증거에 바탕을 둔" 재구성이다.

또 다른 펠로 역사가도 역사 연구에서 사실적인 것과 허구적인 것의 관계에 의문을 제기하고 탐구하는 것이 필요하다는 점을 알았다. "우리가 하는 일 가운데 얼마나 많은 것을 직접 관찰할 수 있을까? 얼마나 많은 것을 상상해야 할까? …나는 13~17세기 티베트족 역사와 중국-티베트의 관계를 다루고 있다. 책을 읽건 컴퓨터 앞에 앉아 무언가를 쓰건 나는 끊임없이 이 세계와 이 시대를 상상할 수 있어야 한다."

인터뷰에서, 인문학을 하는 다른 두 펠로 역시 상상에 의한 증거 해석과 문서 자료에 의한 증거 고증의 관계에 대해 장황하게 설명했다. 그중 첫 번째 사람이 피터 제프리Peter Jeffery(1929~1999)로 유럽과 중동의 초기 음악, 특히 그레고리안 성가의 기원을 전공한 음악학자다. 어릴 때 제프리는 영화의 생생함을 모두 갖춘 다양한 역사적 배경 속에 자신을 투사했다. 그는 음악역사학자로서 그것과 거의 똑같은 일을 했다. "만일 문서 자료나 인공물로 시작해서 그 상황에 맞는 박자를 재현하려고 한다면" 그는 자신의 업무 역시 가상 세계 창조와 관련된다고 생각했다. "상상력을 발휘해서 실제 인공물을 해석"하는 일이 분명히 수반된다는 말이다.

직업상, 제프리는 단편적으로 남아 있는 음악 형태를 다루었다. 중세의 필사본으로 보존되어 있는 초창기 그레고리안 성가는 가사밖에 남아 있지 않다. 그렇다면 어떻게 음악을 복원할 것인가? 그는 기독교 경전의 기본 선율의 특징을 되찾고, 8세기 수도원 학교의 필요에 따라 그것이 어떻게 형상화되었을지 추측하려고 오늘날까지 구전되어온 코란과 불교 경전에 관심을 돌렸다.

제프리의 목적은 그것들 방식대로 사료史料를 '듣는' 것이었다. "당신은 그레고리안 성가가 성경의 〈시편〉 및 다른 부분들을 외우려는 수도사들과 함께 어떻게 시작되었는지 아는 것부터 출발할 수 있다." 청각만이 아니라 시각적으로도 상상하면서 그는 수도원의 환경에 대해 마음속으로 그림을 재구성했다. 말하자면 패턴을 인식하고 형성하면서 다른 역사 시대와 전통과 관련해 그 시대의 환경을 특징지었다. 그 최종 결과는 '하나의 가상 세계'라는 게 그의 말이었다. 물론 제멋대로 비약한 공상은 아니었다. "당신은 증명된 방식으로 빈칸을 채워야 한다. … 그냥 이것저것 상상만 하고 있기를 바라지 마라."

18, 19세기 미국을 연구하는 역사학자 로럴 새처 올리히Laurel Thatcher Ulrich(1938~)도 본인의 말대로 "내가 문서화라고 부르는 것과 상상 사이의 상호작용"에 이와 비슷하게 관계해왔다. 그러한 상호작용은 그녀에게 연구에 대한 정보를 알려주고, 특정한 상상 과정이 명확해지는 것과 같은 방식으로 수업에 대한 정보도 알려준다. 예를 들면, 작은 박물관 수업에서 그녀는 학생들에게 코르셋이나 한 쌍의 밧줄을 "다시 보고, 다시 보고, 또다시 보면서" 그것들을 검토하라고 충고한다. 첫째, "여러분의 몸과 관련지어서", 둘째, 같은 환경에서 나온 다른 인공물, 말하자면 소설 같은 것과 관련지어서…….

"바로 거기에 두 가지 전략이 있다. 하나는… 좀 더 자세히 보고 확대경을 꺼내 측정하는 것과 같은 모든 일을 하는 것이다. 또 하나는 얼핏 보아서는 아무 상관이 없어 보이는 것들을 연결해서 보는 것이다. 그것은 문학적 전략이고 시고 은유고 직유지만, 나는 그것이 아주 훌륭한 사료 분석 도구라고도 생각하기 때문에 항상 그 전략을 사용한다."

그 전략이 성공할 경우, 은유적 사고는 직관을 뒷받침하고 설명해줄 "증거를 찾으려는 일종의 탐정 업무"에 착수할 정도로 창조적 비약을 이룬다. 올리히가 말했듯이 "겉으로 보기에는 제멋대로인 것 같은 문서화에 대한 규칙들이 도전할 만한 과제와 재미를 창출한다. 왜냐하면 그 규칙 안에서 작업해야 하기 때문이다." 역사학자는 상상력을 발휘해 재창조한 과거가 계속 공식 기록으로 남도록 이를 뒷받침할 사실들을 확보해야 한다. "데이터, 거기에 없는 출처 자료를 취한 다음… 전에 존재하지 않았던 것을 새로 만들어내기 위해 그것에 대해 추론하고 판단하려고 노력한다." 전에 존재하지 않았던 것이란, 울리히의 말에 따르면, 우리가 과거를 이해할 수 있을 정도로 근접한 '상상한 세계'이다.

어릴 때 울리히 자매는 오래된 카탈로그에서 "가구, 간단한 소품들, 또 집에 필요한 것은 무슨 그림이든" 다 오려냈다. 그런 다음 "집들을 공동체처럼 마을로" 만들려고 각종 종이 인형들과 함께 바닥에 펼쳐놓고 놀았다. 그 놀이 세계는 현실적이었으며 "그들이 사는 세상의 연장"이었다. "내가 소설가나 물리학자 대신 역사학자가 된 것도 바로 그것 때문이 아니었을까?" 그녀의 감회 어린 생각이다.

충분히 가능한 일이다. 18세기 조산원의 일기 연구로 보낸 8년여를 보면 그녀의 어린 시절 놀이와 상당히 공통점이 많다. 한 평범한 삶의 본질을 파악하려면 말 그대로 뉴잉글랜드 공동체 전체가 시간과 공간 속에서 정확하게 서술되어야 한다. 이 같은 노력은 현실적 역사의 재구성에서 발휘되는 것이었다. 또 놀이의 완전한 흡수도 필요했다. 울리히는 "어떤 마을의 지도를 그릴 수 있고, 어떤 집에 누가 살고, 그들이 무엇을 하는지 알 수 있다는 생각이 하도 내 흥미를 부추기는 바람에 나는 그것을 하느라 시간 가는 줄도 모를 것이다. 그러므로… 내 일에 대해서는 단지 큰 도박 단계만 있을 뿐이다"라고 고백했다.

'큰 도박'이라는 말로 울리히는 역사의 재구성과 그 이상의 것에 한

없이 매혹당했음을 암시했다. 본래 이 말은 큰돈이 걸린 도박을 가리키는 용어지만 인류학자 등에 의해서 개인적·직업적, 심지어 이데올로기적 평가까지 위험에 처해지는 문화 활동을 의미하게 되었다. 인문학 분야에서 업무와 관련된 월드플레이에서의 직업적 위험은 실제와 가상, 문서 기록과 상상, 사실과 허구 사이에 존재하는 불안정한 균형을 수반한다.

울리히는 "나도 성인으로서의 내 상상력이, 역사의 재구성이 사실이 되기를 바라는 이 일에 온통 매달려 있음을 알고 있다"고 말했다. 동시에 그녀는 '이야기를 해주고' 일종의 가상 놀이에 다른 사람들을 동참시키는 일을 하고 있다. 상상력이 너무 빈약하면 역사적 노력은 평범한 것이 되어버리고, 너무 많으면 재구성된 세계는 있음 직한 사실처럼 그럴싸하게 보이기보다 오히려 있을 법하지 않은 것처럼 보인다. 1991년 울리히는 《조산원 이야기 : 일기를 통해서 본 마르타 발라드의 삶, 1785~1812년A Midwife's Tale : The Life of Martha Ballard Based on Her Diary, 1785~1812》으로 모험을 감수했고 결국 퓰리처상을 수상했다.

공공 문제 전문직 : 그럴싸한 실용주의 끌어들이기

공공 문제 전문직에 종사하는 펠로들도 월드플레이가 업무에 활용된다는 사실을 안다고 말했지만 그것은 예술가가 독창적 상상력을 강조하거나 인문학자들이 시간과 장소를 신중하게 재창조하는 것과는 달랐다. 공동체 문제나 교육, 인권, 공공 정책에 종사하는 사람들에게 가상 세계는 옹호 능력을 연마하고, 현실 세계에서의 변화 가능성을 밝혀줌으로써 직업에 도움이 되었다.

"나는 대중 연설을 많이 하고, 텔레비전이나 세간의 이목을 끄는 무대에서 유명 인사들과 자주 토론을 벌이고, 많은 청중을 상대로 연설한다." 이주민 기본권 로비스트인 한 펠로가 설문지에 대한 답변으로 쓴 것이다. "나는 (차 안이나 지하철을 타러 걸어가면서) 혼자 있을 때 상대방과 논쟁하거나 연설하기를 통해 끊임없이, 그리고 거의 무의식적으로 내 기량을 연마한다. 그것은 꼭 가상 세계라기보다 그 안에서 나 자신을 발견하는, 실제 배경의 상상 버전이라고 하는 게 더 정확하다."

옹호 활동만큼이나 중요한 것으로 이 펠로는 마음속에 "내가 이루고자 노력하는 세상의 이미지"를 늘 간직하고 있었다. "협동적이고, 상호 협력적이고, 의욕적으로 가르치고 배우는 환경"을 관리하는 일과 관련된 직종에서 일하는 펠로도 똑같은 일을 했다. 그녀의 경우에는 정신적으로 깊이 이해한 상태가 되면 가능성이 느껴진다고 했다. "나는 신과 아주 가까이 있는 깊고 내적인 세계와 이것과 어쩌다 한 번씩만 일치하는 외부 세계 사이를 끊임없이 왔다 갔다 '여행하고' 있다고 느낀다. 나는 늘 그 두 세계를 더 가깝게 끌어다 놓으려고 애쓴다. 우선 개인적으로 나를 위해서고, 이어서 내가 함께 살고 일하는 사람들을 위해서다."

그 밖의 펠로들도 더 나은 세상을 상상하는 능력은 그들 자신에게 동기를 부여하고 다른 사람들을 설득하는 데 필수적이라는 사실에 동의했다. 이들 가운데 보건 정책 전문가인 캐럴 레빈Carol Levine은 여덟 살 때부터 "책에서 읽은 것 같은 세상을 만들 수 있는 사람이 되고 싶어" 했다. "아마도 유토피아 같은 세상은 아니겠지만 그래도 더 나은, 더 멋진 세상이리라." 그녀는 자신의 정책적 관심사에 인간적 직접성을 주입함으로써 그렇게 될 수 있었다. 의학적·통계적 증거에 의거한 분야에서 일하고 있음에도 그녀는 엄격한 정책 규범을 감성적 이야기에 연결해왔다.

"세상을 일련의 이야기로 보는 것은… 현재 세상을 사는 내게 많은 도움을 주었다. 몹시 무미건조하고 철학적이고 추상적이기 일쑤인 논의 속으로 실제 사람들의 이야기와 실제 사람들의 감정, 또 어떻게 정책과 프로그램들이 정말로 삶과 연결되는가를 끌어들인 과정에서 그랬다." 적어도 이것들 가운데 하나는 그녀 자신의 이야기였다. 레빈은 17년 동안이나 장애인 남편을 돌본 제1의 간호사였다. 이러한 개인적 경험 덕분에 레빈은 사고나 질병 때문에 부모, 자식, 배우자를 돌볼 수밖에 없는 사람들의 취약성에 대해 발언할 수 있는 힘을 얻었다.

레빈의 특별한 재능은 개인적 이야기를 객관적 분석에 대한 비전에, 불운과 가난 이야기를 실천 가능한 사회적 보상에 대한 비전에 연결한다는 점이다. 보건 계획을 수립할 때의 과제는 첫째, 문제의 성격 규정하기, 둘째, 가능한 해결책을 제한하는 변수 이해하기, 셋째, 선택한 활동 과정의 결과 예측하기다. 그녀 말대로 "확실한 정답도 없는 대단히 복잡한 결정 과정이지만 그래도 그것을 위해 그럴듯한 시나리오를 만들어내야 한다." 그런데 "철저히 검토되고 그 정도까지… 상상한" 시나리오는 "당신이 원하지 않는 대체 세계를 가져오는" 잠재력을 지니기 때문에 정책 수립자는 어떤 일을 추진하기 한참 전에 인간과 관련해서 어떤 결과가 나올지 미리 연구해야 한다.

국제 문제 해결과 관련된 또 다른 펠로에게, 그럴듯한 시나리오를 작성하는 업무에서 이야기하는 테크닉 역시 매우 중요한 역할을 했다.

형상화, 연구, 분석 그리고 직관의 결합은 개인적으로나 전체적으로 그의 직업을 위해서나 세계를 변화시키는 연구에 꼭 필요한 바탕이 된다. "나는 공동체, 정치가, 단체 들을 위해 대체 상황을 구체화하는 일을 수반하는 가상 세계에서 일한다." 그의 설문지 답변이었다. "나는 집단적 상황에서 이 일을 하려고 시나리오 대화와 이야기 구성 방법을 사용한다."

실제로 이 펠로의 업무 중 일부는 정책 수립 전문가 등을 위한 세계 건설 워크숍 개발과 관련되어 있었다. 예를 들어, 환경 위험이나 핵전쟁의 장기적 동향을 살펴보고, 상상을 통해 알고 있는 것에서 모르는 것으로 비약함으로써 워크숍 참가자들은 가설을 세워보고, 다양한 시각에 다리를 놓아주고, 가능한 세계를 생각해내고, 바람직한 미래를 개발하기 위한 방법을 탐색한다.

이 펠로의 손에서 시나리오 작성이라는 가상적 측면이 제한되는데, 역사적 사실이 아니라 희망하는 목표와 그 목표를 달성할 수 있는 수단에 의해 제한된다. "기본 원칙은 불확실성을 받아들이고, 추진하는 힘을 설명하고, 세계에 대한 대체 비전을 수립하는 것이다. 또 그럴듯한 이야기를 재구성하고, 가상 이야기 속의 결정적 순간과 중대한 기로를 현실 세계에 가져와 이용하기 위해 전략의 성격을 규정하는 일이다." 그 같은 공공 문제 전문직에서 중요한 것은 그럴듯한 세계를 예측할 수 있다는 점이 아니라 일어날 수 있는 사건과 결과에 대해 가상의 친밀함을 형성한다는 점, 그리고 그 과정에서 현실 세계에 대한 회복 탄성을 길러준다는 점이다.

사회과학 : 그럴싸한 가능한 세계 건설하기

사회과학 및 유관 분야 펠로들은 정책 수립자, 교육자, 정책 주창자 등과 거의 같은 이유로 직업상 월드플레이를 흔히 대체 관념이나 가설적 상황의 투사라고 이해했다. 일부는 자신들의 실용적 노력을 '가능한 세계'로 나타내기도 했다.

의료 혜택을 제대로 받지 못하는 주민들의 의료 수요 모형을 만드는 한 인류학자는 "가능한 보건 세계를 수립하기 위한" 시도에서 월드플레이를 보았다. "더욱 인간적이고 더욱 공정하고 더욱 평등한 세계를" 꿈꾸던 경제학자 역시 마찬가지였다. 동일 노동에 동일 임금정책, 보편적 아동복지, 또는 가족 휴가를 추진하는 사회과학자들 역시 유토피아적 상상의 풍요로운 땅에 그들이 주창하는 일을 심었다. 고고학자들과 정치학, 지리학, 사회학을 하는 사람들도 있는 그대로의 세계와 있을지도 모르는 세계를 특징짓는, 감춰지지 않는 패턴을 찾으려고 엄청난 양의 경험적 자료들을 면밀히 조사한다.

이런 종류의 직업상 월드플레이 중 강력한 흥미를 불러일으키는 예를 펠로 로버트 케이츠Robert Kates (1929~1986)의 일에서 찾을 수 있다. 그는 인류의 지구 사용을 연구하는 데 40년 이상을 바친 지리학자다. 케이츠는 어린 시절을 "공상에 빠져드는 취미, 기꺼이 가상 세계를 만들고 그 안에서 살려는 마음"이라고 회상했다. 그는 어른이 된 다음 "대체할 수 있는 새로운 가설, 관점, 미래를 기꺼이 탐구하려는 마음"에서 그 영향을 느꼈다. 자연의 위험과 재난 완화에서부터 세계적 기아 확산과 지속, 지구의 환경 변화와 그것이 사회에 미치는 영향에 이르기까지 광범위한 영역을 아우르는 관심이었다.

케이츠가 한 연구의 기본은 경험적 현장 연구로, 관찰과 실제 답사에 의거한 것이다. 그렇게 얻어진 데이터는 시간적·공간적으로 비교되어야 한다. 이 비교 과정에서 일반 원칙이 추출되고 세밀하게 검토된다. "개념적 통찰을 찾으면서 나는 흐름 도표를 그리고 모형을 만들었다. …그러자 중요한 통찰 몇 가지 혹은 중범위 이론Middle-range theory을 얻을 수 있었다." 중범위 이론이란 비교적 특정한 문제 영역에 초점을 맞추고 각 영역에서의 연구 결과들을 전체적인 이론 형태로 나타내는 이론의 총칭으로, 연구 대상의 범위를 좁혀 그것에 집중하는 접근 방법을 말한다. 이 경험적 가설들이 단순화된 아날로그 형태로 복잡한 실체의 모형을 만드는 한, 케이츠와 그 밖의 사람들도 그것들을 가능한 대체 세계라고 여긴다.

케이츠는 업무에 활용 중인 월드플레이의 성격을, 특히 자신의 전공인 지속 가능 과학 분야의 연구를 특징짓는 시나리오 작성과 관련지어 규정했다. 1995년에 조직된 환경학자들의 모임 글로벌 시나리오 그룹Global Scenarios Group, GSG 의 회원으로서 그는 《위대한 변화 : 다가올 시대의 희망과 매력Great Transition : The Promise and Lure of the Times Ahead》(2002)을 쓰는 작업에 참여했다. 이것은 다음 세기 세계 문명의 발전을 위해 극적으로dramatically 다른 여러 가지 방법을 조사한 비전문가의 에세이다. '극적으로'라는 단어는 여기서 의도적으로 사용되었는데, 《위대한 변화》의 저자가 "시나리오는 놀이의 개요다"라고 지적했듯이 에세이 자체가 "미래가 어떻게 펼쳐질지에 대한 논리적 플롯과 서사를 갖춘 이야기"이기 때문이다.

이 이야기(GSG 팀이 부르듯이 '미래의 역사')는 자연과 인간의 패턴을 설명하기 위해 과학에 의지하는데, 중범위 이론의 시대와 그 세대를 통해 밝혀지지 않은 패턴에 초점을 맞춘다. 그것은 또 데이터의 패턴과 원칙을 뛰어넘어 "정량화할 수 없는… 가치, 행동, 제도를 표현"하려고 상상력에 의지하기도 한다. 저자들은, 상상한 세계의 가상적 투사를 통해 "그럴 수 있는 것에 대해 그럴싸한 재미있는 이야기를 들려줄 수 있고… 가능한 것의 영역에 대한 통찰을 제공할 수 있다"라고 썼다.

결국 이런 종류의 직업상 월드플레이에는 분석과 상상이 모두 필요하다. "모형 만들기가 구조와 훈련과 엄밀함을 제공한다면 이야기는 특질과 풍성함과 통찰을 제공한다"는 게 케이츠와 공저자들의 결론이다. "그 균형 속에 예술이 있다."

분석적 테크닉과 이야기를 융합하는 사회과학에서의 월드플레이에는 실제로 '예술'이 있다. 또 상상한 세계와 현실과의 관계에는 예술과의 유사성도 있다. 정치학자 펠로 로버트 액설로드Robert Axelrod 덕에 깨닫게 된 중요한 사실이다. 1960년대 초에 십대였던 액설로드는 인공 환경에서 행동하는 가설적 생물 형태에 관한 아주 단순한 컴퓨터 시뮬레이션으로 웨스팅하우스 과학경시대회〔후에 인텔 과학경시대회로 이름을 바꿈〕에서 우승했다. 그 후 그는 군비경쟁, 아동의 도덕성 발달, 의사 결정 과정의 진화 같은 다양한 현상을 연구하면서 컴퓨터 시뮬레이션을 생물학적·경제적·정치적·사회적 제도에 응용하는 일을 해왔다.

액설로드에게 시뮬레이션에 의해 만들어진 상상 속 세계는 적어도 어떤 면에서는 그가 보았던 아버지의 수채화와 동등한 것이다.

이것에 대해 생각하는 한 가지 방식으로, 아버지는 당신이 보는 것을 캔버스에 표현하고 계신다. 이제 그것은 실제인가 아닌가? 아무튼 그것은 사진이 아니지만… 분명히 어느 정도는 당신이 보고 계신 것, 이를테면 나무처럼 보인다. 따라서 그것은 사실과 관련되어 있다. 그것은 또 아버지가 강조하고 싶은 현실의 측면과 그것을 어떻게 강조하고 싶은지에 대한 아버지의 해석이다. 나는 고교 시절 그 프로젝트에서 시작해 평생을 이어온 내 모형 만들기 작업이 아버지의 그림과 상당히 유사하다고 생각한다. 나는 내가 본 대로 세상의 그림을 그리면서 그것을 보라고 다른 사람들을 초대한다.

액설로드의 세상 그림은 과학적으로 정밀하다. 그는 인터뷰에서 다음과 같이 말했다. "컴퓨터 시뮬레이션에는 매우 분명한 원칙이 있다. 그것은 아주 명확하다. 그리고 당신은 실제로 모든 것이 매우 정확한 증거만큼 엄밀하게 이루어지도록 컴퓨터에 모든 것을 다 입력해주어야 한다." 하지만 예술이 개인적인 것처럼 시뮬레이션 역시 개인적이다. 당신은 당신이 바라는 대로 규칙이나 제약을 바꿀 수 있다. 그리고 가상의 나라에서 놀고 있는 아이와 마찬가지로 연구자는 이 창조적 제어에서 만족을 얻는다. "만약 실수라도 하게 되면, 놀이 속 가상 동물이나 놀이 속 행위자의 행동을 지배하는 가설을 다시 세우면 취소할 수 있다."

적어도 그런 의미에서 컴퓨터 시뮬레이션은 스스로 만든 놀이와 별로 다르지 않은 것으로 드러난다. 액설로드의 회상처럼 웨스팅하우스 프로젝트는 종종 놀이를 하고 있는 것처럼 느껴졌다. 그가 성인이 되어 갖게 된 직업에서도 마찬가지로 일과 놀이의 경계선이 "매우 불분명했다. …나는 내 일을 전부 놀이라고 해도 될 것 같은데, 아무튼 확실히 내 연구는 대부분 놀이다. 특히 성공적일 경우에 더욱 그렇다."

그 놀이의 일부에는 마음의 눈이 필요했다. 자신이 만든 첫 번째 컴퓨터 프로그램을 떠올리며 액설로드는 다음과 같이 말했다. "나는 정말로 책상 위 모래 상자 같은 구체적 프로그램의 모습을 상상했고, 가상 동물들은 이 모래 상자에 넣어둔 생쥐들 같았는데 나는 그놈들이 돌아다니는 걸 보면서 그 생쥐를 꺼내고 다른 놈을 집어넣었다." 그 후로 거의 모든 그의 컴퓨터 시뮬레이션 역시 간단한 상호 행동을 하는 많은 사람들의 참여를 특징으로 하는 '행위자 기반'이었던 까닭에, 그는 계속해서 "서로 다른 컴퓨터를 사용하면서 상호작용하는" 행위자들을 상상했다. 요컨대, 말 그대로나 비유적으로나 "시뮬레이션은 생각을 실험하는 방법"이라는 게 그의 생각이었다.

실제로 액설로드는 시뮬레이션이 "과학을 하는 세 번째 방법"이라고 주장한다. 역사상 처음으로 과학자에게 공개된 연구와 발견의 방법은 연역적 방법과 귀납적 방법이었다. 연구와 발견의 도구로서 시뮬레이션은 그 두 가지 방법의 이종교배로 이해될 수 있다. 연역적 과학과 마찬가지로 시뮬레이션도 일단 준비가 되면 "귀납적으로 분석될 수 있는 데이터를 산출하는, 일련의 명확한 가정들과 함께 시작된다."

따라서 시뮬레이션은 사회과학자들에게 중범위 이론화와는 다른, 현실 세계와의 연결 고리를 제공한다. 시뮬레이션화된 데이터는 있음직하거나 예측 가능한 결과 이상을 제공하면서 액설로드에게 '인공 세계'로서 기능한다. 컴퓨터 프로그램의 실험적 진공 상태에서 다양한 행위자의 행동은 분리될 수 있고, 그들의 상호작용에서 '발생하는' 시스템의 특성을 연구할 수 있다. 시뮬레이션 세상은 실재하는 것은 아닐지 몰라도 "매우 유용한 현실 연구 방법"을 제공한다.

과학 : 잠정적인 현실 상상하기

사회과학이나 인문학에 종사하는 많은 동료들처럼 과학 분야의 펠로들도 업무 중에 활용되는 월드플레이의 가치를 인정한다. 상상력이 풍부한 정신적 자질을 키워주고, 복잡한 시스템의 모형을 만드는 데 도움이 된다는 것이다. 지식 구축을 위해 요구되는, 가상 놀이 같은 프로세스를 열심히 연구하는 한 펠로가 있었으니 그가 바로 뇌를 생물학적 컴퓨팅 시스템이라고 생각해온 미국의 물리학자 존 호프필드John Hopfield(1933~)다. 이 연구에서 그는 뇌의 신경망을 형상화하거나 '상상하는' 능력에 의존해왔다. 이미 알고 있는 컴퓨터 메커니즘으로 유사한 것을 개발하고, 그 결과로 나올 그림을 탐색하기 위해 다루기 쉬운 시뮬레이션 모델을 고안하려는 의도에서였다.

나의 '가상 세계'는 오로지 상황이 어떻게 돌아갈지, 특히 단순한 부분들로 이루어진 대형 시스템이 어떻게 작용할지 직접적으로 상상하려는 것이다. 그 과정에서 나는 그것을 '그림으로' 상상하거나 또는 내가 이미 알고 있는 시스템과의 비유적 연관성을 생각한다.

그는 다른 펠로들도 제대로 이해하지 못한 현상을 상상력을 발휘해 연구하는 데 도움을 받기 위해 마찬가지로 형상화한 구조나 개념화한 패턴에 의지한다고 밝혔다. 생리 제어 시스템 분야에서 일하는 한 펠로는 한 걸음 더 나아가 인간이 아닌 연구 대상과의 공감을 강조했다. "나는, 내가 상호작용하는 다양한 분자로서 어떻게 행동할지, 그리고 그 결과는 어떨지 상상한다. 나는 상상이나 현실에서 놀이나 실제 물질 대상을 통해 내 과학 개념의 모형을 만드느라 많은 시간을 보낸다." 이런 단계까지 상상에 몰두하다 보면, 결국 전체 구조와 과정이 체계적으로 표현된 일종의 월드플레이가 만들어진다는 게 그의 판단이었다.

그러므로 많은 펠로 과학자들에게, 업무에 활용 중인 가상 세계는 마음속으로 상상한 심적 모형을 의미한다. 그 모형은 알려진 사실에 의해 제약은 받지만 완전히 규정되지는 않는다. 한 펠로는, 적어도 이러한 '한정된 의미'에서 모든 과학자는 가상 세계를 창조한다고 단언했다. 또 다른 펠로는 과학적 월드플레이를 필수적 현실의 단순화 혹은 추상화와 결부했는데, 그 자신의 경우는 "내가 과학적으로 연구하는 특정 세계가 어떻게 작용할 수도 있는지 상상하는 것의 축소판"이었다. 생물학을 연구하는 한 펠로는 과학의 추상화는 "물질적 속성에 관련되어" 있어야 한다고 주장했다(즉 실제의 것과 연결되어 있어야 한다).

그런데 또 다른 펠로에게, 과학자는 역사학자나 사회과학자와 마찬가지로 결코 모든 사실을 다 가지고 있지 않았다. 따라서 과학의 추상화 또한 반드시 가상적 요소를 지닐 수밖에 없다고 말한다.

실제로 이론을 세우는 것은 곧 가상 세계를 탐구하는 것이다. 모든 모형은 현실, 곧 세계를 단순화한 버전이기 때문이다. 그 모든 것의 예술의 일부는 투입된 것과 배제된 것이다. 하지만 그것은 사람의 경험,

도구 등등이 "이들 특징에 관심을 기울이라"고 말한다는 점에서 '한계가 있는 상상'이다. 어떤 모형에서든지 많은 것이 배제되기 때문에 그 예술의 일부는 불신의 유예로 설명되었다. …나는 당분간 이 단순한 세계의 존재를 믿을 것이다. 그것이 여러 가지로 자연을 제대로 포착하지 못한다는 것을 알면서도 말이다.

과학의 이론 모형이 일시적인 불신의 유예와 관련되었다는 생각이 꽤 흥미롭다. 결국 대체 현실 또는 모조 현실을 기꺼이 실제인 양 생각하고 관계를 맺는 것은 흔히 스토리텔링 예술과 동일시된다. 그럼에도 많은 과학계의 펠로들이 업무상 월드플레이의 특징을 잠정적 이야기 만들기로 생각했다. 예를 들어 한 미생물학자는 과학자들이 가능한 세계를 만들어낸다는 데 "완전히 동의했다. 왜냐하면 많은 과학이 사실에 부합하는 멋진 이야기를 만들고 있기 때문이다."

그 같은 편리한 위조를 알지 못하는 비과학자들은 이런 종류의 진술을 사기 행각을 고백한 것으로 생각할 수도 있다. 하지만 전혀 그렇지 않다. 과학적 허구는 본질적으로 잠정적일지는 모르지만 절대로 제멋대로는 아니다. 물론 역사학자나 사회과학자들이 작업을 수행하거나 기술하는 데 사용하는 허구도 마찬가지이다.

먼저 수행 쪽을 살펴보자. 뉴질랜드의 신경생물학자이자 펠로인 폴 애덤스Paul Adams 의 설명처럼 이야기는 현실을 이해하기 위한 전략이다. "과학자로서 나는 실제 세계의 특징에 대한 지식에 엄밀하게 바탕을 둔, 가능한 세계를 상상한다. 달리 말해 나는 아주 탄탄한 플롯과 인물을 갖춘 '이야기'를 상상하려고 노력한다. 그것은 현실 세계와 완벽하게 조화를 이루면서도 그 세계를 새로운 방식으로 드러낸다." 그는 스토리텔링을 그 모든 허구적 요소와 더불어 말 그대로의 의미로 사용한다.

그 안의 배우가 뉴런[신경단위]이고 시냅스[신경세포의 자극 전달부]인 이야기를 어떻게 구성할까? …우선, 체스 선수에게 나이트(기사)와 졸卒이 그렇듯이 뉴런과 시냅스는 내게 아주 생생한 것들이다. 보통 사람들에게 식탁의 음식이나 정원의 꽃들이 생생한 것만큼이나(혹은 귀먹은 베토벤에게 음표나 화음처럼!이라고 덧붙일 수도 있겠다). 그 정도로 친밀한 단계에 이르면 상상력이 작용하기 시작할 수 있다. …물론 음표나 체스 말이나 시냅스의 실제 특성은 여전히 고려하면서…….

결국 과학의 놀이란 새로운 이야기를 들려주는 것인데, 그 이야기는 뇌 같은 실제 기관의 표본 해석에서 간과된 이상한 사실과 특이한 변형을 설명하는 것이다. 애덤스가 말했듯이 "나는 가공되지 않은 '사실들', 계속해서 자꾸자꾸 발생하는 사실들을 되도록이면 어떻게 경제적이면서 예기치 못한 방식으로 설명할 수 있을지 알려고 시도한다." 이를 말로 하기는 쉽다. 하지만 예기치 못한 경제적(읽기 쉽고, 참신하고, 효과적인) 이야기가 떠오르는 일은 자주 일어나지 않는다. 게다가 이 새로운, 설명적 이야기가 테스트를 받고 살아남는 일은 훨씬 더 드물다.

애덤스는 과학자로서의 경력이 쌓일수록 점점 더 과학의 창조적—이론화하기—측면에 대한 가치를 높이 평가하게 되었다고 공언했다. 하지만 테스트—사실성 검사—라는 측면이 과학 분야에서는 절대적인 필수 요건으로 남아 있다. 훌륭한 이야기를 개발하는 과정에서 과학자는 새롭게 상정된 가능한 세계를 구성하는 "일부 규칙을 재창조해왔다." 하지만 이 규칙들이 단순히 차이를 위해 다른 것은 아니다. 그보다는 애덤스가 결론을 내렸듯이 "새로 상상해낸 규칙들은 결국 현실에 부합해야 한다. …실제로 그것들은 예전 규칙들보다 현실에 더 잘 맞는 것을 제공해야 한다!" 과학에서, 가능한 세계에 대한 이야기를 만들 경우에는 가장 엄격한 기준을 충족시켜야 하며 가장 엄격한 제약 조건을 만족시켜야 한다.

이러한 이유로 물리화학 분야에서 펠로로 선정된 R. 스티븐 베리 Stephen Berry(1931~)는, 과학에서의 월드플레이는 이론을 개념화하는 초기 단계까지 광범위하게 제한되어야 한다는 점을 이해하고 있다. 그다음, "그것이 정말로 일관성이 있는지, 또 정말로 유용한 결과를 지니고 있는지, 그리고 번드르르한 동어 반복은 아닌지 알기 위해 당신이 그것을 그 이상으로 진행시키려고 할 때 비로소 일이 시작된다."

다른 펠로들도 여기에 동의했다. 상상한 세계는 반드시 "실험으로 테스트할 수 있는 구체적 가설로 이어져야 한다"는 게 한 생물학자의 말이었다. 물리학자 호프필드가 설명하기를, 가능한 세계의 일부를 구체적 그림으로 상상한 후에 "그 그림과 수학적 처리와 수학적 처리의 컴퓨터 시뮬레이션 사이의 접점을 연구하는" 작업을 하게 된다. 분자처럼 행동하는 것을 상상했던 생리학자에게 "실험(또는 일반적으로 연구)이란 우리의 상상 속에서만 존재하던 것이 실제로도 존재할 수 있는지 판단하려는 시도다."

과학자들이 충성을 맹세하는 것은 상상한 세계 그 자체보다는 이 연구다. 실제로 누군가에게는 과학 모형의 진리치가 잠정적이기만 한 것이 아니라 항상 의심쩍은 것이기도 해야 한다. 설령 그것이 지식의 획득을 방해한다 할지라도……

"우리는, 실제로 존재하지는 않지만 우리에게 실제 세계에 대한 통찰을 주는, 단순하고 가능한 세계를 창조한다. 비록 사람들이 종종 가능한 세계를 너무 글자 그대로 받아들이는 바람에 옆길로 새기도 하지만……." 한 임상역학자 펠로의 말이다. 그렇지만 아무리 경험과 이성으로 잘 제한했다 하더라도 상상한 세계는 절대로 현실 그대로의 등가물이 아니다. 또 과학의 발달은 우리가 들려주는 설명적 이야기가 어떻게 항상 불완전하고 또 종종 틀리기도 하는지 보여준다. 그러니까 그것들이 늘 허구였다는 사실이 들통난다는 말이다.

월드플레이의 굴절

성인의 직업이라는 렌즈를 통해 보면 월드플레이는 다양한 분야의 형태를 보여준다. 프리즘을 통과한 빛이 무지개 색으로 나뉘는 것과 비슷하다. 직업상 월드플레이 스펙트럼의 한쪽 끝을 보면 예술 분야의 가상 세계가 아동기 가상 놀이와 가장 비슷하게 닮았거나 혹은 적어도 그 전형적인 예를 닮았다. 거의 불가능하건 아니면 대놓고 현실적이건 예술에서의 가상 세계는 이야기의 허구적·논리적·유기적 요소들을 다양하게 강조하면서 '가능한 마음의 세계'로서 탐구되고 정교하게 만들어진다.

월드플레이 스펙트럼의 반대쪽 끝에 있는 과학 분야의 가상 세계는, '저 너머' 가능한 세계에 대한 설득력 있는 지식을 구축하게 해주는 실용적인 문제 해결 전략으로 개념이 바뀐다. 어느 모로 보나 어린이의 것처럼 혹은 예술가의 것처럼 신선하고 생생한 상상 능력을 수반하면서, 현실을 단순화한 과학자의 버전 역시 '제한된 상상'에 탐색할 여지를 제공하기 위해 어느 정도 불신의 유예를 필요로 한다.

예술과 과학으로 설명된 양극단 사이에서 인문학, 사회과학, 공공 문제 전문직에 종사하는 사람들은 상호 관련된 상상의 목적과 실용적 목적에 어울리는 가상 세계를 창조한다. 업무에 활용 중인 월드플레이는 지나간 시간과 잃어버린 공간을 재구성할 수 있게 하는 규칙을 지닌 놀이다. 그것은 희미하게 감지된 미래를 추정하려고 모형을 만드는 도구다. 또한 자타를 막론하고 지역사회나 국제사회에서 인간이 일으킨 문제를 분석하고 해결하도록 자극하는 통찰이기도 하다.

많은 연구 분야에서, 여기 인용된 펠로들처럼 업무에 활용 중인 월드플레이를 인지하는 사람들은 우리가 사는 세상에 대한 이해가 우리가 상상하는 세계의 영향을 받는다는 사실도 인지하고 있다.

지적 문화의 창조적 분할

다양한 분야에서 활동 중인 맥아더 펠로들이 월드플레이에 대한 기호를 공유하고 있다. 사람들은 이 같은 펠로들의 월드플레이 사랑에 놀라야 할 것 같은데도 별로 놀라지 않는다. 이는 월드플레이 및 그것이 창조적 사고에서 놀이의 역할에 대해 함축하는 모든 사항과 직업의 전문화에 대한 전통적 이해가 대체로 일치하지 않기 때문이다. 월드플레이 프로젝트의 두 번째 참가자 그룹인 미시간대학 학생들에게서 나

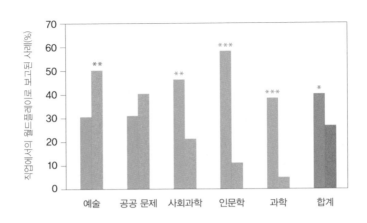

[표 8-2]
성인기 직업에서의 월드플레이 : 맥아더 펠로(보라색 막대), 미시건주립대학 학생
(회색 막대), 학생들의 예상에 따라 배열됨.

타났듯이 전통적 이해―이 경우에는 가상 세계 창조에 대한 예상
―를 보면 종종 직업의 실상을 잘못 알고 있는 것으로 드러난다.

학생들은 대체로 펠로들과 마찬가지로 직업상 월드플레이를 똑같
은 능력과 활동으로 간주했지만, 노력에 관해서는 생각이 달랐다. 표
8-2에 나오듯이 펠로들은 실용적인 가상 세계 창조 분야 1위로 인문
학을 꼽았고, 그 뒤를 사회과학, 과학, 공공 문제 전문직, 예술이 잇는
다. 반면에 학생들은 가상 세계 창조 가능성이 가장 큰 분야로 예술을
꼽았고, 그 뒤로 공공 문제 전문직, 사회과학, 인문학이 이어지며, 마지
막이 과학이었다. 간단히 말해 펠로들의 실상과 학생들의 예상이 크게
차이가 났고 또 예술과 과학에 대한 추정도 달랐다.

예술 방면 월드플레이에 대한 학생들의 예상이 다른 어떤 직업 분야

보다 높다는 사실이 일반적으로 예술가들 사이에서 재미있는 가상 놀이가 이루어지리란 가정을 반영한다는 점을 생각해보라. 각종 예술과 응용 예술을 전공하는 대학생 50%가 자신들의 업무에서 가상 세계 창조를 예상했다. 반면에 무용, 영화, 음악, 사진, 연극, 시, 소설 등 다양한 예술 분야에 종사하는 펠로들 30%만이 월드플레이를 직업 활동의 일부로 인지하고 있었다.

예술에 종사하는 펠로들 사이에서 직업상 월드플레이 활동이 비교적 억제된 것은 어쩐지 이례적인 것 같다. '아츠스마트ArtsSmarts'〔캐나다 지역 비영리 단체로 빈곤-부유 지역 격차 해소를 위한 학교 내 창의적 프로그램 개설, 국가 연구 및 대화 증진을 위한 지식 교류 컨퍼런스 개최〕 연구에서, 아무 상관없는 과학자, 기술자, 예술가 들을 조사한 결과 80~85% 이상의 예술가들이 자신의 일과 관련해 탐구 놀이와 가능한 세계 상상하기를 한다고 보고했다.(표 8-3 참조) 하지만 예술 분야에서의 실제 실행은 놀이를 연장하는 것만큼이나 쉽게 놀이를 억제할 수도 있다. 월드플레이 프로젝트에 참여했던 이들을 포함해 많은 예술가들이 우선적으로 기술 문제에 관심을 집중하는 것 같다. 특히 기술적 능력이 계속 유지되는 중이거나 그 분야의 혁신이 특히 추상적이거나 비서사적인 분야의 경우에 더욱 그러하다.

예술 분야 외에 학생들이 직업상 가상 세계 창조를 가장 많이 예상한 분야는 공공 문제 관련 전문직이었다. 40%의 학생들이 교사, 법률가, 언론인 들이 업무와 관련해 모종의 월드플레이를 하리라 예상했고, 공동체 문제, 교육, 인권, 보건 및 공공 정책 관련 직업에 종사하는 펠로들의 31%만이 실제로 월드플레이를 했다.

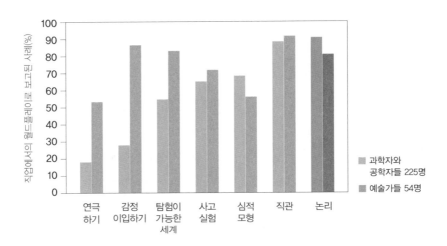

[표 8-3]

과학자, 공학자, 예술가 들의 아츠스마트 사고. "당신은 가설적 시스템이나 '가능한
세계'를 상상하는가?"

특히 교직으로 나갈 준비를 하는 학생들의 예상이 경력자들의 실제
월드플레이 활동을 앞질렀다. 교육 전공자의 50%가 교실에서 학생들
과 함께 직접 가상 세계를 창조하거나 거기에 참여할 것이라고 예상했
다. 가상 세계를 가까이에서 접한 적이 없거나 어린 시절 활동과 성인
기 직업(즉 법률이나 언론계) 사이에 뚜렷한 유사점이 없을 경우, 학생들
은 가상 세계 창조가 그들의 업무에서 중요한 역할을 하리라고 예상하
는 경향이 덜했다.

　인문학과 사회과학 분야에서 직업상 월드플레이에 대한 학생들의
예상 정도가 극적으로 떨어진 것도 본질적 유사점의 결여와 상관이 있
는 것 같다. 인문학을 전공하는 학생들 중 겨우 11%만이 문학 텍스트

분석이나 역사 재건 과정에서 월드플레이를 인지했다. 사회과학 분야에서는 단지 21%의 학생만이 경제나 정치를 예측하기 위한 데이터 처리 기반 계획에서 월드플레이의 요소를 인지하고 있었다. 반면에 이들 분야에서 일하는 펠로들은 훨씬 더 많은 비율이 가상 세계를 창조했다(인문학 분야 종사자의 58%, 사회과학 분야 종사자의 46%). 이들 분야의 교육이 문서 자료에 생명력을 불어넣는, 상상력을 발휘하는 가상 놀이에 학생들이 노출되는 것을 방해하는 게 확실하다. 이성에 의거해 증거를 고수하는 태도를 더 높이 쳐주는 분위기가 우세한 탓이다.

비슷한 상황이 과학 분야에서도 벌어지는데, 여기서는 경력자들의 월드플레이 실행과 학생들의 예상이 38% 대 6%라는 터무니없는 차이를 보였다. 과학 분야 펠로들이 예술 분야 펠로들보다 월드플레이 활용을 더 많이 인정할 것 같았는데도 과학 전공 학생들이 예술 전공 학생들보다, 혹은 그 문제에 있어서는 다른 어떤 분야보다 월드플레이 활용에 대한 예상 정도가 훨씬 낮았다.

이 경우에 드러난 학생들의 편견은, 과학이 예술보다 훨씬 상상력도 부족하고 재미도 덜하다는 보편적인 시각을 반영한다. 표 8-3에 나온 연구를 비롯해 많은 연구 조사 결과에서, 많은 과학자들이 업무 중에 상상적·주관적·직관적 사고방식을 취한다는 사실을 지적했음에도 과학교육은 이 인지 과정을 공공연하게 승인하는 법이 별로 없다. 실제로 유치원부터 대학까지의 과학 교재를 비공식적으로 연구한 결과를 보면, 성인의 직업 현장에서 흔히 사용되는, 상상력을 발휘하는 기능 상당수가 학교교육 과정에서 배제되었다. 이렇게 배제된 기능 가운데 하나가 놀이다.

그 같은 학교교육을 다 받고 난 후에 학생들은 앞서 나온 일부 주장 (2장에 나온)을 새삼 확인하면서 아동기의 월드플레이는 작가나 예술 가들에게나 중요한 가치가 있을 것이라고 예상하게 된다. 하지만 이제 는 명백해졌듯이 그 같은 예상은 오해일 수 있다. 실제로 인문학, 사회 과학, 과학 분야의 펠로들은 월드플레이를 실용적으로 이용하고 있다. 이들 분야에서 지식을 쌓으려면 예술 분야만큼이나 확실하게 상상력 을 발휘하는 가상 놀이가 필요하다.

실제로 월드플레이는 틀림없이 지식의 축적과 통합에 가장 중요하 게 영향을 미치는 동인動因일 것이다. 예술에서의 '가상 세계', 인문학 과 사회과학에서의 '있음 직한 세계' 그리고 과학에서 말하는 '가능한 세계'는 모두 근본적 차원에서 대단히 중요한 하나의 목적을 분명하게 말한다. 데이터, 문서, 직관 또는 꿈에 의해 기술된 한계 내에서, 월드 플레이를 하는 과학자, 경제학자, 역사가, 시인은 현실에 대한 참신하 고 효과적인 비전들, 인간의 경험을 창조하고 재창조하는 그 비전들을 추구한다.

박식한 정원사

마스코트뿐 아니라 글로버쉬너클도, 서로 다른 연구 분야에서 일과 놀이, 논리와 상상, 과학과 예술 사이에 존재하는 기존의 경계를 모호 하게 만드는 방법으로 일하는 많은 맥아더 펠로들에게는 뮤즈로 존재 할 수도 있다. 직업 분야가 무엇이든 창조적 인간은 항상 둘 사이에서 고르기만 하는 게 아니라 종종 담장의 양쪽을 혼합해서 의미 있는 가정을 이끌어낸다.

로라 오티스도 그런 사람들 가운데 하나다. 인문학 교수인 그녀는 사실은 생화학과 신경과학 분야를 공부하는 등, 과학 전공에서 출발했다. 8년 동안 실험실에서 연구한 끝에 박사 학위를 따자 그녀는 문학 연구로 방향을 돌렸다. 하지만 과학적 배경을 하나도 저버리지 않은 채 인문학 내에서 과학적 사고와 문학적 사고가 공통의 아이디어를 공유하고 서로 영향을 미치는 방법을 연구하는 데 초점을 맞추었다. 그리고 이 일을 하지 않을 때에는 예술가처럼 그것을 가지고 논다. 오티스는 또 아직 출간되지는 않았으나 소설에 대한 관심도 추구해왔는데, 그녀는 소설 창작을 비록 진지한 것이기는 해도 아무튼 여가 활동 내지는 취미로 여긴다.

한마디로 오티스는 박식한 사람으로, 다양한 활동을 추구하면서 그것을 개인적으로 강력한 흥미를 느끼는 일의 네트워크로 결합한다. 그녀는 글로버쉬너클처럼 사람들이 흔히 서로 다른 지식 분야에 연관시키는 재능과 흥미를 혼합한다. 이 책에 소개된 펠로들이나 인물들도 그러하다. 그들의 특별한 뮤즈로서, 글로버쉬너클은 우리에게 월드플레이는 유용한 것만큼이나 특이한 박식함과도 상관이 있다는 사실을 상기시킨다. 우리는 어떻게 다양한 직업적 관심과 취미용 관심을 잘 엮어서 상상의 세계를 만들까? 획득한 지식은 개인적이고 전문적이고 심오한가? 다음 장에서 이런저런 질문과 관련된 월드플레이 사례 연구를 살펴보겠다.

월드플레이와 직업-취미
창조적 박식함의 사례 연구

> 삶의 고수는 일과 놀이, 일과 휴식, 몸과 마음, 교육과 오락, 사랑과 종교 사이에
> 구분을 두지 않는다. 그는 뭐가 뭔지 잘 모른다. 그저 자신이 하는 모든 일을 통해 탁월함이라는
> 비전을 추구할 뿐이며 자신이 일하는지 노는지에 대한 판단은 다른 사람에게 맡긴다.
> 본인의 판단으로는, 그는 항상 두 가지를 다 하고 있다.
> ─제임스 미치너 James Michner, 작가

〈인코디드 모놀리스〉와 가상 박물관

〈인코디드 모놀리스Encoded Monolith〉는 티끌 한 점 없는 매끈한 철제 조각 작품으로 제각기 서랍이 여럿 달린, 2미터가 넘는 높이의 기둥 세 개가 서로 연결되어 있다. 왼쪽 서랍 기둥은 예술을 상징하고 오른쪽 기둥은 과학, 왼쪽과 오른쪽 서랍들이 교대로 겹치는 안쪽의 세 번째 기둥은 그 둘의 가상 통합을 나타낸다. 미국의 시각예술가이자 발명가인 토드 실러Todd Siler〔1953~〕의 창작물인 모놀리스〔돌 하나로 만든 기둥·석상石像 따위〕는 800점이 넘는 시각 기호, 도면, 그림, 조각 계획, 예술가의 책들을 담고 있다. 이것은 '메타폼metaphorm'으로, 뇌와 우주에 관한 실러의 다종다양한 탐험을 물질로 구체화한 것이다. 그가 인터뷰에서 밝

힌 바에 따르면 그것은 또한 '월드플레이를 물질로 구체화한 것'이기도 하다.(그림 9-1 참조)

그의 말을 그대로 믿기로 하자. 또 가상 세계 박물관 및 똑같은 세개의 기둥 형태로 된 발견물 캐비닛도 가정해보자. 지도, 비밀스러운 사전, 종이 냅킨으로 만든 카드놀이 도구를 보고 감탄한 후 우리는 캐비닛으로 끌려간다. 개인적 취미 추구와 관련된 왼쪽 기둥에는 '취미'라는 라벨이 붙어 있고 공개적·직업적 활동과 관련된 오른쪽에는 '직업'이라는 라벨이 붙어 있다. 좌우로 짝을 이룬 서랍에는 서류, 회고록 및 파라코즘 놀이꾼들과 월드플레이를 하는 사람들의 인터뷰가 들어 있다.

되는대로, 우리는 세포생물학자 배리 슈르Barry Shur의 인터뷰 회고록

[그림 9-1]
토드 실러, 〈인코디드 모놀리스〉(1980~1990, 왼쪽). 토드 실러, 〈인코디드 모놀리스 메타폼 #1〉(1980~1990, 오른쪽). 〈인코디드 모놀리스〉의 열려 있는 서랍 두 개는 실러의 창작 과정 내용을 보여준다. 오른쪽의 메타폼 개념도는 닫힌 서랍들이 겹쳐진 안쪽의 실제 기둥을 보여준다.

이 보관된, 왼쪽의 취미용 서랍을 연다. 트롬본을 불고 노래를 부르는 개미가 사는 괴상한 공상의 세계에 푹 빠져 사는 슈르는 자신의 불가사의한 세계를 가까운 가족, 친구 들과 공유했다. 하지만 우리는 이 취미용 서랍이 캐비닛의 절반밖에 들어가지 않는다는 걸 깨닫는다. 그의 사적이고 내밀한 월드플레이는 그가 과학에 가져다준다고 믿는 모종의 창조적 열정의 표지가 될지는 몰라도 그의 일과 분명하게 연결되어 있지는 않다.

비슷하게 생긴 직업용 쪽 짤막한 서랍들은, 말하자면 로렐 새처 울리히나 골웨이 킨넬을 위한 것으로, 8장에 나왔던 사람들에게 직업상 월드플레이는 현재 즐기는 개인적 취미와 뚜렷하거나 본질적인 연관성이 없음을 시사한다. 하지만 J. R. R. 톨킨을 위해서는 기다란 서랍이 두 개 있는데 하나는 취미용, 하나는 직업용으로 둘 다 숨겨진 세 번째 기둥 속에 겹쳐진 발견물 캐비닛 안쪽 끝까지 닿는다. 이것은 미국의 공상과학 작가 그레고리 벤포드Gregory Benford(1941~)와 데즈먼드 모리스, 토드 실러 자신의 서랍 두 개에도 해당하는 말이다. 이 사람들에게 월드플레이는 직업과 취미에 고루 스며들어 있다.

잠시만 곰곰이 생각해보면 우리는 긴 서랍 쌍들을 뒤짐으로써 직업용 월드플레이와 취미용 월드플레이가 결합해 박학다식함을 증진하는 방식, 말하자면 다양한 활동을 생산적으로 추구하는 방식을 탐구할 수 있음을 깨닫게 된다. 아울러 그 폭넓은 박식함이 월드플레이의 창조적 결과를 설명하는 데 어떻게 도움이 될 수 있는지도 조사 가능하다.

대체로 박식한 사람이란 타고난 천재나 크게 성공한 사람들의 대역이 맡겨진 사촌들이라 할 수 있다. 우리는 모두 볼프강 아마데우스 모차르트나 파블로 피카소, 레온하르트 오일러Leonard Euler〔많은 수학 공식을 만든 스위스의 위대한 수학자(1707~1818)〕가 어떻게 어린 시절부터 외곬로 한 분야에 매진하며 음악, 시각예술, 수학을 연마해서 재능을 활짝 꽃피웠는지 알고 있다. 그런데 인물의 범위를 넓혀서 자세히 조사해보면, 이해는 조금 덜 받았을망정 더욱 폭넓고 다재다능한 창조적 발달의 또 다른 패턴이 드러난다.

예를 들어, 유럽 역사상 1,000년 동안 예술과 인문학 분야에서 성공한 저명 인물들에 대해 1966년에 실시한 연구를 보면, 그들 가운데 19%가 두 분야 이상에서 직업적 성공을 거두었다. 역사상 탁월한 인물 2,102명에 대한 또 다른 연구를 보면 24%가 적어도 서로 무관한 두 분야에서 명성을 얻은 것으로 나왔다.

최근의 조사는 과학자, 사회과학자 등에게서 이 확고한 박학다식함이 드러난다는 사실을 확인해준다. 특히 직업과 취미가 복합적으로 고려될 경우에 더욱 그러하다. 직업상(취미상) 박식한 사람은 서로 다른 두 가지 이상의 것(시와 수채화, 또는 음악과 실험적 가설)을 만드는 데 개인적으로 또 공개적으로 다양한 양상을 보여준다. 그리고 그 폭넓고 다양한 실행은 균등하지는 않을지 몰라도 창조적 이점은 얻을 수 있게 한다.

실제로 일부 학자들은 취미 삼아 하는 일이 직업적 창조성을 직접적으로 자극한다고 주장해왔다. 첫째, 초창기 노벨상 수상자들은 과학적 상상력이 예술적 취미를 적극적으로 추구하는 데 의존한다는 의견을 제시했다. 이어 20세기 초 심리학자들은 (루이스 터먼을 포함해) '천재'는 보통 사람들보다 폭넓은 재능을 타고날 가능성이 높다고 주장했다. 몇십 년 후 연구자들은, 끈질기게 추구하는 지적 취미가 적어도 하나쯤 있는 것이 IQ, 표준화 검사 점수, 또는 성적보다 훨씬 더 정확하게 직업적 성공을 예측한다는 사실을 발견했다. 다른 연구도 과학과 문학 분야에서 성공한 사람들은 그들보다 뒤처진 동료들보다 취미로 미술이나 공예를 할 가능성이 더 높다는 사실을 확인해주었다.

이러한 직업상(취미상) 이점을 염두에 둔 채, 우리는 월드플레이가 사람들로 하여금 흥미와 직업이라는 다양한 '서랍들'을 통합하고 창조적 유익함을 얻을 수 있게 하면서, 어떻게 박식함을 증진하는 데 도움이 되는지 연구할 수 있다. 많은 사람들이 아동기와 십대에 다양한 관심사를 발달시킨다. 학과 공부와 과제의 압박 때문에 일부는 어쩔 수 없이 학업 외의 활동을 포기하는 반면 용케 이것을 계속 취미로 키워나가는 사람들도 있다. 후자의 경우, 사적인 월드플레이는 직업용과 취미용을 혼합하는 연결 수단을 제공할 수 있고, 둘을 합쳐서 하나의 통일된 직업의 비전으로 만들 수 있다. 직업상(취미상) 월드플레이 역시 취미나 직업, 또는 양쪽 모두에 해당하는 중요한 창조적 업적에 착수하면서 캐터펄트catapult〔항공모함의 비행기 사출 장치〕역할을 할 수 있다.

과연 그런 일이 어떻게 일어날까? 가상 캐비닛이 준비를 마치고 기다리고 있으니 한번 살펴보자.

J. R. R. 톨킨 : 요정의 언어와 * 표시가 붙은 세계

가상 세계 창조와 취미를 한꺼번에 말하고 나면 이내 J. R. R. 톨킨이 떠오른다. 당연한 일이다. 그가 옥스퍼드 문헌학자로 바쁘게 근무하면서 남몰래 만든 '중간계Middle-earth'는 여전히 우리 대중문화의 매우 중요한 부분으로 남아 있다. 이는 우리가《반지의 제왕》을 즐겨 읽고 그것으로 만든 영화를 즐겨 보느냐, 아니면 반지 뒤를 이어 폭발적으로 급증한 판타지 오락에 열중하느냐 하는 것과는 별로 상관이 없다.

실제로 중간계는 어린 시절에 열심히 만들어낸 가상 세계와 눈에 띌 정도로 유사해 보인다. 물론 그 복장과 범위가 너무 기발한 나머지 어떤 사람들은 그것을 거침없는 상상력의 전형으로 여기기도 한다. 유감스럽게도 그들은 톨킨을 오해하고 있다. 톨킨은 대학교수다운 성실함과 철두철미함뿐 아니라 장난기 많은 예술가의 열정을 가지고 자기 혼자만의 내밀한 월드플레이에 임했다. 그리고 거기에 창조적 박식함으로 이어지는 그의 길이 놓여 있었다.

톨킨이 어른이 되어 이룬 성공의 씨앗은 진작 어린 시절에 뿌려졌다. 그의 어머니는 일곱 살 된 그에게 프랑스어와 라틴어의 세계를 소개했다. 이 두 가지 언어 및 그 밖의 언어들의 발음과 구조에 대한 기호嗜好가 학교교육으로 이어졌고 그는 학교에서 독일어, 그리스어, 중세 영어를 배우기 시작했다.

그는 사촌들과 공유한 비밀스러운 언어들도 좋아해서 이미 십대 초에 '비밀의 언어'를 향한 평생의 열정을 개발하고 있었다. 1911년, 장학금을 받으며 옥스퍼드대학에 입학한 톨킨은 영어의 선행 형태와 고트어〔인도유럽어족인 게르만어파에 속하는 언어〕나 핀란드어 같은 북유럽 언어들을 연구했다. 그의 관심사는 결코 단지 학문적인 것만은 아니었다. 톨킨이 새로 연구하는 언어들은 하나도 빠짐없이 그가 남몰래 유사한 '요정의' 언어를 만드는 데 영감을 주었다.

확실히 그 같은 언어 만들기는 언어학의 본질적인 요소였다. 문헌학자들은 종종 남아 있는 증거로 확인은 안 되지만 넌지시 암시는 되어 있는 '＊ 표시가 붙은 단어'로 역사적 기록의 빈틈을 메꿨다. 마찬가지로 그들은 '＊ 표시가 붙은 언어'인 인도유럽어를, 후에 서로 달라진 언어들의 머나먼 시조라고 현재의 정보에 기초해 추론했다.

톨킨의 경우, 그 같은 재건의 기술적 노하우는 더욱 중요한 결과로 이어졌다. 그는 고대인들과 고대 문명에 등장하는 영웅신화 읽기를 좋아했는데 특히 머나먼 과거의 역사적 기록에 등장하는 것들을 좋아했다. 영어판 고대 설화 전집의 깊이와 폭이 부실하던 차에 정말로 우연히 그는 독일어나 핀란드어로 된 전설이 매혹적이라는 사실을 발견했다. 언어 유산이 바닥난 곳에 그는 상상 속 언어와 상상 속 세계를 만들기를 갈망했다. 그는 단지 자기 자신만을 위해서가 아니라 영국 국민들을 위해 잃어버린 것을 복원하기를 바랐다.

주목할 만하지만 지극히 은밀한 이 야망은 톨킨이 막 청년기에 들어서면서 명확해졌다. 학과 공부, 1차 세계대전 중의 병역의무, 또 처음으로 학계에 발을 들여놓기 등의 와중에 그는 장수하면서 아름다움을 사랑하는 엘프족을 위해 '허튼 요정 언어'를 만들어냈다. 그는 앵글로색슨족의 시에서 '중간계 위쪽의, 천사들 중에서 가장 총명한' 에아렌딜Earendel이라는 알려지지 않은 존재를 취해서 '＊ 표시가 붙은 신화'를 만들었는데, 이것은 고대인들이 천체의 현상을 설명하는 데 사용한 진짜 신화들과 비슷했다.

이제 톨킨의 월드플레이가 본격적으로 시작되었다. 그는 자신의 신화를 시로 썼고, 마치 그의 시가 원작의 번역인 양 고대 영어로 제목도

붙였다. 더 많은 시가 뒤를 이었고 이와 함께 연필과 수채화로 그린 가상 풍경화도 처음으로 등장했다. 그는 이것들을 엘븐어와 함께 자칭 '레전다리움legendarium'이라는 문서와 서류들 사이에 집어넣었다. 시간이 흐르면서 여기에 서로 뒤얽힌 역사, 족보, 문법, 어휘, 삽화, 지도, 문장紋章 들이 포함되었는데 모두 매력적인 취미가 기록된 것이었다.

톨킨은 대부분의 시간을 인문학자로 일했다. 언어학 강의를 하고, 논문을 평가하고, 문학 시험지를 채점하고 언어학 연구를 수행했다. 오로지 밤이나 방학에만 그가 만든 중간계의 언어와 문학을 위해 시간을 낼 수 있었다. 직업과 관련된 흥미가 취미로까지 이어졌지만 대체로 그는 그 두 가지 활동을 분리했다. 실제로 그는 몇십 년 동안 자신의 은밀한 열정을 동료 교수들에게 숨겼고 자연히 그의 박식함도 감춰진 채 드러나지 않았다. 문헌학을 공부한 지 10년 뒤인 1931년까지 그는 직업과 무관한 엄청난 활동을 조금도 내비치지 않았다.

처음에는 '가정용 취미'라고 불리다가 나중에 '은밀한 비행'이라는 제목이 붙은 강의에서 톨킨은 동료 청중들에게 '집에서 만든 혹은 발명한 언어'가 있다는 사실과 '만들기 본능'이 그에게 점점 더 많은 시간과 헌신을 요구한다고 고백했다. 그러면서 그 떳떳하지 못한 즐거움이 직업적 통찰을 제공한다고도 주장했다. 남몰래 만든 언어는 당연히 당시의 음성학을 모방했다. 남몰래 만든 문학작품은 문화적으로 결정된 스토리텔링 형식을 약간 빌려왔다.

이 은밀한 창작물들은 역사적으로 진화한 현상을 밝혀주기도 했다. 가상 언어와 가상 문학은 문법, 어휘, 서사의 진화 과정에서 이루어지는 수많은 실험과 같은 기능을 했다. 재미를 위해 언어를 만들다 보면

"당신은 전승된 언어들에서 훌륭한 조직을 발명한 많은 무명의 천재들과 똑같은 창조적 경험을 하게 될 것이다. 다만 좀 더 의식적으로, 신중하게 그리고 훨씬 더 예리하게 경험할 것"이라는 게 그의 결론이었다.

톨킨은 사적인 언어 창제를 창조 과정을 들여다보는 창문으로 정당화했는데, 그의 경우 창조 과정이란 서로 뒤얽힌 개인적·직업적 영감이었다. "언어와 신화 만들기는 서로 관련된 기능"이라고 믿으면서 작업을 했기 때문에 그의 창작 활동은 언어학의 작업 방식과 거의 구별할 수 없었다. 전형적인 예로 그는 '호빗hobbit'처럼 차용한 이름이나 지어낸 단어를 가지고 시작했다. 호빗을 '마모된 형태'의 것이라고 추정하면서 그는 약간의 문헌학적 조사로 * 표시가 된 그럴듯한 단어 *홀-비틀라*hol-bytla를 복원했다. "만일 그 이름이 고대 언어에 있었다면" 그것은 고대 영어로 '굴에 사는 사람'이나 '굴을 파는 사람'이라는 뜻이었으리라는 게 그의 주장이었다.

톨킨은 이 학자다운 놀이에서 구조를 발견했다. 정교하게 만들고 창조하는 데 필요한 일종의 로가리듬logarithm이었다. 실제로 스스로 문헌학적으로 만족할 때까지 그의 상상 속에 신화는 떠오르지 않았다. 그가 1955년에 한 기자에게 말한 바에 따르면 "이야기는 비교적 늦게 떠올랐다." 그래도 떠오르기는 했다. 나중에 《실마릴리온The Silmarillion》에 실린 '잃어버린' 이야기는 "내 언어 취향의 표현이 효용을 가질 수 있는 세계나 배경을 제공하려는 시도"였다.

만일 톨킨이 자기 자녀들을 고려하지 않았더라면, 레전다리움의 난해한 학구적 놀이는 혼자만의 내밀한 집착에 불과한 것으로 남았을지도 모른다. * 표시가 붙은 신화와는 달리 그의 크리스마스용 산타클로스 편지들과 손수 삽화를 그린 그림책들에서는 모험에 사로잡힌 인물들이 강조되었다. 또 그 책들은 조금 더 단순하고 현대적인 이야기 방식을 사용했다. 이렇게 새로운 활동 무대로 나선 대학교수의 문학적 재능과 상상력이 사람들의 경탄을 불러일으켰다. 그는 마음속 어린이들과 함께 그의 최초의 소설《호빗 The Hobbit》(1937)을 쓰고 그 삽화도 그렸다.

원래《호빗》은 레전다리움과는 아무 상관도 없었지만, 얼마 지나지 않아 톨킨은 자신이 남몰래 지어낸 신화의 일부를 대중의 입맛에 맞는 예술로 바꿀 수 있게 해줄 일종의 로제타석〔1799년 나폴레옹의 이집트 원정군이 나일 강 어귀 로제타 마을에서 발견한 비석〕을 만들어냈다는 것을 깨달았다. 당연히 그는 난쟁이 빌보와 그가 우연히 얻게 된 막강한 엘븐 반지를 중간계에 속하는 이야기 전집 속에 병합했다. 17년 후, 그는 더 음험해진 성인소설《반지의 제왕》을 발표했는데, 빌보 조카의 위험한 원정여행을 추적하는 내용의 3부작 소설이다. 인간, 난쟁이, 요정과 함께 프로도는 엘븐 반지의 부패한 권력을 무너뜨리고 세계 평화를 회복시키려고 했다.

《반지의 제왕》3부작으로 톨킨은 대중의 환호와 갈채를 한 몸에 받았다. 그럼에도 혼자만의 은밀한 월드플레이는 여전히 작가로서 그가 가장 좋아하는 것이었다. 그가 소설가 나오미 미치슨Naomi Mitchison〔스코틀랜드의 여성 소설가이자 시인(1897~1999)〕에게 말했듯이 그는 "문학적 테크닉과 가상의 신화시대를 정교하게 만드는 작업의 매력 사이에서 충돌"을 느꼈다. 1954년,《반지의 제왕》에 대한 미치슨의 감수성 넘치는 비평에 대해 톨킨은 "이제까지 내가 본 비평 중 당신 것이… 그것을 '문학작품'으로 대접하거나… 심지어 진지하게 취급해준 것 외에도… 그 책을 나라를 건설하는 정교한 놀이 형식으로 본 유일한 비평입니다"라고 그녀에게 편지를 썼다.

그 놀이는 다행히도 "복장, 농기구, 금속 세공 도자기, 건축 등등" 호빗의 생활을 구성하는 요소들을 '한도 끝도 없이' 슬쩍슬쩍 내비쳤다. 또 한도 끝도 없는 문서 자료도 포함되어 있었다.《반지의 제왕》마지막 권에는 왕실 연감, 족보, 연대기, 역법, 언어 입문서 등으로 구성된 부록 6종이 딸려 있었다. 톨킨은 해설이 '지나치게 많다'는 미치슨의 의견을 인정했지만, 그래도 그것은 파라코즘 놀이꾼에게는 가장 중요한 목적에 기여하는 일이었다.

이 작품이 상상의 산물이 아니라 역사적 기록의 단편인 양 가장한 것 또한 놀이의 재미를 더했다.《반지의 제왕》이《호빗》을, 실제로는 모험을 즐기는 빌보가 쓴 '서끝말의 붉은 책The Red Book of Westmarch'이라고 판정한 문제를 살펴보자. 첨부된 '샤이어〔평화롭고 즐거운 호빗의 나라〕기록에 대한 메모Note on the Shire Records'는 * 표시가 된 시대를 따라가며 이 '붉은 책'의 보존을 추적했다.

그 당시 문학계는 이 같은 진본 확인의 상당 부분이 부담스럽다는 것을 알았다.《호빗》초판에 톨킨은 중간계의 삽화뿐 아니라 잉크로 그린 지도도 포함시켰다.(그림 9-2 참조) 논평가들은 그들이 아마추어적이라고 생각한 부분에 혹평을 퍼부었다. 출판사 측은 그다음 판부터는 지도를 제외하고 이러한 것들을 다 빼버렸으며 결국《반지의 제왕》에는 지도와 책 표지 외에는 어떤 시각적 자료도 실리지 않았다.

[그림 9-2]

J. R. R. 톨킨의 〈언덕 : 강가의 호빗 마을〉(1937). 톨킨의 데뷔 소설 출간을 위해 그려짐. 이 그림은 그 후 《반지의 제왕》 속 호빗 마을 묘사에 영향을 주었다.

톨킨의 그림에 대한 최근의 재평가는 이 삭제 행위를 실수라고 생각한다. 그는 인정받았거나 스스로 그렇게 믿었던 동시대 화가들보다 더 훌륭한 화가였다. 표현하고자 하는 선과 색을 충실하게 화폭으로 옮기지 못하는 무능력을 탄식하면서도 그는 중간계의 모습을 명확한 그림으로 형상화했는데 그것들은 많은 경우에 서사적 구성에서 매우 중요한 것으로 드러났다. 실제로 몇몇 열광적인 팬이 발견했듯이 그가 중간계를 묘사한 것을 보면 그림으로 했건 말로 했건 사실상 똑같은 것이었다. 소설을 읽고 독자의 마음속에 떠오른 장면은 재발견된 그림에 나오는 상상한 내용과 거의 똑같다.

상상 속 장면이 이렇게 똑같은 걸 보며 우리는 톨킨의 직업상, 취미상 모든 흥미가 하나로 통합되어 작품을 탄생시킨다는 사실을 떠올리게 된다. 그는 자신의 내적 상상을 표현하는 데 있어 시각적인 것과 언어적인 것을 명확하게 구분하지 않았다. 또 학문과 소설의 경계도 뭉개버렸으며 마침내 학문적 소설과 영적인 깨달음 사이의 경계까지 허물었다.

사실 톨킨은 처음부터 자신이 세운 세계를 자신의 바깥에 존재하는 것으로 이해했다. 그러니까 이성적 연구와 원칙에 의한 정교화 과정을 따라야 하는 것으로 생각했다는 말이다. 그는 1939년에 행한 강의에서, 판타지는 나무 생물이나 마법과는 아무런 상관이 없으며 가능한 대체 현실에 '매혹당하는 것'과 훨씬 더 관련이 있다고 주장했다. 또한 1954년에 나오미 미치슨에게 쓴 편지에서도 다른 숭배자에게 쓴 내용과 거의 똑같은 생각을 반복했다.

중간계라는 이름은… 영원히 지속되는 인간의 장소, 객관적인 실제 세계를 나타내는… 옛날 이름의… 현대적 형태입니다. 내 이야기의 배경은 이 지구, 지금 우리가 살고 있는 이곳입니다……. 나의 배경은 '가상' 세계가 아니라 가상적인 역사적 순간입니다.

미치슨은 톨킨의 취지를 이해했다. 그의 작품은 "판타지보다 조금 더 거창한 창조로 아마도 신화일 텐데," 그가 채택한 학구적 방식으로 전력을 다해 가장 적절하게 창작한 것이라는 게 그 당시 그녀의 주장이었다. 이 말과 함께 그녀는 그가 거둔 가장 뛰어난 성과가 문학적 목적과 학구적 목적의 통합임을 지적했다. 톨킨은 자신의 기호에 따라 전혀 다른 두 가지 작업을 수행하면서 그것들을 함께 문질러서 참신하고 놀라운 통일성에 불을 붙였으니, 바로 문헌학적 테크닉과 관심으로 활기가 더해진 판타지 모험소설이었다.

그것이 연소하는 데에는 월드플레이와 박식함 둘 다 매우 중요했다. 그의 말대로 그의 판타지의 총체적 기술은 "리얼리티의 내적 일관성을 갖춘 채 이상적으로 창조하는 능력"에 의존했다. 그러면 다시 그 내적 일관성이, 선악에 대한 확실한 비전을 갖춘 요정의 세계가 사실이기를 바라는 간절한 열망을 형상화했다. 무한히 반복되는 패턴 속에서 "문득 근원적인 리얼리티를 일별"하고 싶은 열망을…….

톨킨은 직업상, 취미상 박식했기 때문에 다양한 소재들을 대단히 독창적이고 혁신적으로 혼합해서 중간계를 만들었다. 또 노련한 세계 창조자였기 때문에 진짜처럼 믿을 수 있을 것 같은 중간계를 만들었다. 실제로, 그가 한 활동 분야의 개념을 재정립하려고 어떤 분야의 기술과 테크닉과 목적을 사용한 것을 보면 감탄하지 않을 수 없는 창작 활동의 패턴이 엿보인다. 전문적 직업은 월드플레이에 대한 은밀한 열정에 영향을 줄 수도 있고 혹은 그 반대의 일이 일어날 수도 있다. 가상 캐비닛의 다른 서랍들을 후다닥 살펴보면, 이것이 특히 톨킨의 학구적 판타지의 가까운 사촌들인 공상과학소설과 허구적 과학의 영역에 뚜렷하다는 것을 알 수 있다.

그레고리 벤포드, 어슐러 르 귄, 레오 리오니,
스타니스와프 렘과 그 밖의 사람들 : 공상과학소설과 허구적 과학

미국의 공상과학소설가이자 물리학자인 그레고리 벤포드부터 시작하기로 하자. 그의 특별한 공상과학소설들은 합의된 과학의 경계선 바로 너머의, '~라면 어떻게 될까'라는 가정과 관계가 있다. 따라서 그는 물리학의 특이한 개념들을 탐구하려고 허구 세계 건설을 이용했다. 그리고 자신의 소설을 쓰기 위해 물리학의 추론을 이용했다.

좋은 예로 그는 첫 번째 성공작인 《타임스케이프Timescape》(1980)를 타키온에 관한 자신의 과학 논문을 인용한 단편소설에 의거해 썼다. 타키온은 시간을 거슬러 여행하는 빛보다 빠른 가상 소립자다. 책은, 과거 속으로 무시무시한 인도주의적 경고를 보내기 위해 만일 이 타키온이 정말로 존재한다면, 이라는 생각을 구체화한다. 그 뒤를 이어 그는 물리학자로서 자전하는 은하계의 중심에 있는, 번개 같은 이상한 구조에 관심을 가졌고 그 결과 과학과 소설 두 분야에 그 내용을 발표한다. "공상과학소설 덕분에 주제를 떠올릴 수 있어서 과학 연구에 흥

미가 생겼다. 그러면 그 모든 것을 돌려서 다시 소설 은하 중심 시리즈에 반영했다." 그가 인터뷰에서 한 말이다.

벤포드는 소설과 물리학 양쪽에서 그 공로를 인정받았는데, 공상과학소설로 네뷸러상Nebula Award(미국 SF 판타지작가협회SFWA가 지난 2년 동안 미국 내에서 출판 및 발표된 SF 작품을 대상으로 매년 수여하는 문학상)을 두 번이나 받았고 플라스마 전자 난류 현상과 천체물리학에서의 업적으로 로드재단상Lord Foundation Award을 수상했다. 흥미롭게도 그는 이 두 가지 커리어의 상당 부분을 어린 시절 월드플레이 덕으로 돌린다. 오래도록 기억하는 '달과 화성'이라는 놀이에서 그와 그의 쌍둥이 형제는 "우주 여행 및 미래와 관련된 것은 어떤 것이든" 탐구했다고 한다.

자전하는 우주공간에서 사는 문제가 특히 두 소년의 마음을 사로잡았다. 지구와는 다른 중력에서 살려면 신선한 물을 공급하고, 쓰레기를 치우고, 기타 문명 생활을 지원하는 일에 대체 설계가 필요하다는 것을 알았기 때문이다. 이러한 월드플레이의 과제는 두 형제에게 곧장 천체물리학에 대한 지적 흥미를 불러일으켰고, 그레고리의 경우 "과학이라는 변화하는 렌즈를 통해 바라본" 미래에 대한 시나리오를 짜고 싶다는 변치 않는 열망으로 이어졌다. 결국 그는 그 열망을 공상과학소설을 쓰는 것으로 변환했다.

서로 다른 분야 간의 강력한 연관성을 개인적으로 끌어내는 능력은 박식함에 이르는 가장 중요한 지적 전략이 될 것이다. 생전의 톨킨과 마찬가지로 벤포드도 두 분야의 차이점이 아니라 유사점을 강조했다. 그의 말에 따르면, 그가 쓰는 소설에는 "과학만큼이나 엄격한 제약이 있다. 즉 그것은 서로 다를 수도 있는 규칙과 시간과 장소를 가지고 실제 세계에서 창작되어야 하지만, 그래도 당신은 그 규칙을 따라야 한다." 문제의 세계가 '실제'이든 '가상'이든 실제 탐구하는 부분은 거의 똑같다. 주어진 변수 내에서 어떤 일이나 절차의 모든 예상되는 결과를 산출해야 한다는 점에서는 거의 똑같다는 말이다.

벤포드에게 과학과 문학은 소통 구조 또한 공통점이 많다. 과학 논문은 그토록 분석적 편제를 지녔음에도 공상과학소설의 줄거리만큼이나 서사적이다. 게다가 전문적이고 풍부한 과학 정보가 되어갈수록 '스토리텔링이 제공하는 결합 조직'도 그만큼 더 많이 요구된다.

우리의 발견물 캐비닛에서도 드러나듯이, 사변소설speculative fiction [어떤 문제를 가정하고 그 문제를 상상력을 동원해 해결하려는 사고실험思考實驗을 담은 소설]을 읽고 쓰는 다른 과학자들도 상상력이 넘치는 스토리텔링이 과학을 풍요롭게 해준다는 데 동의해왔다. 미국의 물리학자이자 공상과학소설가인 로버트 포워드Robert Forward [1932~2002]는 자신의 가장 대담한 과학적 아이디어를 소설로 쓰려고 따로 남겨두었다. 공학자이자 공상과학소설의 우상인 아서 C. 클라크Arthur C. Clarke [스탠리 큐브릭 감독의 영화로도 유명한 〈2001 : 스페이스 오디세이〉의 원작자로, 인간 상상력의 지평을 독보적으로 넓힌 SF작가라는 평가를 받는 영국의 작가(1917~)]도 마찬가지였다. 물리학자인 프리먼 다이슨Freeman Dyson [미국의 저명한 물리학자 겸 작가로 천재 물리학자 파인만의 동료이기도 했다(1923~)]도 그 같은 소설은 "어떤 통계분석보다 과거와 미래 세계에 더 많은 통찰을 제공하는데 이는 통찰이 상상력을 요하기 때문"이라고 주장했다. 계속해서 더 많은 서랍들을 열어보면 우리는 서사적인 월드플레이의 대상이 되는 것은 물리학뿐만이 아니라는 사실을 알게 된다.

사회 정치적 문제와 고고학적 관심에서 공상과학소설과 판타지 소설을 엮어내 각종 상을 수상한 최고의 미국 작가, 어슐러 르 귄Ursula Le Guin(1929~)의 작품을 살펴보자. 유명한 인류학자의 딸인 그녀는 아홉 살쯤 '이너랜드Inner Lands'에 관한 이야기들을 쓰면서 그것들에 대해 깊이 생각하고 그 신화적 특성을 탐구하기 시작했다. 어른이 되어서도 그녀는 "아우터 스페이스Outer Space와 이너랜드라는 가상 왕국이 지금도 여전히, 그리고 앞으로도 영원히 나의 조국이 될 것"이라고 말했다.

그 말은 사실이었다. 청소년 소설인《머나먼 어떤 곳Very Far Away from Anywhere Else》(1976)에서 르 귄은 월드플레이에 조직적으로 빠져 있는 오웬이라는 십대 소년을 만들어 다음과 같이 말하게 한다. "나는 이 나라를 쏜Thorn(가시)이라고 불렀다. 그리고 그곳 지도와 자료들을 그렸지만 보통 그곳에 대한 이야기는 쓰지 않았다. 대신 식물군이나 동물군, 풍경이나 도시들을 묘사했고 경제, 그들의 생활 방식, 그들의 정부와 역사를 그렸다."

오웬은 그 월드플레이를 "어린애 같은 짓"이라고 부르는데, 성인 르 귄은 1985년에 출간된 공상과학소설《언제나 집으로Always Coming Home》에서 그 어린애 같은 짓을 했다. 그녀가 말했듯이, 이 '미래의 고고학'은 모두 케쉬Kesh의 사회 정신적 조직과 관련이 있는 구전되는 역사, 이야기, 시, 사본 들을 편집한 것처럼 읽힌다. 케쉬는 "캘리포니아 북부에서 지금부터 아주 오래오래 전에 살려고 했을지도 모르는" 사람들이다.

'책의 이면'이라고 불리는 부분에는 케쉬의 음식, 복장, 예술, 공예뿐 아니라 계곡의 지도도 실려 있는데 마치 오웬이 자신의 월드플레이를 그린 것처럼 보인다. 게다가 톨킨의 '은밀한 비행'을 참고해서 케쉬어의 실례가 나와 있으며 알파벳과 어휘집이 포함되어 있다. 현실 세계 고고학자의 기록 방법을 본떠서 르 귄은 가상 인류학 혹은 * 표시가 있는 인류학을 공상과학소설로 제시한다.

추가로 발견물 서랍들을 샅샅이 뒤져보면 가상 과학이나 가상 사회 과학을 차례차례 발견하게 된다. 아동 도서 저자인 레오 리오니 역시 낯선 가상 식물 정원을 그리고, 조각하고, 청동으로 주조하는 데 몸 바친 사람이다. 그는 그 작품을 전시하는 한편, 눈에 보이지 않는 티릴루스 미메티쿠스Tirillus mimeticus를 비롯해 이제까지 알려지지 않은 식물 왕국의 발견과 분류에 관한 가짜 학술 보고서인 《평행식물학Parallel-Botany》(1977)을 출간했다.

그 보고서가 허구적일지는 몰라도 거기에는 사실과 진지한 논픽션 연구가 여기저기 뭉텅이로 널려 있다. 리오니가 인용한 시인 메리앤 무어Marianne Moore(이미지즘의 영향에서 출발해 그 후에 '사물주의Objectivism'를 표방하는 독특한 시풍을 수립한 미국의 시인(1887~1972))의 말처럼, 그 안에는 진짜 두꺼비가 사는 가상 정원이 등장한다. 이는 그가 어릴 때 뱀과 두꺼비를 위해 미니어처 세계로 마련한 사육장과 상당히 비슷하다. 실제로 《평행식물학》의 기다란 소개 자료들은, 예술과 과학, 가상의 것과 실제의 것의 관계에 질문을 제기하면서 생물학적 성장과 유기적 형태의 미학에 대한 저명한 과학자들의 업적에 진지하게 이의를 제기한다.

비슷한 취지로 스코틀랜드의 지질학자이자 작가인 두걸 딕슨Dougal Dixon(1947~)은 《인간 이후, 미래 동물 이야기 After Man, A Zoology of the Future》(1981)에서 동물들의 주인을 가정해보았다. 또 화가 보베 리옹-Beauvais Lyons은 '고고학적 허구'로서 가상의 과거에서 예술적으로 계획한 문화 유물의 발굴을 제안했다. 같은 맥락에서 화가인 노먼 달리-Norman Daly는 'Llhuroscian Studies의 편집자이자 지도자'로서 목적을 가진 척하면서 가짜 문명을 위한 미술, 문학, 물질문화 자료들의 멀티미디어 전시를 기획했다.

달리와 리옹 둘 다 경험과 상상의 세계가 뒤섞인 환상적 사실주의 작품들로 유명한 호르헤 루이스 보르헤스-Jorge Louis Borges〔환상적 사실주의에 기반한 단편들로 현대 포스트모더니즘 문학에 큰 영향을 끼친 아르헨티나의 소설가이자 시인, 평론가(1899~1986)〕의 단편소설들에서 언어적인 것뿐 아니라 시각적 영감도 발견했다. 어쩌면 그들은 폴란드의 미래학자이자 작가인 스타니스와프 렘의 말도 인용했을지 몰랐다. 렘은 서지書誌적 인공물로 제시된 공상과학소설을 정교하게 만들었다. 노벨문학상 후보자 명단에 여러 차례 오른 렘은 성간星間 통신 과학 분야의 전문적인 물리학 지식으로도 널리 알려져 있다. 그의 작품은 적어도 서로 다른 열세 개장르에서 픽션과 논픽션 전 영역을 다 아우른다. 게다가 활동 분야를 초월한 접근 방식을 지닌 예술과 과학의 상당 부분은 어린 시절의 월드플레이에서 이미 조짐을 보이고 있었다.

1장에 나왔던 내용을 떠올려보면, 렘은 어릴 때 가상의 성을 위해 행정 서류를 만들고, 별난 발명품들을 고안했으며, 또 실제 전기 기계장치의 작업 모델도 만들었다. 어른이 되어서는 항상 그렇게 되려고 노력했던 대로 박식한 사람임을 증명했다. 그는 의사가 되려고 준비했고 소련 지배하의 폴란드 과학 연구 그룹에서 연구 보조로 일하면서 대학 수준의 기관에서 가르쳤으며 철의 장막 너머에서 온 과학 출판물을 검열했다.

그러다가 1950년 무렵 렘은 글쓰기 쪽으로 단호하게 전업했는데 관심은 여전히 과학 쪽이었다. 그는 자신의 논픽션 작품에서 미래학에 초점을 맞추었고 사실에 입각한 추론 덕에 결국 과학자와 철학자 들에게 똑같이 존경받게 되었다. 그 추론을 바탕으로 그는 물리학, 천문학, 생물학 그리고 정보 처리 과정과 피드백에 대한 학문 간 공동 연구로, 떠오르는 분야인 인공두뇌학 등 다양한 분야의 발전에 기여했다.

예를 들어 1964년 출간된《숨마 테크놀로지아이Summa Technologiae》〔책의 제목은 '기술의 총계'라는 의미의 라틴어〕에서 그는 당시에는 아직 추측에 불과했을 뿐인 일부 기술의 철학적 암시를 탐구했다. 그가 아리아드놀로지ariadnology(연결 섬유 연구)라고 부른 것은 구글 같은 데이터베이스 검색 도구를 예측했다. 또 판토마틱스phantomatics(상상 기계)라는 것은 컴퓨터로 만들어진 가상현실을 예측했는데, 그것은 현재 시뮬레이션 훈련, 로봇 수술, 세컨드 라이프Second Life 같은 온라인 사이트 등에서 실현되고 있다.

렘은 논픽션에서 제기한 흥미와 관심을 소설에 쏟아부었다. 이 같은 아이디어의 이동 혹은 타가他家수정은 그의 가장 유명한 소설로 두 번이나 영화화된 바 있는《솔라리스Solaris》(1961)에 분명하게 드러나 있다. 2002년에 스티븐 소더버그Steven Soderbergh 감독이 제작한 할리우드 영화는 깊이를 헤아릴 수 없는 대양의 영혼을 지닌 행성이 소규모 선구적 과학자들에게 가하는 섬뜩한 심리적 효과를 강조하고 있다. 하지만 원작소설은 그 행성계의 폭발과 시작 그리고 종말에 관한 이론 등 그것에 관한 과학적 연구 역사에 훨씬 더 많은 관심을 보인다. 렘은 과학에서의 지식 구축 과정 모형을 만들면서 우리가 아무리 미지의 것을 집요하게 탐사한다 해도 우리의 이해는 어쩔 수 없이 영원히 불완전한 상태일 수밖에 없다고 결론지었다.

다른 작품에서 렘은 소설과 논픽션의 문학적 경계를 모호하게 함으로써 지적 한계를 더 멀리까지 밀어냈는데, 자신이 어릴 때 알았던 월드플레이의 방법과 전략을 이용한 덕분이었다. 그가 1984년에 쓴 대로 "나는 점점 더 많은 메모, 가짜 백과사전들, 추가적인 사소한 개념들을 만들기 시작했고 그것은 결국 지금 내가 하고 있는 일로 이어졌다. 나는 그 세계 특유의 문학작품을 씀으로써 그 '세계'가 나에 의해 창조된다는 사실을 알게 되려고 노력한다."

이러한 파라코즘 방식으로, 그는 이야기를 구성하기 전에 먼저 자신이 상상한 세계를 발전시켰다. 결국 그는 전통적인 스토리텔링 방법을 전혀 사용하지 않은 채로 월드플레이 자체를《완벽한 진공 A Perfect Vacuum》(1971),《가상의 크기 Imaginary Magnitude》(1973),《인간의 1분 One Human Minute》(1986) 같은 작품으로 형상화했다. 이 작품들 모두에는 가상의 책을 위한 서문과 논평이 실려 있다.

자신의 말대로 "과학적 정확성을 주장하기에는 너무 과감한" 가설들을 모델 삼아 만든 이 단편들과 또 다른 장편, 단편소설 들에 이르기까지 렘은 계속해서 두 가지 영역을 동시에 추구했다. 문학적 실험과 미래학적 추론이 바로 그것이다. 그의 창조적 박식함은 미래에 대한 과학적 호기심, 예술적 상상력, 그리고 이 둘이 월드플레이 안에서 상호 침투한 덕분에 훨씬 더 탄력을 받을 수 있었다.

데즈먼드 모리스 : 실험적 연구와 비밀의 바이오모프 왕국

다방면의 관심과 활동은 대개 뚜렷하게 연관된 분야를 아우른다. 시와 극작劇作, 또는 사실에 입각한 과학과 허구적 과학은 구두 전달과 작문에 대한 기능적 중요성을 공유한다. 하지만 다재다능함은 그보다 연관성이 덜 분명한 분야들을 아우를 수 있다. 회화와 이야기뿐 아니라 회화와 조각 또한 비록 표현 방식은 달라도 시각적 지각 작용과 형태를 갖춘 메타 기능적 측면에서 서로 연관될 수 있을 것이다.

월드플레이는 수많은 놀이꾼들 손에서 이 같은 기능 및 메타 기능적 측면의 경계선을 무수히 넘나든다. 리오니는 그림, 조각, 글쓰기로 가상 식물학을 탐구했다. 톨킨은 시, 산문, 그림으로 중간계를 표현했고 심지어 엘븐의 시에 생명을 불어넣기 위해 다른 사람들과 협동해서 가상 세계 건설에 음악까지 끌어들였다. 하지만 어떤 경우에는 뒤섞인 분야의 인지 과정과 목적이 너무 달라 보여서, 처음에는 생산적인 결과를 얻으려고 그것들을 하나로 결합한다는 것이 제대로 납득되지 않는 수도 있다. 데즈먼드 모리스라고 표시된 서랍이 그 좋은 예다.

모리스는 대중에게 옥스퍼드대학에서 수학한 동물학자, 동물원 원장, "섹스부터 누군가의 고양이를 이해하는 일까지 모든 것"에 관한 수많은 텔레비전 프로그램의 프로듀서, 사회자로 알려져왔다. 또 베스트셀러인《털 없는 원숭이 The Naked Ape》(1967),《인간 관찰 Manwatching》(1977),《동물 관찰 Animalwatching》(1990) 같은 대중적 고전의 저자로도 유명하다. 그리고 조금 덜 알려져 있기는 하지만 성공한 화가이기도 하다.

모리스는 이미 오래전부터 다양한 흥미를 지녀왔다. 그의 말에 따르면 외동아이였던 그는 '극도로 내성적이어서' 집 부근 연못 안팎에 사는 곤충, 양서류, 물고기에 푹 빠져 지냈다고 한다. 그러다가 다락방에서 증조할아버지의 현미경을 발견한 뒤로는 연못의 물방울을 자세히 들여다보느라 몇 시간씩 보냈다. 본능적으로 작은 생물들의 또 다른 '비밀의 왕국'이 되리라 느낀 것에 끌렸던 것이다. 과학 쪽으로 호기심이 발동하자 그는 커서 박물학자가 될 수도 있겠다고 생각했다.

하지만 모리스는 십대 중반에 예술 또한 발견했고 그것은 자연이나 현실을 재현하는 것이 아니라 초현실적인 것이었다. 1920년대에 문학과 미술에 처음으로 등장한 초현실주의는 잠재의식적 충동을 옹호하고 합리성을 경멸했는데 그 반체제적 철학이 젊은 모리스의 마음을 끌었다. 특히 스페인의 초현실주의자 후앙 미로Joan Miro(1893~1983) 등의 작품에서 그는 또 하나의 현미경 역할을 하게 될 것을 발견했다. 자동기술법, 꿈, 그리고 기타 초현실주의적 과정이 그로 하여금 그동안 숨어 있던 자신의 잠재의식에 있는 매력적인 풍경을 탐색하도록 해주었다. 그는 나중에 화가가 될 수도 있겠다고 생각했다.

그리고 그는 정말로 꼭 그렇게 되었다. 1950년, 그는 자신의 영웅 미로와 함께 같은 전시 공간에서 처음으로 미술 전시회를 가졌다. 또 동물학 학사 학위를 따고 노벨상을 수상한 네덜란드 출신 영국의 동물행동학자 니코 틴버겐Niko Tinbergen(1907~1988) 밑에서 대학원 과정을 밟으려고 옥스퍼드대학 근처로 이사하기도 했다. 학생 시절 이래 10년 동안 그는 큰가시고기 및 기타 어류, 다양한 조류의 성적 행동에 관해 많은 논문을 썼다. 그는 자신만의 독특한 개성을 지닌 채 학문적 과학의 길로 나아갈 것이라고 기대했다. 1952년, 그는 옥스퍼드의 애쉬몰리언박물관Ashmolean Museum(엘리아스 애쉬몰Elias Ashmole이 자신이 수집한 고대 예술품과 자연의 희귀물들을 옥스퍼드대학에 기증하여 1683년 설립된 박물관)에서 현미경 아래로 보이는 모습들을 그린 드로잉 개인전을 열었다. 틴버겐은 이런 예술 활동이 과학자에게 시간 낭비라고 생각했지만 모리스는 이 일을 포기하지 않고 박식가의 길로 들어섰다.

이 여정의 핵심에 실현 가능한 공간 창조가 놓여 있었다. 어릴 때에도 모리스는 파라코즘 관점에서 자신의 과학적·예술적 활동에 대해 생각했다. 어린 시절 동물에 대한 사랑은 자신의 "은밀한 세계"처럼 느껴지는 것으로 그를 빠져들게 했다. 십대에 학생 잡지에 글을 쓰면서 그는 "개인의 세계를 개발하고 싶은" 화가의 열정도 깨달았다.

필연적으로, 초현실주의적 열정에 의해 촉진되고 과학적 열의에 이끌린 시적 상상력은 결국 열아홉 살 모리스에게 허구적/사실적 차원의 그림인 〈풍경으로 들어가기Entry to a Landscape〉라는 작품을 그리게 했다. 그는 나중에 "나는 이 바위들 틈으로 미끄러져 들어갔고 거기서 갑자기 기괴한 거주민들의 행렬에 둘러싸여버렸다"라고 말했다. 결국 '바이오모프biomorphs'라고 불리게 된, 작은 공 모양의 알록달록한 존재가 "비밀스러운 개인의 내면세계"에서 날뛰고 있었다.(그림 9-3 참조)

모리스는 바이오모프 세계를 그가 어릴 때 탐험했던 "가족용 호수의 판타지 버전"이라고 표현했다. 비록 그의 그림이 꿈과 직관을 반영하기는 하지만 동물학에 대한 흥미에서도 지대한 영향을 받았다. 바이오모프의 형태는 연못의 물속에서 발견된 것들처럼 세포질과 아메바 모양을 본떴다. 바이오모프의 색깔과 무늬는 예술적인 것뿐 아니라 동물행동학적인 것과도 연관이 있었다. 또 그 행동은 진짜 동물의 행동

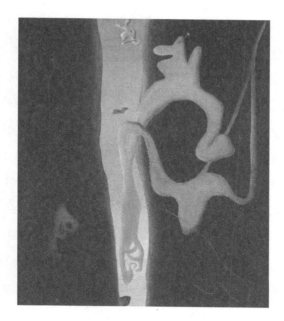

[그림 9-3]

데즈먼드 모리스, 〈풍경으로 들어가기〉(1947). 모리스가 열아
홉 살에 바이오모프 세계에 대한 최초의 상상을 표현한 그림.

패턴과 유사했다.

모리스는 바이오모프의 세계가 동물이 "관계를 맺고 상호작용하는"
활동의 세계라고 썼다. 즉 "한 동물이 다른 동물과 사랑에 빠지거나,
다른 것에 공격적이거나, 다른 것과 즐겁게 놀거나, 서로 은밀히 결탁
하거나, 다른 것을 함정에 빠트리는 세계"라는 것이다. 가상의 동물에
제멋대로이거나 정말 같지 않은 일은 하나도 없다. 그것들은 일반적인
생물학의 원칙에 따라 "성장하고 발달하고 변화하면서" 새로운 그림
을 그릴 때마다 변화했다. "그 목적은 그림에서 그림으로, 자체의 더딘

진화 방식에 따라 새로운 식물군을 창조해서 키우는 것이다."

의미심장하게도 모리스의 그림 속 과학은 진화론과 창조 과정 및 목적에 대한 메타 기능적 관심의 쌍방향 도로에서 오로지 한 방향만 반영한다. 그림이 그의 생물학적 관심을 드러냈다면 동물학은 예술적 통찰 및 과정을 따랐다고 하겠다. 탐구와 발견이 내면의 심오한 정서적 활동에서 기인한다는 믿음으로, 그는 예술과 마찬가지로 과학에도 공감할 수 있고, 직관적이고, 궁극적으로는 초현실주의적인 접근 방법을 사용했다.

이 같은 예술적·과학적 전략의 통합이 애초에 꿈속에서 그에게 다가왔다는 것은 전혀 놀랄 일이 아니다. 그는 십대에 자기 방의 검은 벽에 바이오모프 형상을 그려놓고 초현실주의자의 시적 영감이 떠오르기를 기다렸다. 그는 나중에 자서전적인 책《나의 유쾌한 동물 이야기 Animal Days》(1979)에서 다음과 같이 회상했다.

그것은 이상한 작은 시나리오였다. 내가 동물들에게 둘러싸여 있을 뿐만 아니라 나 자신도 동물로 변해 있었다. 요는 이것이 장차 내가 온종일 동물 행동 연구에 매진하는 학생이 되었을 때 나에게 벌어질 일이었다. 나는 어떤 동물을 연구할 때마다 매번 그 동물이 되었다. 나는 그것처럼 생각하고 그것처럼 느끼려고 애썼다. 인간의 관점에서 동물을 바라보는 바람에 동물을 의인화해서 보는 실수를 범하는 대신, 연구하는 동물행동학자로 나 자신을 동물의 위치에 놓았다. 그럼으로써 동물의 문제가 내 문제가 되고, 그 특정한 종種에 맞지 않는 생활 방식은 아무것도 곡해하지 않기 위해서였다. 그런데 꿈은 그 모든 것을 말했다.

그의 많은 그림이 그랬다. 특히 전부 1950년대 초에 그린 〈동물학자The Zoologist〉, 〈곤충학자The Entomologist〉, 〈과학자The Scientist〉가 그러했다. 이들 초상화에서 인간은 동물로 표현되는데 그것은 관찰자가 관찰 대상에 감정을 이입해서만이 아니라 인간이 동물이기 때문이다. 이것이 바로 호모 사피엔스라는 종을 동물행동학적으로 설명한, 모리스가 쓴 최초의 획기적인 책의 요지였다.

《털 없는 원숭이》는 이제까지는 예술에 한정되었던 우상 파괴적인 에너지로 가득 차 있는 책으로, 인간 행동의 생물학적 바탕에 초점을 맞춤으로써 독자들에게 충격과 깨달음을 동시에 안겨주었다. 모리스는 진정한 초현실주의적 문체로 수다를 모피로 둘러싼 몸단장과, 선글라스를 공격적이고 위협적인 응시와, 남자들의 넥타이를 그들의 성기와 나란히 놓았다. 그는 우리가 일상생활에서 말하지 않거나 간과하기 일쑤인 시각적 신호법이나 표현을 확대해서 보여주면서 이 기본적 행동들에 함축된 진화론적 의미를 끌어냈다.

《털 없는 원숭이》는 1960년대 후반 엄청난 성공을 거두었다. 즉각 베스트셀러가 되어 몇백 만 권이 팔렸고 전 세계 23개국 언어로 번역되었다. 모리스는 (대부분 아내 라모나와 함께) 이미 동물에 관한 책을 여섯 권이나 집필했는데 그중 침팬지의 그림과 인간의 미학의 기원에 관한 선구적 저서인《예술의 생물학The Biology of Art》이 유명했다. 그럼에도 《털 없는 원숭이》는 모리스가 과학자, 화가와 더불어 과학 저술가라는 세 번째 직업에 입문했음을 효과적으로 알렸다. 과학 저술가로서 그는 대중적인 동물학과 인간행동학에 관한 책을 손으로 꼽을 수 없을 정도로 많이 썼는데, 적어도 대중들은 그가 몇십 년간 그 분야를 석권했다고 생각했다. 《털 없는 원숭이》는 초판이 나온 지 거의 50년이 다 되는데도 여전히 출판되고 있다.

모리스는 동물 행동 연구와 초현실주의적 미술을 통합함으로써 화가로서 독창적인 비전을 과시하고, 동물행동학자와 저술가로서 독창적으로 공헌할 수 있는 길을 열었다. 그는 과학 활동과 예술 활동이 "근본적으로 다르다"는 것을 알고 있었지만 그래도 그에게는 그 두 가지가 인지 능력과 탐구 방식에서 깊이 연관되었던 것이다. 과학은 주로 추론하고 분석하는 마음을 요하고, 예술은 주로 직관적이고 상상력이 넘치는 마음에 의지한다. "그럼에도 과학을 연구하는 창조적인 짧은 순간에 비이성적이고 직관적인 비약이 사용된다. 그런가 하면 그림 그리는 작업에도 일상적인 계획하기와 조직하기가 어느 정도 필요하다"는 게 그의 말이다. 둘 다 어린애 같은 호기심을 신봉한다는 공통점이 "결국 기본적 차원에서 예술가와 과학자는 그렇게 다른 것 같지 않다"는 점을 시사하고 있다.

모리스에게 더 중요한 것은 그의 예술과 과학이 모두 창조적인 놀이 충동에 그 바탕을 두고 있다는 점이다. 그의 생각에 두 가지 활동이 '성공하기' 위해서는 "아동기의 장난기가 살아남아서 자신을 표현하는 성인 모드로 성숙해야 한다. …재미있는 혁신과 주관적 탐구를 위한 시간을 항상 남겨두어야 한다. 요는 객관적이고 이성적인 것과 더불어 시적이고 불가사의한 것을 위해서도 시간을 남겨두어야 한다는 말이다."

우리는 자타를 막론하고 일 속에서 놀이를 촉진하도록 권장해야 할 뿐만 아니라 감히 예술과 과학 사이의 경계도 넘어서야 한다. 모리스의 말에 따르면 "실제로 오늘날의 사람들은 과학자이거나 예술가가 아니라 …탐험가이거나 탐험가가 아니기 때문이다. 그리고 그들이 탐험하는 상황은 부차적인 문제다." 그가 언젠가도 썼듯이 그 자신의 경우, "나는 나 자신을 그림 그리는 동물학자나 동물학에 관심 있는 화가로 생각한 적이 한 번도 없었다." 대신 동시에 그 두 가지, 즉 외부 세계와 내면세계에 대한 시각적 관찰자라고 생각했다.

이 연합 활동에서 박식한 월드플레이가 가장 중요한 역할을 했다. 모리스는 60년 이상을, 한 동료가 "평행 세계… 그리고 그 거주민과 그들의 풍습을 기록하는 그의 작업은 엄청난 규모로 신화를 창조하는 일"이라고 말한 것을 정교하게 꾸미면서 그림 몇백 점을 그렸다. 그가 대중 과학에서 이룬 성과는 인간의 생물학적·동물적 본성을 이해시켜준 이야기의 축적 같은 것으로 설명될 수도 있을 것이다. 실제적인 일이든 초현실적인 일이든, 다양한 분야에서 정밀하게 상상한 세계를 창조한 것은 그의 박식함에서 비롯된 성과를 그대로 보여준다.

토드 실러와 예술과학 활동

창조적 박식함이 최고의 경지에 이르면, 직업과 취미가 아무리 다양해도 개인이 이해할 수 있는 방식으로 서로를 자극한다. 전혀 다른 관심사 사이에서 이루어지는 그 같은 생산적인 관계는 '통합된 활동 세트'와 '활동 네트워크'라고 불려왔다. '상관 재능correlative talents'이라는 용어 역시 취미가 직업을 어떻게 지원하는지 혹은 그 반대 경우가 무엇인지 추적하려고 사용되었다. 그렇다면 언제 또는 어떻게 이 네트워

[그림 9-4]

토드 실러, 〈가방 소설〉(1976). 텍스트가 새겨진 이 열 개의 종이 가방 연작은 하나가 다른 것 안에 들어가도록 되어 있는데, 많은 월드플레이 인공물과 마찬가지로 실러에게는 개인적으로 매우 중요한 의미를 지닌다. 따라서 구매 제안을 물리치고 여전히 그가 소유하고 있다.

크가 시작될까? 가상 세계 창조는 다양한 관심사가 생겨나고 또 수렴하는 합류점 역할을 할 수 있다. 그리고 토드 실러를 비롯해 많은 사람들에게 그 박식한 융합은 어린 시절에 시작된다.

어릴 때부터 실러는 순전히 마음속으로 떠올린 수많은 장소와 공간들을 돌아다니면서 상상력이 넘치는 삶을 살았다. 월드플레이는 양부모의 집과 기숙학교에서 성장하면서 겪는 스트레스에 도피처가 되어주었다. 결국 그것은 활발한 판타지와 현실 세계의 현상 둘 다를 탐구하는 수단이 되어 수많은 그림, 스토리텔링, 자가 선택 학습 및 '~라면 어떻게 될까'라는 생각에 불을 지핌으로써 '놀라운 힘의 원천'임을 입증했다.

어린 실러는 태양에너지를 인간의 정신 에너지와 비교하기를 좋아했고 또 '뇌의 흑점'에 대해 사색하기도 좋아했다. 열다섯 살짜리 소년이 심오한 통찰의 순간을 경험할 때면 모든 것이 함께 왔다. 그는 다음과 같이 회상한다. "글을 쓰거나 그림을 그리거나 생각하는 능력이 모두 구체화되면서, 의도적이고 창조적인 방법으로 이용해야 한다고 느껴지는 모종의 결합이 일어났다."

실러 주변 어른들은 그를 그림 그리기의 천재라고 생각했다. 하지만 그는 자신의 통찰에 어울리게끔 남몰래 자신을 광대한 지식의 영역 간 관계를 탐구하는 화가이자 과학자로 생각했다. 상상한 내용들을 기록하면서 그는 젊은 '예술과학자artscientist'와 진행 중인 이야기 속 다른 인물들 사이의 '가상 대화'를 상상했고 마침내 스물세 살 때 〈가방 소설bag novel〉을 창작했다.(그림 9-4 참조)

예술 작품으로서의 이 인공물에서, 가방 속에 또 다른 가방이 삽입된 많은 종이 가방들에는 '생각의 흐름'이나 '과학에 기여하는 사람으로 성장하는' 아동의 삶의 '특정 시기'가 담겨 있다. 〈가방 소설〉은 고교 시절과 대학 시절에 받은 과학교육을 예술적 발전과 연결하려는 실러 자신의 시도를 상징적으로 묘사했다. 이 이중 활동은 종종 문제가 있는 것으로 드러났다. 젊은 예술가의 직관적 접근법은 과학교사들을 좌절시켰고 젊은 과학자의 빈틈없는 정밀함은 미술교수들을 곤혹스럽게 했다. 그럼에도 그는 자기 방식을 고집했으며, 1980년대 중반에는 MIT에서 심리학과 예술의 학제 간 연구로 박사 학위를 받은 최초의 시각예술가가 되었다.

박사 학위 프로젝트의 일부로 실러는 《사고 집합체Thought Assemblies》
를 만들었는데, 이는 뇌를 통해 과학적으로 정확하게 인지 경로를 추
적하는, 손으로 쓴 시각 그래픽의 거대한 모자이크이다. 그는 이 작품
을 '소뇌 반응기cerebreactors'에 대해 쓴 작품으로 보완했는데 이것은 인
지 과정을 별들의 융합과 분열에 연결하는 가상 기계다. 몇 년 후 그는
《마음의 장벽 깨기Breaking the Mind Barrier》(1990)를 출간했는데, 이는 혼합
된 '예술과학'의 개념 및 그 중심에 놓인 관계 만들기 도구를 더욱 철저
하게 탐구한 책이다.

그 후 실러는 이 '메타포밍metaphorming〔특정한 사물이 어떤 상황에서 갖고
있는 내용과 의미를 다른 상황으로 전이시키는 행위〕'(혹은 은유 만들기) 기술과
실행의 모양새를 정식으로 갖추었고, 이것을 교육적·사업적 환경에 성
공적으로 활용했다. 그는 또 자신의 예술과학을 기술 및 과학 혁신 영
역까지 넓혔다. 발명가로서 그는 캔버스 늘이는 장치, 반복되지 않는
디자인 패턴을 대규모로 생산하는 인쇄 공정, 컴퓨터 지원 디자인을
위한 그래픽 입력 장치의 특허권을 따냈다. 과학자로서는 안전하고 재
생 가능한 에너지를 생산하기 위해 핵융합을 이용하는 새로운 대체 핵
융합 장치를 제안했다.

거의 매번, 혼자만의 내밀한 월드플레이가 실러의 공개적 연구 활동
에 동력을 제공했는데 특히 그가 '프랙탈fractal 핵융합로'를 고안하고
설계하는 데 사용한 직관적 접근법에서 가장 두드러졌다. 어린 시절
이야기와 대화의 '찬란한 꿈꾸기'와 교류하면서 그는 지금까지 지속적
인 에너지 생산에 실패한, 실험적인 핵융합로의 실패가 유클리드기하

학 탓이라는 일련의 가설을 발전시켰다. 현대의 수학 발전은 프랙탈기하학〔프랙탈의 성질을 연구하는 수학 분야의 하나. 프랙탈은 작은 구조가 전체 구조와 비슷한 형태로 끝없이 되풀이되는 구조를 말한다〕이라는 다른 방법을 통해 에너지를 생산하는 태양을 비롯해 대부분의 자연물과 자연의 과정을 훨씬 잘 설명한다고 주장했다. 거기에는 실러가 제안한, 완벽하게 기능하는 융합로가 함축되어 있었다.

프랙탈 기하학에서 물체는 1, 2, 3차원으로 존재하는 게 아니라 그 사이의 프랙탈 차원으로 존재한다. 산, 나무, 태양 자체는 굉장히 불규칙적이고 비선형적인 형태로, 확대되는 매 단계마다 자기 자신과 구조적으로 유사하다. 줄기부터 가지, 또 잔가지까지 반복되는 나무의 방사상 패턴처럼 거시적·미시적 차원 양쪽 다에서 태양은 대충(통계적으로) 자기 유사성self-similar을 지닌다. "그렇다면 태양의 프랙탈 성질을 '메타폼'하거나 흉내 낸 원자로를 설계하면 어떨까?"라고 실러는 자문했다.

필수 과학에 대한 실러의 탐구에는 개념과 연결 모형을 예술적으로 만드는 일이 포함되었다. 또 어릴 때부터 익숙했던, 가상 환경에 몰두하는 일도 포함되었다. 그가 처음으로 천문학, 시간, 공간에 대한 열정을 탐험했던 세계요, 태양의 핵을 경험하는 것이 어떤 일일까 궁금해하며 호기심을 불태우던 세계였다. 프랙탈 원자로에 대한 개념 계획서를 수립하며 보낸 시기에 그는 최초의 통찰을 구상하고 구체화하는 '전략적 방법'에서 이 월드플레이를 이용했다. 그 후 그는 프랙탈 원자로 프로젝트를 국제 물리학자 회의에 제출했고《국제 융합 연구의 최근 동향에 대한 심포지엄 회보Proceedings of the Symposium on Current Trends in

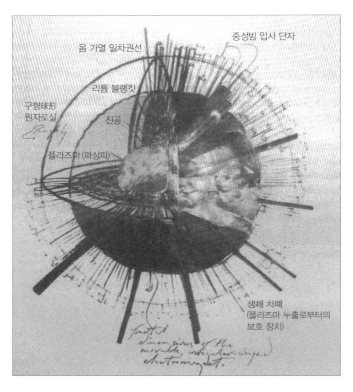

[그림 9-5]

토드 실러, 〈프랙탈 원자로 : 태양을 재창조하기 위한 시각적 가설과 전제〉(2006).
실러가 자연의 프랙탈기하학 및 별들의 역학에 의거한 핵융합 장치에 대한 개념
을 수많은 그림과 모형들로 시각화한 것들 가운데 하나.

International Fusion Research》에 논문 세 편을 발표했다.(그림 9-5 참조)

실러는, 아동기 월드플레이와 성인기 월드플레이의 박식함이 연결
되는 과정에서 드러나는 핵심적인 모든 것을 집약적으로 보여주는 하
나의 본보기다. 그가 이끌어낸 아동기 상상력과 성인기 창조력의 연관
성은 벤포드와 마찬가지로 지속적인 만족과 흥미를 통해서도 추적될

수 있다. 또 기능을 훈련하거나 활동 분야의 테크닉을 발휘한 톨킨이나, 가설적 전략을 세우고 실험 연구를 한 렘이나 모리스의 경우와도 똑같다고 할 수 있다. 게다가 어른이 된 후까지 월드플레이를 계속한 것도 실러가 어린아이 같은 초심자의 마음, 또는 본인의 표현대로라면 '전문가 초보(모르는 것을 발견하려고 아는 것을 보류하는 법을 배운 사람)'의 마음을 유지하는 데 도움이 되었다.

월드플레이는 또 그로 하여금 흥미와 실행에서 서로 상관이 있는 여러 분야를 개발하도록 해주었는데 이는 창조적인 박식가의 전형적 특징이다. 실러는 시각예술가로 세계 각지의 박물관에서 전시회를 연다. 또 작가, 교육자, 발명가에 과학자이기도 하다. 게다가 그는 이 모든 일을 동시에 해내고 있는데 2011년, 레오나르도 다 빈치 세계 예술상을 수상한 것으로 그 공로를 인정받았다. 그의 컨설팅 사업은 프랙탈 원자로 연구와 별개의 것이 아니며 이 관심사들도 그의 글쓰기나 미술 작업과 상관없는 것이 아니었다.

이것들은 "전혀 관련되지 않은 별개의 취미가 아니라 하나로 통합된 것이다. 내가 오늘은 시각예술가로서 생각하고 내일은 연구하는 과학자로서 행동하는 일은 절대로 일어나지 않을 것이다. …나는 그런식으로 일하지 않는다. 나는 나 자신을 삶의 프리즘에 닿기 전의 작은 파립자wavicle(파동wave과 입자particle를 합친 말)에 불과하다고 생각한다."

흔히들 전문가의 직업상 일과 초보자의 취미 활동은 구분된다고 생각하지만 실러에게는 그 둘이 하나로 녹아들었다. 말하자면 그의 인코디드 모놀리스에서 서로 별개이면서도 맞물린 기둥 두 개가 세 번째 가상현실을 구성하는 것과 똑같은 방식이다. 실러는 조각 작품 안에 그의 《사고 집합체》, 가상 '소뇌 반응기', 《마음의 장벽 깨기》를 개념화하는 데 들어갈 많은 탐구 자료를 보관하기로 했다. 의미심장하게도 그는 초기의 〈가방 소설〉도 그 안에 넣어두었다. 모놀리스를 만드는 것은 "정말로 풍부한 상상과 실험을 하고 그 모든 것이 돌아갈 장소인 보고寶庫를 갖기 위한 방법이었다"는 게 그가 인터뷰에서 한 말이다.

아동기의 가상 세계, 성인기의 가능한 세계, 또 그 둘을 유지하고 그 둘에 의해 유지되는 직업상/취미상의 박식함, 이 모든 것은 동일한 활동의 네트워크 안에서 동등한 역할을 맡는다. 인코디드 모놀리스는 만질 수 있게 만들어진 실러의 활동으로 구체적 형태로 된 그의 예술과학이다. 그것은 또 마음과 그 창작 능력에 대한 은유이기도 하다. 우리가 서랍을 완전히 열고 저 안까지 깊숙이 뒤지지 않으면, 우리는 우리 자신을, 우주를, 혹은 직업상/취미상의 박식한 월드플레이에서 얻는 유익함을 제대로 알 수 없다는 게 그 조각 작품이 우리에게 하는 말이다.

시너지 효과 : 월드플레이와 박식함

우리는 한 가지, 아니 두 가지 질문에서 가상 세계의 가상 박물관에 있는 가상 발견물 캐비닛을 샅샅이 살펴보게 되었다. 창조적인 박식함이 어떻게 가능할까? 그 박식함과 월드플레이 사이의 시너지 효과는 무엇일까? 인간 조건의 탐험자들인 톨킨과 모리스는 활동 분야만큼이나 철학적인 목적도 서로 거리가 멀다. 그런 그들이 그럴싸하게 상상한 *표 세계의 창조자들로서 벤포드, 렘, 실러 등과 나란히 비슷한 여정을 걷고 있다. 그들의 은밀한 비행, 또는 간단히 그들의 비밀이란 취미상 창조성과 직업상 창조성이 서로를 북돋아주고 촉진한다는 것이다.

가장 효과적인 개인 활동의 네트워크에서, 취미와 직업은 활동 분야의 경계를 뛰어넘어 아이디어와 기술과 목적을 결합함으로써 서로를 풍요롭게 해준다. 이러한 결합이 예상치 않게 초학제적인 유사와 유추의 폭발적 증가로 이어진다면, 언젠가 폴란드 태생 영국의 시인이자 수학자인 제이콥 브로노브스키 Jacob Bronowski〔1908~1974〕가 주장했듯이 그 결과는 공개적인 반향을 불러일으킬지도 모른다. 취미는 갑자기 직업적 매력을 얻고 직업은 별안간 어린아이다운 호기심과 탐험이라는 열린 지평선을 다시 만나게 된다.

우리는 이 창조적 결합에서 월드플레이와 박식함 가운데 무엇이 먼저인지 장난삼아 물을 수도 있다. 이 책에 실린 모든 사람들은 아동기 놀이에서부터 청소년기의 열정을 거쳐 성인기의 박식함 그리고 그 박식함을 작용하게 하는 전략에 이르기까지 저마다 조금씩 다른 경로를 취하고 있다. 그럼에도 전체적으로 볼 때 박식가의 폭넓은 관심을 뒷받침하고, 직업과 취미가 통합되도록 연결하는 것은 월드플레이다. 상상력을 발휘해 평행 공간을 창조하고, 이어서 그곳의 수많은 특징을 탐구하는 활동이야말로 박식함을 끌어내고 유지하는 바탕이다.

그렇다고 해서 모든 박식가가 월드플레이를 한다거나 모든 가상 세계 창조자가 직업상/취미상 박식가가 된다는 말은 아니다. 물론 모든 박식가나 가상 세계를 세운 사람들 모두가 공공연하게 사회에 창조적으로 기여한다는 말도 아니다. 그래도 어느 정도 짐작은 가능하다.

첫째, 월드플레이와 박식함이 결합할 경우 의미 있는 창조적 성취의 가능성이 높아진다. 더욱 박식한 사람이 창조한 대체 세계일수록, 즉 상상력을 자극하는 지식 분야나 기술 및 메타 기술 관련 분야가 더욱더 다양할수록, 정말로 기상천외하게 결합하고 참신하게 공헌할 가능성도 그만큼 더 커진다. 흔히 월드플레이가 수반되는, 논리적으로 일관성 있고 그럴싸한 시나리오를 구성하는 추진력을 생각해보라. 창조 전략이 정밀하면 정밀할수록 현실 세계에서 참신한 공헌이 효과적일 가능성도 그만큼 더 커진다는 사실을 알게 될 것이다.

둘째, 이 패턴은 사람들이 어떤 의외의 지식과 기술을 자신의 통합된 활동 네트워크에 연결하든, 그들이 상상하는 세계가 얼마나 있음 직하거나 있을 법하지 않은지, 또 얼마나 허구적이거나 사실적인가 하는 것과는 아무런 상관이 없다. 톨킨의 중간계는 벤포드의 은하핵이나 그것을 뒷받침하는 과학 개념만큼이나 깔끔하게 정돈되었으며, 모리스의 바이오모프 그림은 렘의 미래학 결론만큼이나 근거가 확실하고 타당하다.

마찬가지로 새로운 핵융합로에 대한 실러의 아이디어는 머릿속에 든 심상을 탐구하고 표현하는 예술만큼이나 촉매반응을 일으킬 가능성이 높다. 프랙탈 원자로가 이론적 가능성에서 실험적 실체로 비약하지 못하더라도 그 개념은 여전히 물리학자 등을 자극하는 탐사 침 역할을 한다. 또 그러한 과학적 시도와 관련된 예술 작품은 감각을 자극할 때조차 사람들을 교육하며 국립과학재단 같은 장소에서 전시될 만큼 그 가치를 인정받는다.

세 번째이자 마지막 추측은 이렇다. 실행 가능한 창조 전략으로서 직업상/취미상 박식함은 비록 사적이고 내밀하기는 하지만 우리가 아는 것보다 더 흔히 이용되고 더 자주 생산적이다. 예술 창작가의 19% 정도가 주로 관련 분야에서 박식가의 성취를 보여준다는 평가는 과학자나 사회과학자 또는 그들의 직업상/취미상 성취를 계산에 넣지 않은 것이다.

또 비밀스런 취미나 알려지지 않은 활동 네트워크도 빠져 있다. 직업에 따른 구분에도 아랑곳없이 아이디어나 테크닉, 분석, 직관은 실러의 모놀리스의 맞물린 세 번째 기둥에서처럼 마음속으로 고루 스며들 수 있고 또 스며든다. 때로는 부업이 본업보다 그 영향 면에서 더 눈에 띄게 참신한 것으로 드러나기도 하고(톨킨의 경우는 확실히 그렇다) 때로는 그 반대의 일이 일어나기도 한다(《털 없는 원숭이》의 영향이 계속되는 점을 고려할 때 모리스가 이 경우에 해당될 듯하다). 월드플레이는 그 분야 간 상호 침투와 융합에서 지극히 중요한 역할을 할 수 있다.

궁극적으로 직업상/취미상 박식함으로서의 월드플레이는 혁신적 탐구와 성취를 자극할 수 있다. "월드플레이는… 창조적 통합에 중추적일 뿐만 아니라… 개인적으로 재미있고 뜻깊은 창조적 연구 활동을 통해 무언가 발견할 수 있도록 마음을 준비시키면서 종종 통합을 자극하는 촉매 역할도 한다." 실러의 말이다. 어느 정도는 이와 비슷한 마음으로 톨킨도 사회가, 사적이고 은밀한 가상 세계 창조를 미래의 박물관에서 전시 공간을 좌지우지할 '새로운 예술 혹은 새로운 놀이'로 인지해달라고 요청했다.

그날이 올 때까지 우리는 자신만의 가상 월드플레이 박물관을 마음속에 그리며 실제로 한 걸음 앞으로 나아갈 수 있다. 이 책 마지막 4부에서는 월드플레이라는 '새로운 놀이'가 가정은 물론 교육 현장에도 설 자리가 있을지 묻고자 한다. 일과 놀이, 학습과 발견에 대한 이 통합된 접근 방식이 창조적 상상력에 대한 공식적·비공식적 학교교육에 활력을 줄 수 있을까? 그 대답을 찾기 위해서 우리는 이제 가상 박물관을 뒤로하고 다른 종류의 디스커버리 룸, 그러니까 교실로 들어갈 작정이다.

월드플레이
씨앗 뿌리기

학교 교육과 월드플레이의 만남
컴퓨터게임은 또 하나의 가상 놀이인가
월드플레이를 어떻게 장려할 것인가

가상 세계 창조, 학교로 가다

놀이를 통한 학습

내가 노는 것이 내가 배우는 것이 되고
내가 배우는 것이 내가 노는 것이 되게 하라.
-요한 하위징아Johan Huizinga, 역사학자

프로젝트 메모 : 창조성을 위한 교육

명제 : 학교교육은 부분적으로 창조성을 육성하는 임무가 있다. 이
것은 표준화된 시험제도, 납세자에 대한 학교의 책무, 그리고 이 둘의
연결에 초점이 맞춰진 교육 환경에서 논의의 여지가 있어 보일지도 모
른다. 그럼에도 지금은 그 어느 때보다도 창조성을 교육해야 할 필요
성이 훨씬 더 절실하다. MIT미디어연구소 라이프롱 킨더가르텐 Lifelong
Kindergarten〔평생 유치원〕 연구 그룹의 책임자 미첼 레스닉Mitchel Resnick〔《패
스트 컴퍼니》 비지니스 2011에서 가장 창의적인 100명의 인물에 선정되기도 한 미국의
교육자(1956~)〕은 건강하고 경쟁력 있는 경제는 혁신에 달려 있고, 혁신
은 창조성에 달려 있다고 주장하는 사람들 중 하나다.

레스닉의 말대로 "오늘날 급변하는 세상에서 사람들은 예기치 못한 문제에 대비해 끊임없이 창의적인 해결책을 찾아내야 한다. 성공은 당신이 무엇을 아는가에 또는 얼마나 많이 아는가에만 달려 있는 것이 아니라 창의적으로 생각하고 행동하는 능력에도 달려 있다." 한마디로 우리는 더 이상 '정보의 시대'나 '지식 경제' 속에서 살지 않고 '창조적 사회'에서 산다. 시장도 대체로 이와 일치한다. 2007년에 실시된 한 조사에서 공립학교 교장의 99%와 미국 기업 중역의 97%가 직장에서 점점 더 중요해져가는 '능력'으로 창조성을 꼽았고 그 발달에 학교교육이 결정적이라고 대답했다.

필요한 능력을 갖추도록 하기 위해서 교육은 두 가지 책임을 균형 있게 다루어야 한다. 이미 확립된 지식(읽기, 쓰기, 계산 같은)을 변형하고, 새로운 지식을 구축하고, 미해결 문제(여기에는 빈곤, 질병, 환경 악화, 가상현실에서 존재하는 방식 등이 있다)를 해결하는 역량의 육성이 바로 그것이다. 이미 놀이를 통한 학습, 예술 통합적 교육, 놀이에 기반한 모형 만들기를 통해 창조성 교육을 꾀하려는 교육적 추세가 엿보인다. 여기서 제기된 문제들은 다음과 같다. 도구 상자에 가상 세계 창조를 추가해야 하는가? 창조적 상상력을 집단적으로 교육하는 데 월드플레이 전략을 이용할 수 있는가?

데보라 마이어를 비롯해 현재 그리고 가까운 과거에 초, 중등학교에서 근무하거나 근무했던 사람들은 그런 일이 이루어질 수 있고 이루어져야 한다고 주장한다.

데보라 마이어와 교실에서의 가상 놀이

교사, 교장, 학습 이론가 및 교육개혁 주창자인 데보라 마이어는 그녀 자신이 특별한 기술의 달인임을 입증했다. 그녀는 무無에서 학교를 만든다. 시카고에서 유치원 교사로 출발해 필라델피아와 뉴욕으로 옮겨와 아이들을 가르쳤던 마이어는 학교교육에서 우월성을 위한 필수 불가결한 요소가 무엇인지 궁금했다. 1970년대에 할렘의 센트럴파크 이스트Central Park East, CPE 초등학교 설립자이자 교장으로, 마이어는 뉴욕에서 가장 가난한 지역 중 한 곳에서 몇몇 혁신적인 아이디어를 시도할 기회를 얻었다.

10년이 지나지 않아 이 아이디어들의 효과를 암시하는 증거들이 나타나기 시작했다. 1985년, CPE 초등학교 졸업생이 고등학교까지 마친 비율은 85%까지 급상승했는데 이는 도시 전체 비율이 50%인 것과 사뭇 대조적이었다. 게다가 CPE 학생 3분의 2가 대학에 진학했는데 이는 물론 전례 없는 숫자였다. 용기를 얻은 마이어는 센트럴파크 중고등학교를 세웠고, 6년이 지나지 않아 그 고등학교는 95%의 학생을 졸업시키고, 90%의 학생들이 대학에 진학했다.

"미국 교육계에서 매우 독창적인 사고의 소유자들 가운데 하나"로 간주되는 마이어는 확실히 특별한 것을 이루어냈다. 앞서의 성공에 힘입어 그녀는 CPE 학교들의 설립자에서 같은 생각을 지닌 학교들의 네트워크 조직자로, 쇠퇴해가는 두 고등학교의 성공적인 개혁으로, 대학과 정책 기구에서 자문하고 연구하는 역할로, 다시 보스턴 극빈 지역 중 한 곳에서 직접 선도 학교인 미션힐Mission Hill 학교를 설립하는 일로 돌아와 초대 교장을 맡는 등 맹활약을 이어나갔다.

다른 곳과 마찬가지로 그녀는 그곳에서도 교육 활동의 중심에 아동을 놓는 교수, 학습 철학을 표명했다. 그녀의 학교는 공교육의 한계를 극복하고 사다리 맨 아래에 있는 학생들이, 그들 특유의 낮은 기대치에 반하는 결과를 얻는 것이 가능하다는 사실을 보여주었다. "CPE 산하 네 개 학교는 저마다 풍부하고 재미있는 커리큘럼을 제공한다. 효과적인 아이디어와 체험으로 가득 찬 이 커리큘럼은 학생들에게 더 많은 것을 배우고 싶다는 생각을 불어넣으려는 것으로, 세상을 이해하고 거기에 영향을 미칠 자신의 능력을 신뢰하는 학생들의 자연스러운 욕구를 지지하는 것이다."

이러한 철학이 실제로 어떻게 실행되었을까? 마이어 등의 설명에 따르면, 교실에서의 실행을 살펴보건대 가상 세계 창조와 아주 비슷한 것이 그 학교에서 중요한 역할을 했음을 알 수 있었다고 한다. 아마 그녀 자신이 월드플레이에 익숙한 사람이었기 때문일 것이다.

맥아더 펠로로서 월드플레이 프로젝트에 참여한 마이어는 가상 친구와 놀던 어린 시절을 설명했다. 그녀가 어찌나 설득력 있게 인물을 창조했던지 가족들은 그 '친구'가 그들이 아직 만나지 않은 누군가라고 생각할 정도였다. 마침내 그녀는 공상 속이나 혼자 중얼거리는 이야기 속에서 만나는 많은 가상 인물들의 명단과 가계도를 만들었다. 그녀가 어른이 되고 난 뒤에도 계속된 그들의 '진행 중인 모험담'은 마이어가 어릴 때 많은 시간을 투자했던 놀이였다. 그녀는 남동생과 함께 그런 식으로 놀았다.

다른 많은 아동들과 마찬가지로 마이어 남매도 블록으로 도시를 건설하고, 나무집, 도로 및 기타 실제 장소들을 만들었다. 또 잔디밭에 열차 노선을 만들어 다음 정거장까지 자전거를 타고 다니기도 했다. "이따금 우리 중 하나는 완행열차가 되고 하나는 급행열차가 되기도 했다. …우리는 날이면 날마다 그러고 놀았다." 마이어가 인터뷰에서 털어놓은 말이다. 나중에 돌이켜보면서 그녀는 가상 놀이에 대한 관심의 성격이 저마다 달랐다는 걸 깨달았다. "나는 그 세계에 사람을 살게 하는 일에 더 몰두했고, 동생은 어떻게 하면 모든 것이 잘 어울릴지 등을 생각하면서 그 환경을 구체적으로 조성하는 일에 더 많이 관여했다."

마이어의 말대로 동생은 놀이 구조에 더 많이 기여했고, 그녀는 놀이 스토리에 더 많이 기여했다. 놀이에는 두 요소가 다 필요했고, 양쪽 다 놀이 활동에 서로 다른 의미를 제공했다. 그들 남매가 어른이 되어서도 계속 장소와 공간을 건설하며 살아온 것은 전혀 놀라운 일이 아니었다. 동생은 건축가가 되어 실제 설계에 몰두하고, 그녀는 교사가 되어 아주 특별한 실제 시설, 즉 공립학교 안에서 사람과 사람 사이의 경험을 구체화하는 데 집중했다.

마이어의 경우, 성인기의 직업은 아동기의 놀이와 상당 부분 비슷했다. 그녀는 "학교가 어느 정도 사적인 세계"이기 때문에 학교를 좋아했다. 그리고 성공적인 학습 환경 설계는 성공적인 가상 세계 설계처럼 구조와 스토리 둘 다를 필요로 했다. "나는 우리 자신을 투자할 수 있는 모든 것을 사랑한다. 우리는 학교의 미학에 대해 고민할 수 있고 또 구내식당과 음식에 대해서도 고민할 수 있다. …창 안으로 어떻게 빛이 들어오는지에 대해서도 걱정할 수 있고, 아동들의 사회생활에 대해서도 걱정할 수 있다. 학교 안에 인생의 모든 양상이 다 들어 있다."

다른 말로 하면 당신은 각 교실의 물리적 환경과 날마다의 이야기에 관여할 수 있고, 둘을 조직하는 더 나은 방법을 상상할 수도 있다. 모든 아동들이 건강하게 성장하고 발전하는 스토리가 마이어에게 깊은 만족감을 주었다. "나는 꼬마 둘이 복도를 깡충거리며 뛰어다니고 서로 킥킥거리며 웃는 걸 보면 아, 우리가 여기에 이런 일들이 가능한 이 작은 세상을 만들었구나, 라고 생각할 것이다."

수많은 가능한 일들 가운데 마이어는 특히 초등학교 교실에서의 가상 놀이에 헌신적이었다. "우리는 혼자서 또는 친구들과 함께 가상 활동을 하고 가상 세계를 건설할 수 있도록 아동들에게 충분한 공간을 줄 필요가 있다." 그녀가 프로젝트 인터뷰에서 한 말로, 특히 아동들이 제도의 벽 안에서 많은 시간을 보낼 경우에 더 그렇다고 했다. 그런데 다음과 같은 문제는 예나 지금이나 똑같다. 근래 들어 미국 전역의 교육정책이 수업 시간에 상상 활동을 몰아내고 있는 추세였다. 지난 10년 이상, 초등학교는 말할 것도 없고 유아원, 유치원 수업 편성에서조차 놀이 시간은 심각하게 단축되어왔다. 학교 준비도school readiness에서 학과 공부와 시험을 최우선으로 여기도록 국가적으로 매진해온 탓이다.

하지만 놀이 준비도play readiness를 무시할 경우 창조성 준비 또한 무시한다고 보는 것이 당연하다. 마이어는, "우리가 자연스럽게 놀이에 빠졌을 장소를 줄일 경우에… 또 우리가 몇십만 년 동안이나 당연히 여겨왔던 것을 바꿀 경우"에… 그것이 상상력에 어떤 결과를 미칠지 궁금했다. 그녀가 《아이들이 가진 생각의 힘》[원제 : The Power of Their Ideas](1995)에서 밝힌 바에 따르면, "상상 놀이의 즐거움은 재능을 타고난 소수에게만 적합하고, 방과 후 자발적 참여자에게만 제공되는 사치"가 아니라 오히려 모든 아동들에게 필요불가결한 것이다. 실질적으로 이것은 자유 놀이를 위해 후미진 장소와 시간을 보호한다는 뜻이다. 또 교사들이 교과 과정에 맞게 제안된 놀이를 위한 무대를 마련하듯이, 가상 놀이 또한 교실 활동으로 엮어낸다는 뜻이기도 하다.

이는 세심한 주의를 요하는 일이 될 것이다. 가상 놀이는 촉진할 수는 있지만 실제로 부과할 수 있는 것은 아니다. 마이어는 세심하게 주의를 기울이면서, 블록 쌓기나 예술과 공예 활동 분야든, 아니면 책 속에서든 "아동들이 가상 세계로 들어갈 수 있다고 느낄 가능성을 최대화하기 위해서 있어야 할 것이 무엇인지" 깨달았다. 그녀가 가장 중요시하는 규칙은 다음과 같은 서너 가지다.

첫째, 더 많은 시간을 주라. 20분이라는 시간은 예술, 독서 혹은 자유 놀이에 푹 빠지기에 충분하지 않을 수도 있다. 둘째, 아동들이 저희들끼리만 있다고 느낄 수 있는 공간을 만들라. 안심하고 상상 속으로 숨어들게 해주는 다락, 받침, 지정 구역, 또는 안 보이거나 안 들리게 해서 '사생활의 환상'을 제공하는 칸막이 같은 것을 마련해주라. 셋째, 놀이 구조물에 반복적으로 접근하는 걸 지켜줌으로써 놀이의 지속성을 뒷받침하라. 일주일 내내 똑같은 아이들 몇이 블록 놀이 구역을 차지할 수도 있고, 미술 프로젝트는 똑같은 상상의 장소로 몇 번이나 돌아온 끝에 완성될 수도 있다. 요는 방해를 최소화하라는 게 그녀의 말이었다.

마지막으로, 마이어가 동생과 함께 배운 것으로, 집중하고 몰입하도록 하라. 놀 기회가 주어지면, 아동들은 혼자 노는 걸 더 좋아할 수도 있고 또는 누군가와 협동해서 노는 것을 더 좋아할 수도 있다. 그들은 이야기를 지어내거나 다른 시간과 공간을 건설하는 일 가운데 선택해서 집중할 수도 있다. 또 가상 세계에 조금만 혹은 많이, 부분적으로 혹은 전면적으로 들어갈 수도 있다. 어떤 아동이 스토리텔링이나 시스템 모형 제작 중 어느 것을 더 좋아하는지, 또 그 경험이 중요한 것인지 아닌지, 중요하다면 얼마나 중요한지는 개인의 성향과 기질에 달려 있다. 교실에서의 놀이는 모래 상자와 같다. 그것을 준비해놓으면 아이들이 와서 저마다 제 구역에서 제각기 다른 흥미와 목적을 추구하며 놀 것이다. 달리 말하자면, 교실에서의 가상 놀이는 많은 입구와 많은 결과를 얻는 교육 수단이 될 수 있다.

교실 월드플레이 약사略史

1960년대 후반부터 1990년대까지 미국의 작가이자, 프로듀서, 〈미스터 로저스의 이웃Mister Rogers' Neighborhood〉이라는 프로그램의 사회자였던 프레드 로저스Fred Rogers (1928~2003)는 그와 함께 '가상의 이웃'에게 가자고 시청자를 초대했다. 많은 시청자가 전국의 유치원이나 탁아소에 앉아 있는 아이들이었다. 1990년대 초에 교육자 데이비드 소벨David Sobel은 학교 현장에 협동해서 요새나 특별한 장소를 만드는 것을 옹호했다. 2000년과 2004년에 미국 정부는 화성 천년 프로젝트Mars Millennium Project의 일환으로 아동, 십대 청소년, 청년들이 화성에 있음 직한 우주 정거장과 행성 전진기지를 상상하도록 장려했다. 시간, 장소, 심지어 목적까지 별개인 이 프로젝트는 아무튼 '안내된' 월드플레이 혹은 '유도된' 월드플레이라는 용어로 불릴 수도 있는 것을 공유한다.

똑같은 교육적 목적 아래 이 같은 다양한 프로그램을 배치하면 그것들의 공통 가치가 더욱 정확하게 이해될 수 있다. 유도된 월드플레이 내의 학교 수업 계획은 배울 수 있는 가상 놀이, 상상, 지식의 구축 과정을 가르치는 수단으로서, 창조적 역량을 키우는 더욱 큰 교육 전략의 일환으로서 중요하게 자리매김할 수 있다.

가상 도시/상상한 문명

우선 데보라 마이어의 활동으로 나를 이끈 그 월드플레이를 감질나게 힐끔거리는 데에서부터 시작해보자. 1980년대 후반, 할렘의 CPE에서 3학년과 4학년 학생들이 자기네 이웃을 돌아다니면서 가게 주인들과 면담하고, 거리 지도를 그리고, 건물 모형을 만들고, 벽화를 그리면서 도시 환경을 공부했다. 그런 다음 교실로 돌아와서 가상 도시를 세웠다. 그들은 청사진을 그리고 가상 주택 건설 모형을 만들었다. 또 진흙으로 조리 도구를 만들고 옷감을 짰다.

비현실적인 괴상한 악기를 서투르게 연주하는 괴물과 신들이 가상 도시에 살았지만 그것은 학습에 거의 문제가 되지 않았다. 아동들은 가상 세계의 신화적 이야기뿐만 아니라 식탁에 놓을 숟가락, 살 집, 식료품 가게, 시내 지도를 요하는 매우 현실적인 사회문화적 이야기에도 몰입했다.

오랫동안, 사실과 허구가 혼합된 이 재미있는 활동은 CPE 학교들과 보스턴의 미션힐 학교에서 실시된 많은 교육 활동의 특징을 이루었다. 학생들이 주도하는 많은 프로젝트에 '완벽한 섬'을 만들고 '우리들이 원하는 커다란 놀이터'를 집단 공동 작업으로 설계하는 일들이 포함되었다. 전 학급 혹은 전 학교에 해당하는 주제 또한 미래, 현재, 과거에 대한 개인과 집단의 상상력을 자극했다. 여기에는 해양생물학, 교량, 조류, 이웃, 그리스신화 및 셰익스피어 시대의 영국까지 포함되었다.

미션힐에서 학생들은 정기적으로 이집트의 소년 왕 투탕카멘의 가능한 세계를 재현했다. 학교 복도를 굽이쳐 흐르는, "파란색 플라스틱으로 만든 30cm 폭의 나일강" 주변에 자리 잡은 세계였다. 한 번에 3개월씩 학교 전체가 (학년별로 능력에 따라) 일부는 만들고 세우는 일에, 일부는 진짜 같은 과거를 상상하는 일에 참여했다.

물론 모든 아동이 똑같은 방식으로 이 가상의 역사 세계를 경험하는 것은 아니다. 나와 이야기를 나누면서 마이어는 "고대와 현재 사이를 오가며" 투탕카멘 이야기를 지어내던 한 어린 소년을 떠올렸다. "소년이 만든 이야기 속 인물들은 그에게는 현실적이다. …그가 투탕카멘이 정말로 존재했는지 잘 모르는 것처럼 투탕카멘도 그가 정말로 존재한다는 것을 믿지 않는다." 이 소년은 상상한 세계 속으로 완전히 빠져들어갔다. 이야기라는 소우주를 통해 가상의 역사는 그의 마음과 생각속에서 생명을 얻었다.

마이어는 그의 몰입을 고대 이집트 신문을 만드는 데 상상 활동을 집중시킨 다른 아동들의 것과 대조했다. 자신들의 가상 놀이가 시대면에서 맞지 않는다는 것을 잘 알고 있는 "그들은 재미있게 놀기는 했지만 정말로 이집트에 있는 것은 아니었다." 그들은 모의 현실이라기보다는 '수작업 프로젝트craft project'로서 상상 활동을 한 것이다.

그럼에도 두 경우 다 놀이는 교육적 목적에 도움이 되었다. 상상한 세계가 아무리 완벽하다 하더라도 그것을 사실로 가정하는 것은 비판적 사고를 자극하는 것이다. 마이어가 이해하고 분명하게 말했듯이, 이것은 학생들이 증거에 대해 질문하고 검사하고 다시 질문하는(그것을 어떻게 아는가?) 것을 배운다는 뜻이다. 관점을 세우고(누가, 왜 그것을 말했나?) 원인과 결과를 생각해내고(무엇이 무엇으로 이어졌나?) 가설을 세우고(그렇게 가정하면 어떻게 될까?) 타당성과 씨름하는(무슨 상관인가?) 것을 배운다는 뜻이다.

가짜로 투탕카멘과 만나는 놀이를 한 어린 소년을 생각해보라. 그 간단한 이야기 속에서 그는 증거 및 관점 문제와 씨름했다. 한때 투탕카멘이 살았었다는 걸 내가 정말로 어떻게 알지? 만일 처지를 바꿔놓고 생각한다면, 내 존재가 의심스러울까? 원인과 결과 및 가설 세우기와 관련된 문제들 역시 이야기를 끌고 나가는 중요한 요소가 되었다. 투탕카멘과 내가 서로 이야기를 나눌 수 있다면 어떻게 될까? 무슨 일이 벌어질까? 그는 나의 존재를 믿을까? 마침내 소년은 상상 활동의 타당성 문제에 직면했다. 시간의 방향성이 나를 어떻게 느끼게 할까? 역사 속에서 나의 관점은 무엇일까? 가상 놀이는 중요한 사고 능력이 작용했다는 증거를 지니고 있다.

있을 법하지 않은 지리와 그 밖의 유토피아들

1970년대 초, 마이어가 할렘의 실험적 학교들의 커리큘럼에 상상 활동을 짜 넣기 시작하던 무렵 작가 리처드 머피Richard Murphy가 맨해튼의 공립학교 6학년과 8학년 학생들과 함께 비슷한 작업에 착수했다. 그는 그 학교에서 유토피아에 대한 생각을 주제로 글쓰기 프로젝트를 선도했다.

그는 자신의 실험에 관해《가상 세계, 새로운 커리큘럼에 대한 메모 Imaginary Worlds, Notes on a New Curriculum》(1974)에서 자세히 설명했다. 머피는 지리와 사회 수업 시간에 학생들에게 가상 대륙 지도를 그리라는 과제를 부여했다. 머피는 그들에게 자신이 만든 가상 국가의 풍경, 건축, 기술, 정부 및 법에 대한 에세이와 이야기도 쓰라고 요구했다. 그 하나하나가 전체 세계를 건설하기 위한 작은 '장章'이나 구성 요소로 쓰일 수도 있다는 희망을 품고……

어떤 프로젝트에는 개인별 이야기 쓰기가 포함되어 있었고 어떤 것들에는 극작劇作 같은 소집단 활동이 포함되어 있었으며 나아가 학급 전체 공동 작업과 관련된 프로젝트도 있었다. 아동들은 일치단결해서 각자 개인적으로 쓴 장章으로 '왼쪽으로 도는 나라'의 가상 지리를 완성하는 데 기여했다. 정말 우연히도 그들 역시 자발적 월드플레이의 전형적 특징인 구조적 언어 창제에 발을 들여놓았고, 그 작업 덕분에 월드플레이는 더욱 활기를 띠게 되었다. 학생들은 단어를 만들고, 뒤섞인 개념을 위해 사전적 정의를 만들었다. 결국 머피가 바란 대로, 아동들이 수업 계획 바깥에서, 또 그것을 뛰어넘어서 창조할 수 있는 상대적 자유를 누린 덕분에 지리 공부는 수업 이상의 것이 되었다. 그의 말을 빌리면 비전이 된 것이다.

그 후로 머피가 마음속으로 상상하던, 예술이 주입된 가상 세계 활동은 현대 교실에 반향을 불러일으켰다. 예를 들어 아동 도서《록사복슨Roxaboxen》(1991)을 살펴보자. 이 책은 모래, 선인장, 버려진 나무 상자들로 온통 뒤덮인 바위 언덕에 끈끈한 유대 관계를 자랑하는 어린이들한 무리가 가상 마을을 건설하는 이야기다. 앨리스 맥레런Alice McLerran 은 어머니 메리언 도안의 어린 시절 놀이에 의거해 이 이야기를 지었다. 그녀의 어머니는 열두 살이던 1916년 여름에 다섯 장으로 구성된 '록사복슨 역사'를 기록했다. 오늘날 인터넷으로 'Roxaboxen'이나 'lesson ideas'라는 단어를 검색해보면 그림책을 이용한 몇백 가지 학습 활동이 링크되어 있는 것을 발견할 수 있다.

이들 수업 계획의 대부분은 학생들이 특정한 커리큘럼 목표에 유의하도록 훈련하는 데 있다. 예를 들어 텍사스의 산 안토니오 매직 시어터Magik Theatre of San Antonio가 마련한 수업 안내서는 영어로 된 언어예술과 읽기 및 사회와 과학 과목의 표준을 명시하기 위해 책과 그 책을 연극으로 만든 결과물을 단단히 결합한다. 하지만 안내서는 또 교사들에게, 수업 중에 그들 자신의 록사복슨을 협동해서 만드는 학생들을 포함시킴으로써 이 지식의 기본을 뛰어넘으라고도 제안한다.

그 같은 교실 월드플레이가 주장하는 교육의 과제 및 그것이 제기한 질문은 교육 목표의 유명한 금자탑인 블룸Bloom〔교육 과정과 교수-학습 및 교육 평가 분야에서 세계적 학자로 평가받는 미국 교육심리학자(1913~)〕의 분류법으로 평가할 수도 있다. 커리큘럼 내용과 관련해 매직 시어터 안내서는 묻는다. "이야기 속 등장인물은 누구였는가?" "동물이 사막에서 살려면 무엇에 적응하는 게 필요한가?" 이러한 질문의 목적은 지식을 상기하고 그것을 이해하는 훈련을 하는 데 있다.

수업 중 가상 마을 건설과 관련해서 안내서는 질문한다. "당신은 경찰관이나 시장으로서의 역할을 어떻게 수행할 것인가?" "당신의 커뮤니티 건설을 쉽게 혹은 어렵게 하는 것은 무엇인가?" "커뮤니티에 필요한 규칙은 어떤 종류의 것이며 왜 그렇다고 생각하는가?" 흥미롭게 도 이들 질문은 블룸의 분류법 단계상 지식의 응용, 분석, 평가라는 더 욱 복잡한 단계로 나아간다. 가상 세계 만들기 활동 역시 아동들을 분 류법상 지적 행동의 최고 단계에 속하는 활동에 참여시킨다. 바로 습 득한 지식의 서로 다른 부분들에서 새로운 통일체를 창조하거나 통합 하는 일이다.

비전 탐색

아동들은 상상의 순간으로 들어와 자신과 사회에 대해 규정되지 않 은 새로운 것을 발견할 경우, 그 창조적 통합체를 얻으려고 애쓴다. 이 런 이유로 드라마 전문가이자 수석교사인 스테이시 코츠Stacey Coates는 학생들에게 가상 영토의 특별 입장권을 제공하려고 무척 열심히 노력 했다. 예를 들어, 20년 동안 워싱턴 D. C. 의 사립학교에서 학생들을 가르치는 동안, 그녀는 연극의 반응을 일련의 미션 탐색 과정에 포함 되는 문학, 역사 및 과학 교과 커리큘럼으로 통합했다. 미션 탐색을 성 공적으로 수행하기 위해서는 학과 지식, 문제 해결 능력 및 협동적 태 도가 필요했다.

예를 들어 4학년 아동들은 역사와 과학과 가상 놀이가 한데 합쳐진 폼페이로 여행을 갔다. 아동들은 화산과 로마 문명에 대해 배웠다. 코 츠의 말대로라면 그들은 또 "화산이 폭발하기 전에 다른 곳으로 옮기 라고 사람들에게 경고하기 위해 폼페이 옆 작은 마을로 가는" 영웅적 행위를 하기도 했다. 물론 "진짜 마을이 아니라 그들이 만들어낸 가상 마을"이었다. 이 가상 주민들이 그들을 믿도록 설득하기 위해서는 해야 할 말을 시로 읊어야 했다. "따라서 모든 아동 그룹은 저마다 자신들이 온 목적을 설명하려고 시를 지었다."

또 아동들은 특정한 능력을 부여하는 특정한 징표를 허리에 차고 다녔다. 필요한 데이터에 모조리 접근할 수 있는 컴퓨터 칩, 눈에 보이지 않도록 된 정족晶簇〔암석이나 광맥 따위의 속이 빈 곳의 내면에 결정을 이룬 광물이 빽빽하게 덮여 있는 것〕, 어떤 생물의 말이든 다 할 수 있게 해주는 작은 장난감 동물 같은 것들이었다. 마지막으로 사실적이고 허구적인 틀이 모두 제자리를 잡으면 아동들은 손짓, 발짓으로 의사소통을 하며 상상한 과거 속으로 들어갔다. 그곳에서 그들은 늑대가 사는 계곡을 살금살금 통과해서 마을의 갈라진 담장 틈을 간신히 빠져나가고, 지혜로운 올빼미에게 방향을 알려달라고 사정하고, 성스러운 신전을 발견하고, 신전의 여신에게 그들이 지은 시를 읽어주고, 고대의 마을 사람들에게 위험을 피해 도망가라고 설득했다.

코츠도 제대로 이해했듯이, 이런 식으로 허구적이거나 역사적인 사건을 실제처럼 꾸미는 것은 남녀노소 할 것 없이 모든 관련된 사람들이 의심을 잠시 보류하는 임시 가상 세계를 건설하는 것이다. 그녀는 가상 세계를 믿도록 하려고 항상 신중하게 준비했다. 여기서 능력, 과업, 임무가 생기는데 그 모든 것들이 학생들에게 글자 그대로 또 비유적으로 그 여행에 자신을 바치라고 요구한다.

이 예술 통합적 월드플레이가 효과를 발하기 위해서는 교사 역시 자신을 바쳐야 한다. 사춘기 초기에 코츠는 가장 친한 친구와 비밀스러운 언어와 의식을 공유했다. 교실 월드플레이에서 그녀는 어린 시절의 가상 놀이와 거기에 몰두하면서 경험했던 그 '다정함과 감수성'을 되찾으려고 애썼다. "내가 교사들에게 권고하는 것은 엄청난 진지함이다. …이 가상 세계에 대한 굉장한 확신과 막강한 믿음을 강조하는 이유는 그래야 아동들도 이것을 진지하게 받아들이기 때문이다." 지지하고 존중하는 분위기를 확립하면 "가상 놀이에 관해 무엇이든 다 가능하게 되고 그렇게 되면 그 놀이 안에서 학습과 문제 해결에 관해 무엇이든 다 가능하게 된다"는 게 코츠의 주장이었다.

마을 놀이와 세계 놀이

문제 주도형 학습이 허구적 가장 놀이와 결합하면 학생들은 "대상에 대해 아는 것"과 "방법을 이해하는 것"을 통합한다. '마을 놀이Game of Village'는 이것을 확실하게 보여준다. 1970년대와 1980년대에 뉴햄프셔 여름 캠프에서 처음으로 선보인 이래 이 놀이는 미네소타 캐슬록 소재 자율형 공립학교인 프레리 크리크 커뮤니티 학교Prairie Creek Community School의 교실 수업으로 통합되었다.

프레리 크리크의 교사들은 미셸 마틴Michelle Martin의 지도 아래 4, 5학년 학생들에게 24분의 1 크기로 축소한 세계 모형을 만들게 하기 위해서 해마다 연말에 한 달씩 남겨두었다. 놀이가 시작되면 아동들은 '찍찍이'라 불리는 작은 인형을 만든다. 찍찍이는 마을 회의에 참석하고 학교에 인접한 들판의 소유권도 갖는다. 사람이라고 하는 게 더 나을 것 같은 그들은 집을 짓고, 땅을 개발하고, 그 가치를 찍찍이 달러로 평가하며, 찍찍이 사업을 전개하고, 커뮤니티의 행동을 촉구하는 제안서를 작성하고, 마을 정부를 육성한다.(그림 10-1 참조)

프레리 크리크는 오랫동안 마을 놀이를 했는데 놀이 내용이 비슷한 경우가 한 번도 없었다. 학생들은 사회주의 군주국들뿐 아니라 민주주의국가들도 세웠으며 약탈을 저지르는 달팽이뿐 아니라 홍수를 일으키는 비와도 싸웠다. 교사들은 국가 정부의 일원으로 놀이에 참여했는데 사실 그들의 역할이란 요령껏 지도하는 일에 불과했다. 코츠와 마찬가지로 그들도 가상 놀이가 존중되어야 한다고 확신하면서, 놀이도 시종일관 사실 같고 발생하는 문제들도 현실적으로, 또 실질적으로 해결되고 있다고 확신한다.

마을 놀이에서 마법은 허용되지 않지만 수학(규모를 측정할 수 있는 건 모두!), 사회, 경제 및 언어예술은 무척 많았다. 학생들은 찍찍이 전기와 찍찍이 커뮤니티 제안서를 작성했다. 그들은 미니어처 책을 출판하고 유모차, 마분지로 만든 달걀 상자, 팽창 침대 등 특허를 낼 수 있는 발명품을 제조해서 시장에 내다 팔았다. 어떤 학생들은 심지어 찍찍이를 지방 찍찍이 대학에 보내기도 했다. 마을 축제와 함께 놀이가 막을 내

[그림 10-1]
프레리 크리크 학교의 마을 놀이(2011년 6월). 왼쪽이 찍찍이, 오른쪽이 찍찍이 집.

린 후에도 많은 학생과 교사들에게 찍찍이는 여전히 살아 있으면서 학과 공부에 대한 흥미와 야망에 영향을 미치고 있다.

2010년, 스코틀랜드에서 고학년 학생들을 대상으로 그와 비슷한 활동이 이루어졌다. 스코틀랜드 중등학교(미국으로 치면 중고등학교) 일곱 곳이 〈비상사태State of Emergency〉라는 일주일짜리 쌍방향 인터넷 드라마에 참여했다. 5분짜리 '뉴스 속보'가 학생들을 정체불명의 허구적 국가와의 고조되는 갈등 속으로 깊숙이 끌어들인다. 함께 만들기Co-Create라는 후원 프로그램의 이름에 걸맞게 학생들은 언론인, 국제기구 구호담당자, 난민 및 곤경에 처한 시민으로 가상 사건에 대응했다.

학교마다 활동 내용은 달랐다. 학생들은 가상 군인, 정치가, 과학자들과 직접 대화를 나누었다. 그들은 어떻게 뉴스를 방송하고, 전력을 생산하고, 응급조치를 취하고, 기금을 모으고, 보급품 부족에 대처하는지 배웠다. 과학기술적으로 보강된 가상 놀이를 하면서 그들은 언어, 미디어 예술, 사회, 경제학에서 문제 지향적 학습에 푹 빠져들었다.

가상 세계 놀이하기

이제까지, 유도된 월드플레이 사례들은 주로 자발적 월드플레이 활동을 실시하고 기록하는 일을 모방하면서 대체로 예술 통합적 교육이라는 깃발 아래 모여 있다고 할 수 있다. 그런데 추가 사례들은 월드플레이의 다른 요소들도 새로운 테크놀로지와의 결합을 통해 교육적 목적에 응용될 수도 있다는 사실을 시사한다.

이런 것들 가운데 컬럼비아대학 기술공학 학습 연구소Institute for Learning Technologies, ILT에서 개발 중인 수업용 컴퓨터게임이 있다. 읽기와 쓰기 연구에 따르면 마음속으로 '이야기 세계'를 떠올리는 독자들이 서사적 정보를 간직하는 데 더 능숙하다고 한다. ILT 소장 존 블랙John Black은 여기에 의존해 컴퓨터를 이용한 교육 환경에서 그리고 초등과 중등학교 과학 학습에서 그가 '가상 세계'라고 부르는 것의 역할을 연구했다.

블랙에게 '가상 세계'란 현실 세계가 어떻게 돌아가는지에 대한 심적 모형과 추측을 가리키는 말이다. 혼자 마음속으로 추론한 지극히 개인적인 '~라면 어떻게 될까'식의 추측이기 때문에 이들 가상 세계는 합의된 대중의 이해와 일치할 수도 있고 그렇지 않을 수도 있다. 화성 천년 프로젝트에서 가능한 식민지를 설계하는 중학생들과 작업하면서, 그는 물리적·생물학적·사회적 시스템에 대해 사람들이 동의하는 정확한 심적 모형을 만드는 학생들의 능력이 컴퓨터로 보강된 교육으로 더욱 쉽게 발휘될 수 있음을 보여주었다.

학생들이 시스템 요인을 조작할 수 있도록 해주는 컴퓨터 시뮬레이션이 특히 적합한 것으로 드러났다. 특히 저학년 학생들은 수업 자료에 "직접 조작 애니메이션을 사용하는 그래픽 시뮬레이션"이 포함되었을 때 정확하게 이해하고 오래 기억하는 경향이 가장 두드러졌다. 달리 말하면 어린 학생들은 컴퓨터로 움직이는 롤러코스터 자동차를 제어하고, 자신들의 운동에너지에 즉각적 피드백을 받을 경우 물리학을 가장 쉽게 배웠다. 가상 세계 건설은 특히 컴퓨터 시뮬레이션과 게임 형식으로 "작동하게 만들어질 수 있을 경우, 아주 생산적인 교육의 본보기처럼 보인다"는 게 블랙의 결론이었다.

실험실에서 블랙과 ILT 팀원들은 컴퓨터게임에 기반을 두고 다양한 커리큘럼 주제들의 심적 모형을 제작했다. 예를 들어 리얼 플래닛REAL Planet에서, 학생들은 외계인에게 지구와 유사한 환경조건을 지닌 가상 행성에서 어떻게 생태계를 설계해야 하는지 가르친다. 모형 만들기는 월드플레이 자체와 마찬가지로 사실적인 것만큼이나 허구적이다. 실제로 그 게임은 사용자에게 가상 동물들을 만들도록 하는데 심지어 그들은 그것들을 초식동물, 육식동물, 분해자 등으로 세분하기도 한다.

일단 가상 세계를 가상 활동 상태로 만들고 나면, 학생들은 실시간으로 그들이 만든 가상 생태계가 포식자-먹이 관계, 식량 공급, 인구 성장 및 현실 세계와 관련된 여러 요소들을 제대로 설명하는지 배우게 된다. 그들은 자신이 이해한 것을 심사숙고하고 비평하며, 수많은 시뮬레이션 작업과 피드백을 거치면서 그것을 수정한다. 게임은 교과서 지식과 해결책으로 집중되고, 마침내 가상 세계는 사람들이 대체로 동의하는 현실과 일치하게 된다.

게임 기반 수업

블랙의 연구는 논리적으로 두 가지 방향을 지향한다. 컴퓨터를 이용한 심적 모형 만들기와 게임 기반 학습의 확대가 그것이다. 후자에 대한 실험은 이미 진행 중이다. 2010년, 뉴욕시의 첫 시범학교에서 사회적·인지적·기술공학적 능력 배양에 초점을 맞춘, 게임으로 개발된 견본 프로그램이 시작되었다.

퀘스트투런Quest to Learn, Q2L 초등학교 학생들은 이미 컴퓨터뿐 아니라 마분지와 토큰을 이용해 수학, 과학, 언어예술을 쉽게 배울 수 있도록 고안된 게임을 한다. 그들은 또 교사들이 교내 게임 기획자들과 공동으로 개발해 진행 중인 새로운 교육용 게임의 시제품 제작과 테스트에도 참여한다. 그 과정에서 Q2L은 통제된 경쟁적 도전을 선호하고 가상 세계 건설의 매력에 홀리기 쉬운 아동 중기의 상태를 신중하게 이용한다. 게임 기획자이자 이 혁신적 프로그램의 설계자인 케이티 샐런Katie Salen에게 교실에서 게임을 만드는 것은 "미니 월드를 세우는 것과 동등한 것"이다.

코츠의 연극 여행이나 마을 놀이와 똑같은 방식으로, Q2L 학생들은 고대 과거로 들어가는 방법을 연기하며 체험하거나 다른 허구적 현실 속으로 피해 들어간다. 예를 들어 Q2L의 1학년 학생들은 '크리피타운Creepytown'이라는 가상 도시의 거주자로서 경제 위기를 분석하고, 세수를 증대하는 사업을 벌이고, 수학과 영어에서 학년에 적합한 다양한 수준의 전문적 지식을 향상시키기 위해 컴퓨터게임 같은 원정에 참여했다.

2학년이 되면 똑같이 허구와 사실이 섞인 것이 로스 플랫Ross Flatt 선생의 영어와 사회 수업에서 하는 게임에 스며든다. 갤럭틱 매퍼스Galactic Mappers 선생의 학생들은 가상 대륙 지도를 만들려고 공동 작업을 하면서 지리적 세부 사항을 정교하게 완성할 수 있도록 안내해줄 '특징 카드'를 뽑는다. 이어지는 게임 '인해비테이션Inhabitation(거주)'에서 학생들은 먼 옛날 인류의 정착에 필요한 다양한 자원을 획득하려고 전략을 세운다. 플랫에 따르면, 특정 학년 수준의 능력에 맞춰 설계된 이들 게임에는 교과 지식을 '알 필요'를 만들어내는 '많은 가상 놀이'를 위한 공간도 있었다. 가상 인물과 커뮤니티를 위해 진짜 같은 문제들을 해결하기 위해서였다.

사이버 공간에서 심적 모형 만들기

천재처럼 생각하기®Think Like a Genius®, TLG, 소프트웨어 2.0 같은 여러 교육 도구들은 게임이 아닌 방식으로 컴퓨터를 이용해 심적 모형을 만든다. 9장에 나왔던 예술가이자 심리학자인 발명가 토드 실러가 개발한 TLG 플랫폼은 3D 화면과 가상 모형이나 '월즈™worldz™'를 만들 수 있는 오브젝트, 커넥터, 배경, 풍경 세트를 제공한다. 그것은 특히 상징 모형 제작이나 효과적인 새 지식을 위해 서로 관계없는 것들의 연결을 탐색하는, 이른바 실러가 '메타포밍'이라고 부른 것에 최적화되어 있다. TLG의 시제품이 만들어졌던 덴버의 교실에서 중학생들은 새로 얻은 생물학 정보를 그들이 잘 알고 있는 다른 것과 관련지었다.

예를 들어, 그 같은 학생 모형 가운데 하나는 인간 세포의 기본 성분을 도식화된 미국 지도에 올려놓는다. 미국과 멕시코 국경을 따라 세워진 담은 세포막을 상징한다. 쓰레기 처리 시설은 리소좀lysosome을 대신한다. 순식간에 세포는 낯익은 특징들을 지닌 사회경제적 커뮤니티가 된다. 그리고 국가는 양분을 섭취하고, 성장을 뒷받침하고, 배설물을 내보내야 하는 살아 있는 유기체가 된다. 모형으로 만들어진 은유의 양쪽 부분에 대한 이해 역시 순식간에 확대된다. 이런저런 사이버 '월즈'에 구체화된 함축적 의미를 알려고 애쓰는 가운데 심적 모형 만들기는 현대 교실에서 "아이들의 집단적 창조성과 독창성을 개발"할 수 있다는 게 실러의 주장이었다.

월드플레이와 구체화된 교육

지금쯤이면 우리가 자발적 월드플레이에서부터 먼 길을 온 것처럼 보일 게 분명하다. 또 실제로도 그러하다. 만일 Q2L 교실이 일관성 있게 응용하는 단계까지 게임을 끌고 간다면, 자발적 월드플레이건 Q2L에서 하는 게임이건 모두 상상의 나라에서 이루어지는 자가 선택한 혼자 놀이와는 다르다. 고립된 예술 통합적 가상 세계 탐험에서는 이러한 응용 단계를 찾아볼 수 없다. 실러가 '월즈'라고 말하고, 블랙이 '가상 세계'라고 말할 때, 그들은 놀이 세계 자체가 아니라 심적 모형 만들기와 교육적 지식의 전수에 기능적으로 공헌하는 정신적 구조물 혹은 상징적 구조물에 관심을 기울이게 한다.

그 과정에서 두 사람 다 교실 안팎에서 이루어지는 모든 형태의 가상 세계 창조에 적용되는 교육학적 주장을 펼친다. 실러는 상징 모형 만들기의 교육적 이점을 실제 이미지, 도표 및 기타 구성된 형태들 같은 구체적이고 비언어적 표현에서 얻을 수 있다고 본다. 블랙은 리얼 플래닛같이 학생이 데이터를 입력하는 시뮬레이션에는 "심적 모형에 대해 근거가 확실하거나 구체화된 인지 접근 방식"이 필요하다고 주장하는데, 이 방식은 복잡하고 역동적인 시스템을 "좀 더 깊이 있게 이해하는 단계"의 학생들을 필요로 하는 게 명백하다.

교육에 관한 리서치 결과도 이들 주장과 일맥상통한다. 최고의 수업에 대한 한 평가에서 비언어적으로 정보를 표현하는 방법이 효과적 수업 전략 베스트 5 안에 들었다. 교실에서 지식의 전수는 말이나 글로 이루어지는 게 일반적 경향이다. 하지만 학생이 지식을 보완하고 뒷받침하는 비언어적 이미지를 만들도록 교사가 도와줄 경우 학습 효과는 증대된다.

비언어적 표현에는 추진 일정, 아이디어 클러스터 및 구조나 절차 도표 같은 그래픽 자료들이 포함될 수도 있다. 그것들은 또 그림 그리기, 마음속으로 이미지 떠올리기, 역할 놀이나 복잡한 신체적 과정을 재현하는 것 같은 모든 신체 활동도 다 아우른다. 이 같은 표현들 가운데 일부는 리얼 플래닛이나 인해비테이션 같은 게임 기반 월드플레이에서 찾아볼 수도 있다. 다른 것들은 크리피타운, 〈비상사태〉, 또는 위더샤인에서 볼 수 있는, 실행된 월드플레이의 총체를 형성한다.

인지 이론은 비언어적 시각화의 교육적 효과뿐만 아니라 실행된 놀이에 대해서도 설명해준다. 신경과학자들은 뇌가 두 가지 방식으로 지식을 저장한다고 가정한다. 어의語義적, 언어적 형태와 모의 심상 및 모의 행동이 그것인데 다시 말하면 그들이 구체화된 인지라고 부르는 것의 지각, 운동, 감정 상태로 저장한다. 그들은 뇌 영상학을 이용해 우리가 떠올린 모습, 소리, 냄새, 맛, 운동 패턴 및 여러 신체 감각과 느낌에 관한 것들에 대해 '안다'는 것을 증명하기 시작했다.

예를 들어, 수탉과 암탉에 대해 생각하면서 우리는 시각 처리 영역을 활성화한다. 또 나이프와 포크를 생각하면서 운동 영역을 활성화하고 달걀 요리를 생각하면서 미각 영역을 활성화한다. 게다가 구체화된 생각을 표현하려고 우리가 사용하는 바로 그 말들이 구체적 신체 지각과 추상적 정신 개념이 뇌에 기반해 결합한다는 더 많은 증거를 제공한다. 예를 들어, 어떤 것을 완전히 이해하라는 의미로 "이것을 네 머리로 감싸라Wrap your head around this"라고 말할 경우 우리는 비물질적인 무형의 개념을 물질적으로 가시화한다.

　그럴듯한 가상 놀이의 재현과 가상 모형이 개인의 경험을 표준 지식에 연결할 경우, 이와 똑같은 구체화된 비유 과정이 월드플레이에 적용된다. 학생들이 고대 폼페이로 상상 속 원정 여행을 떠나고, 마을 놀이에서 마을 회의를 개최하거나 크리피타운에서 은행 파산 모형을 만들 때, 그들은 그 실제 활동에서 윤리적 가치, 행정 절차 및 경제원칙에 대한 암묵적 이해를 추구하며 그 내용을 간직한다. 그리고 바로 그 구체적 형태로 저장된 것이 지식을 좀 더 심사숙고하고 정교화하고 확대하는 쪽으로 수정한다. 실제로 가상 세계는 점점 더 복잡해지는 실제 세계의 개념을 정확히 포착할 뿐만 아니라 우리가 생각하는 방식을 표현하도록 도와준다고도 말할 수 있을 것 같다. 특히 우리가 상상력을 발휘해 창의적으로 생각할 경우 더욱 그러하다.

　신경과학자 등이 연구한 비언어적 감각 인지가 상상력이나 상상 도구를 목적에 맞게 명확하게 표현한 것에 의존한다는 점을 고려해보자. 창조적 인간과 그들의 사고 과정에 대한 연구는 예술과 과학에 걸쳐 최소한 열세 가지 도구가 공통 핵을 형성한다는 점을 시사한다. 관찰, 형상화, 추상화, 패턴 인식, 패턴 형성, 유추, 감정이입, 몸으로 생각하기, 차원적 사고, 놀이, 모형 만들기, 변형, 통합이 바로 그것들이다. 월드플레이는 두루두루 이 모든 것을 충족시키면서 특별히 몇 가지를 훈련한다.

　아동들은 파라코즘을 만들면서 가상 장소에 대한 감각 시뮬레이션을 내면화함으로써 목적에 맞게 형상화하는 법을 배운다. 또 돌멩이를 의인화하거나 가상 인물의 삶을 경험하면서 감정이입을 배우고, 그들 자신의 이야기, 신문, 철도 체계, 마을, 국가 들을 계획하고 실행하는 과정에서 모형 만들기를 배운다. 그들은 놀이 지식과 서사에 대해 일관성 있고 그럴싸한 패턴을 인식하고 형성하는 법을 배운다. 또 그들이 알고 느끼는 모든 것을 원대한 계획으로 통합하는 법도 배운다. 게다가 교실에서 이들 도구가 어떻게 기능하는지에 대한 교사의 깨달음은 지식 습득뿐 아니라 상상력의 평가로도 이어질 수 있다.

교실에서의 월드플레이가 가상 시나리오의 다양한 문서화 작업을 수반할 수 있기 때문에 아동들 또한 다양한 '지성'을 탐색한다. 교실은 전통적으로 언어적·논리수학적 능력을 특별 대접해왔지만 알고 보면 음악적·시각 공간적, 신체적 운동감각 능력 및 개인 능력들도 똑같이 중요하다. 이들 '지성'은 학과 실력뿐 아니라 내면적 감수성이라는 측면에서도 이해될 수 있을 것이다. 교실에서 다양하게 지식을 표현하는 상황에 노출되다 보면 아동은 저마다 인지적 재능(말하자면, 음악적 혹은 시각적 사고)을 발견하고 그 재능을 인지적 약점(신체 운동감각적 혹은 수학적 사고 같은)을 보강하는 데 이용할 수 있게 된다.

이러한 노출과 상호 보강이야말로 월드플레이가 제공하는 것이다. 〈비상사태〉나 폼페이 시간 여행처럼 교실에서의 실행이 언어적·운동감각적·개인적 능력을 훈련한다. 마을 놀이는 학생들에게 수학적·언어적·시각 공간적·신체 운동감각적 지성 및 개인적 '지성'을 최대한 탐색할 것을 촉구한다. 아동 개개인에게 적합하고 또 그들을 자극하는 협력을 통해서……

가상의 유토피아나 역사적으로 그럴싸한 세계, 또는 논리적으로 가능한 생태계의 심적 모형을 만들면서, 학생들은 생각의 도구와 학과 능력을 제약을 두지 않는 질문으로 통합하는 경험을 하게 되고 그 과정에서 많은 것을 배운다. 그리고 문제가 있는 특징과 상상 활동의 필요에 따라서 배우기도 한다. 어떤 문제는 놀이 자체의 가상 차원을 다룰 수도 있다. 나의 외계 행성에는 어떤 동물을 살게 할까? 나는 내 가상의 섬으로 어떻게 가야 할까? 내 찍찍이는 어떻게 먹고살아야 하나? 어떤 문제들은 응용 지식의 타당성을 다룰 수도 있다. 나의 외계 생태계는 어떻게 작동할까? 록사복슨 마을에는 어떤 법이 가장 좋을까? 보이지 않는 외투를 이용하기 위해 내 동료들을 어떻게 설득할까?

게다가 학생들은 기술과 표현 능력 문제에 직면한다. 상징 모형을 어떻게 시각적으로 디자인할까? 2차원으로, 아니면 3차원으로? 내 가상의 섬은 어떻게 묘사할까? 이야기는 평행 현실의 의미를 가장 잘 포착한 걸까? 아니면 그림이나 지도를 그리고, 정교하게 도자기를 만들거나 가상 기계를 설계하고 만드는 게 더 나을까? 이런저런 문제들을 심사숙고하면서 학생들은 해결책을 찾으려고 저도 모르게 관련된 상상 능력, 관련된 기술, 관련된 학과 지식을 찾게 된다. 그들은 온몸과 마음을 다 바치는 학습 방법을 취한다.

초등학교나 중등학교에서 효과가 있는 상상력을 발휘하는 과제는 대학 강의실이나 성인 학습 환경에서도 효과가 있을 수 있다. 월드플레이 프로젝트 워크숍에 참가하는 교사, 예술가 및 기타 참가자들은 자신이 참신하고 독특한 방식으로 생각하고 구성하면서 재미도 느낀다는 사실을 깨닫는다.(그림 10-2 참조) 이들 가운데 하나인 미술 교육가 렌 헐렌더 Ren Hullender 는 센트럴 미시건대학 아동교육과를 위해 일주일짜리 월드플레이 세트를 계속 개발해왔다.

[그림 10-2]

화성 엔트족 인형. 성인 월드플레이 워크숍 작품(2011년 5월).

학기 초에 헐렌더는 학생들에게 아무 제약 없는 가상 세계를 만들도록 지도했다. 그러자 학생들은 그림을 그리고, 무언가를 쓰고, 손으로 만든 책을 만들면서 그것을 기록했다.(그림 10-3 참조) 놀랍게도 많은 학생들이 월드플레이 내에서 이어지는 할당된 임무를 자발적으로 통합했다. 한 학기 과정이 다 끝났을 때 수업의 감동은 높아졌고 연대감도 급상승했다. 연수를 받는 많은 교사들이 처음에는 가상 놀이 참여를 망설였지만 과정이 끝날 무렵에는 코츠의 '다정함과 감수성' 일부

[그림 10-3]

가상적인 공존의 세계 추진 일정. 대학 강의 시간에 손으로 만든 책(2010년 가을). "1937년 7월 2일, 아멜리아 에르하트의 세계 일주 비행 중에 비행기가 추락하자… 심해(深海)에 거주하는 동물들이 그녀의 뇌와 얼굴을 활용해 물고기와 사람이 혼합된 최초의 생물을 만들려고 함."

를 되찾았다. 교실 수업에서의 가상 놀이뿐 아니라 그들 자신의 상상력 발휘를 위해서도 바람직한 일이었다.

창조적 학교 수업 : 경고와 부름

월드플레이의 교육적 효과는 다음과 같이 요약될 수 있을 듯하다. 감각적 경험이 풍부하게 관련되면 관련될수록, 그 표현 방식이 다양하면 다양할수록, 새로운 정보를 이전 정보에 연결하는 관계가 개인적이고 재밌으면 재밌을수록 장기간에 걸친 효과적 학습도 그만큼 더 많이 일어난다. 대체로 월드플레이가 학교 수업에 활용될 가능성이 많으므로, 그것이 창조적 효과를 거두려면 그만큼 유의 사항을 염두에 두어야 한다.

커리큘럼 일정이나 정답에 너무 집착하거나 학생들이 놀이의 변수에 상상력을 발휘한 여지가 거의 없는 유도된 월드플레이는, 지식을 전수하는 데는 도움이 될지 몰라도 창조성 훈련에 도움이 될지는 불투명하다. 이 점에서 리얼 플래닛 같은 교육 도구는 실러의 상징 모형 만들기보다 쓸모가 덜할 것 같다. 또 상징 모형 만들기 하나만으로는 예술 통합적 수업에서, 마을 놀이나 기타 세계 건설 활동같이 다양하게 기록하고 가볍게 지도받는 접근 방식보다 덜 효과적일 수도 있다.

그렇긴 해도, 교실에서의 가상 세계 창조는 창조적 사고와 행동 방식을 가르치는 데 효과적인 수단일 것 같다. '수단일 것 같다'라고 쓴 이유는 전 미국의 교실 대부분, 학생 대부분에게 월드플레이는 몽상에 불과하기 때문이다. 후미진 곳, 예술, 또 다른 형태의 재미있는 학습을 포기한 많은 초등학교와 중학교 들은 상상하는 능력이나 창조적 비전 훈련을 위해 나이에 걸맞은 '현장'을 갖추고 있지 않다. 특히 아동 중기 연령대에 최적화된 교육 도구로서 월드플레이가 모든 가능성을 지니고 있음에도 대부분의 현대 교실에서 여전히 그 존재를 찾아보기 힘들다.

어떤 사람은 이 사태를 교육정책 탓으로 돌리기도 하는데, 부당하게도 학습과 놀이를 경쟁에 붙인다는 것이다. 또 누군가는 데보라 마이어, 리처드 머피, 스테이시 코츠, 미셸 마틴, 존 블랙, 토드 실러 같은 사람들이 경험에 의거해 월드플레이 효과를 보증했는데도 연구자들이 그것을 증거에 기반한 효과적인 교수법으로 응용하는 데 어려움을 겪는 탓이라고 말하기도 한다. 월드플레이는 확실히 창조성 교육의 조직 원리로서 실행에 옮겨지거나 아니면 어떤 체계적인 방법으로라도 테스트를 받아야 한다. 어쨌거나 이 책에 실린 창조적 사례들과 성공적인 학습 환경에서 얻은 경험 기반의 정성定性 데이터는 우리에게 월드플레이를 시도해보라고 권한다. 이제 창조적인 학교교육을 위해 새로운 파라코즘을 계획하고 새로운 패러다임을 주장할 시간이다.

첫째, 정규교육에서 재미있는 학습을 큰소리로 분명하게 요구하자. 우리는 유치원이나 초등학교 저학년뿐 아니라 초등학교 중간 학년이나 그 이상에서도 적당한 정도의 가상 놀이를 수업에 포함시키라고 주장할 수 있다. 이것은 자유 놀이 시간이나 숨을 수 있는 후미진 곳을 마련하라는 뜻이며 또 적절한 양의 재미있는 학교 숙제와 물론, 유도된 월드플레이를 실시해야 한다는 뜻이기도 하다.

둘째, 학교 밖이나 가정에서 스스럼없이 가상 놀이를 부활시키고 보호하자. 우리는 데보라 마이어처럼 아동과 청소년들을 위해 가능한 한 오래도록 가상 놀이를 할 수 있는 작은 세계를 만들어줄 수 있다. 또 아동들이 자기 나름대로 자유 놀이를 만들어서 놀도록 지원할 수 있다.

마지막으로 아동들이 자신의 필요와 희망에 따라 자기만의 내밀한 월드플레이를 만들도록 격려하자. 지금 그리고 장차, 그 월드플레이는 샬럿 브론테나 클래스 올덴버그에게 보였던 것과 거의 똑같이 보일지도 모른다. 물론 다르게 보일 수도 있다. 최근 들어 폭발적으로 발전한 컴퓨터 기술공학을 감안하면 앞으로 다르게 보일 가능성이 농후하다. 전도유망한 오락에서 아동들을 위한 창조적 유익함을 어떻게 평가할 것인가? 최첨단 시대에 구닥다리 놀이를 어떻게 지원할 것인가? 다음 장에서 컴퓨터게임과 여러 가상현실에 대한 아동들의 경험을 살펴보면 어느 정도 해답이 나올 것이다. 또 그 뒤에 나오는, 부모 뜻대로 하는 양육 전략을 검토해보는 것도 도움이 될 것이다.

컴퓨터로 하는 월드플레이

아동과 청소년 들,
자신의 체험을 드러내다

> 그녀는 생각에 잠긴 채 물웅덩이를 바다로 바꾸고, 피라미를 상어와 고래로
> 만들었으며, 손으로 태양을 가림으로써 이 작은 세계 위에 거대한 구름을 드리워서 아무것도
> 모르는 수많은 순진한 생물들에게 하느님 자신처럼 암흑과 황량함을 가져왔다.
> 그러더니 느닷없이 손을 치워서 햇살이 내리비치도록 했다.
> ─버지니아 울프Virginia Wolf, 작가

기로에 선 가상 세계

열다섯 살 네이트는 재빨리 마우스를 클릭하면서 컴퓨터 화면에 만
들어진 가상 세계의 가짜 인물들과 어떻게 노는지 보여주었다. 그는
나에게 그것이 재미있는 게임이라고 호언장담했다. 그러면서 그것이
지겨워질 때마다 새로운 성격과 새로운 삶의 희망을 지닌 새로운
심Sim 가족을 만들어 그들의 일상생활을 가동시킨다고 했다. 새로 만
든 가족에게 똑같은 것은 하나도 없었으며 그렇다고 완전히 다른 것도
아무것도 없었다. 그는 이제 그 게임을 능수능란하게 다루었다.

"혹시 너 자신의 가상 세계를 만들고 있는 것처럼 느낀 적이 있니?
가상 인물들에 대해 이야기를 쓴다거나?" 내 질문에 네이트가 화면에

서 몸을 떼며 말했다. "아니요. 그런 것을 만들 능력이 없어서 못 만들어요. 나는 게임을 할 만큼은 알지만 게임을 만들어보고 싶은 생각은 없어요. …또 이야기를 쓸 필요도 전혀 느끼지 못하고요. 아무튼 심의 캐릭터들에게 그 일을 하라고 시키기만 하면 될 텐데요, 뭘."

네이트와 이야기를 나눈 뒤 며칠 동안 그 애 말이 머릿속에서 재잘거렸다. 여기 가상공간에서 가상 인형과 놀고 있는 십대 중반의 소년이 있다. 어릴 때의 가상 놀이가 사라지지 않고 단지 내면화되었을 뿐이라고 말하는 모든 연구에 점수를 주라. 또 그 놀이를 부활시킨 새로운 컴퓨터 기술공학에도 점수를 주라. 그런데도 나는 컴퓨터게임이 네이트의 상상력과 창조력 발달에 어떤 영향을 미쳤을지 궁금증을 떨쳐버릴 수 없었다. 컴퓨터게임이나 시뮬레이션게임들이 자기 마음대로 자발적으로 하는 아동기 월드플레이의 조종弔鐘을 울리는 걸까? 아니면 그 게임들은 오히려 새로운 형태의 가상 세계 창조일까? 지금도 아동과 청소년들을 복잡한 가상 놀이로 끌어들이고 있는 것으로 보아야 할까?

지금 중요한 일이 벌어지고 있다. 1970년대에 보드게임과 카드게임이 소개되고, 1980년대 초에 개인용 컴퓨터와 시뮬레이션게임이 출현하고, 2000년대 초에 온라인 시뮬레이션게임이 급격히 확산되면서 가상 세계에서의 놀이가 점차 상업적이고 몰개성적인 것이 되어갔다. 어린이들은 더 이상 자기 나름대로 영향력과 흥미와 경험을 혼합한 세계를 만들지 않았다. 그들은 또는 그들의 부모는 그저 가게 진열장에 놓인 몇백, 몇천 가지 카드게임, 보드게임, 그리고 무엇보다도 허구적 영토 내의 놀이인 컴퓨터게임 중에서 고르기만 하면 되었다. 그들은 인터넷에 접속해 가상공간을 찾아가 가상현실에 참여만 하면 된다.

간단히 말해 어린이들은 과거와 달리 자기 나름대로 놀이를 만들기보다는 그들을 위해 어른들이 기획한 놀이를 소비할 선택권을 가지고 있다. 많은 아동들이 그렇게 하고 있다.

실제로 내 아이들이 유치원부터 대학에 다닌 기간과 똑같은 시기, 대략 1980년대부터 2000년대까지 컴퓨터와 컴퓨터 놀이의 매력은 무無에서 시작해 현재에 이르렀다. 지난 20년 사이에 가정에서 아동들의 컴퓨터 사용은 2배도 넘게 늘었으니, 1993년도에 32%였던 것이 2003년도에는 75%가 되었다. 학교에서도 마찬가지로 똑같은 기간에 61%에서 83%로 늘어났다. 현재는 미국 아동 90%가 가정이나 학교에서 컴퓨터를 사용하는 것으로 어림잡는다.

이 같은 컴퓨터 사용의 폭발적 증가는 컴퓨터로 하는 놀이의 폭발적 증가와 관련이 깊었다. 전체 미국인의 거의 50%가 컴퓨터게임이나 시뮬레이션게임을 하는데 대부분이 35세 혹은 40세 이하이고 그들 가운데 상당수가 아동이다. 2008년도에 12~17세 소년 가운데 99%가 컴퓨터게임을 했고 소녀의 경우는 97%였다.

대부분의 십대들은 컴퓨터 시뮬레이션게임을 할 뿐만 아니라 2008년도 퓨Pew 보고서에도 나왔듯이 '비교적 자주 그리고 지속적으로' 게임을 한다. 게임을 하는 십대 청소년 3분의 1가량이 날마다, 한 번에 한두 시간씩 게임을 한다. 심지어 아주 어린 아이까지도 게임을 한다. 2011년에 발표된 한 연구 보고에 따르면 2~4세 아동 12%와 5~8세 아동 24%가 어떤 형태로든 놀이를 하려고 매일 컴퓨터를 사용한다고 한다. 그러니 한 탁월한 학자가 컴퓨터 통신과 게임을 가리켜 "이전 세대에게 영화나 문학이 그랬던 것처럼" 오늘날 젊은이들의 "주요 문화활동"이라고 부른 것은 조금도 놀랄 일이 아니다.

이 같은 사회적 행동의 상전벽해는 불가피하게 논란을 불러일으킨다. 확실히 우리도 전자 매체가 아동복지에 미치는 영향에 대한 논쟁에 한창 열을 올리고 있을 때가 많다. 실제로 컴퓨터 놀이의 심리적·신체적 영향을 다룬 문학작품도 엄청나게 많다. 여기서 우리의 관심을 끄는 것은 상상력과 창조성 발달을 언급한 부분이다.

그 영향이 대체로 부정적이라고 두려워하는 사람들은 전자 매체가 개개인의 파생적이고 모방적인 상상력을 촉진함으로써 "아동들이 생각하고 상상하는 방식의 구조를 바꾸고, 잠재적인 창조적 사고에 영향을 미칠지도" 모른다고 생각한다. 그 영향을 좀 더 긍정적으로 보는 사람들은 컴퓨터 시뮬레이션 게임이 시행착오를 통한 학습 및 다수에 의해 기초부터 이루어지는 공동 혁신을 촉진하는 땜장이 정신과 관계가 있다고 생각한다.

우리가 중요한 실험의 한복판에 있다는 것은 의심할 여지도 없다. 컴퓨터 가상 놀이virtual play라는 새로운 기술공학은 개인의 상상력을 저하시킬 정도로 위협적일까? 아니면 '새로운 종류의 창조력을 낳을까?' 어느 한쪽을 비판한다면 당신은 매체가 곧 정보라는 마셜 맥루한Marshall McLuhan〔캐나다의 미디어 이론가이자 문화비평가(1911~1980)〕의 생각에 찬성할 가능성이 있다. 하지만 놀이 학자에게, 놀이가 무엇이고, 창의적이든 아니든 놀이에서 얻는 것이 무엇이냐를 결정하는 것은 물질 매체가 아니라 태도와 파생된 가치다. 가상 세계에 참여하는 수단보다 아동의 활동 경험이 훨씬 더 중요하다는 말이다.

그것을 염두에 둔다는 조건하에 우리는 컴퓨터게임으로 하는 월드 플레이의 가능성으로 관심을 돌리겠다. 단, 아동의 관점으로······.

컴퓨터 모의 세계 탐험하기

놀이 체험에 초점을 맞춘다는 것은 아동들이 놀이 중에 또는 그 직후에 어떻게 행동하고 무슨 말을 하는지 특별히 관찰한다는 것이다. 이것은 감각적 인상, 신체적 느낌, 분위기 등 가상 놀이의 기본 현상을 그 자리에서 면밀하게 살펴본다는 뜻이다. 또 놀이하는 동안 공간, 시간, 신체, 인간관계에 대한 아동의 지각 작용을 이해하려고 노력한다는 뜻이며 그들의 경험을 설명하기 위해 그들의 주관적 반응을 빌린다는 뜻이기도 하다. 가상의 장소에서 노는 것은 과연 무엇과 같을까?

앞에서 이미 살펴본, 자기 나름대로 만든 월드플레이에 대한 많은 회상에 비추어볼 때, 가상 세계를 창조하는 아동은 상상에 의한 구조물을 실질적으로 경험한다고 해도 될 것 같다. 이는 아동 중기 놀이에 특히 많이 나타나는 것으로, 발견하거나 새로 만든 장소에 대한 정서적 투사投射라고 할 수 있다. 그 공간에는 아동을 안전하게 지키면서 안도감과 온전하다는 느낌을 불러일으키는 일종의 중력이 있다.

놀이가 지극히 사적이고 이따금 비밀스럽기 때문에 자의식은 사라지고 몸은 상상의 순간으로 몰입해 그것과 분리되지 않는다. 시간은 정신적 집중의 리듬에 맞춰 재깍거린다. 물리적 환경이나 다른 사람의 요구 사항은 아주 다급하지 않은 한 거의 의식하지 못한다. 외부 관찰자의 눈에는 아동이 다른 세계에 마음이 팔린 것처럼 보인다. 하지만 아이는 자신이 다른 세계에 와 있다는 것을 안다. 놀이 서사 안에서 아동은 독립적이고 때로는 창조적인 존재로서 모종의 행위와 힘과 지배를 경험한다.

컴퓨터게임이나 시뮬레이션게임으로 가상 세계를 탐험하는 아동들도 똑같은 체험을 공유할까? 컴퓨터게임 속에서 사는 건 어떤 느낌일까? 책이나 영화 또는 자기 자신이 만든 세계에서 사는 것과 비슷한 느낌일까? 나는 인터뷰를 위해 선발된 청소년 여덟 명에게 이런저런 질문을 했다. 그들이 뽑힌 이유는 자신이 가장 좋아하는 컴퓨터게임이 그들에게 가상 세계를 탐험하거나 창조하는 것 같은 느낌을 준다고 털어놓았기 때문이다.(표 11-1 참조)

장르+	게임 이름	게이머
모험	스포어*	아론, 9
전략	에이지 오브 미쏠로지	이안, 12
시뮬레이션	심즈 3	네이트, 15
	주라기 공원	리, 9
일인칭 슈팅	헤일로	톰, 17
	콜 오브 듀티	이안, 12
롤플레잉 게임	버추얼 호그와트	몰리, 17
	런이스케이프	앤드루, 6
	드래곤 에이지	톰, 17
가상 세계	세컨드 라이프	엘리, 17

[표 11-1]

모의 월드플레이 : 장르, 게임 이름, 게이머. 장르+는 2008년도에 실시된 퓨 인터넷Pew Internet과 미국인의 생활 프로젝트의 보고에 따라 아동과 십대에게 인기 있는 순으로 정렬. 이 표에는 이 책에서 논의되는 게임의 종류만 나옴.
*표는 멀티 장르 게임 표시로, 스포어 역시 전략 게임과 롤플레잉 게임으로 간주됨.

정보 제공자들(사생활 보호 차원에서 가명 사용)은 나이에 따라 두 그룹으로 나뉘었다. 6~12세 아동 네 명, 15~17세 십대 네 명이었다. 아동은 전부 남자였고 십대의 경우는 절반이 여자였다. 이들이 내게 말하려고 고른 게임의 유형은 그 범위가 상당히 넓었다. 게다가 모두 가정에서 하는 게임이었다. 전부 혼자 하거나 온라인상으로 하는 게임이었지만 사적이고 은밀한 것이 아니라 가족이나 친구들과 자주 그것에 대한 이야기를 나누었다. 마지막으로, 실제 게임을 하는 도중에는 가장 어린 꼬마부터 가장 나이 많은 청소년까지 모두 가상 놀이에 깊숙이 빠져들었다.

모의 세계 체험

인터뷰를 하는 동안 아홉 살짜리 리는 소파의 내 옆에 앉았다. 방 맞은편 대형 텔레비전 화면에는 그가 좋아하는 X박스 게임인 주라기 공원Jurassic Park이 떠 있었다. 장차 고생물학자가 되겠다는 리는 그 게임이 공룡 화석 뼈에서 발견된 유전물질로 공룡을 다시 번식시키는 걸 가정한 것이라고 끈기 있게 설명했다. 하지만 이 일이 언제 어디서 어떻게 일어나는지는 잘 알지 못했다.

"게임의 실제 부분은 공룡들인데 그게 나머지 부분도 만들어요." 리가 설명했다. 그는 인터뷰보다 게임에 더 열중하게 되면서 리모컨을 들고 자리에서 일어나더니 텔레비전 앞으로 조금 더 다가갔다. 순식간에 그는 내 질문에 대한 대답을 중단하고 자신과 공룡 동물원 사이의 거리를 좁히며 금방 화면 앞으로 이동했다.

놀이의 특징으로서 이렇게 순식간에 몰두하는 것은, 누구는 '생생한 현재'라고 하고 누구는 몰입 또는 '출석'이라고 부른 것에 대한 아동의 경험을 특징짓는다. 강화된 주의력은 다른 모든 의식의 흐름을 쫓아내면서 게임하는 순간에 집중된다. 인터뷰를 하는 동안 아홉 살 아론도 여섯 살 앤드루도 꼭 리처럼 나와 눈앞의 인터뷰 상황을 다 잊어버렸다.

이 아동들에게 현실 속 시간은 게임의 필요에 따라 고무줄처럼 줄어들거나 늘어난 내면의 시간에 밀려버렸다. 열다섯 살 네이트는 심Sim 가족과 놀면서 일상의 지루한 시간을 빨리 보내거나 인생을 변화시킬 선택의 순간을 끌어내기 위해 게임을 조작하는 법을 배웠다. 아론은 스포어Spore 게임에서 만들어낸 크리처creature들과 놀면서 무한대의 가상 진화 시간을 몇 시간짜리 실제 놀이로 압축했다.

게임에 몰두하고 있는 어린이는 말할 필요도 없이 게임 공간을 경험한다. 여섯 살 앤드루는 내 앞에서 런이스케이프RuneScape라는 온라인 롤플레잉 판타지게임을 할 때 끊임없이 변화하는 마을과 들판의 풍경 사이를 빠져나가는 것처럼 보였는데 인공적이거나 자연적 지형을 보여주는 풍경이었다. 그러다가 어느 지점에 이르자 줌아웃 화면에서 그의 위치를 보여주는 작은 지도를 클릭했다. 화면에 뜬 것은 움직이는 퍼즐 조각처럼 조금 더 크고 견고한 구역에 딱 맞아 들어갔다.

"이 세계는 얼마나 크지?"라고 묻자 앤드루가 "아주 커요. 그게 그렇게 커 보이지 않지만 사실은 엄청 커요"라고 대답했다. 런이스케이프의 세계는 앤드루가 화면으로 본 것보다 훨씬 더 큰 것이었다. 그가 전에 갔던 곳을 기억하고 앞으로 갈 예정인 곳을 아는 한, 가상 세계는 그의 마음속에서 순간순간의 시뮬레이션 장면을 뛰어넘는 차원으로 존재했다.

더 나이가 많은 아동들과 십대들은 화면 너머의 게임 환경을 상상하는 이 능력을 '거기에 있음'이라고 분명하게 말했다. 열두 살 이안에게 가장 중요한 신호는 시각과 청각이었다. 그는 "컴퓨터에서는 전부 눈과 귀로 받아들여요"라고 말했다. 가상 상황 내의 이 신호들을 해석하는 것이 요령인데, 그의 경우에는 일인칭 슈팅 게임인 콜오브듀티Call of Duty였다. 일인칭 슈팅 게임 헤일로Halo를 하는 열일곱 살 톰에게 이것은 화면의 2차원 영상을 마음속 3차원 공간으로 번역한다는 뜻이었다. "내가 그 안에 있을 때에는 내 주변이 온통 외계인으로 둘러싸인 것처럼 느껴져요. 내가 정신적으로 거기에 있는 것 같아요."

코트 전체에서 무슨 일이 일어나는지 아는 농구선수처럼 톰은 "지도의 구석구석을 다 알 수" 있게 해주는 강화된 의식을 경험했다. 그것이 시각 분야냐 아니냐는 상관없었다. 열일곱 살 몰리도 자신이 출석하는 게임 버추얼 호그와트Virtual Hogwarts의 교실을 그와 비슷하게 의식했다. 그녀의 경우에는 방아쇠가 시각적 신호보다 더 효과적이었다. 몰리는 게임이 잘되는 날에는 "내가 거기 있는 것처럼 느껴져요. …나는 내 주변에서 일어나는 일을 볼 거예요"라고 말했다.

거기에 있다는 것은 관련되어 있다고 느낀다는 뜻이었다. 나의 정보 제공자들은 하나같이 재미있기 때문에 게임을 한다고 했으며 대부분 게임에 대해 긍정적이었다. 가장 어린 세 아이들에게서 나는 행복한 표정, 환희에 찬 외침, 게임 속 캐릭터에 대한 열광적인 수다, 흥분 상태의 몸짓을 목격했다. 앤드루는 게임을 하는 것이 그를 "최고로 기분 좋게" 한다고 말했다. 나이 많은 아동들과 십대들은 '재미' 외에 '도전'

에 대해서도 이야기했는데, 그들의 정서적 반응은 나에게 보고된 것처럼 더욱 분명하게 뒤섞였다.

이것은 특히 일인칭 슈팅 게임을 하는 두 소년에게 두드러졌다. "어떤 일에 대해 매우 감정적이 돼요." 못 맞추면 "그냥 화가 나는데" 게임을 잘하려면 "침착해야 돼요, …정말 미치고 팔짝 뛸 노릇이죠." 톰이 한 말이다. 이안의 경우에는, 좀비와 싸우는 것이 너무나 현실적으로 느껴지는 바람에 "계속 싸우는 대신 도망가고 싶다는 마음이 생겨요. 그러나 곧 그것이 비디오게임이라는 것을 깨닫게 되고… 또 내가 죽을 수 없다는 걸 알기 때문에 계속 싸우는 거예요." 사람들이 일반적으로 두려워하는 것과 싸움으로써 모의 세계에서 두려움을 극복한 일은 그에게 "안도감과 자부심, 능력이 있다는 느낌"을 주었다.

정서적 개입은 자연히 투사된 자아나 가상 풍경 속에 사는 다른 존재와의 동일시를 수반했다. 이안의 강렬한 감정은 게임을 하는 동안 자기 아바타와의 주관적이고 '밀착된' 동일시와 상관이 깊었다. "그러니까, 당신은 군인이고 거기에 있어요. 또 이름도 있고요. 제 이름은 SPD예요."

몰리 역시 버추얼 호그와트의 캐릭터와 강력하게 동일시하고 있었다. 하지만 자신의 투사체로서가 아니라 그녀가 변호해줄 사람으로 동일시하는 것이었다. "캐릭터를 만들어서 그에게 일대기와 배경을 제공한 다음, 그 캐릭터들이 특정한 일에 어떻게 반응할지 당신이 특정한 상황에 해당하는 역할을 수행하는 거예요." 좀 더 객관적이고 '극단적'인 이 동일시가 내 정보 제공자들 사이에서 평균처럼 보였다. 앤드루는 모의 세계인 런이스케이프에 열 명 이상의 '사람들'을 배치했는데

'아바타 정도까지'는 아니고 게임을 한판 하는 동안 조종되고 동일시되는 인형으로서였다.

자신을 얼마나 가까이 혹은 멀리 투사하는가 역시 다른 존재에 대한 주의력, 즉 사회적 상호작용과 관계에 대한 주의력을 포함했다. 몰리는 자신의 캐릭터만 상상한 게 아니라 다른 캐릭터들이 어떻게 보이고 움직이는지도 마음속으로 상상했다. "글을 쓰고 있을 때 나는 교실에서 일어나고 있는 다른 캐릭터의 얼굴 표정이나 신체적 반응에 대해 내 캐릭터가 어떻게 반응할지 상상하고 있어요."

이따금 몰리는 이 캐릭터들이 대화를 나누는 소리를 듣기도 했다. 물론 그녀와 다른 사용자들이 자판을 쳐서 화면에 띄운 것들이었다. "나의 듣기를 지배하는 것이 그것 같지는 않아요. 내 마음 뒤편에서 다른 사람이 말한 것을 말하는 작은 목소리가 들리는 것 같아요." 몰리의 말이다. 사람과 사물에 대한 정신적 경험에는 다른 감각들도 관련된다. 언젠가 몰리는 자신이 온라인에 '자주색 진흙'이라고 묘사한 마법의 약을 맛보기까지 했다.

가상 환경에서 상상 속 대상 등을 경험하는 것은 몰리에게 2차원적인 일이기도 했다. 호그와트 교실의 언어적 시뮬레이션 바깥이나 너머에서 그녀는 자신의 캐릭터를 위해 행동을 묘사하고 대변하면서, 자기 컴퓨터로 게임을 하고 있는 다른 사용자들을 상상했다. 그런 상호작용은 공유하는 가상 놀이를 정교하게 만들고, 글 쓰는 능력을 테스트하는 수단일 뿐 아니라 "사람들을 더 잘 알게" 되는 현장으로서도 몰리의 마음을 끌었다. 톰은 정말로 다른 사용자들과의 진짜 관계를 경험했는데 게임의 시뮬레이션에 막대한 영향을 끼친 관계였다. "당신은 다른 세 사람과 연결돼 있으며 그들을 이해하고 그들과 대화를 나눌 필요가 있어요." 시뮬레이션 환경에서 한 팀으로 활동하기 위해서는 그래야 한다는 게 그의 주장이었다.

하지만 게임 세계에서 다른 참가자들을 의식하는 것이 언제나 진짜 관계를 체험하게 하는 것은 아니었다. 세컨드 라이프라는 온라인 가상세계에서 노는 몰리와 열일곱 살인 엘리, 둘 다 온라인 시뮬레이션게임을 하며 사실상 어떤 친구도 사귀지 못했다고 실망을 드러냈다. 반면 훨씬 어린 앤드루는 런이스케이프에서 다른 사용자들이 자기와 마찬가지로 캐릭터를 움직이고 있다는 걸 잘 알면서도 다른 참가자에 대해 아무 관심이 없었다. 그의 경우에 시뮬레이션게임은 사이버공간에서 다른 사람들과의 실제 상호작용을 방해하는 베일을 하나 씌워놓았다.

그와 똑같은 베일이 게임 기획자나 제작자와의 관계를 모호하게 했다. 내가, 누가 게임을 만들거나 개발했느냐고 물었더니 대부분의 아동과 십대들이, 그들 자신, 같이 게임을 하는 동료들, 다른 사용자들(온라인상일 경우) 및 배경, 원정 여행, 그래픽 등을 만든 사람들이 모종의 공동 노력을 했다는 식으로 애매하게 설명했다. 그런데 아론만큼 상황을 분명하게 파악하고 있는 사람이 거의 없었다. "스포어 게임 전체를 만든 것은 맥서스Maxus와 이에이EA예요." 아홉 살 먹은 녀석의 말이었다(맥서스는 비디오게임을 개발하는 미국 회사로 비디오게임의 주요 판매회사인 일렉트로닉 아츠Electronic Arts, EA의 자회사다). "비록 기술적이긴 하지만 내가 만드는 것이라곤 게임 내용밖에 없어요." 그는, 자신이 맥서스가 만든 부분들을 단순히 합치기만 한다는 걸 알고 있었다.

혼자 하는 게임을 할 경우, 나이가 많은 편인 톰도 마찬가지로 자신이 (게임을 하는 다른 사용자들보다는) 게임 기획자와 직접 경쟁하고 있다고 생각했다. 최종 목표에 도달하기 위해 극복해야 할 적과 장애물 등 '전체 게임을 설계한' 사람이 기획자였기 때문이다. "분명히 나는 의식적으로 게임 기획자를 이겨야 한다는 생각은 안 해요. 하지만 다음 레벨로 올라가야 한다는 생각은 하죠. 여기서 도전할 게 무언지, 내가 무얼 해야 할지도 생각하고요."

톰은 게임의 구조를 잘 알고 있었다. 그는 거의 반사적으로 장애물을 처리할 수 있다는 데 자부심을 가졌다. 이안, 아론, 앤드루와 마찬가지로 그에게도 최고 상태의 게임이란 도전과 기량 사이에서 벌어지는 유쾌한 밀고 당기기와 관련이 있었다. 게임이 플레이어의 실력을 훨씬 능가하는 기량을 요구하면 게임은 괴롭고 초조한 것으로 바뀐다는 게 그들의 말이었다. 반대로 플레이어의 실력이 게임의 요구 수준보다 높으면 게임은 지루한 것으로 변했다. 하지만 참신함과 익숙함이 균형을 이룰 경우 플레이어는 확실히 게임의 흐름 속으로 끌려들어갔다. 이는 굳이 애쓰지 않아도 의식이 집중되는 긍정적 상태로, 흔히 운동, 취미 혹은 그 자체를 위해 즐길 수 있는 직업적 임무 같은 활동에 수반되는 상태다.

컴퓨터게임을 하는 아동이나 십대들은 목표에 대한 확실한 이해, 즉각적인 피드백, 권한이 있다는 느낌이 들 경우 강력한 집중력과 주의력을 발휘한다. 게임에 몰두하다 보면 게임 바깥 세계의 시간과 공간 및 그곳에 존재하는 자신에 대한 의식은 시뮬레이션 세계에서 이루어지는 내면적 활동 속으로 사라진다.

더 깊이 파기 : 게임 속 행위

사이버공간에서 게임을 하는 것이 흥미진진한 놀이라는 데는 의심할 여지도 없다. 모든 연령대의 아동들이 외적으로는 시뮬레이션되고 내적으로는 상상한 경험이 뒤섞인 상태에서 마치 실제인 양 흥미로운 것을 탐험하고, 능력에 도전하고, 노하우를 갈고닦는다. 여기서 관심을 끄는 것은 컴퓨터 시뮬레이션 세계 체험이 자기 나름대로 만든 월드플레이 체험을 대체할 수 있을 만큼 서로 비슷한지 여부다.

자기 맘대로 가상 세계를 건설하는 놀이는 그것을 만들고 고안하는 데 아동이나 십대가 포함된다. 그렇다면 비디오게임이나 시뮬레이션 게임에서도 상상력과 창조성을 키우는 비슷한 기회를 얻을 수 있을까? 나와 이야기를 나누었던 아동과 청소년들은 행위라는 측면에서 이 문제를 탐구했다. 즉 게임 내에서 사용자의 선택과 사용자의 결과 통제 측면에 초점을 맞추었다.

맨 처음 행위로 아동들이 꼽은 것은 아바타와 캐릭터를 선택하고 디자인하는 일이었다. 주라기 공원에서 무엇이 가장 좋은지 묻자 리는 "나 자신의 공룡을 만들 수 있는 거요"라고 말했다. 그 말은 자신이 그것들을 만들어낸다는 게 아니라 어떤 종을 '부화시킬지' 선택한다는 뜻이었다. 가끔 그는 애칭을 붙여서 그것들을 구분했다. 게임에 덧붙이는 그의 개인적 추가 사항이었다.

다양한 구성 요소들에서 캐릭터를 모을 기회가 주어진 다른 아동과 십대들은 자신이 특별한 존재를 디자인했다고 한층 더 확신했다. 아론은 스포어의 새 판을 시작할 때마다 '유일하고 특이한' 크리처의 한 종種인 새로운 '뻐꾸기 크리처'를 합치기를 바랐다. 매번 똑같은 크리처와 노는 것은 '진짜 지겨울 것'이라는 게 그의 설명이었다.

네이트 역시 스포어 캐릭터들을 위해 얼굴 생김새, 옷, 성격상 특징, 삶의 희망 등을 선택하는 걸 좋아했다. 드롭다운 메뉴dropdown menu(계층화된 메뉴 구조를 설계하여 필요에 따라 서브메뉴를 표시하는 것)는 어떤 특별한 사항도 절대로 반복되지 않으리라는 확신을 주는 범위 내의 선택 사항을 제공했다. 그는 자신이 만든 캐릭터들이 유일무이하다고 믿었는데 "기분 내키는 대로 만들어내는 것이기" 때문이다. 마찬가지로 엘리도 화면상의 자화상을 어떻게 보이게 할지 선택하는 자유를 즐겼다. 그녀는 세컨드 라이프에서 "유일하고 독특한 사람"을 디자인할 수 있다고 말했다.

플레이어 역시 모의 환경에서 행동 선택에 대한 아바타나 캐릭터의 반응을 유도하는 과정 중에 어느 정도 행위를 경험했다. 일인칭 슈팅 게임에서 최선의 전략을 짜느라 골몰하고 있는 톰에게 전투 시뮬레이션은 체스와 유사한 것이었다. "그 모든 것을 낱낱이 제가 다 제어하고 있어요. …체스를 할 때 …비숍을 어디에 두느냐가 판에 영향을 미치잖아요. …헤일로에서도 내가 어디로 가기로 하느냐가 게임에 영향을 미쳐요."

다른 아이들에게는 모의 환경이 오히려 판도라의 상자 같았고 그들의 통제감도 덜 완벽했다. 몰리도 톰처럼 다수의 사용자가 참여하는 온라인 공간에서 게임을 했지만 자신이 호그와트 교실 토론에서 벌어지는 일을 거의 제어할 수 없음을 깨달았다. 그녀의 캐릭터가 무슨 말을 하고 어떤 행동을 하는지는 전적으로 그녀 손에 달렸지만, 호그와트에서 벌어지는 즉흥극의 꼭두각시 조종자는 몰리 하나만 있는 게 아니었다.

몰리 또한 그러기를 바라지도 않았다. "무슨 일이 어떻게 벌어지는지 정확히 알고 있는 곳에서 그러고 싶지는 않아요." 그녀의 설명이다. 몰리는 깜짝 놀랄 일들을 바랐다. 네이트도 마찬가지여서 그는 일상적으로 심즈 캐릭터들을 완벽한 자유의지와 완벽한 복종 사이의 중간 지점에 놓았다. 그는 이런 식으로 임의의 환경에서 캐릭터들이 벌이는, 게임에 의해 유발된 '마구잡이' 행동에 대응할 수 있었다. 심지어 의도적으로 삶의 목표를 이루는 방향으로 캐릭터들을 이동시킬 때조차 그럴 수 있었다. 뜻밖의 사건들이 게임에 짜릿한 맛을 더했다. 순간순간의 결정이 캐릭터들의 운명을 좌우하지만 그렇다고 해서 그들의 마지막을 완전히 예측할 수는 없었다. "당신은 벌어지고 있는 일을 정말로 제어하기는 해요. …비록 모든 선택이 반드시 당신에게 좋게 끝나는 건 아니지만요."

네이트에게 "사람들의 삶을 제어하는 일은… 자신이 절대적으로 옳다고 믿는 갓 콤플렉스god complex를 안겨주는 일이었다." 이안 역시 에이지 오브 미쏠로지Age of Mythology에서 가상 세계의 외부 조종자로서의 역할을 마음껏 즐기고 있었다. "어느 정도는 나 자신이 신이라고 생각하고 행동해요. 마을을 세우고 그 마을을 위험에서 지키니까요." 주라기 공원을 하면서 리 역시 애완용 공룡들과의 지배적 관계 속에서 자신을 보이지 않는 동물원 관리인으로 설정했다. "이 게임 최고의 재미는 공룡을 보살핀다는 거지요." 공룡을 만들고 동물원에 온 손님들을 즐겁게 해주는 것 같은 그의 놀이 의무가 네이트와 이안이 즐긴 것과 같은 종류의 외적 행위에 더해졌다. "당신이 섬 전체를 제어하는 거예요." 이안의 말이었다.

이 아동들과 청소년들이 게임의 세계를 관리하면서 얻는 만족감을 관찰하고 인정하던 중, 문득 자기 나름대로 상상의 왕국에서 노는 사람들이 느끼는 비슷한 만족감이 떠올랐다. 하지만 만일 컴퓨터 놀이가 어떤 행위를 할 기회를 준다면, 그것은 내 면담자들도 충분히 이해한 한계 내에서 그런 것이다. 톰에게 순간순간의 선택은 온라인 헤일로를 즐기는 데 결정적이었다. 하지만 그것은 다른 컴퓨터게임에서는 훼방꾼이기도 했다.

"우리한테 선택권을 별로 주지 않는 게임이 있는데 난 그런 게임은 정말 싫어요." 그는 드래곤 에이지Dragon Age를 즐겨 했는데, 그 게임이 그에게 아바타의 복장을 꾸미는 것부터 모의 세계의 이 구역 저 구역을 탐험하는 것에 이르기까지 온갖 '자잘한 결정'을 내리도록 해주었기 때문이다. 이런 자잘한 결정은 톰에게 어릴 때 즐겨 읽던 책들을 상기시켜주었다. "본질적으로, 이걸 하려면 다음 장으로 넘어가고 저걸 하려면 또 다음 장을 넘기라고 말하는" 식의 책이라 서사적 모험에서 변화를 허용하는 것들이었다.

동시에 톰은 자잘한 결정들이 게임 서사를 통해 이미 정해진 경로나 의사 결정 트리를 설명한다는 것을 깨달았다. "드래곤 에이지에는 그 안에서 아주 많은 일을 하고 그것을 통과하기 위해 선택할 게 많은 중심 원정이 있어요. 그래 봤자 게임을 할 때마다 똑같은 원정이죠." 그가 서로 다른 경로를 얼마나 많이 취했든 최종 목적지는 항상 똑같았다. 그는 실제로 "게임 기획자가 만든 것에 영향을 미치지" 못했다. 달리 말하면, 그의 선택의 자유, 게임 결과의 제어 및 도움은 모두 다 착각이었다. 하지만 게임 세계를 경험하고 탐험하기 위해 그가 기꺼이 감수하는 착각이었다. "좀 불가사의하죠. 저도 제가 속고 있다는 거 알아요. …하지만 내게 선택권이 있는 것으로 보이는 한 별로 신경 쓰이지 않아요."

엘리 역시 컴퓨터게임의 상상적이고 창의적인 교환 조건을 깨닫고 인정했다. 그녀는 이른바 "친구를 사귀거나 무언가를 배우고 있는 것처럼… 생산적 존재라는 환상"에 빠지도록 해주는 시뮬레이션 활동을 선호했다. 그녀는 자신의 놀이를 과시할 무언가를, 설령 창조적이지 않더라도 창조적이라고 느끼게 해줄 경험한 추억이나 가상의 인공물을 원했다. 두 청소년에게 컴퓨터게임에서의 개인적 행위는, 도움에 대한 착각이라고 말하든 생산성이라는 환상에 빠졌다고 말하든 아무튼 눈 가리고 아웅 하는 격이었다.

엘리는 그 속임수를 깨닫고 나서 아동 중기에 최고점을 찍었던 컴퓨터게임과 시뮬레이션게임에 대한 흥미가 반감되는 것을 느꼈다. 컴퓨터공학에 상당히 정통하며 최근에 생긴 텀블러Tumblr 같은 온라인 토론 마당의 팬인 그녀는 열광적 팬이 아니라 그저 그런 사용자로서 자신의 가상 세계 놀이에 대해 이야기하는 데 동의했다. 그녀는 세컨드 라이프를 즐겨 했지만 어느 선까지만이었다. "내가 내 아바타 디자인을 그만두자 상상력 발휘도 거기서 멈췄어요."

그 후로 온라인 세계에 재미있게 참여할 수 있는 기회는 종종 그녀에게는 낯선 설계 도구 및 컴퓨터 활용 능력을 요구했다. 세컨드 라이프 내용의 99% 이상을 사용자들이 만들었지만 엘리는 거기에 포함되지 않았다. 그녀는 겨우 시뮬레이션게임이나 하자고 프로그램 사용법을 새로 배우는 것이 맘에 들지 않았다고 털어놓았다. 그녀는 필요한 기능을 이미 터득한 오락용 토론을 훨씬 더 선호했다. "어쩌면 제가 시대를 역행하는 사람일지도 모르지만, 아무튼 저는 책을 읽거나 영화를 볼 경우 시각적으로 또는 창의적으로 영감이 떠오르거나 새로운 생각을 하게 된다고 생각해요."

엘리에게 놀이 매체로서 세컨드 라이프에는 즉각적 행동 유도성이 결여돼 있었고 따라서 상상할 여지도 없었다. 언어냐 시각적 이미지냐, '펜과 종이'냐 컴퓨터냐를 막론하고 어떤 교환 매체든지 그 숙달에는 학습곡선이 포함된다. 그 곡선의 어느 지점까지는 매체가 불투명한 상태로 남아 있다. 닫힌 문이라고나 할까. 그러다가 그 지점을 지나면 문이 열리면서 매체 자체가 녹아서 투명해진 것처럼 보인다.

단순히 줄거리만 따라가지 않고 마음속으로 상상까지 하기 위해서는 어느 정도 읽기 교육에 숙달되어야 하는 것처럼, 모의 세계가 활기를 띠기 위해서는 어느 정도 컴퓨터 및 컴퓨터게임 교육이 필요하다. 더 이상 읽고 있는 단어를 의식하지 않는다. 더 이상 메뉴를 처리하고 마우스를 클릭하는 걸 의식하지 않는다. 오로지 살아가는 이야기만 있을 뿐이다. 오로지 하고 있는 게임만 있을 뿐이다. 하지만 그 같은 교육을 받지 못하면 컴퓨터 세계에서의 상상 놀이는 방해를 받게 된다.

엘리도 잘 알듯이 온라인 문맹은 치료될 수 있다. 하지만 어떠한 목적으로? "당신이 그저 산책이나 할 작정이라면 뭣 하러 컴퓨터의 세컨드 라이프에서 산책을 하려고 하나요? …나 같으면 실제 세상에서 산책을 할래요." 컴퓨터게임에 대한 엘리의 비판은 단순히 그녀의 부족한 컴퓨터 사용 능력만 반영하는 것은 아니었다. 그것은 완전하면서도 자유로운 경험을 바라는 그녀의 소망과도 뿌리가 닿아 있었다. 컴퓨터 시뮬레이션게임에 자유로운 경험이 상대적으로 부족하다는 사실은 컴퓨터 월드플레이의 결점에 대항하도록 우리를 이끌어준다.

상상력 교육 비교

컴퓨터게임을 소설 읽기와 비교해보면 이런 결점들에 대해 많은 것이 드러난다.

읽기는 배경과 인물, 시각, 청각, 촉각, 운동감각 및 기타 감각적 심상의 작용을 마음속으로 재창조하도록 자극한다. 어떤 독자는 뺨에 흉터가 죽 그어진 해적을 '본다.' 누군가는 바람을 맞아 돛이 펄럭이는 소리를 '듣는다.' 또 배의 갑판에서 부풀어오르는 파도를 '피부로 느끼고' 쩹찔한 공기 '냄새를 맡기도' 한다. 대충 이런 식이다. 독자는 이 모든 감각적 심상을 사적이고 내면적인 읽기 경험의 시뮬레이션으로 통합한다.

이와는 달리 컴퓨터게임은 주로 시각-공간적 이미지를 자극하는 시각적 활동이다. 물론 게임에 배경음악이나 사운드 '버튼' 같은 청각적 신호가 포함되지만 이것들은 보통 시각적 시뮬레이션과는 어떤 실제적 방식으로도 연결되어 있지 않다. 다른 모든 감각들은 대체로 사용되지 않는다(가상의 맛에 대한 몰리의 잊을 수 없는 경험은 규칙 입증에 예외가 된다).

'읽기'와 '게임하기'의 이 차이는 '모의 세계 탐험'과 '가상 세계 창조'의 차이를 분명히 드러내는 데 도움이 된다. 일례로 이안은 시뮬레이션게임에서 감각의 제약이 얼마쯤 짜증스럽다는 것을 깨달았다. 만일 게임을 좀 더 개선할 수만 있다면 그는 실감 나는 소리와 신체 지각을 추가할 것이라고 털어놓았다. 그의 뒤에 좀비가 있다고 말해주는 '조그만 흰색 아이콘'에 의지하는 대신 그 존재를 직접 느끼는 것이 더 나을 것 같았기 때문이다. 달리 말하면 그는 모의 활동이 되도록이면 생생하고 사실적이거나 아니면 최소한 책을 읽는 것 정도라도 되면 더 좋겠다고 생각했다.

이안의 말에 따르면 책을 가치 있게 만드는 것은 책이 "모든 것을 설명한다"는 점이다. 책은 그에게, 저자가 암시는 할 수 있지만 시뮬레이트할 수 없는 것을 나름대로의 방식으로 재창조하는 능력을 요구한다. 이안 같은 소년이 상상하는 해적이란 어떤 배우나 아바타의 혐오스러운 이미지가 아니라 개인적 경험에서 끌어모은 정신적 혼합물이다. 얼마쯤 무서운 선생님의 커다란 목소리, 발목을 삐었을 때의 절름거리던 느낌, 할로윈 파티를 위해 소형 권총을 차고 검은 안대를 한 엄마 등등. 이 같은 상상력을 발휘한 노력이 서사의 공동 창조에 이르게 되는데 그것은 독자가 마음속으로 부활시킬 때까지는 정말로 존재하는 것이 아니다.

컴퓨터게임에서는 이런 공동 창조 과정의 많은 부분이 빠지게 된다. 게이머의 상상력 투입은 훨씬 수동적이다. "무언가를 정말로 보고 있을 때 그것을 상상하기도 더 쉬워요." 이안이 한 말이다. 네이트도 비슷한 말을 했다. 그가 게임을 하는 것은 책을 읽는 것과 비슷하지 않았다. "여기서는(심즈라는 게임에서는) 일어나는 일을 정말로 보게 되니까 그것을 머릿속으로 그려볼 필요가 없어요. 이미 영화를 보고 있는 셈이니까요." 캐릭터와 줄거리는 이미 만들어져 있다. 게임의 이미지가 어떤 개인의 상상력 투입이든 모조리 지배하고 또 배제한다.

이 지배적 이미지의 흐름이 컴퓨터게임에 대한 많은 비판과 관련되어 있다. 타당한 이유와 더불어… 모의 세계를 탐험하는 것은 컴퓨터 화면으로 보고 들을 수 있는 것을 뛰어넘는, 상상력이 넘치는 정교화 작업을 포함할 수도 있다. 예를 들어 3차원적 공간 감각이나 가상 존재들과의 관계에서 오는 정서적 느낌이 있다. 하지만 게임은 또 그 상상에 의한 윤색을 제약하기도 한다. 시뮬레이션 세계 안에서의 행위와 선택의 '환상'을 제외하면, 프로그램화되지 않은 것이 나올 가능성이나 예상된 변화나 결과 이외의 다른 것이 나올 여지는 거의 없다. 개인의 상상 활동이 없으면 모든 해적의 모습과 행동은 똑같을 수밖에 없다. 그리고 게임을 하는 아동들 또한 거의 똑같이 놀 수밖에 없다.

아동의 체험에 의거할 때, 컴퓨터게임을 통한 모의 세계 탐험은 자체적인 나름대로의 가상 세계 창조와 완전히 동등한 것이 아니다. 물론 놀이로서 게임을 하는 것은 몰입, 집중, 행위, 참여라는 면에서 온 신경이 집중된 가상 놀이와 공통된 특징이 있다. 시뮬레이션 놀이는 플레이어에게 게임의 세계 안에서 어느 정도 중요한 정교화 작업을 하도록 허용한다. 하지만 게임은 또 상상의 범위를 제약하고, 그 행위와 수단에 사람의 눈을 속이는 베일을 드리우기도 한다.

모의 세계에서의 컴퓨터게임은 기껏해야 게임 기획자의 창의성 투입과 어린 플레이어의 호의적인 재결합에 의존하는, 협동적인 벤처 산업 정도로 이해될 수도 있다. 최악의 경우, 컴퓨터게임이나 시뮬레이션 게임으로 가상 세계를 탐험하는 아동은 이미 만들어져 있는 경험을 수동적으로 **소비한다.** 어떤 경우든 컴퓨터를 이용한 월드플레이는 **놀이**

를 하는 동안 능동적이고 창조적인 활동을 거의 조장하지 않는다.

과연 이런 식이어야만 할까? 그럼에도 컴퓨터게임은 아동들을 건설적인 활동으로 이끌 수 있을까? 그 대답은 조건부로 그렇다, 이다.

'배우지 않은' 일 하기

그동안 게임 기획은 예술이라고 불려왔는데 자신의 모든 독창적이고 창조적인 생산능력을 발휘하는 기획자들에게 어울리는 말이다. 하지만 어린이 사용자에게는 게임을 하는 것이 예술이 아니라 오히려 운동 같은 것이다. 여기서 말하고자 하는 것은 자유로운 형태의 가상 놀이 활동과 운동장에서 하거나 조직적인 리그전을 벌이는 축구의 차이점에 대한 것이다. 첫째, 아동이 결정한 목표와 제약은 개인이나 단체의 기분에 유동적으로 반응한다. 둘째, 외부에서 강요한 규칙이나 목적은 주로 반응이 없는 채로 남아 있다. 월드플레이와 관련해서 우리는, 개인의 창조와 달리 컴퓨터게임을 통한 가상 세계 탐험은 고도로 관리되고 또 어른에 의해 조정되는 활동이라는 점을 말하고 있다.

이런 어른의 개입이 문제가 되는 걸까? 물론 그렇다. 아동의 안전보장에는 어른의 갖가지 감독이 필수 조건이라고 주장하는 부모와 보호자들이 많을 것이다. 하지만 무언가를 만들고 경험하는 데 아동이 개입할 여지가 없을 경우, 걱정할 만한 이유가 있다고 심리학자뿐 아니라 철학자, 교육자 들도 입을 모은다. 일례로 미국의 철학자요 교육자인 존 듀이John Dewey(1859~1952)는 자아란 "행동의 선택을 통해 끊임없이 형성 중인 것"이라고 주장했다. 흔히 자아 성장은 파괴적이거나 적대적인 행동을 은밀하게 탐험하고, 기존의 상태에 의문을 표하고, 권위의 한계를 테스트하는 데 바탕을 두고 있는데 아동들은 그 모든 일을 자기 방식대로 만든 놀이에서 해보는 경향이 있다.

그런데 맥신 그린Maxine Greene〔작가, 사회 운동가, 교사 등 다양한 활동을 펼친 미국의 교육철학자(1917~2014)〕이 말했듯이, 상상적인 것이든 그렇지 않은 것이든 다른 사람들이 아동의 행동 선택을 제한할 경우에는 순응적인 자아가 형성될 확률이 크다. 아동들은 "자신의 행위에 대한 감感을 발견해야 한다"는 게 그린의 주장이다. 그래야 그들의 경험이 중요한 개인적 의미를 지니고, 상상하는 능력을 형성하고, 궁극적으로 새로운 가능성을 창조하게 된다는 것이다. 그녀는 또 "아동들은 이른바 배우지 않은 일을 하려면 자신이 배운 것을 자기 나름대로 이용해야 하며 사실상 자신이 배운 것을 뛰어넘어야 한다"고도 주장했다.

그런데 특정한 상황에서 컴퓨터게임은 그런 일을 일어나게 할 수 있다. 그것도 오프라인에서…….

오프라인 놀이 격려하기

나의 정보 제공자들 중 시뮬레이션 세계 열광자들이 하는 모든 컴퓨터게임과 시뮬레이션게임 중에서 유일하게 버추얼 호그와트만이 개인의 상상력과 창조성 육성을 공공연하게 과시했다. 몰리는 조앤 롤링Joan K. Rowling의 소설에 대한 사랑 때문에 그 인터넷 사이트에 왔다. 언어적 시뮬레이션을 이용해 그녀는 해리 포터의 허구 세계에서 계속 놀면서 자신의 놀이를 소설로 만들었다.

물론 제약도 있었다. 몰리가 창조한 캐릭터들은 롤링의 책에서 무더기로 가져올 수도 없었고 또 소설 속 등장인물과 근본적으로 달라서도 안 되었다. 그들은 "마법의 능력을 지닌 보통 사람"으로 호그와트 마법학교에 다니는 열 살이나 열한 살 된 아이들이어야 한다는 게 몰리의 설명이었다. 이런저런 '규칙'들이 그녀에게 "어마어마한 창조적 공간"을 허락하지는 않았지만 그래도 그녀가 일관성 있는 성격과 행동을 지닌 캐릭터를 만들 수 있도록 도와주었다. 상당 부분의 서사 구조가 "이미 다른 누군가에 의해 만들어진 채 존재"하기 때문에 몰리는 즉흥적으로 대화와 묘사를 전개하고 놀이 순간에 몰입하는 게 쉬운 일이라는 걸 알았다.

버추얼 호그와트에 대한 경험은 몰리에게 좋은 글쓰기 훈련이 되었다. 그것은 그녀의 다른 스토리텔링에까지 영향을 미쳤는데 물론 차이는 있었다. 호그와트 세계와 멀리 떨어진 채 "나는 소설의 특정 부분을 위한 아이디어를 얻지만 결국 그 언저리에서 발단과 결말을 지어내야 한다"는 게 몰리의 고백이다. 그녀는 무無에서 인물을 창조하고, 선택 사항들을 만들어내고, 플롯과 용도를 꾸며내야 한다. 게다가 서사를 구성하고 뒷받침하는 세계인 배경 이야기도 지어내야 한다. 버추얼 호그와트가 그렇듯이 이 일에도 규칙이 있지만 그 규칙은 강요된 것이라기보다 발견된 것들이다. "내 독창적 소설을 위해 구조를 만들어낼 수만 있다면 그렇게 준비할 것"이라고 몰리는 말한다. 다행히도 그녀에게는 허구적 세계를 세우는 것이 서사 자체를 만드는 것만큼이나 보람 있는 일이었다.

몰리에게 모의 세계에서의 컴퓨터 놀이는 오프라인 놀이와 긴밀하게 연결되어 있다. 그것은 자기 자신의 허구적 세계를 창조하고 싶다는 희망을 강화했다. 또 그 창조 활동을 좀 더 뚜렷하게 이해하도록 해주었다. 아동기 활동의 상상적·창조적 가치를 평가하는 데에는 물론 이것이 가장 중요한 기준이다. 독서나 텔레비전 시청, 극장, 미술관, 과학박물관 견학, 그리고 컴퓨터게임으로 하는 놀이 등은 개인의 열정을 자극하고, 스스로 선택하는 사적 놀이의 발판을 마련해주어야 한다. 나와 인터뷰를 했던 아동과 십대들에게서 그 기준을 찾은 결과 거의 모든 청소년들이, 특히 나이 어린 아동들이, 게임이 끝나고 나서도 최소한 컴퓨터게임의 몇몇 요소를 취한다는 사실을 발견했다.

아론은 스포어가 그의 마음을 '많이' 차지한다고 말했다. 그는 그가 만든 크리처가 했으면 하는 것, 가졌으면 하는 능력에 대한 "계획을 미리 세운다." 학교에서 심심할 때면 네이트도 심즈를 가지고 똑같은 짓을 했다. 주라기 공원 게임을 그만두었으면서도 리는 "공룡이 계속 살아남기를 바랐어요. …나는 애완용으로 한 마리를 키우곤 해요. 물론 육식동물은 아니고요." 그는 "이 암놈 공룡을 돌리오사우루스라고 부르기로 하고" 뒷마당에서 같이 놀았다.

이안과 그의 남동생 앤드루도 컴퓨터 놀이를 밖으로 가지고 나왔는데 그들의 경우에는 여러 가지 게임을 함께 뒤섞었다. "우리는 절대로 한 가지 게임만 하지는 않아요. 그동안 배운 것들을 모두 합치죠. …그러니까 예를 들어서, 내가 콜 오브 듀티의 미션을 수행하다가 그것을 창槍으로 교체할 수 있어요. 그러면 당신은 리소스를 구해야 해요. 그게 우리가 노는 방식이죠."

시뮬레이션게임의 시각적 이미지와 서사적 시나리오를 발판으로 이

안 형제는 매우 진지한 가상 놀이를 하는 데 완전히 몰두했다. 그 놀이의 성격은 현실 세계의 대상들이 가상 세계의 대상들을 완벽하게 대체하는 것이었다. "게임에서 일단 무언가를 여러 번 보고 나면 마음속으로 그것을 그려볼 수 있어요. 그러면 설사 여전히 현실 세계를 볼 수 있더라도 주변의 모든 것이 무어랄까, 그 세계가 돼요. 좀 이상하긴 하죠." 이안의 설명이다. 하지만 소중한 일이기도 하다. 가상 놀이를 하는 아동들은 구체적인 놀이용 인공물에서, 또 현실 세계에서 하는 창조 활동에서 겨우 한 걸음밖에 떨어져 있지 않은 자신을 발견하기 때문이다.

발견한 오브젝트를 형 이안과 함께 '창과 리소스'로 재활용하는 것 외에도 앤드루는, 자신을 좋아하는 가상 세계로 다시 데려가는 그림을 스케치하는 걸 좋아했다. 리 역시 이따금 자신의 가상 공룡을 그렸다. 아론은 레고 바이오니클Lego Bionicals로 스포어의 크리처들을 조립했다. 컴퓨터게임이 오로지 대칭적인 크리처들만 허용한다는 게 다소 불만이었던 그는 자신이 만들어서 스포로니클Sporonicals이라고 부르는 것이 대부분 '비대칭적'이라고 확신했다. 이것은 한꺼번에 규칙을 깨고 또 규칙을 만드는 것으로, 오프라인 놀이에 배우지 않은 것이 포함되어 있다는 확실한 표시다.

나와 인터뷰했던 몇몇 아동들 역시 자신의 가상 세계를 만들었거나 그러고 싶다는 소망을 피력했다. 당연하게도 실제건 잠재적이건 이러한 세계 건설의 대부분은 그것에 영감을 준 게임과 관련해서 구성되었다. 또 평행 게임이나 유사 게임 만들기에 함축된, 규칙 깨기와 규칙 만들기와도 관련되어 있었다. 아론은 컴퓨터 놀이에 대해 그가 좋아하는 모든 것을 특대特大로 만드는 게 재미있을 것 같다고 생각했다. 그의 게임은 '기본적으로는 스포어'와 크게 다르지 않겠지만 적대적 크리처에게는 '피해'를 입히고 다른 크리처들 편을 들어주기 위해서 훨씬 막강한 힘을 가지게 될 터였다.

두 형제는 실제로 개략적 계획을 세웠다. 앤드루는 형 이안과 함께 만든 판타지게임을 위해 적어놓은 규칙과 손으로 그린 카드를 보여주었다. 야외에서 함께하는 가상 놀이처럼 자기 방식으로 만든 이 게임도 상업용 게임의 이런저런 것들을 이용했다. 형제는 게임 진행 절차를 만들고 게임보드를 그렸으며 용, 도깨비, 시한폭탄을 자신들의 목적에 맞게 길들였다. 궁극적으로는 형 이안이 그 게임을 컴퓨터용으로 만들려고 한다는 게 앤드루의 말이었다.

창조적인 컴퓨터 교육을 향하여

실제로 이안은 컴퓨터게임의 프로그램 작성법을 배우고 싶어 했다. "그것이 바로 지금 제가 하려고 하는 거예요." 그는 이미 "모든 것이 코드로 구성된다"는 것을 알았고 일부 기본 명령어도 알고 있었다. 하지만 이것들이 곧장 멋진 창작품으로 전환되지는 않았다. 활동적인 기능과 표현 매체로서 게임 프로그래밍 작업은 사실 복잡하고 어려운 기술이며, 주로 고등학교나 대학에서 배우는 전문적인 기능 습득에 의존한다. 이안을 제외하고 나와 인터뷰했던 모든 십대들은 컴퓨터게임을 만드는 것이 너무 힘들다고 진작 결론을 내렸다. 그들도 잘 알듯이 형식의 어려움 때문에 자신의 시뮬레이션 세계를 만들고 싶다고는 꿈도 꿀수 없었던 것이다.

이런 사태를 해결하기 위해 프로그래밍 노하우와 게임 기획을 아동과 청소년들이 이해할 수 있도록 하겠다는 목표를 세운 모종의 계획들이 있다. 미첼 레스닉이 이끄는 스크래치 프로젝트The Scratch Project와 MIT에 있는 그의 '라이프롱 킨더가르텐' 그룹이 떠오른다. 일곱 살에서 열네 살까지를 위한 플랫폼과 커뮤니티로 게임 기획과 게임 공유를 지원하는 게임스타 머캐닉Gamestar Mechanic(온라인 게임 커뮤니티)도 있다. 마이크로소프트의 쿠도게임 랩Kudo Game Lab과 이매진컵 쿠도챌린지Imagine Cup Kodu Challenge 경연대회는 9~18세 청소년을 위한 것이고, 내셔널 스템 비디오게임 챌린지National STEM Video Game Challenge 경연대회는 중고등학교 학생들을 위한 것인데, 이것은 어떤 주제든 상관없이 많은 종류의 게임을 기획하기 위해서 스크래치, 게임스타 머캐닉, 쿠도 및 여타 프로그래밍 앱의 사용을 권장한다. 비디오게임 캠프나 미디어아트 센터 등 어디에서나 그런 프로젝트들이 점점 더 증가하고 있는 게 확실하다.

시간만 주어진다면 이런 기회들이 아동 중기나 후기에 시뮬레이션 세계 건설을 손쉽게 하는 데 틀림없이 효과가 있을 것이다. 우리는 아직 거기에 이르지 못했다. 프랑스어를 '들을' 수는 있지만 '말할' 수는 없었던 그 유명한 머펫Muppet(팔과 손가락으로 조작하는 인형) 캐릭터인 미스 피기Miss Piggy처럼 나와 인터뷰했던 아동과 청소년들도 컴퓨터게임을 '듣고' '읽기'까지는 할 수 있었지만 그것을 '말하거나' 만들 수는 없었다. 적어도 처음 시작하는 말로는 할 수 없었다.

내 게임 플레이어들은 기존의 게임 문법 안에서 세계를 창조할 수 있다고 느낄까? 네이트의 경우, 컴퓨터로 심즈를 하다 보면 자신의 가상 세계를 만들고 싶다는 충동이 조금도 남김없이 사라져버린다고 했다. 하지만 그보다 어린 이안은 달랐다. "정말로 나쁜 컴퓨터게임을 만들고 싶다는 생각이 들면, 보통 생각난 지 얼마 안 됐을 때에는… 두어 시간 동안 그림을 그리다가 다시 게임을 하든지 다른 일을 해야 돼요." 컴퓨터 조작 능력이 부족한 탓에 그는 자신의 게임 세계를 만들고 싶다는 충동을 자기 마음대로 할 수 있는 다른 매체로 바꾸어 적용했다.

아동의 입장에서 볼 때 그 같은 변환은 모의 월드플레이에 바탕을 둔 창조 활동의 가능성이 열려 있음을 보여준다. 그것은 또 아동과 청소년들이 컴퓨터 프로그래밍 및 관련된 전자 매체를 이해할 수만 있다면 자신의 가상 세계를 만들기 위해 시뮬레이션 기술을 활용할 것임을 강력하게 암시한다.

비록 뒤늦은 감이 없지는 않지만, 아무튼 우리가 만났을 당시 게임 기획 마스터 프로그램을 마친 카일라 고먼Kyla Gorman(실명)에게 이것은 분명히 맞는 말이었다. 고먼은 열두세 살 때 "나무들 사이에 외계의 물의 세계"를 만들기 시작했는데 거기에는 그럴듯하게 진화하는 동물과 식물들이 살고 있었다. 고등학교를 마칠 무렵 그녀는 공식 '과학' 공책을 '트리센트Trisent'라는 가상 세계와 관련된 낙서와 추측 가운데 가장 잘된 것으로 가득 채웠다. 트리센트라는 이름은 수생水生, 나무 거주, 양서류라는 세 가지 생태를 의미했다.(그림 11-2 참조)

바로 그 공책이 대학원생으로서 그녀가 건설할 계획인 가상 세계의 환경적 특질을 제공했다. "그 세계에서 당신은 내가 늘 생각해오던 풍경을 탐험할 수도 있고, 내가 고안해낸 생물이 될 수도 있어요." 그녀가 만든 게임의 목적은 놀이를 뛰어넘어 과학적으로 가치 있는 감정이

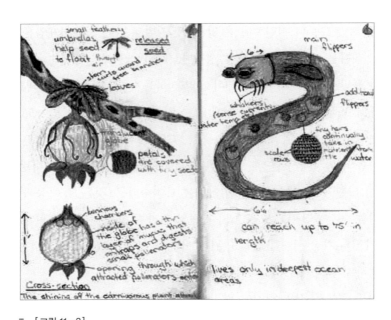

[그림 11-2]

단순한 추상 형태에서 낙서에 의해 진화된, '과학적' 해설이 달린 두 가지 트리센트 생물.
카일라 고먼이 십대에 그린 그림.

입을 발달시키고 "현실 세계 문제를 해결하는 데 유용하도록 세팅이
된, 두루두루 적용할 수 있는 기능"을 훈련하기 위한 것이 될 터였다.
물론 바로 그 기능 덕분에 그녀는 어릴 때 온갖 '가상의 것'을 만들 수
있었다고 했다. 그러면서 "어릴 때 하던 온갖 브레인스토밍을 어른이
되어 생산적인 방식으로 이용하는 게 꼭 완전히 한 바퀴를 돈 것 같은
기묘한 기분"이라고 덧붙였다.

가상 놀이 안에서 무언가를 만들 수 있는 여지 만들기

자기 방식의 월드플레이냐… 아니면 새로 유행하는 시뮬레이션 놀이냐? 가장 바람직하고 가능한 세계의 미래는 '이쪽이냐 저쪽이냐'식의 양자택일이 아니라 '양쪽 다/그리고' 쪽에 놓여 있다. 놀이 시간을 위한 균형 잡힌 리소스가 요구된다. 새로운 과학기술과 전통적 매체를 이용해 만들고 창조하기 위해서는 균형 잡힌 기능도 요구된다. 가장 어린 아동들에게서는, 컴퓨터로 하는 놀이가 합쳐지기는 하되 그것이 아동 초기의 가상 놀이나 중기의 공간 놀이 및 내면화한 가상 놀이를 밀어내지 않도록 주의해야 한다. 또 좀 더 나이가 많은 아동과 청소년들을 위해서는, 컴퓨터 놀이를 자아 표현이나 개인적 성장을 위한 버팀목이라기보다는 하나의 도구로 여기면서 이에 대해 심사숙고하고 잘 이용하도록 도와주어야 한다.

그렇긴 해도, 컴퓨터 기술이 발달해서 아동들이 가상 인물을 연기하고 가상 풍경을 그리거나 가상 소설을 쓰는 것만큼 쉽게 시뮬레이션 세계의 프로그램을 짤 날이 오기를, 또 이 모든 요소들이 가상 세계를 건설하는 데 이용될 날이 오기를 기대할 수도 있다. 부모, 교육자, 보호자 들은 마음속에 분명한 계획을 지닌 채 가능한 최선의 미래를 만들도록 이들을 도울 수 있을 것이다. 그 미래에서는 온갖 형태의 월드플레이가 상상력과 창조성의 발달, 또 풍요로운 내면생활을 위한 자극제가 될 것이다. 다음 장에서 그 방법을 살펴보기로 하자.

Chapter
12

가상 놀이의 창조 자본

최고로 잘 노는 아동들을
어떻게 지원할까

놀이는 인류가 쓴 최초의 시다.
-장 폴 프리드리히 리히터Jean Paul Friedrich Richter,
대학강사, 문인

월드플레이를 찾아다니며

1989년 영화 〈꿈의 구장Field of Dreams〉에서 아이오와의 농부는 만일 그가 옥수수밭에 야구장을 만든다면 그의 꿈을 실현해줄 운동선수들이 와서 경기를 할 거라며 내기를 걸었다. 만일 이 책이 성공했다면, 부모, 후견인, 교사, 심리학자, 사회사업가, 정책 입안자 들이 월드플레이를 알아보고 또 그 가치를 제대로 깨달을 수 있도록 내가 이해의 구장을 세웠다는 말이 될 것이다. 이 연구에 착수한 이래 월드플레이 선수들이 온다는 것은 확실한 나의 경험이었다. 내가 그랬듯이 일상적인 대화나 공식적인 상황에서 가상 세계 창조에 관한 말을 꺼내보라. 아마도 적잖은 수의 지인, 동료, 친구 들이 놀라서 하는 소리를 들을 것이다. "나도 어릴 때 그랬었는데!"

나한테는 도쿄 외곽에서 같이 국수를 먹으며 털어놓은 여성 과학자도 있고 우연히 대화를 나누다가 걱정스러운 아들 이야기를 해준 작가도 있다. 또 내 남편에게 자기 아내가 중서부에서 자라면서 '평행 세계'를 만들었다고 말해준 독일 현대사 교수도 있었다. 그런데 "오호통재라, 그 여교수는 형제들에게 많은 놀림을 당한 후 모든 기록을 다 태워버렸다."

또 교직에 있는 예술가들, 은퇴한 동료들도 그들이나 그들이 아는 아동들이 가상 세계를 만들었다고 알려주었다. 그런가 하면 "침대에 누워 잠이 들 동안 들어가는 지하의" 토끼 군서지에 대해 말해준 친구도 있었다. 어떤 사서는 내밀한 사적 세계를 만드는 사람이 자기 혼자만이 아니라는 걸 알고 너무 기쁜 나머지 나에게 뜻밖의 이메일을 보내기도 했다. 톨로라는 이름의 고대 전사戰士에 푹 빠져서 인터넷에 수많은 글을 올린 웹디자이너도 있었다. 한 컨퍼런스 참가자는 20대에 요절한 의붓아들의 월드플레이 공책을 발견했던 일을 회상하며 눈물을 글썽였다.

물론 어르신들도 계셨다. 남동생과 함께 '베이스먼트빌Basementville'을 하며 놀았다는 일흔두 살 노부인, 어릴 때 "시간제로 가상 지도를 그렸다"고 하는 아흔두 살 노인도 있었다. 또 예순일곱 살 된 부인은 친구와 함께 미래 세계인 '아 라 플래시 고르동à la Flash Gordon'을 만들었다고 했다. 가장 최근의 경우로는, 자기 아파트 현관에서 보이는 공원 지구에 위치한 가상 공화국에서 마침내 가정을 찾았다는 폴란드 이민자가 있었다.

예리하게 둘러보면 당신도 가상 세계 창조라는 가물거리는 불빛을 볼지도 모른다. 소파 뒤에서, 뒷마당에서, 운동장에서, 친구의 취미나 동료의 일하는 방식에서, 미술관, 작가의 서재, 과학자의 추억에서, 아니면 당신 자신의 어린 시절 놀이에서… 비결은 그 희미한 불빛이 무엇인지 또는 무엇일지 바르게 평가하는 것이다.

그것은 내 조카딸이 자신의 삶을 가득 채운 요정의 나라와 그 밖의 가상 놀이에 대한 확신 속으로 나를 끌고 가던 날, 내가 분명히 도전해야 할 과제였다. 당시 열 살이던 메건이 나를 제 방으로 데려갔다. 나는 녹음기를 틀었고 그때부터 두 시간 동안 우리는 메건의 장난감, 인형, 책, 공예품 등등을 샅샅이 살펴보았다.

처음에는 메건이 평범한 가상 놀이를 굉장히 열중해서 하는가 보다, 라고만 생각했다. 메건은 이따금 친구 한두 명과 함께 인형을 가지고 놀았다. 학교 쉬는 시간에는 더 많은 친구들과 '가상 놀이'를 하고 놀았다. 여자아이들은 함께 요정을 만들었고, 인물을 수정하고 플롯을 결합하는 등 좋아하는 책의 내용을 가져와 시나리오를 만들었다. 이따금 그들은 놀이 내용을 기록하기로 합의했지만 정말로 기록된 이야기는 하나도 없었다. 내가 보기에, 메건의 놀이는 그날이 지나면 흐지부지되고 마는 아무 상관이 없는 다양한 사건들에 대한 것으로 여럿이 함께 노는 데 초점이 맞춰진 게 분명했다.

하지만 나는 반만 옳았다. 메건이 자기 놀이에 대한 나의 흥미를 슬슬 고조시키면서 인형과 놀이 시나리오를 차례차례 말하는 걸 듣다 보니 지속적인 정교화 작업과 일관성이 느껴지기 시작했다. 메건은 혼자서 또는 친구들과 함께 인물을 몇십 명 만들었는데 어떤 건 인형이고 어떤 건 '가상 친구'들로 마음속에서 상상한 놀이 속 사람들이었다. 메건은 종종 이 가상 인물들을 그렸고 때로는 그들의 가계도를 그리기도 했다. 그것들 가운데 적어도 하나는 부계, 모계 양쪽 다 두 세대를 거슬러 올라가서 친인척 관계를 추적하기도 했다.(그림 12-1 참조)

메건은 나에게 이들 인형 인간과 가상 친구 들에게는 "대체로 실제적인 것"이 있다고 말했다. 나는 왜 그런지 알 수 있었다. 다들 저마다 특별한 이야기가 있었는데 어떤 이야기는 그녀와 실제 친구가 함께 놀았던 2년 전 3학년 때 만들었다고 했다.

우연히 나는 친구와 함께한 이 모든 놀이가 메건에게는 개인적 차원의 놀이도 된다는 걸 알게 되었다. 메건은 내 앞에서 특정 놀이를 함께

[그림 12-1]
요시라는 이름의 가상 친구와 그녀에 관한 인구 동태 통계. 메건이 열 살 무렵 그린 그림.

한 친구들을 일일이 꼽았는데 다섯은 실제 친구고 다섯은 가상 친구였다. 그 놀이를 하기 위해 실제 친구들이 전부 함께 있어야 했느냐는 내 질문에 메건은 "아닐걸요"라고 대답했다. 그럼 누가 전체 이야기를 아느냐고 물었더니 "저요"라는 대답이 돌아왔다. 대화는 계속되었지만 결국 원점으로 돌아오고 말았다. 메건이 이 모든 이야기들을 속속들이 알고 있다는 건 그동안 혼자 놀았다는 말인가? 내가 그 뜻을 이해하고 나자, 그 대답은 메건의 사적이고 내밀한 통합체인, 모든 걸 아우른 가상 세계로 향하는 문을 열어주었다.

메건은 내게 요정의 나라에 대해 시시콜콜 말해주었는데 그것은 메건의 방 창문 바로 바깥쪽에 있는 커다란 나무와 상관이 있었다. 그 나무는 무성한 나뭇잎과 함께 떠오르는 왕국 같았으며 안에는 요정들이 살고 있는 것 같았다. 그 나라는 또 영화, 책, 또래 친구들에게 얻어들은 잡다한 개념들과도 상관이 있었다. 밤에 메건이 자려고 누우면 요정들이 "내 방 창문으로 들어와서… 모두 파티를 시작해요. 그러면 내 '아메리칸걸' 인형들도 내려와서 놀기 시작하는 거예요."

물론 요정들은 메건이 친구들과 함께 세운 상상의 장소인 다른 곳에서도 살았다. 그런데 메건이 느닷없이 좀 더 커다란 비밀의 나라를 털어놓은 것은 우리가 이야기를 시작한 지 한 시간도 더 지난 뒤였다.

제가 만든 가장 커다란 가상 세계는, 그러니까, 제 방이 그 왕국인데 거기에는 왕국의 나머지 장소로 들어가는 입구가 있어요.(그림 12-2 참조) 저는 여왕이고 제 모든 아메리칸걸 인형들은 서로 다른 곳을 지배하는 총독들 같은 거예요. 요정의 나라가 나의 세계 어딘가에 있는 것과 같은 식이지요. 꼭 그 세계의 다른 부분처럼요.

별안간 메건은 다시 이야기를 돌리더니 또 다른 인형 캐릭터들과 또 다른 모험 이야기들을 자세히 해주었다. 하지만 조금 후 그녀는 다시 '나의 왕국'으로 돌아와 다양한 이야기를 들려주었다. "저는 모든 물이 다 있는 곳이고 … 황량한 숲으로 이루어진 곳이고 서로 다른 책들을 위한 곳들인 장소가 있는 것처럼 내용을 만들어요. 제가 《번개 도둑Lightning Thief》 시리즈를 위한 곳이나 용과 모든 것들을 위한 장소를

[그림 12-2]
요정의 나라로 들어가는 여러 개의 입구 가운데 하나. 메건이 열 살 무렵 그림을 그리고 종이로 만들었다.

가지고 있는 것처럼……." 메건이 비록 친구 한둘과 그 왕국의 각기 다른 부분을 공유하긴 했어도 친구들 가운데 전체 내용을 아는 사람은 아무도 없었다. "그것은 거의 저 혼자만의 것이에요. …제 왕국은요. 저는 그것에 대해 이 사람 저 사람에게 말하지 않아요."

마침내 나는 모든 것을 이해했다. 메건이 내게 말하고 있던 서로 다른 모든 요정의 나라들이나 실제 친구 한둘과 같이 했던 서로 다른 모든 놀이들이 사실은 하나의 커다란 가상공간에 속한 것이었다. 겉으로는 일시적으로 보인 것들이 안으로는 끈질기게 계속되고 있었으며, 겉으로는 가지각색으로 다양하게 보인 것들이 사실은 서로 연결된 채 응집되어 있음이 드러났다. 그중 가장 중요한 점은 친구들과의 협동의 결과처럼 보였거나 종종 그 결과이기도 했던 것이 독자적 놀이의 필요와 목적을 위해서도 이용되었다는 사실이다. 메건은 비록 친구들과 함께 한두 부분을 만들기는 했어도 가상 세계 전체는 자기 혼자만의 활동으로 보존했다. 내 눈에는 메건이 특이한 방식으로, 여럿이 함께한 가상 놀이의 상당 부분을 징발해 혼자만의 내밀한 월드플레이로 바꾼 것처럼 보였다.

타고난 것일까, 키워지는 것일까

기원, 본질, 지속이라는 면에서 조카딸의 요정의 나라는 내 딸의 카랜드와 상당히 달랐다. 물론 둘 다 월드플레이의 일반적 특징을 공유하기는 했다. 나이 차가 15년이나 되고 서로 떨어진 도시에서 자란 까닭에 두 아이는 자신의 내면화된 가상 놀이에 대해 직접 대화를 나눈 적이 한 번도 없었다. 하긴 가상 세계 창조의 사적이고 내밀한 본질을 감안할 때 둘에게 그걸 기대하지 않는 게 옳을지도 모르겠다. 그럼에도 두 아이가 사촌인 관계로 자연스럽게 다음 질문이 나온다. 월드플레이는 유전되는가? 만일 그렇다면 그런 성향은 선천적인 것일까, 아니면 학습된 게 틀림없거나 적어도 그렇게 키워진 것일까?

다른 많은 천성론이나 육성론과 마찬가지로 우리가 가진 여러 데이터들도 이쪽이냐 저쪽이냐에 대해 결정적인 대답을 하지 못한다. 신동에 관한 똑같은 질문에 대해 심리학자 데이비드 헨리 펠드먼David Henry Feldman은 "가문이란 유전적·환경적·문화적·개인적 경험을 공유하는 공동체이기 때문에 그 안에서 특정 방식이나 유형의 행동이 되풀이된다 해도 놀랄 일이 아니다. 특히 이런 특성의 가치를 보존하는… 가문의 전통을 지닌 경우에는 더욱더 그렇다"라고 주장했다.

이 주장은 월드플레이에도 그대로 들어맞는다. 아동들은 살면서 경험하는 다양한 사건이나 상황을 통해 마음속에 깊이 새겨진 여러 가지 이유 때문에 파라코즘 놀이에 관심을 돌릴지도 모른다. 감정적 계기, 가족 해체, 질병, 사회적 고립, 권태, 수줍음, 강렬한 호기심, 모방 충동 등이 여기에 포함된다(물론 이것들에 국한된 건 아니다). 소설가 앨런 가너Alan Garner〔어린이 환상소설로 유명한 영국 소설가(1934~)〕나 익명의 파라코즘 놀이꾼 '제인'만 보더라도 둘 다 병 때문에 오랫동안 혼자 지내야 했고 천장을 보면서 가상의 나라를 발견했다. 배우 피터 유스티노프의 경우는 역겨운 닭 모가지 비틀기에서 월드플레이가 시작됐다. 그가 나중에 쓴 글에 따르면 "내가 이 야비한 어른들의 세상에서 정신을 바짝 차릴 수 있는 방법은 단 하나밖에 없었는데 바로 가상 세계를 건설하는 것이었다. …이 나라 헌법 제1조는 어떤 닭도 모가지를 비틀리지 않을 것이라는 거였다.”

어떤 특정 사례에서도 우리가 추측할 수 있는 것은 가상 세계 창조
는 아동의 상상 능력을 어느 정도 반영하고 있으며, 당면한 가정환경
에 대한 아동의 상상적 반응 또한 어느 정도 반영한다는 점이다. 그리
고 많은 경우에 그 가정환경은 복잡한 가상 놀이를 지지하고 그 모형
을 만드는 데 있어 '가치 기준'이나 풍성한 '전통'을 보여준다.

실제로 형제, 사촌, 또는 다른 가족 구성원들과 함께하는 월드플레
이는 가상 세계 창조의 역사에 흔한 일이다. 어린 시절의 브론테 남매
나 처음엔 사촌 봅과 그리고 나중에는 의붓아들 로이드와 월드플레이
를 했던 로버트 루이스 스티븐슨을 떠올려보라. 또 그레고리 벤포드는
남동생과 함께했다. 이들에 더해 19세기를 살펴보면, 상호 관련된 요
정의 나라와 '자연사Natural History의 왕국'에서 놀던 윙크워스 자매의 놀
이가 있다. 또 프리드리히 니체와 그의 여동생이 다람쥐 왕 1세를 가지
고 하던 놀이도 있고, 레오 톨스토이Leo Tolstoy가 개미 세계인 '모라비
안Moravian'에서 형제들과 하던 놀이도 있다.

20세기 들어서는 거트루드 스타인Gertrude Stein〔미국 시인 겸 소설가
(1874~1946)〕이 남동생과 함께 만든 가상 언어와 가상 세계, 베라 브리
튼 Vera Brittain〔《청춘의 증언》이라는 소설로 유명한 영국의 여성 소설가
(1893~1990)〕이 남동생과 함께 만든 '더 딕스The Dicks'가 있고 C. S. 루이스
형제는 복슨이라는 나라를 만들어서 함께 놀았다. 또 이름이 알려지지
않은 네덜란드 집안의 아이들은 '렐러비아Relevia'라는 나라에서 놀았
고, 페어필드 포터는 1918년경 동생 및 두 친구와 함께 가상의 섬(그림
1-1 참조)을 만들면서 놀 때 그 섬에 그들 모두의 이름 EDward,

FAirfield, LOuise, BArbara에서 앞의 두 글자씩을 따 EDFALOBA(에드팔로바)라고 이름을 붙였다.

이 같은 사실에 비추어볼 때 로버트 실비가 모아서 정리한 파라코즘 놀이꾼 가운데 36%가 형제자매나 사촌들과 함께 가상 세계를 창조했다는 건 전혀 놀랄 일이 아니다. 게다가 이들 가운데 넷이, 그러니까 10%가 세대를 이어가면서 월드플레이를 했다고 한다. '데이비드'에게는 어린 시절에 가상 세계를 창조한 아버지가 있었고, '앨리스'에게는 자기들 나름대로 월드플레이를 하는 조카가 둘이나 있었다.

정교한 월드플레이로 유명한 여러 사례들 또한 세대를 이어가는 특징을 보여준다. 1942년, 실비아 라이트 Sylvia Wright는 《아이슬란디아 Islandia》라는 소설을 출간했는데 이는 아버지 오스틴 태편 라이트가 남긴 방대한 자료를 바탕으로 지은 것이었다. 법률가였던 아버지는 어른이 된 후에도 평생 가상 장소의 지도, 기후 정보, 인구 조사표, 정기 간행물 등에 몰두했다. 그가 어릴 때 시작한 그 월드플레이는 동생의 놀이뿐 아니라 아버지의 놀이에서도 닮은 점이 발견되었다. 그의 딸에 따르면 "이따금 아버지는 작은아버지를 아이슬란디아 안으로 들어오지 못하게 하셨다. 그러자 작은아버지도 당신의 세계인 크라베이 Cravay를 만드셨다. 내 할아버지가 돌아가신 후 그분들은 할아버지 역시 가상 세계 지도를 만드셨다는 사실을 발견했다." 그녀의 친할머니 역시 소설을 여러 편 썼는데 "할머니가 지어낸 대학촌에서 벌어지는 사건" 들이었다고 한다.

라이트 가족의 경우 월드플레이의 세대 간 이동은 아버지가 아들에게 공공연하게 권유한 일 없이 일어났던 것 같다. 이는 로버트 루이스

스티븐슨의 경우도 마찬가지였는데 그의 아버지도 어릴 때 잠자리에 들며 혼자 이야기를 중얼거린 게 확실했다. 하지만 다른 사람들의 경우에는 부모의 본보기와 지원이 월드플레이의 세대 간 전수에 상당한 영향을 미쳤다. 파라코즘 놀이꾼 '암브로즈'에게 가상 세계 창조는 집안의 전통이었다. 그 자신의 월드플레이도 아버지의 권유로 시작되었을 뿐 아니라 그의 아버지 역시 어릴 때 가상 세계를 만들었다.

그 밖에 화가인 클래스 올덴버그의 가족 경험을 살펴보자. 어린 클래스가 가상 국가를 만든 것은 가족이 스웨덴에서 미국으로 이사 오던 바로 그 무렵이었다. 전기작가에 따르면 올덴버그의 부모는 아들이 가상의 나라 뉴번에서 노는 것을 동생이 태어나고 낯선 언어를 사용하는 새로운 곳으로 이주하는 등의 일련의 변화에 적응하는 수단으로 이해했다. 실제로 이것에 관해서는 클래스의 아버지가 월드플레이의 본보기를 적극적으로 보여주었던 것 같다. 그는 동생(클래스의 작은아버지)과 협력해서 미니어처 마을을 세웠을 뿐 아니라 아들들을 즐겁게 해주고 그들에게 월드플레이에 대한 사랑을 전해주려는 목적으로 '노베버그Nobbeberg'라는 나라도 만들었다.

어른의 가상 놀이 모형 만들기

이러한 예들이 시사하는 바는 월드플레이 혹은 그런 기질은 가족 관계에서 학습될 수 있다는 점이다. 실제로 일부 이론가들은 모든 놀이는 학습된다고 주장한다. 적당한 자극이 아동 초기의 상상력을 증강시킨다는 것을 암시하는 증거도 많다. 심리학자 도로시 싱어와 제롬 싱어에 따르면 상상 놀이에는 어느 정도 유도된 초기 학습이 도움이 된다. 부모나 성인 롤모델이 단순한 놀이부터 좀 더 복잡한 놀이까지 노는 모습을 보여주는 것이 도움이 된다는 말이다. 다른 심리학자들도 위험한 환경에 처한 부모와 유아들을 위한 놀이 중재를 개발함으로써 이 방면의 연구를 수행했다. 예비 결과에 따르면 부모는 본보기가 되는 걸 배울 수 있고, 유아들은 인지 기능과 상상 기능의 도움 아래 노는 걸 배울 수 있었다.

마찬가지로 부모나 다른 어른들도 심미적·창조적 기능의 도움으로 월드플레이 같은 복잡한 형태의 가상 놀이의 본보기를 보여주거나 그것을 장려할 수 있다. 지각과 감정에 대한 습관적이고 강화된 인식을 바탕으로 한 심미적 이해가 반드시 저절로 생기는 것은 아니다. 여름날 아침의 소리나 타일 바닥의 문양이 문득 의식 속으로 밀려들어 오면서 말할 수 없이 의미심장해질 때, 많은 아동들이 경이의 순간을 경험한다. 하지만 이런 순간들은 어쩌다 한 번씩 예기치 않은 순간에 온다. 종종 일상적인 심미적 반응은 자기 안팎의 경험에 대한 학습된 주의력을 요한다.

최소한으로 참여하며 활동을 기록하는 '수동적 응시'와는 달리, 보고 듣거나 느낀 것에 대한 심미적 반응이 관심을 끈 것을 (다시) 상상하고 (다시) 창조하기 위해서는 그것이 의미하는 바에 대한 능동적 심사숙고가 수반된다. 책, 영화, 비디오게임 등을 정교하게 다듬어서 만든 월드플레이는 그런 의미에서 심미적 반응에 해당한다. 그리고 그런 반응은 육성하고 연마할 수 있으며 또 그래야 한다. 교육철학자 맥신 그린은 "아동들에게 그들 자신의 외계 생물을 창조하고, 자신의 인증된 방식으로 말과 형태를 가지고 놀며, 환상 속의 세계를 불러내는 것이 무엇인지 배우게 할 필요가 있다"고 주장했다.

다행히도 어른이 월드플레이의 본보기가 되는 데에는 폭넓은 개인적 경험을 요하지 않는다. 실비의 조사 대상인 파라코즘 놀이꾼 서른아홉 명 가운데 아홉 명이 부모에게 서로 다른 종류의 지원을 받았다고 보고했다. '앨런'은 "아버지가 나를 위해 그려준 섬 지도"를 통해 아버지에게 격려받았는데 "그 지도는 '잃어버린 장난감 나라'나 '뒤집어진 사람들 나라'처럼 상상력이 넘치는 생각을 담고 있었다." 앨런은 자신에게 알맞게 그 세계를 고쳐서 놀았다.

마찬가지로 자기 나름의 문학적 야망을 품고 있었던 패트릭 브론테는 자신의 자녀들에게 그들이 좋아하는 것은 무엇이든 쓰고 읽을 자유를 주었다. 비록 그가, 아이들이 작은 글씨로 쓴 원고를 전혀 읽은 것 같지는 않지만 (학자들은 아이들이 그렇게 작은 글씨로 쓴 것은 아버지의 개입을 의도적으로 방해하기 위해서라고 추측한다) 그래도 그 집안의 한 전기 작가는 그를 "자녀들의 어린 시절 글쓰기에 막대한 영향을 준 유일한 사람이었을 것"이라고 평했다. 아마 글쓰기를 탄생시킨 놀이에도 그 영향이 미쳤을 것이다. 결국 자녀들에게 현실 세계인 하워스에서 가상의 글래스타운으로 여행한 장난감 병사들을 쥐여준 것은 아버지 패트릭이었다.

월드플레이 장려하기

당신 자신의 놀이 배경과는 상관없이 여섯 살 혹은 열한 살짜리 아동에게 지속적인 가상 세계 창조를 장려하고 싶다고 가정해보라. 과연 그래야 할까? 어떻게 그 일에 착수할까? 간단히 대답하자면, 그렇다, 와 능숙한 솜씨로, 이다.

《찬란한 일별 : 상상력과 아동기 The Brightening Glance : Imagination and Childhood》(2006)에서 미술 이론가 엘렌 핸들러 스피츠 Ellen Handler Spitz는 "아동의 놀이에 어른이 참여하는 문제는 미묘하고 복잡하고 논란의 여지가 많다"고 주장한다. 주로 부모나 교사 또는 성인이 만든 오락 매체가 가질 수 있는 압도적 영향력 때문이다. 어른들은 자신의 흥미, 방법, 판단을 놀이 활동에 강요하지 않도록 조심해야 한다.

실제로 본보기가 되고 장려하는 행동에는 실수가 따를 수 있다. 스피츠의 주장대로 '본보기가 되는 사람'/'장려하는 사람'과 '부모'/'어른' 노릇을 동시에 하기는 '어려운' 일이다. 어른의 기대가 너무 높으면 아동은 좌절감을 느끼면서 재미있는 실험에 대한 흥미를 잃을 수도 있다. 혐오스러운 느낌을 주거나 시답잖은 것처럼 보이는 놀이 요소에 어른이 심판하는 태도를 보이면 놀이 활동은 옆길로 새거나 숨어들어 갈 수 있다.

한편 월드플레이가 가장 뿌리를 내리기 쉬울 것 같은 바로 그 시기에 아동들은 움츠러드는 경향을 보인다. 하지만 가볍게 영향을 미쳐보라. 그러면 아동이 외부의 영향이나 비판으로 움츠러들 때에도 놀이는 사적이고 내밀하기는 해도 완전히 비밀스럽지는 않으며, 어른들이 알고는 있으되 개입하지 않는 것이 될 것이다. 이 내밀함을 잘했다는 표시로 환영하라. 월드플레이를 촉진하는 가장 좋은 방법은 속으로 기대를 조금만 하거나 아예 기대를 하지 않은 채 격려한 다음 뒤로 물러서는 것이다. 아니면 실비의 공저자가 말한 것처럼 '성인 접근 금지'가 있다.

이제는 분명해졌듯이 월드플레이의 총체적 목적은 아동이 개인의 욕구와 흥미에 따라 자신을 위해 창조하는 것이다. 놀이의 독창성을 증진하는 데에는 이 개인적이거나 내면적인 동기가 외부의 보상이나 평가보다 훨씬 더 효과적일 것이다(부지불식간일 때조차 보상은 활동을 일처럼 보이게 만들 수도 있다). 실제로, 과도한 놀이 구조와 어른의 간섭이 아동의 호기심과 창의성을 억압한다는 사실을 시사하는 연구 결과가 있다. 코헨과 맥키스는 "어른들은 아동들이 알아서 가상 세계를 가지고 잘 놀도록 내버려두어야 한다"고 주장했다.

자기 혼자만의 월드플레이를 장려하는 데 있어 가장 중요하고 바람직한 어른의 역할은 놀이 친구가 되어주는 것이 아니라, 뒤에 숨어서 놀이를 촉진하는 역할이다. 약간의 조건을 조성해줌으로써 부모나 보호자는 상상 놀이와 그에 수반되는 창조적 행동을 자극하고 지원할 수 있다. 심리학자들은 아동 초기의 가상 놀이를 뒷받침하기 위한 손쉬운 경험 법칙 다섯 가지를 제안한다. 거기에 더해 그동안 이 책에서 살펴본 모든 내용을 떠올리면서 아동 중기와 후기의 월드플레이를 지원하는 데 필요한 약간의 전략을 덧붙이겠다.

아동 초기 가상 놀이를 위한 다섯 가지 경험 법칙

1. 장소를 제공하라. 아동들에게 가상 놀이를 할 장소를 주라. 실제적으로 이 장소란 거실 깔개, 식사 전후의 주방 식탁, 또는 교실 구석이 될 수도 있다. 어디가 되었든 그 장소는 놀이를 하기 위해 다른 활동과 경쟁할 필요가 없는 심리적 공간이기도 해야 한다.

그런 다음에야 당신은 싱어가 말한 이른바 놀이를 위한 '성소'를 가지게 될 것이다.

2. 시간을 제공하라. 아동들이 놀이 장소에서 방해받지 않고 놀 수 있는 '신성한 시간'을 따로 떼어두라. 날마다 일정하게 계획을 잡아라. 20분도 좋고 한 시간도 좋고 가능하기만 하면 그 이상도 괜찮다. 이것이 전자 매체 사용을 줄인다는 뜻이라는 사실에 주목하라. 텔레비전을 끄고 컴퓨터게임 해방 구역을 만들라. '심심해'라는 말을 들을 경우, 그 의미를 다시 생각할 준비를 하라. 항상 이용 가능한 전자오락의 부정적인 면 가운데 하나가 아동들이 따분함이나 불만족을 이용해 세상과의 창조적인 관계를 훈련하는 일이 더 이상 없다는 점이다. 그런데 권태란 창조성을 일깨우는 강력한 자극제가 될 수 있다. 아이들이 무엇을 해야 할지 모르는 상태를 자기 나름대로 일을 하는 상태로의 초대장이라 여기고 환영하도록 도우라.

3. 재료를 제공하라. 아동들에게 놀고 흉내 내고 만들고 표현할 수 있는 다양한 재료를 주라. 여기에는 크레용, 종이, 오릴 잡지, 자잘한 공예품들이 포함될 수 있다. 또 변장용 옷, 블록, 꼭두각시처럼 서로 다른 용도로 다양하게 활용될 수 있는 장난감이나 소품들도 포함되어야 한다. 문제는 모든 놀이의 필요에 따라 제각각의 품목을 제공하는 게 아니라, 이제 곧 하려는 놀이에 적합하도록 장난감의 용도를 다시 정하고 재료를 주물럭거리고 인공물을 만들 기회를 제공하는 것이다.

4. 프라이버시를 제공하라. 주어진 공간, 시간 및 재료를 활용할 수

있는 어느 정도의 자율권과 프라이버시를 당연시하라. 어른들은 아이들이 잘해나갈 수 있도록 본보기 역할을 할 필요성을 느낄 수도 있다. 하지만 어른들이 실제 놀이에 덜 관여할수록 그 놀이는 아동에게 더 많은 도움이 된다.

5. 허용하도록 하라. 자신이 하는 가상 놀이의 가치를 당신이 인정하고 지원한다는 사실을 아동들에게 알게 하라. 귀를 기울이고, 웃고, 상을 주라. 냉장고나 게시판에 사진을 붙여놓으라. 꼭두각시 쇼를 보고, 블록으로 만든 성이 거실이나 교실 구석에 되도록이면 오래오래 남아 있도록 하라. 무엇보다도 놀이에 드러난 기발한 생각을 존중하라.

이 다섯 가지 조건은 아동 초기의 상상적이고 창조적인 놀이에 필수적이다. 또 비교적 쉽고 돈도 별로 들지 않는다. 로버트 루이스 스티븐슨과 많은 심리학자들, 또 교육자들이 줄곧 주장해왔듯이 가상 놀이는 상상이 현실을 대체하는 시간과 장소에서 가장 활발하게 이루어진다. 패밀리 커뮤니케이션사Family Communications, Inc.가 운영하는 인터넷 사이트 '미스터 로저스의 이웃'은 놀 수 있는 장소란 동굴을 만들려고 식탁에 던져놓은 시트처럼 단순한 것일 수도 있다는 걸 보여준다. 놀이 재료라는 것도 낡은 옷, 모자, 신발, 마분지로 만든 관, 기타 쓰다 남은 쪼가리 들처럼 바로 옆에서 구하기 쉽고 돈도 거의 들지 않는 것일 수 있다. 놀이에 대한 평가도 아동에게 멋진 아이디어라고 말해주는 걸로 족하다.

이 모든 것은 당장 구매할 수 있는 장난감이 너무 많아 고민인 사람들에게 반가운 소식일지도 모른다. 어떤 것을 사지? 아동의 창조적 상상력을 자극하는 게 목적이라면 확실히 더 적을수록 더 많은 것을 얻을 수 있다. 특별한 항목은 적고 다목적 용도가 많은 장난감이란 상업적으로 설계된 활동은 적고 개인적으로 상상력을 발휘할 수 있는 놀이는 많은 장난감이라는 뜻이다. 실제로 스피츠는, 부모는 "자녀들에게 단조로운 복제품보다 '유례를 찾기 힘든' 독특한 물건을 안겨주어야 한다"고 권한다. 여기에는 물려받거나 빌린 것이 포함될 수도 있다. 어떤 맥아더 펠로가 은밀한 '궁전의 방'을 만들려고 사용한 중국풍 가정용품이나 또 다른 펠로가 꽃 인형을 만들려고 사용한 접시꽃처럼.

아동 중기 및 후기의 월드플레이를 장려하기 위한 다섯 가지 추가 경험 법칙

1. 자녀들에게 월드플레이의 개념을 소개하라. 당신이 어릴 때 만든 가상 세계에 대해 시도 때도 없이 언급하라. 아니면 앨런의 아버지나 로버트 루이스 스티븐슨처럼, 거꾸로 뒤집어진 세상이나 보물섬의 지도를 그리기 시작하고 나서 당신이 돌보는 아이들이 그것을 이어받게 하라. 아이들이 하는 놀이를 관찰하면서 이따금 중요한 질문을 던지라. 나도 딸에게 그 애가 만든 언어를 사용하는 사람들이 있는지, 그들이 즐겨 하는 이야기가 있는지, 또 그들이 어디에 살고 무슨 옷을 입는지 물어본 기억이 난다. 얼마 지나지 않아 딸은 스스로 질문하기 시작했고 카랜드의 정교화 작업이 시작되었다.

   조금만 더 유도하면 효과를 볼 수 있을 것 같은 아동들을 위해 가상 국가에서의 가상 놀이를 모방한 이야기들을 찾으라. 앨리스 맥레런의 《록사복슨》(1991)이나 미국의 작가 노튼 저스터 Norton Juster(1929~)의 명작으로 1961년에 초판이 나온 이래 아직도 출판되고 있는 《마법의 요금소 The Phantom Tollbooth》에서 시작하라. 그 책에서 밀로라는 소년은 신기한 선물을 받고 마분지를 조립해 요금소를 만들고, 가상 목적지의 지도를 편 후 장난감 자동차를 타고 가상의 세계로 여행을 떠난다.

모방해보라. 미국의 와인 평론가 엘린 맥코이 Elin McCoy가 집에서 나온 물건들로 아동용 크기의 요금소 같은 것들을 어떻게 만드는지에 대해 쓴 아동 친화적인 설명서, 《비밀의 장소 가상의 장소 : 놀이를 위한 자신만의 세계 창조하기 Secret Spaces Imaginary Places : Creating Your Own Worlds for Play》(1986)를 따라해보라. 아니면 맥아더 펠로 폴 버먼 Paul Berman(정치학과 문학에 관해 쓴 미국의 작가(1949~))이 쓴 《가상 놀이의 제국 : 지침서 Make-Believe Empire : A How-To Book》(1982)를 좇아서 하라. 그 책이 나온 이래 20년 이상을 버먼은 아동들과 직접 세계 만들기에 대한 열정을 공유하면서 마분지로 미니어처 성을 세우고, 법률 문서를 작성하고, 배와 지도를 만드는 법 같은 재미있는 정보를 제공한다. 또 작은 용기에 곡물을 키우는 법도 알려준다.

2. 상상력을 발휘해서 개조할 것을 요구하는 놀이 자극제를 소중히 여기라. 상상력은 진공 상태에서는 활발하게 발휘되지 않는다. 상상력은 실험할 재료를 필요로 한다. 책, 영화, 컴퓨터게임, 박물관 견학이나 문화 행사 관람, 또 교외나 시내, 황무지로의 소풍

등이 바로 그러한 것들이다. 최고의 자극제는 신비하고 모험적인 분위기나 기대감을 불러일으킨다는 점을 명심한 채, 모든 것을 다 말해주지 말고 얼마쯤은 아이가 하도록 남겨두라. 철학자 가스통 바슐라르의 말처럼 "이미지가 너무 선명하면… 상상을 방해한다. 우리는 보고 이해하고 말했다. 모든 것이 정해져 있다." 바로 이런 이유 때문에 책은 영화나 컴퓨터게임보다 더 많은 영감을 제공할 수도 있다. 감각적인 이미지나 신체 활동을 정신적으로 재구성한 것을 제공하는 게 아니라 오히려 요구하기 때문이다.

3. 상상 놀이에서 재료의 정교화 작업을 격려하라. 상상력을 자극하는 활동과 경험 덕에 삶이 풍요로운 아동들은 그렇지 않은 아동들보다 그 활동을 놀이에 재현하는 경우가 더 많을 것 같다. 혼자서든 다른 아이들과 어울려서든 아이들은 소설《해리 포터》시리즈를 가지고 만든 좋아하는 극본으로 연극을 하며 놀 것이고, 좀 더 바람직하게는 소설《해리 포터》를 영화〈토이 스토리〉나 컴퓨터게임 '더 심즈'와 완전히 뒤섞어서 놀 수도 있다.

아동들이 함께 놀이의 즐거움을 누리는 순간에 부모나 어른들은 그 놀이 내용을 조그만 책이나 기록된 이야기로, 그림, 지도, 사진, 게임보드 및 기타 인공물로 제작하도록 격려할 수 있다. 아동과 청소년들은 비디오 제작이 가능하고 컴퓨터 프로그래밍 도구나 다른 새로운 매체들을 쉽게 이용할 수 있으므로 이런 것들도 기록 도구로 사용될 수 있다(또 그래야 한다). 새로 만들어진 그림, 이야기, 비디오, 컴퓨터게임 하나하나가 가상 세계의 또 다른 부분을 창조하고 기념한다.

4. 혼자 놀 수 있는 공간을 만들라. 놀이를 창의적으로 개조하고 그것을 구체적으로 기록하는 활동을 지원하는 데 있어 부모나 어른이 아동에게 줄 수 있는 최고의 선물 가운데 하나는 고독이다. 고독은 외로움과 같은 것이 아니다. 그보다는 공상에 빠지는 풍요로운 내면의 삶과 내밀한 사색과 개인적 지식을 키우는, 혼자만의 시간이라고 하는 게 옳다.

혼자 있을 경우, 아이는 제 스스로 온전히 자유롭게 상상하고 꿈꾸고 정교하게 만들고 창조한다. 바슐라르의 말처럼 "혼자 있을 경우, 인간은 강요받지 않은 모든 실제 행동의 기원에 있게 된다." 역사상 여러 시기에 배출되었던 많은 창조적 인물들이 어릴 때 혼자서 상상하고 생각하며 오랜 시간을 보냈다고 회상하는 건 전혀 놀랄 일이 아니다. 혼자 노는 아동들은 이런저런 생각을 하고 물질적 입증 과정을 실험하면서, 진실로 개인적이고 따라서 독창적인 상상을 향해 첫발을 내디딘다.

이런 커다란 장점이 있음에도 혼자 놀이를 지지하는 것은 시대의 흐름을 강력하게 거부한다는 뜻이 될 것이다. 요즘 사회는 소수든 집단이든 여럿이 함께하는 놀이를 대단히 강조하며 그중에서도 사교적 능력이나 '감성 지능'을 최고로 친다. 게다가 회사나 대규모 기업들은 특별히 협동생산 교육을 받은 노동력에 관심이 많다. 하지만 여기서 간과된 것은 소수와 함께하는 놀이나 집단적 창조성 모두 한 개인이 최초로 투입한 내용에 의거하기 때문에 혼자 상상하고 심사숙고하는 행위에 어느 정도 의존해야 한다는 점이다.

심리학자 루치아노 라바트Luciano L'Abate의 말처럼, 혼자 놀이는
그 자체로 "어느 정도 상호의존성을 함축하며" 다른 모든 놀이와
마찬가지로 "절묘하게 상관적인 활동"이라는 점도 고려하라. 실
제 역할 놀이나 역할 분담에서 아동은 다른 사람들과의 가짜 상
호작용을 연습하거나 가상 존재들의 서사적 상호작용을 가정하
고 탐색할 필요가 없다.

이야기, 그림, 또는 기타 인공물로 기록되었을 경우, 복잡한 상
상 놀이는 미술, 공예, 소통 기술 훈련 및 공개적으로 배우고 행
하는 영역으로 전환되는 창조 과정 행동의 훈련을 수반하기도
한다. 그런데 21세기가 진정으로 요구하는 것은, 개인의 창조적
상상력이 이런 식으로 학교나 직장에서의 사회적 관련성으로 매
끄럽게 이행되는 것이다.

5. 복잡한 가상 놀이가 아동에게 중요성을 갖는 한 그 놀이를 하는
아동을 지원하라. 대개 월드플레이는 아동 중기에 가장 많이 하
다가 그 뒤로 서서히 멀어지는 게 일반적이지만 사춘기를 지나
십대가 끝날 때까지 계속되는 경우도 있다. 그러기 위해서는 그
들이 "어린애 같은 짓 그만두고 나이에 어울리는" 게임이나 놀이
를 하라는 또래나 다른 막강한 실력자의 압력을 잘 이겨낼 수 있
도록 어른들의 암묵적 지원이 필요하다.

11장에 나왔던 게임 기획자 카일라 고먼은 사춘기 친구들이
어떻게 더 이상 가상 놀이를 원하지 않는지 어머니와 토론했던
기억을 떠올렸다. 그녀의 어머니는 자기 역시 또래들보다 더 오

래도록 가상 놀이를 하고 싶어 했다고 고백했다. 어머니는 딸이 "더 오래도록 가상 놀이를 할수록 창의성을 더 오래도록 간직하며, 더 창의적일수록 결국에는 성공하게 된다"는 사실을 깨닫도록 도와주었다.

그런데 그것이 월드플레이가 아니라면?

월드플레이를 위한 무대를 마련하기 위해 당신이 할 수 있는 일을 하라. 하지만 수많은 도박이 그렇듯이 그것은 성공적이지 않다. 적어도 명백하게 그렇지는 않다. 파라코즘 놀이꾼 암브로즈의 아버지가 자녀들을 위해 본보기가 되었을 때, 암브로즈에게는 놀이에 대한 생각이 떠올랐지만 동생에겐 그렇지 않았다. 다음 세대에서도 암브로즈의 자녀들 중 그의 제안으로 가상 세계를 만든 사람은 아무도 없었다. 로버트 실비는 가상 세계에 대한 현대적 관심을 촉발한 사람인데 그 역시 자녀들에게 교묘하게 가상 놀이를 부추겼지만 아무런 성과도 거두지 못했다. "내 아이들이 적당한 나이가 되었을 때 그들에게 내 은밀한 세계에 대해 말해주었다. 아이들은 무척 관심 있는 것처럼 보였지만 결국 아무도 거기에 혹하지 않았다. 그들의 창조적 삶은 다른 형태를 취했다."

다행히도 실비는 강력하게 주장하지 않았다. 우리도 우리가 돌보는 아이들이 다른 형태의 가상 놀이를 더 좋아한다고 해서 우리가 실패했다고 생각하면 안 된다. 놀이는 근본적으로 '심리적 태도'이기 때문에 교육철학자 존 듀이의 말처럼 밖으로 드러난 행동만 가지고 제한적으로 규정해서는 안 된다. 아동에게 자신의 놀이를 상상하고 고안할 기회를 충분히 주고 그 결과를 믿으라. 당신은 그 결과의 어떤 부분은 볼 수 있고 어떤 부분은 볼 수 없다.

내 아들 브라이언은 제 누이에게 월드플레이에 대한 열정을 아무것도 전수받지 않았지만 그래도 제 누이처럼 자기 주도적 놀이를 위한 전용 장소, 시간, 재료, 프라이버시 및 지원이라는 혜택을 누렸다. 그 애 역시 다양한 책을 읽고 많은 영화를 보았으며 미술관 관람도 많이 (그 애 말에 따르면 너무 많이) 했다. 컴퓨터게임을 많이 (내 생각에 따르면 너무 많이) 했으면서도 말이다. 컴퓨터를 끄고 혼자 놀면서 시간을 보내도록 그 애를 꾀었던 덕에 그 애는 좋아하는 게임들을 싱글 플레이어용으로 개조했고 자기 나름대로 새 보드게임들도 고안했다(그것들 가운데 하나는 우리 모두 아주, 아주 괜찮다고 생각했다). 여러 해가 흐른 후 브라이언이 대학에서 게임 이론을 공부하고 기업 비즈니스와 시장 전략에 흥미를 가지고 열심히 노력하는 걸 보면서, 나는 이 모든 놀이가—컴퓨터게임과 새로 만든 놀이 둘 다—그 애에게 얼마나 바람직한 것이었는지 알게 되었다.

복잡하게 놀기, 최고로 잘 놀기

결국 아동이 어떻게 습관적으로 가상 놀이를 하느냐는 듀이의 말처럼, "자신의 이미지와 흥미를 만족스러운 형태로 구체화하는 데 있어 아동의 모든 능력과 생각과 신체적 움직임의 상호작용인 자유로운 놀이"에 달려 있다. '만족스러운 형태'는 월드플레이의 모습을 하지 않을 수도 있다. 또 반드시 그럴 필요도 없다. 이 연구의 시작부터 월드플레이는 대체로 복잡한 상상 놀이를 연구하기 위한 편리한 방편 역할을 했다. 아동이 진짜 파라코즘을 만드느냐 아니냐보다는 상상력, 가상 놀이, 창조성에 관한 개인의 역량을 충분히 발달시키는 것이 훨씬 더 중요하다.

부모나 어른들은 아동이 정말 최고로 잘 놀고 있다고 어떻게 판정할 수 있을까? 듀이는 세 가지 질문을 던지라고 제안한다.

1. "제안된 놀이 방식은 아동 자신의 것으로 그들의 마음을 끄는가?"
2. "그것은 아동의 내면에 그에 대한 본능적인 뿌리를 지니고 있으며, 또 아동 내면에서 표현되고 싶어 안달하는 역량을 성숙시킬 것인가?"
3. "제안된 활동은 아동을 잠시 흥분시킨 뒤 도로 전과 같은 상태로 남겨두는 대신, 아동을 좀 더 차원 높은 의식과 행동으로 이끌고 갈 충동을 표현하는 것인가?"

듀이의 질문에 대한 대답이 긍정적이라면 어른들은 자신이 돌보는 아동이 정말로 잘 놀고 있다고 안심해도 된다. 말 그대로 그들은 탐험하고 상상하면서 의미를 만들고 있다. 온갖 종류의 복잡한 상상 놀이에서 아동들은 독창적 사고의 단계와 전략에 익숙해진다. 또 자신의 호기심을 발달시키고 자신의 이해력을 확신하게 된다. (직접적인) 중요성이 없는 활동에서 그들은 위험을 무릅쓴 채 어떤 일을 하고, 실패하고, 다시 위험을 무릅쓰는 걸 배운다. 그들은 자기 주도적 학습과 문제 해결을 용이하게 해주면서 다음과 같은 깨달음이 함축된 일련의 직관과 태도를 흡수한다.

- 나는 나 자신의 가상 놀이를 어떻게 만들지 안다.
- 놀이는 '~라면 어떻게 될까?'라는 질문으로 시작한다. 그것은 내가 알고 있는 것에서부터 상상할 수밖에 없는 다른 것으로 비약하면서 제기된 문제들을 바탕으로 이루어진다.
- 다른 것을 만들기 위해서는 온갖 아이디어와 일체의 것들이 처음에는 마음속에서, 이어서 몸을 통해 연결되고 결합되고 섞이고 재정리되어야 한다. 나는 상상한 것을 흉내 낼 수 있다. 나는 상상한 것을 실행하거나 만들 수 있다.
- 나는 나에게 새로운 것이나 독창적인 것을 어떻게 창조하는지 알고 있다.
- 이미 다른 사람이 상상하고 만들었던 것이라도, 내가 알기로 이제까지 아이디어와 일과 재료들이 특정한 조합을 이루며 혼합된 적이 한 번도 없을 경우 참신하고 독창적인 것이 될 수 있다.
- 이런 식으로 더 많이 놀면 놀수록 나는 연극, 쓰기, 그리기, 게임 만들기 등을 통해 내 마음속의 것을 더 잘 표현할 수 있게 된다.
- 나는 노는 것이 배우는 길이라는 걸 안다.
- 내 놀이를 더 정교하게 만들고 기록할수록, 또 진화하는 복잡한 아이디어와 시스템으로 일하는 것을 더 많이 배울수록, 나는 아무 제약이 없는 임무를 더 잘 처리하게 되고, 문제에는 다양한 해결책이 있음을 더 잘 이해하게 된다.
- 나의 놀이 지식을 그럴듯하게 조직하고 통합하려고 더 많이 노력할수록 놀이에 반영된 현실 세계에 대한 이해도 그만큼 더 깊어

진다.

- 나는 놀이가 현실 세계의 문제를 제기하고 해결하기 위한 새로운 가능성을 창조하는 길이 될 수 있다는 걸 안다.

이 내용들은 여기서는 아동의 복잡한 가상 놀이와 관련해 만들어졌지만, 학생들의 재미있는 학습이나 성인의 직업 생산성과 관련해서도 이만큼 쉽게 만들어질 수 있을 것이다. 아동의 상상 놀이를 육성하는 것은 통상적이고 일상적인 창조성을 사회적으로 비축하는 데 기여하는 일이다. 이 저수지에서 보기 드문 천재나 공공연하게 인정받는 예술가, 과학자, 혹은 발명가가 솟아나온다. 또 세상을 위해 문제 해결하는 가치를 더해준, 생각하고 실천하는 무명의 사람들도 여기서 많이 솟아나온다.

21세기의 세계경제를 향해 전력 질주하는 미국과 여타 서방국가들에서 이런 종류의 창조적 역량을 지닌 노동자들에 대한 수요가 빠른 속도로 늘고 있다. 현재 정치가, 교육자 및 기타 정책 입안자 들이 직장에서, 대학에서, 초등학교와 중학교에서 어떻게 창조성을 배울 수 있을지 묻고 있다. 중재와 교정의 최선의 단계는 과연 어디일까? 아직은 아무도 모른다. 하지만 창조력을 특징짓는 태도, 행동, 기능이 먼저 아동 초기와 중기의 가상 놀이에 나타난 다음 점차 발달하리라는 사실을 사람들은 분명히 알아차릴 것이다. 자기 혼자만의 가상 세계에서 신나게 놀던 시절이 끝나고 한참 뒤에, 놀이가 예술과 과학, 공공 문제와 실용적 분야의 진지한 업무로 전환된 다음에도 이 노하우는 계속 진가를 발휘한다.

더 높은 수준의 행동 : 체크인

우리가 처음으로 가상 놀이에 관한 대화를 나눈 지 3년 만에 나는 조카딸 메건과 다시 이야기를 나누게 되었다. 그 애는 사춘기에 이르렀고 나는 메건이 아직도 **나의 왕국**에서 노는지 궁금했다. 그런데 아직도 그러고 있었다. 그 애는 대부분의 옛날 친구들과 함께 놀이를 계속했는데 약간 달라졌다고 했다.

친구들 중 한둘은 더는 놀이에 관심이 없었다. 이제 그들의 관심은 요정에서 해리 포터나 그리스신화로 확실하게 이동했다. 2년 전만 해도 인형을 가지고 놀이를 했던 그들은 이제 '만일' 인물이 이런저런 짓을 할 경우 무슨 일이 벌어질지에 대해 이야기만 나누었다. 때로는 자신들이 무엇을, 어떻게 하면서 놀았는지 추억만 더듬은 적도 있었다.

옛날에 친구들과 월드플레이를 하게 될 경우 메건이 주동자였던 사실을 떠올리면서 나는 그 애가 오래도록 친구와 공유하는 가상 놀이에 커다란 관심을 가졌을 것이라고 생각했다. 에이지 오브 미쏠로지 같은 컴퓨터게임을 하면서도 인형이나 공상에 대한 메건의 관심은 여전했다. 그 애는 비록 시뮬레이션게임을 하기는 해도 "저는 제 가상 세계를 더 잘 제어할 수 있을 것 같은 느낌이었어요. …플롯을 제어할 수 있었으니까요"라고 말했다. 이제나저제나 비디오게임은 절대로 책과 같은 식으로 오프라인 놀이에 영감을 주지 않았다. 메건은 계속 '독서에 매혹당한' 채로 지냈다. 그리고 비록 자유 놀이나 운동 및 다른 방과 후 활동과 관련된 일을 하는 시간이 줄어들긴 했어도 그 애는 여전히 자기가 가장 좋아하는 이야기를 정교하게 다듬는 일에 열중했다.

이전에 월드플레이에 보였던 열광적인 태도는 서서히 사라지기 시작했지만 메건은 여전히 이것저것 뒤섞고 맞추고 연결하기를 좋아했다. 요정이든 신이든 여신이든 이 '서로 다른 차원들' 하나하나는 더 큰 놀이 세상 안에서 여전히 잘 어울렸다. 그 애는 단지 일이 어떻게 진행되는지 알기 위해 혼자서 좋아하는 책의 결말을 다르게 상상하거나 어떤 책의 인물을 다른 책의 플롯 안으로 옮겼다. 그리고 이 일을 밤에 잠들기 전에 했다. 메건은 또 '나의 왕국'에 대해 생각하기를 좋아했다. 그 애는 자신이 상상했던 '사람들'과 그 가상 놀이 장소에서 벌어진 사건들에 대한 '기억력이 좋았다.' "그것이 매우 복잡했기 때문에 오랫동안 기억된다고 생각해요"라는 게 메건의 설명이다. 메건은 몇 년 동안이나 자기 방 벽에 걸려 있던, '요정의 나라'로 가는 성문 그림을 마침내 끌어내렸을 뿐이었다.

우리의 대화가 끝났을 때 나는 메건이 한 번도 아니고 두 번씩이나 내게 자신의 내밀한 놀이 세계로 들어가는 특전을 베풀었다는 느낌에 휩싸였다. 그러면서 언젠가 다시 그 애에게 놀이가 어떻게 지속되는지 (안 되는지), 그것이 어떻게 그 애의 선택과 취미에 영향을 미치는지 (미치지 않는지) 물어보게 되리라 생각했다.

메건의 엄마 앤에 따르면 우리가 두 번에 걸쳐 대화를 나눈 3년 사이에 그리스신화에 대한 메건의 관심은 '정말로 폭발적'이었다고 한다. 그 애는 북유럽, 아일랜드, 로마신화도 엄청나게 읽었는데 그 모든 것이 어릴 때 요정을 좋아하던 버릇에서 비롯되었다. 동시에 메건은 과학에 대한 사랑에도 빠졌는데 그녀에게는 아주 훌륭한 과학교사가 몇 분 계셨다. 앤은 "그 점도 아주 중요한 부분이긴 하지만 그래도 과학에 대한 흥미는 그동안의 가상 탐험의 결과이기도 하다는 게 내 직감이에요. 물증은 없지만 심증이 그래요"라고 말했다.

이 말을 듣고 나는 놀랍고도 기뻤다. 앤과 나는 이제까지 이런 문제에 대해 이야기해본 적이 없었다. 그런데 앤은 부모로서의 본능적인 직감 덕분에 월드플레이에서 내가 오랫동안 연구해온 모든 가치를 본 것이다. 부모나 다른 보호자들은 월드플레이나 그 밖의 복잡한 형태의 가상 놀이를 지지하는 가풍을 형성할 수 있다. 그러면 아동은 성숙해지는 영감과 노력으로 창조적 놀이의 교훈을 통합할 수 있는 능력을 가질 수 있게 된다.

이미 메건은 자신을, 덤으로 이야기 쓰기를 좋아하는 생체공학자로 보기 시작했다. 어쩌면 이 이야기들 일부가 (종이에 쓰여 있든 아니든) 그녀의 아동 중기 가상 놀이를 상기시켜줄 것이다. 어쩌면 공학에서의 발명 과정의 일부는 (만일 그것이 그 애가 정말로 하게 될 일이라면) 월드플레이에 대한 통합 욕구만이 아니라 실험 욕구도 반영할 것이다. 그 연관성은 비록 간접적일지는 몰라도, 필요할 때 느끼고 이해하고 분명하게 말할 수 있도록 메건을 위해 거기 있을 것이다. 이것은 또 가정에서든 학교에서든 그들 최고의 가상 놀이가 장차 성인기의 창조적 활동을 준비하도록 도와주는 아동과 청소년에게도 틀림없이 해당된다. 이 활동은 앞으로 어디에선가 개인적 만족을 위한 것이 될 수도 있고 직업적이거나 공공연한 성공을 위한 것이 될 수도 있는데 혼자서든 다른 사람들과 함께든, 집에서든 직장에서든 아무 상관이 없다.

바로 지금 이 순간에도 아동의 놀이를 장려하는 사람들은 세계의 창조 자본에 기여하는 것이다.

결론

월드플레이 충동이 시든다고?

당시에는 있을 법하지 않거나 불가능해 보이거나 그저 환상으로
보일 수도 있는 대안들에 대해 생각하는 것은 결코 헛된 일이 아니다.
─바츨라프 하벨Vaclav Havel, 작가, 정치가

크고 독특한 대리석 부유물 안에서 금속 산화물로 된 고양이 눈이
환상적인 형태와 오색찬란한 색채로 녹아들어간다. 그 같은 유리공을
손 안에서 굴리면서 그 안쪽을 들여다보면 낯익은 것들과 낯익은 패턴
들이 보인다. 강렬한 푸른색으로 출렁이는 형태는 바다가 되고, 에메
랄드 빛 수정은 산이 되며, 황갈색 윤곽은 평야가 된다. 우리는 직감적
으로 새로운 대체 공간을, 가능성의 장소를 이해한다. 우리는 시나리
오, 가설적 모형 또는 스토리를 상상한다. 우리는 하나의 세계를 창조
한다.

그와 같은 대리석과 그것에 대한 반응은 월드플레이의 과정과 결과
양쪽 다에 대한 비유다. 그것은 또 지난 100년 이상 진행된, 관련된 개
념과 구조에 대한 우리 이해의 발달을 나타내는 것이기도 하다. 가상

영토 창조는 우리에게 창조성의 복잡한 특성 및 생애 주기를 따라 그
것이 성숙하는 과정을 탐구할 수 있는 소우주를 제공한다.

　다른 사람들의 연구와 통찰에 힘입어, 나는 월드플레이가 인지할 수
있는 형태와 영향력을 지닌다고 주장해왔다. 그리고 그 가치를 믿기
때문에 월드플레이 충동에 대한 '계몽된 애정'을 나누어주려고 애썼다.
아동기의 가상 세계 창조에는 장소 만들기, 이야기하기, 지도 그리기,
비밀스러운 언어 놀이 등 호기심을 끄는 매력적인 역사가 있다. 전기
적 기록이나 우리 자신의 집에서 쉽게 볼 수 있는 현상으로서, 월드플
레이는 자연스럽게 되풀이되는 생산적 중요성을 지닌 행동이라는 점
에서 우리의 관심을 끌고 있다. 그것은 또 가상 세계 창조를 모방하는
예술과 가능한 세계를 가정하는 과학 분야의 성인기 활동과도 긴밀하
게 연결되어 있다.

　로버트 실비가 시작하고 그의 공동 연구자들이 끝낸, 월드플레이에
대한 최초의 전면적 연구는 몇 가지 질문을 제기했다. 아동들 사이에
서의 자발적 빈도, 그들의 상상력 발달에 미치는 영향, 성인기의 직업
및 창조성과의 연관성이 바로 그것이다. 맥아더 펠로와 대학생 들, 또
풍부한 증거물을 남긴 사람들의 아동기 놀이에 대한 후속 연구는 월드
플레이가 사실상 아동 서른 명 중 하나에서 열 명 중 하나에 이를 만큼
많이 이루어졌음을 시사한다. 게다가 그것은 학습, 발견, 창조를 위한
인지 전략으로 기능하는 것처럼 보인다. 아동기 놀이와 다양한 분야의
성인기 직업은 통계적 상관관계와 경험적 인과관계, 둘 다에서 긴밀하
게 연결되어 있다.

　이렇게 된 원인은 놀이 자체의 속성과 상당한 관계가 있다. 뒤죽박

죽 마구잡이로 노는 것부터 연극을 하고 사회적 놀이를 하는 범위에 이르기까지, 가상 세계 창조는 아동 중기의 취향에서 비롯돼 발견하고 만들어낸 장소 내에서의 가상 놀이로 발전한다. 그 같은 장소 만들기 놀이가 월드플레이로 내면화하면 그것은 잠재적 상상력과 창조성을 한층 더 발달시키는 전조가 된다. 20세기 초, 심리학자 터먼과 홀링워스는 비록 창조적 능력을 발견하기 위해서 온통 지능검사에 의존하기는 했지만 여하튼 이 사실을 직관적으로 이해했다. 한 세기 뒤의 우리는 지적 능력과 창조적 능력이 반드시 사이좋게 일치하지는 않는다는 사실을 알고 있다. 본질적으로 아동기에 적당한 활동으로서의 월드플레이는 높은 IQ나 천재적 재능보다 훨씬 더 정확하게 어린 시절의 잠재적 창조성을 암시하는 징후일지도 모른다.

오래 지속되는 단계에서, 아동기의 월드플레이가 일찍부터 상상력이 넘치는 창조적 행동에 몰입하도록 한다는 것은 의심할 여지가 없다. 가상 세계 창조에 대한 직접적인 설명 가운데 가장 많은 것을 보여준 것은 아무래도 G. 스탠리 홀의 학생들이었던 것 같다. 20세기로 넘어오던 시기의 심리학자였던 스탠리는 아동기 놀이에 대한 회고록을 적극적으로 찾아다녔다. 최근의 다른 자서전과 함께 이들 회고록에 대한 연구는, 월드플레이를 하는 아동들은 자기 주도적 활동에 깊이 몰두하는 경험을 한다는 사실을 보여준다. 또 끈질기고 일관성 있게 가상현실 모형을 만드는 실습을 하며, 이야기하기나 여타 체계적인 패턴 형성을 통해 축적되는 놀이 지식을 조직한다. 아울러 스토리, 그림, 지도 같은 기록물을 정교하게 만드는 솜씨를 발전시키고 자의식이 강한 제작자와 창조자로서의 심미적 만족감도 얻는다.

이상은 다양한 성인기의 활동 분야에서 창조적 역량에 수반되는 바로 그 기능들이다. 실제로 어릴 때 월드플레이에 열중한 사람은 성인기에 창조성과 관련된 성과를 많이 거둘 수도 있다.

첫째, 월드플레이는 지속적으로 가상 놀이를 할 수 있는 능력을 키워준다. 특히 아동 초기의 가상 놀이에 대한 열렬한 탐험이 끝나고 한참 뒤인 아동 중기와 후기에 더욱 그렇다.

둘째, 월드플레이는 상상, 감정이입, 패턴 인식 및 형성, 차원적 사고, 모형 만들기를 비롯해 대체 현실을 계획하는 일과 관련된 인지 능력을 훈련한다. 또 끈기, 독립성, 가능성에 대한 개방성 등 창조 과정 및 활동과 관련된 태도를 발달시키고 유지시킬 수도 있다.

셋째, 상상한 현실의 구체화 작업은 다음과 같은 제약의 두 단계에서 스스로 문제를 제기하고 해결하는 활동을 수반한다. 먼저, 현실 세계의 요소를 가상 세계로 치환하는 과정에서 질문이 생긴다. 내 가상의 나라는 어디인가? 가상의 존재는 거기서 무엇을 하는가? 다음으로 그 대답은 터무니없으면서도 그럴듯한 해결 방법을 가정한다. 이것들은 다시 창조 능력과 분석 능력이 균형 있게 혼합될 것을 요구한다. 달리 말하면, 월드플레이는 모형으로 만들어진 시스템 내에서 일관성 있게 정교화하고 통합하는 능력을 연마시킨다. 그 시스템의 전후 상황이 공상적이냐 실제적이냐를 막론하고 그것은 학습과 발견을 위한 반복 가능한 전략을 제공한다.

넷째, 적극적인 가상 세계 모형 만들기에는 개인적 지식 구축이 포함된다. 직관적으로 채워진 이해의 형태로서, 개인적 지식은 가상적 '사실들'을 다룬다. 또 모든 사람이 공유하는 합의된 지식도 다룬다. 놀이에서 비롯된 지식의 기초는 스토리와 스토리 구조를 서사적으로 정교하게 만드는 데 놓여 있다. 과거에서 현재까지 축적되고 진행 중인 가상의 존재, 장소 및 제도의 역사 덕분에 우리는 가상 왕국에서 더 많은 것을 얻을 수 있다. 그것들은 또 인간과 자연에 대한 체험적 통찰을 반영하기도 한다.

다섯째, C. S. 루이스가 '자급자족적 현실'이라고 말한 그 주어짐은 종종 스토리, 그림, 지도 및 다른 인공물 형태의 증거를 필요로 한다. 이 외적 증거물들은 가상 세계를 그 자체의 것으로 한층 더 잘 반영하고 세련되게 하도록 뒷받침한다. 그 같은 기록 작업과 거기에 수반되는 통합 노력은 문화 창조의 조기 경험을 제공한다.

여섯째, 문화 창조는, 비록 놀이에서이긴 하지만 그래도 독립적인 창조자로서의 자아 인식의 발달을 수반한다. 가상 설계를 위한 부대 전략을 지닌 채 창조하는 자아는 다양한 성인기의 활동으로 옮겨가 소박한 수준부터 탁월한 수준까지 성과를 거둘 수도 있다. 실제로 어느 연령대의 월드플레이건 놀이의 흥분이 문제 해결의 긴박함과 연결되기 때문에 월드플레이는 삶의 모든 분야에서 효과적인 문제 해결책을 상상하는 능력과 대담함을 키울 수도 있다.

물론 아동기의 월드플레이가 훗날의 창조적 성과를 보장하지 않는다. 그래도 최소한 귀띔을 해주는 역할은 한다. 작곡가가 음악가 계층에서만 나올 수 있는 것과 마찬가지로 성인기의 창조자도 이전에 창조 경험이 있는 사람들 계층에서만 나올 수 있다. 재미있고 상상력이 넘치고 문제 해결적인 특징을 지닌 가상 세계 건설은 바람직한 창조 경험을 제공한다. 그러니까 성인기의 생산성을 예고하는 예언자 역할을 할 수도 있는 행동과 실습을 요구하는 '학습 실험실' 역할을 한다.

잠재적 창조성이 그와 같이 실현되는가 여부는 부가적 환경, 기회 그리고 희망에 달려 있다. 실제로 아동기 월드플레이에서 성인기 월드플레이로의 전환은 여러 가지 요인에 달려 있는 것처럼 보일 것이다. 놀이에 대한 계속되는 흥미, 그것을 직업 활동에 이용하는 숙련된 솜씨, 장기간 훈련에 몰두하기 등이 바로 그것들이다. 로버트 루이스 스티븐슨이 가상 세계 건설의 열정을 글쓰기 기술과 재주로 성공적으로 활용했던 사실을 기억하라. 로이드 오스본은 의붓아버지의 '끝내주는 놀이판'의 떡고물을 받고서도 직업 훈련을 훨씬 덜 했고 결국 의붓아버지보다 훨씬 못한 작가가 되었다.

스티븐슨에게서 아주 분명하게 볼 수 있는 아동기 놀이와 성인기 직업의 관련성은, 그보다는 조금 덜하지만 다른 많은 사람들에게도 해당한다. 자신의 업무 활동에서 월드플레이 충동을 느꼈다고 말한 맥아더 펠로들의 경우, 그 연관이란 가설적 시나리오 만들기, 불완전한 데이터를 가정에 의해 재구성하기, 상상으로 미지의 것 모형 만들기와 상관이 있다.

게다가 업무상 월드플레이는 종종 취미나 여가 활동에서의 월드플레이와 관련이 있거나 통합되어 있기까지 하다. 가상 세계 건설을 창조적 전략으로 이용하는 많은 사람들은 두 가지 분야 이상의 전문적 활동에 정통한 박식가이기도 하다. J. R. R. 톨킨, 데즈먼드 모리스, 그레고리 벤포드, 토드 실러 같은 사람들에게 개인적인 월드플레이와 공개적인 업무의 통합은 발견과 성취의 원동력으로 유용하다는 사실이 입증되었다. 원칙적으로 월드플레이와 박식함이 결합하면 창조적 성취의 가능성도 그만큼 더 높아진다.

성인기 활동 분야 지식의 개발과 향상을 위한 역할뿐 아니라 아동기 놀이에서의 그 기원을 감안할 때, 월드플레이는 아동 중심 학습에 적합한 전략이 될 수 있다. 교육자 데보라 마이어는 초등학교 교실에서의 바람직한 가상 세계 이용에 관한 지침을 제공하는데 이는 연극하기, 이야기하기, 재료 만들기, 컴퓨터 시뮬레이션을 이용하는 다른 곳에서도 모방하고 있다. 도구가 주어질 경우, 교실 월드플레이는 심적 모형 만들기와 효과적 학습을 강화하는 것으로 나타난다.

월드플레이 안에서의 학교교육이 미국 전역에서 가상 놀이가 눈에 띄게 쇠퇴하는 전반적 현실을 뒤집는 데 도움이 될 수도 있다는 점 역시 중요하다. 전자오락의 의도하지 않은 결과 가운데 하나가 아동기 놀이가 자기 주도적 자유 놀이에서 벗어나 성인이 주도하고 조종하는 놀이로 옮겨가는 데 일조했다는 점이다. 컴퓨터게임이나 시뮬레이션 게임은 월드플레이 충동을 흉내 내지만 (이 점이 그것들의 매력 가운데 일부라 할 수 있다) 대체로 창조적 역량의 훈련과는 거의 상관이 없다. 현재, 아동들이 컴퓨터 놀이를 가상 놀이 실행, 이야기하는 기술, 손쉬운 형태의 컴퓨터게임이나 시뮬레이션게임의 프로그래밍과 결합하지 않는다면, 결합하는 그날까지 인터넷 세상에서의 아동의 창조성 발달은 제한된 상태로 남아 있을 것이다.

물론 학교 밖에서 그리고 가정 내에서 어른들은 소비적 놀이와 창조적 놀이의 신중한 균형을 장려하는 방향으로 나아갈 수 있다. 아동들이 본격적인 월드플레이를 좋아하든 좋아하지 않든 부모는 그들에게 "최고로 잘 놀고" 몇몇 이해력을 발달시킬 기회를 계속적으로 줄 수 있

410

다. 그들 자신의 가상 놀이를 어떻게 상상할 것인가, 그들이 상상한 내용을 반영하는 이야기, 그림, 게임 및 기타 인공물들을 어떻게 만들 것인가, 어떻게 스스로 생각할 것인가, 어떻게 지식을 구성할 것인가. 아동들이 월드플레이의 요소를 성인기 업무로 전환하는지 여부와 상관없이, 상상하고 창조하는 것이 무슨 의미인지 이해한다면 끊임없이 혁신하는 지식 경제 사회에서 많은 도움이 될 것이다.

월드플레이가 사회의 창조 자원에 기여할 수 있고 또 기여하고 있음에도 여전히 문제는 남아 있다. 예를 들어 우리는 루이스 터먼이 IQ 연구를 위해 그랬던 것처럼, 아동들에게 지금 가상 세계를 창조하라고 권유하고, 두드러진 특징을 찾아 그들이 하는 놀이를 자극하고, 그들을 따라 성인기까지 갈 수도 있다. 또 최근 일부 연구자들이 시작한 것처럼 파라코즘과 사회적 또는 도덕적 이해력의 발달에 대해 질문할 수도 있다. 또 월드플레이가 사회경제적 환경에 얼마나 의존하는지, 월드플레이가 실제로 얼마나 널리 보급되어 있는지도 질문할 수 있을 것이다.

이 연구는 주로 유럽과 미국의 사례에 초점이 맞추어져왔다. 만일 비서구 국가에서 아동기 월드플레이를 상대적으로 찾아보기 힘들다면, 우리 문화의 학습 실험실과 창조 전략으로서의 월드플레이의 가치에도 불구하고 그것이 놀이 행위로서는 보편적이지 않을 수도 있다는 뜻이다. 그나저나 월드플레이는 아주 어릴 때 아동들에게 노출되는 사고방식과 얼마나 상관이 있을까? 월드플레이의 문화적 표현은 부모의 태도뿐 아니라 가상 놀이나 서사 및 논리적 추론이 지닌 고유한 형태의 영향도 받을 수 있다.

세월과 함께 발달하고 변화하면서, 개인, 가족, 사회경제적·문화적 제약이 가상 세계 창조를 장려하거나 억제할 수도 있는 모종의 역사적 조건을 만들었을 것이다. 이 연구에 표본으로 뽑힌 맥아더 펠로와 대학생 들은 통계적으로 유의미한, 서로 다른 비율로 인지할 수 있는 월드플레이를 기억해냈다. 펠로들에게서 아동기 월드플레이의 사례가 더 많이 나타난 것은 이 그룹에 잠재적 창조성과 성취가 증명된 사람들이 집중되었다는 사실을 반영하는 것으로 보인다. 하지만 펠로와 대학생 들이 대체로 아동기 소일거리와 오락에서 엄청난 변화를 보인 두 세대를 대표한다는 것도 맞는 말이다. 또 영화와 텔레비전의 출현과 그로 인한 수동적인 여가 생활 때문에 1950년대와 1960년대 이후에 성장한 아동들이 인지할 만한 월드플레이를 덜 했다고 설명할 수도 있겠다.

일반적으로 복잡한 가상 놀이건 특별히 복잡한 월드플레이건 사례를 더 연구하면 역사적 추세를 확인할 수 있을지도 모른다. 20세기 후반에 등장한 개인용 컴퓨터, 컴퓨터게임, 인터넷 시뮬레이션은 또 하나의 세대 간 분수령으로 드러날 것인가? 자기 주도적으로 만든 월드플레이는 아동과 성인 모두를 위한 상업적 게임이나 단체 시뮬레이션 게임에 밀려날 것인가? 가상게임을 하는 대부분의 플레이어들은 아동이 아니라 "다양한 직업과 인구학적 특징"을 지닌 성인 남성들로 드러나고 있다. 적어도 가상 세계에서의 월드플레이는 "단순히 어린애들의 일시적 유행"이나 여가 시간을 위한 소일거리이기만 한 것이 아니라 직업적인 것이기도 하다.

모의 세계나 시뮬레이션게임이 과학이나 사회과학 연구에 점점 더 많이 응용되는 현실을 고려해보라. 기업들은 상업적 목적을 위해 가상 세계를 건설한다. 과학자들은 단백질 접힘에 대한 크라우드 소싱crowd-source〔전문가나 아마추어 등 다양한 이들을 참여시킴으로써 그들이 지닌 기술이나 도구를 활용하여 특정 문제를 해결하는 것〕 해결 방법에, 복잡성 이론과 인공 생명의 연구 조사에, 블랙홀의 물리적 현상을 구체화하는 데, 또 경제적·사회적·심리적 행동을 연구하는 데 비디오게임을 활용한다. 콜 오브 듀티, 세컨드 라이프, 월드 오브 워크래프트 및 그것들을 가능하게 하는 소프트웨어들을 보고 "장차 과학의 얼굴이 될 운명"이라고 주장하는 사람들이 있다. 이런 추세가 계속됨에 따라 개인의 창조적 욕구의 희생 위에 혁신적 노하우가 협동 형태로 변화할 것인가? 아니면 혼합된 형태의 새로운 창조성이 등장할 것인가?

우리가 확신할 수 있는 것은 다음과 같다. 사회가 변하면서 아동기 놀이도 변하고 아동기 놀이의 장난감과 도구가 진화함에 따라 월드플레이 충동도 진화할 것이다. 그런데 사회가 아동기 놀이에 영향을 주는 것처럼 아동기 놀이 역시 사회에 영향을 미친다. 실제로 가상 세계 창조를 연구하는 내내 전 과정을 관통한 것은 바로 이러한 통찰이었다.

100년도 더 전에 캐나다의 인류학자 알렉산더 프랜시스 체임벌린Alexander Francis Chamberlain〔1865~1914〕은 《아동 : 인류의 진화 연구The Child : A Study in the Evolution of Man》(1900)라는 탁월한 저서에서 문화의 발전이 인류로 하여금 계속 발전하는 창조성의 원천으로 아동의 놀이를 이용할 수 있게 한다고 주장했다. 이 책에는 미성숙의 기간이 길어진 이유가 아동에게 넉넉하고 충분한 놀이 경험을 주기 위해서라고 주장한 철학자, 과학자, 교육자 들이 줄줄이 나온다. 그러니까 실험하고 배우고 발견할 여지를 충분히 주기 위해서라는 것이다. 체임벌린은 클라크 대학에서 인류학을 가르쳤는데 바로 G. 스탠리 홀과 폴섬, 터먼 같은 그의 제자들이 아동기와 사춘기 놀이에 대한 심리학적 연구를 추진하던 시기였다.

반세기쯤 앞으로 건너뛰어서 적응기제로서의 놀이에 과학적 흥미를 보이던 시기를 살펴보자. 19세기 중반에, 적응할 수 있는 사고력을 지닌 동물은 변화하는 환경에 순응하는 반응을 키우기 위해 놀이를 이용한다는 주장이 제기되었다. 노벨상을 수상한 동물행동학자 니코 틴버겐은 동물을 통해 얻은 증거를 바탕으로 놀이가 아동교육에 대단히 중요하다고 주장했다. 문화적 환경이 세대를 거치면서 가속적으로 변화하기 때문이라는 것이다. 틴버겐과 함께 동물학을 연구한, 월드플레이를 하는 화가이자 과학자인 데즈먼드 모리스에게 그 같은 문화의 변화에 적응하기란 "아동기의 장난기가 살아남아서 자기표현의 성인 모드로 성숙해져야 하는 것이다." 그는 또 "성인의 놀이야말로 인류에게 문학, 시, 연극, 음악, 과학 연구 등 모든 위대한 성취를 가져다준 것이다"라고 말하기도 했다.

물론 놀이가 창조적 문화의 핵심에 놓여 있다는 생각을 발전시킨 사람이 체임벌린만은 아니다. 그럼에도 우리는 아동의 놀이가 미래의 문명 발달의 관건이라는 생각을 분명히 밝힌 공을 그에게 돌려야 할 것 같다. 그의 말처럼 진화의 임무는 어른이 되어서도 어린애 같은 장난스러움을 유지하고 그 '닮은꼴'을 한층 더 발전시키는 것이었다. "아기가 부모처럼 되는 게 아니라 부모가 아기처럼 되려고 애쓰는 게 더 낫다"는 게 그의 지론이었다. "아동에게서 종종 희미하게 슬쩍 암시된 것이 언젠가는 인류의 가장 중요한 재산이 될 것 같다." 아동기의 가상 세계 창조는 확실히 그 같은 재산 가운데 하나다. 컴퓨터게임과 연구용 시뮬레이션 분야에서 현재 추세가 계속된다면 그 월드플레이의 일부가 성인의 놀이와 일을 위한 도구가 되는 일도 점점 더 많아질지 모른다.

자기 혼자만의 내밀한 가상 세계 창조가 공개적인 가상현실 놀이와 더불어 지속될지 여부는 시간만이 알 것이다. 앞에 나왔던 대리석 공을 고려해볼 때 나는 그 가능성에 낙관적이다. 아동들이 혼자 놀이에서 계속 자율성을 추구하고 어른들이 개인적 지식의 힘을 계속 강조한다면, 아동기와 성인기를 막론하고 스스로 가상 세계를 창조하는 좋은 기회가 올 것이다.

어떤 사람은 빅 C를 패러디해서 이것을 빅 'ifs (만일에)'라고 말하곤 하는데 당연한 일일지도 모른다. 19세기 후반에 재기발랄하게 놀기 좋아하던 스티븐슨은 "어떻게 노는지 모르는 세대에게는 심각한 문제가 있다"라고 탄식했다. 그는 놀이의 쇠퇴에서 영국 자체의 쇠퇴를 본 것이다. 한 세기 후에 우리는 똑같은 생각을 말하고 똑같은 두려움을 표명할 것 같다. 비록 그 불길한 전조가 변함없이 계속된다는 속성 때문에 조금은 위안이 될지 몰라도……. 우리 마음대로 사용할 수 있는 기술 도구가 우리를 지배하거나 아동들에게서 창조적 활동을 박탈하도록 내버려두는 사회는 곤란하다는 게 우리의 주장이다. 하지만 놀 거리가 바뀌는 것은 받아들일 수 있을 것 같다. 더 정확하게 말하면, 우리는 남녀노소를 막론하고 창조적 역량을 발달시키는 구체적 경험과 가상 놀이 활동을 마음속에 간직한 채 컴퓨터로 확장된 상상력을 이용해야 한다.

우리가 이렇게 할 수 있다면, 아동들에게 막강한 시뮬레이션 기술을 책임감 있게 이용하는 것을 교육시킬 수 있다면, 그들의 개인적인 가상현실 창조는 어떤 방식인지는 예측할 수 없어도 틀림없이 기발한 상상력과 그럴듯한 모형 만들기, 창조적 정신력에 커다란 도움이 될 것이다. 한 가지 사실만큼은 확실하다. 미래를 위해 창조 자원 축적을 장려하고 유지하기 바라는 사회는, 지금 이 순간 온갖 형태의 자기 주도적 가상 놀이를 육성하고 계속해서 재미있는 가상 세계를 창조할 수 있도록 유의해야 할 것이다.

부록

아동기
월드플레이 목록

아동기 월드플레이 목록

    이 목록은 1988년 실비와 맥키스가 출간한 자료를 바탕으로 작성된 것이다. 거기에 더해 오랜 세월에 걸쳐 내 면담에 응해준 사람들, 특히 자신들의 아동기 놀이를 기꺼이 공개해준 사람들뿐 아니라 전기, 자서전 및 기타 출판물에서 발견된 '파라코즘 놀이꾼들'도 이 목록에 포함되어 있다.

    실비와 맥키스도 발견했듯이, 출간된 전기나 자서전에 묘사된 아동기 월드플레이는 대부분 작가들의 것이라고 할 수 있다. 여기에는 굳이 아동기 월드플레이와 성인기 문학 예술 활동 사이의 특별한 연관성을 추정하지 않더라도 많은 요인이 결부되었을 것이다.

    첫째, 어떤 사람이 자서전을 쓰거나 자신에 대해 쓴 전기를 갖게 될 경우, 모든 활동 분야가 동등하게 취급되는 것은 아니다. 미국 영재교육협의회 회장을 지낸 빅터와 밀드레드 조지 고어츨 부부가 세계적 인물 400명을 선정, 이들이 자란 정서적·지적 환경을 분석한 책《세계적

인물은 어떻게 키워지는가Cradles of Eminence》의 개정판을 내면서, 아들 테드 고어츨Ted Goertzel은 '작가들은 재미있는 자서전을 쓰고 전기 작가들은 다른 작가들에 대해 쓰는 것을 좋아하는 것 같기 때문에 작가들이 지나치게 많다'는 사실에 주목했다. 작가들이 다른 그룹들보다 더 중요해서 그런 것은 아니라는 말이다. 루드비히 역시 직업 활동에 대한 개인적 경험의 연관성이나 영향을 인정하는 양상이 직업에 따라 서로 다르다고 주장했다. 전기나 회고록의 주인공으로 시각 예술가, 과학자, 사회 활동가, 실업가 들이 차지하는 숫자가 지나치게 적은 이유는 이 그룹 사람들의 전반적인 가치나 사회에 대한 공헌도가 낮아서가 아니다. 그보다는 대중들의 무관심을 반영한 결과라고 보는 게 옳을 것이다.

둘째, 모든 자서전(또는 전기)이 아동기 경험들을, 특히 아동기 놀이의 종류나 속성을 똑같이 드러내지는 않는다. 가상 놀이를 자신의 삶에서 특별히 중요한 것으로 회상하는 사람들은 그 놀이가 확실히 성인기 활동과 닮았거나 그 활동에 대한 준비였기 때문에 그럴 수도 있다. 어린 시절의 월드플레이를 떠올리는 작가는 자신의 상상력의 발달을 그럴 듯하게 설명한다. 반면 과학자는 아동기 놀이가 자신의 추론 능력이나 실험 기술 발달에 결정적인 역할을 했다고 생각하지 않을 수도 있다. 사회과학자나 정치 활동가는 어린 시절의 가상 놀이가 현실 세계에 대한 관심의 발달과 관련된다는 사실을 깨닫지 못할 수도 있다. 이들 그룹은 개인적, 문화적 편견 때문에 월드플레이 연보에 조금밖에 등장하지 않을 수도 있다.

셋째, 이 목록은 결코 종합적인 것이 아니다. 실비와 맥키스는 그들의 분석이 완료된 후에도 '은밀하게 보고된' 파라코즘이 계속 '흘러들어온다'는 것을 알았다. 마찬가지로 나 역시 추가적으로 더 많은 사례들이 빛을 보기를 진심으로 기대한다. 이 목록에 나온 공개적으로 알려진 사례들은 그야말로 공개적으로 알려진 것일 뿐이다. 그렇기 때문에 그것들은 훨씬 더 광범위한 현상의 전체적인 윤곽을 딱히 제시하지 않은 채 넌지시 암시할 따름이다.

월드플레이 리스트

이름	가상 세계	성인기 활동 분야	참고 문헌
Adams, Paul b. 1947	공상과학 우주	신경생리학자	personal communication (see ch. 8)
Auden, W. H. 1907 – 1973	'온밀하고 신성한 세계'	시인, 작가	Auden, 1965 & 1970; Silvey & MacKeith, 1988
Axelrod, Robert b. 1943	컴퓨터 시뮬레이션 게임의 삶의 유형	정치학자	personal communication (see ch. 8)
Baring, Maurice 1874 – 1945	'스판카부'	시인, 극작가, 작가	Baring, 1922; Singer & Singer, 1990
Benford, Gregory b. 1941	'말과 화성'	물리학자, 작가	Personal communication (see ch. 9)
Berry, R.Stephen b. 1931	잠자리 이야기, 전쟁놀이	화학자	personal communication (see chs. 3 & 8)
Borel, Jacques 1925 – 2002	라따라고 알려진 가상 국가,	작가	Borel, 1968; Silvey & MacKeith, 1988
Brittain, Vera 1893 – 1970	더 딕스	작가	Goertzel & Goertzel, 1962
Brontë, Anne 1820 – 1849	글래스타운 & 곤달	시인, 작가	Ratchford, 1949; Barker, 1997
Brontë, Branwell 1817 – 1848	글래스타운 & 앙그리아	화가, 작가	Ratchford, 1949; Barker, 1997
Brontë, Charlotte 1816 – 1855	글래스타운 & 앙그리아	시인, 작가	Ratchford, 1949; Barker, 1997
Brontë, Emily 1818 – 1848	글래스타운 & 곤달	시인, 작가	Ratchford, 1949; Barker, 1997
Coleridge, Hartley 1796 – 1849	에죽스리아	시인, 작가	Coleridge, H., 1851

Day, Lorey C. b. 1890s?	액스루즈	심리학자	Day, 1914 & 1917
de Quincey, Thomas 1785–1859	굼브룸	작가	de Quincey, 1853; Silvey & MacKeith, 1988
de la Roche, Mazo 1879–1961	더 게임/더 플레이	작가	de la Roche, 1957; Hambleton, 1966
Doan, Marian 1905–1980	록시복산	가정주부	McLerran, 1998
Follett, Barbara 1914–disappeared 1939	파크솔리아	작가	McCurdy, 1966
Folsom, Joseph K. 1893–1960	다양한 '조더믈'	심리학자	Folsom, 1915
Garner, Alan b. 1934	천장의 가상 풍경	작가	Cooper, 1999
Gorman, Kyla b. 1986	트리센트	게임 기획자	personal communication (see ch. 11)
Grahame, Kenneth 1859–1932	가상 '시티'	작가	Grahame, 1895; Green, 1982; Silvey & MacKeith, 1988
Hardy, Edward Rochie (Child E) 1908–1981	금성에 세운 가상 국가	영국 성공회 사제, 역사학자	Hollingworth, 1942
Hunt, Una 1876 – ?	'내 나라'	시각 예술가, 작가	Hunt, 1914
Isherwood, Christopher 1904–1986	'모트미어'라고 알려진 은밀한 세계/마을	작가	Isherwood, 1947; Silvey & MacKeith, 1988
Jung, C.J. 1875–1961	가상의 중세 성, 비밀 유지	정신과 의사	Jung, 1961
Kaye-Smith, Sheila (Fry) 1857–1956	더 롯지	작가	Kaye-Smith, 1956; Goertzel & Goertzel, 1962

이름	세계	역할	출처
Kerouac, Jack 1922–1969	환상 속의 야구, 축구, 경마	작가	Kerouac, 1960
Kinnell, Galway b. 1927	리틀 맨	시인	personal communication (see chs. 3 & 8)
Kitchen, Alexa b.1998	키르시-리르시 랜드	(영제아)	Mechling, 2006: alexakitchen.com
Lee, David b.1931	가상의 선로	물리학자	Lee, 2000–2001
Lem, Stanislaw 1921–2006	하이 캐슬	작가, 미래학자	Lem, 1995
Lewis, C. S. 1898–1963	애니멀랜드 & 복슨 (형과 함께)	작가	Lewis, 1955; Silvey & MacKeith, 1988
Lewis, W. H. 1895–1973	인디아 & 복슨 (동생과 함께)	대중 역사학자	Lewis, 1955
Lionni, Leo 1910–1999	유리 용기 안의 미니어처 세상들	디자이너, 화가, 조각가, 작가	Lionni, 1997
MacDonald, Betty 1908–1958	낸시와 플럼	작가	Goertzel & Goertzel, 1962
Malkin, Thomas W. 1795–1802	알레스톤	(영제아)	Malkin, 1806/1997; Silvey & MacKeith, 1988
McBride, James b. 1957	'겨울' 세상	회고록 집필자	McBride, 1996
Meier, Deborah b.1931	가상 인물들에 대한 진행 중인 영웅 전설	교육자	personal communication (see ch. 10)
Morris, Desmond b. 1928	비밀스러운 호수의 세계	동물학자, 화가, 작가	Morris, 1980, Levy, 1997
Mozart, Wolfgang A. 1756–1791	과거의 왕국	음악가, 작곡가	Cox, 1926; Solomon, 1995

Nietzsche, Friedrich 1844–1900	'다람쥐 왕'의 왕국	철학자, 작곡가, 시인	Forster-Nietzsche, 1912; Silvey & MacKeith, 1988
Oldenburg, Claes b. 1929	뉴번	시각 예술가	Rose, 1970; Silvey & MacKeith, 1988
Otis, Laura b. 1961	'숲속의 소녀들' 세상, 자르크 행성	신경 과학, 문학 교수, 작가	personal communication (see ch. 8)
Paolini, Christopher b. 1983	알라가에시아	작가	Smith, 2003
Porter, Fairfield 1907–1975	에드팔도바	시각 예술가	Cummings, 1968
Rivlin, Alice b. 1931	개롯베 세상	경제학자	personal communication (see ch. 3)
Sacks, Oliver b. 1933	숫자의 왕국	내과의사, 신경학자, 작가	Sacks, 2001
Shur, Barry b. 1950	'가디유'	생물학자	personal communication (see ch. 9)
Shaler, Nathaniel S. 1841–1906	가상의 전쟁, 용감한 동반자들	고생물학자, 지질학자, 과학자	Shaler, 1909
Siler, Todd b. 1953	다양한 '꿈의 세계들'	화가, 발명가, 과학자	personal communication (see ch. 9)
Silvey, Robert 1903?–1981	신(新) 헤타이쿠	통계학자, 사회학자	Silvey, 1977; Cohen & MacKeith, 1991
Singer, Jerome b. 1924	다양한 가상 운동 경기 리그	심리학자	Singer, 1975; personal communication (see ch. 4)
Sorley, Charles H. 1895–1915	가상 왕국	작가	Silvey & MacKeith, 1988
Swainston, Steph b. 1974	파렌즈(4개국)	작가/교사	VanderMeer, 2007

이름	가상 세계/언어	작가	출처
Stein, Gertrude 1874–1946		작가	Goertzel & Goertzel, 1962
Stevenson, Robert L. 1850–1894	인사이클러피디어(백과사전)	작가	Stevenson, 1923–1924, v. 29; Silvey & MacKeith, 1988
Osbourne, Lloyd 1868–1947	전쟁놀이 (의붓아들과 함께)	작가	Stevenson, 1923–1924, v. 30
Taylor, Paul b. 1930	구유의 환상 세계, 꼭두각시 극장	무용가, 안무가	Taylor, 1987
Tolstoy, Leo 1828–1910	모라비안 또는 개미의 세계	작가	Goertzel & Goertzel, 1962
Trollope, Anthony 1815–1882	궁중 성	작가	Pope-Hennessy, 1971; Silvey & MacKeith, 1988
Ustinov, Peter 1921–2004	콘코드디아	배우	Ustinov, 1976/1998; Silvey & MacKeith, 1988
Watts, Alan 1915–1973	베스 비안 거리, 섬 왕국	철학자, 작가	Watts, 1973; Silvey & MacKeith, 1988
Winkworth, Catherine 1827–1878	자연사 왕국	번역가	Winkworth, 1908.
Winkworth, Susanna 1820–1884	올 무드, 자연사 왕국	번역가	Winkworth, 1908.
Wright, Austin Tappan 1883–1931	아이슬란디아	법률가	Silvey & MacKeith, 1988

월드플레이를 통해
상상력을 키운 천재들

모차르트 Wolfgang Amadeus Mozart, 1756~1791

음악가 집안에서 태어난 모차르트는 천재 작곡가로 명성을 날리며 하이든, 베토벤과 함께 고전주의 음악을 완성시켰다. 모차르트는 누이인 내널과 함께 어린이들의 왕국을 만들어 월드플레이에 참가했다.

브론테 자매 Brontë Family

1840년대에서 1850년대 작가로 활동한 영국 출신의 세 자매, 샬럿, 에밀리, 앤 브론테를 말한다. 첫째인 샬럿은 《제인 에어》로, 둘째인 에밀리는 《폭풍의 언덕》을, 셋째인 앤은 《아그네스 그레이》를 남겼다. 브론테 자매들은 어릴 때 글래스타운 Glass Town이라는 가상 세계를 만들어 함께 놀았던 것으로 유명하다.

프리드리히 니체 Friedrich Wilhelm Nietzsche, 1844~1900

독일의 철학자로 《비극의 탄생》, 《차라투스트라는 이렇게 말했다》

등과 같은 저서를 남겼다. 니체는 동생인 엘리자베스 포스터-니체와 함께 '다람쥐 왕'이 나오는 가상 세계를 만들어 시와 희곡을 쓰고 음악을 작곡하며 어린 시절을 보냈다.

로버트 스티븐슨 Robert Louis Stevenson, 1850~1894

《지킬 박사와 하이드 씨》,《보물섬》등의 소설을 남긴 소설가. 스티븐슨이 남긴 소설은 출간된 지 백 년이 지난 지금까지도 전 세계의 독자들로부터 사랑을 받고 있다. 스티븐슨은 어릴 때 하던 월드플레이를 성인이 된 이후에도 즐겼으며, 이러한 놀이는 가정의 유대감과 창작의 원천이 되었다.

스타니스와프 렘 Stanislaw Lem, 1921~2006

세계적인 거장의 반열에 오른 폴란드의 과학소설 작가로 보르헤스, 루이스 캐럴, 필립 K. 딕을 합쳐놓은 것 같다는 평가를 받는다. 안드레이 타프코프스키 및 스티븐 소더버그 감독에 의해 두 번이나 영화로 제작된 〈솔라리스〉를 비롯해 많은 작품을 남겼다. 스타니스와프 렘은 어린 시절 영구기관을 위한 설계도는 물론 여권과 정부 면허증을 제작하며 월드플레이에 푹 빠져 지냈다.

J. R. R. 톨킨 John Ronald Reuel Tolkien, 1892~1973

영국의 영문학자이자 소설가.《반지의 제왕》3부작으로 판타지 소설 장르를 발전시킨 작가로 평가받는다. 톨킨은 옥스퍼드대학의 문헌학자로 일하며 아이에게 이야기를 들려주면서《반지의 제왕》의 줄거리를 만들어나갔다. 톨킨이 창조한 '중간계'는 그가 어린 시절 만들어 낸 가상 세계와 눈에 띌 정도로 유사하다.

C. S. 루이스 Clive Staples Lewis, 1898~1963

영국의 시인이자 작가, 비평가, 영문학자. 케임브리지대학에서 중세 및 르네상스 문학을 가르쳤다. 《나니아 연대기》로 톨킨과 함께 판타지 소설 장르를 발전시킨 작가로 평가받는다. C. S. 루이스는 어린 시절 그의 형과 함께 멋지게 차려 입은 동물들과 중세 기사들이 나오는 세계를 창조해내고 그 세계를 '애니멀랜드'라 불렀다.

올리버 색스 Oliver Sacks, 1933~2015

신경정신과 임상 교수로 일하며 인간의 뇌와 정신 활동에 대한 책을 써 독자들의 사랑을 받았다. 2012년 록펠러대학이 탁월한 과학 저술가에게 수여하는 '루이스 토머스 상'을 수상했으며 문학적인 글쓰기로 대중과 소통해 '의학계의 계관시인'으로 불렸다. 올리버 색스는 어린 시절 숫자의 왕국이라는 가상 세계를 만들어 놀았다.

데즈먼드 모리스 Desmond Morris, 1928~

세계적으로 유명한 작가이자 방송인, 동물학자이다. 1967년 《털 없는 원숭이》를 출간해 전 세계적으로 베스트셀러가 되었다. 인간 행동에 대한 선구적 작가로 알려져 있으며 초현실주의 화가로도 열정적으로 활동해왔다. 십대 때 동물이 서로 관계를 맺고 살아가는 바이오모프의 세계를 창조하고 발전시켰다.

권말 주석

머리말 : 월드플레이 이야기

'분리된 리얼리티' 추측은 Gardner, 1991/1983 ; '가능한 세계…' 추측은 Jacob, 1988, 8-9를 볼 것. 놀이 시간의 축소는 MacPherson, October 1, 2002를 볼 것. '자연 결핍 장애'는 Louv, 2006를, 상상력 결핍에 대해서는 Levin, MacPherson, August 15, 2004를 볼 것. 놀이에 대한 현재의 압력에 관한 간단한 논평은 Whitebread & Basilio, 2013을 볼 것. 놀이를 적게 할수록 기능을 발달시키는 실습도 줄어드는 사례는 Gopnik, July/August 2012, 13 ; Stout, 2011 ; Meier & Oschshorn, 2006 ; Singer & Singer, 2005 ; MacPherson, 2004 ; Cowie, 1984, 27을 볼 것. '근육 같은' 상상력과 창조력에 대해서는 Wenner, Feb/March 2009, 29에 인용된 David Elkind를, 드보라 마이어의 놀이를 하찮게 여기는 태도가 어떻게 우리 아동들을 '속이는지'에 대해서는 Meier, 1995, 63을, 국가적으로 '위기에 처한 … 창의력'은 Meier, 2006을 참고하라. 상상력은 웹스터 사전의 정의를 따름.

1부 : 월드플레이는 어디서 자라는가

Chapter 1. 숨겨진 놀이의 세계 : 카랜드로의 여행

이 책에 나오는 가상 세계를 창조한 아동들 대부분에 대한 기본 자료는 이 책 부록인 '아동기 월드플레이 목록'에 나온 것이다. 그 밖에 제시된 자료들을 위해 추가로 인용된 내용들은 이 권말 주석에 나와 있다. 우스티노프의 가상 세계의 비밀은 Ustinov, 1998, 278를 보라. 따로 언급되지 않은 한, '가상 세계 목록 : 아동기 월드플레이 목록' 참고. '아빅시아Abixia'와 '론투이아Rontuia'에 대해서는 Levernier 외 2013을 볼 것.

"내가 꼬마였을 때 그것을 만들었다"

토머스 멀킨의 '가상 국가'는 Malkin, 1806/1997, 93을, '모든 상황을 편입시키는' 문제는 Malkin, 130을, 그의 놀이의 '어릴 때의 가능성'은 Malkin, 140을 볼 것. 하틀리 콜리지의 '몽상적인 소년 시절'은 H. Coleridge, 1851b, xi에 나온 그의 동생 더웬트의 회고를 볼 것. 하틀리가 세운 수많은 국가들은 H. Coleridge, xliii에 나온 더웬트의 글을 볼 것. 하틀리의 어린 시절 스토리텔링은 H. Coleridge, 1851a, 346을 볼 것. '작은 도자기 인형들'을 가지고 논 프리드리히 니체의 놀이는 Forster-Nietzsche, 1912, 46을, 그가 '고전주의 양식'으로 세운 장난감 건물은 Forster-Nietzsche, 46-47을 볼 것. 애니멀랜드의 지도를 만든 루이스는 Lewis, 1955, 15를 볼 것. 클래스 올덴버그의 '내가 하는 모든 작업은 완전히 독창적이다'는 Rose, 1970, 19를, '평행 현실'은 Rose, 189를, 상상력을 갖춘 창조자는 Rose, 52를 볼 것. 스타니스와프 렘의 '발명하려는 열정'은 Lem, 1995, 47을, '하나의 형태가 솟아나오기 시작했다'는 Lem, 106을, '창작 행위이기도 한 놀이'로서의 상상력이 넘치는 발명은 Lem, 127을, 그의 반소설에 대한 예측은 Lem, 109를, 인간과 기계의 상호작용에 대한 그의 관심에 대해서는 Ziegfeld, 1985, 144를 볼 것.

"세상은 어떻게 시작되었나?"

'모든 것이 햇빛으로 작동되는' 척하는 페어필드 포터는 Spring, 2000, 14를 볼 것. W. H. 오든의 '은밀하고 신성한 세계'는 Auden, 1970, 424를 볼 것. 앤서니 트롤로페의 '불가능한 것은 어떤 것도 끌어들이지 않았다'는 Pope-Hennessy, 1971, 28을 볼 것. 창조 과정의 단계는 대표적인 텍스트로 Csikszentmihalyi, 1996, 79-80을 볼 것. 창조적 나선형 구조에 관해서는 Milne, 2008, 26을, 브로노브스키의 '숨겨진 유사성의 … 탐험'에 관해서는 Bronowski, 1956, 30-31을 볼 것.

공통점과 질문

해럴드 그리어 맥커디의 '아동들이 아는 것들'은 McCurdy, 1966, v.에 나옴.

Chapter 2. 파라코즘을 찾아서
사람들은 어떻게 어린 시절의 가상 세계를 발견했을까

가상의 문제들

로버트 실비의 가상 세계 창조의 교육적 가치에 관해서는 Silvey, 1977, 18을, '우편 행낭'의 가치는 Silvey, 1974, 29를, 실비와 공동 연구자들의 파라코즘 기준은 MacKeith, 1982-83 ; Cohen & MacKeith,

1991 ; Cohen, 1990을 볼 것. 브론테 남매들의 월드플레이의 '창조력'에 관한 가스켈의 주장은 Evans & Evans, 1982, 89을, 놀이를 '천재성의 온상'으로 보는 래치포드는 Ratchford, 1949, xv, 189를 볼 것. 샬롯의 일기 도입부 '아빠가 집에 돌아오셨을 때'(《올해의 역사The History of the Year》, 1829. 3. 12)는 Barker, 1997, 12에 재수록 되었다. 브란웰의 '불구가 된' 장난감(《청년들의 역사 입문서 Introduction to the History of the Young Men》, 1830. 12. 15)은 Barker, 1997, 14에 재수록 되었고, 다른 놀이들에 관해서는 Barker, 1997, 12를 볼 것. 브론테 남매들의 총체적 놀이에 관해서는 Alexander, 1987, xiii을 볼 것. 그들의 특별한 놀이 언어는 Barker, 1994, 156을, 그들이 한 지니 역할은 Barker, 1997, 10의 인용을, 샬롯의 글래스타운 서사의 길이는 Lane, 1980/1952, 22를 볼 것. 브란웰의 '생기 넘치는 마음' 등은 Barker, 1994, 515를, 에밀리의 감정의 '홍수'는 Barker, 1994, 276을, 샬롯이 그런 상상은 '감히 해본 적도 없었다'는 내용은 Ratchford, 1949, 105을, '공상의 특권'에 관해서는 Barker, 1994, 237을, 그리고 전반적인 것은 Barker, 1994, 193을, 샬롯은 감정적으로, 브란웰은 정치적으로 보는 문제는 Ratchford, 1949, 67과 Du Maurier, 1961, 79를 볼 것. 에밀리와 앤의 비밀스러운 놀이는 Barker, 1994, 272를, 곤달 영감靈感의 흔적에 관해서는 Ratchford, 1949, 183을 볼 것.

지니 그리고 '미친' 천재

'양날의 칼'로서의 파라코즘은 Lindner, 1955, 279 외 여러 부분을, Yr의 세계는 Greenberg, 1964를 볼 것. '가장 이상한 도제제도'로서의 브론테의 월드플레이는 Ratchford, 1949, 149, 189를, '평범한 생활의 거부'는 Lane, 1980/1952, 19를 볼 것. 브란웰의 이른바 정신 이상에 관해서는 Du Maurier, 1961, 293 외 여러 부분을, 브론테 남매에 대한 현대의 의견 일치는 Barker, 1994, 156을 볼 것. 창조성·광기의 연관성은 Cropley 외 2010을, 창조성에 해로운 정신 질환은 Ludwig, 1995, 161을, 창조성을 촉진하는 기행에 관해서는 Simonton, 2010, 225-229를, 창조적 사고에 대한 중독은 Ludwig, 1995, 192-194를 볼 것. '바보 같은 환경'이라는 샬롯의 말은 Barker, 1997, 40에서, '강력한 상상'은 Barker, 1994, 161에서, '강렬한 섬광'은 Barker, 1994, 164에서 재인용. 자발성으로서의 천재성은 Barker, 1994, 414에서, '작가가 최고로 글을 잘 쓸 경우'는 Barker, 1994, 547에서, '만일 네가 내 생각을 안다면'과 관련된 그녀의 불안감은 Barker, 1997, 37에서 재인용. 사우디가 말하는 여자의 의무와 습관적으로 빠지는 공상은 Barker, 1997, 47에 인용됨. 자신의 재능을 탕진한 하틀리 콜리지는 Plotz, 2011을, 사우디가 상상력을 비난하는 문제는 Hartmann, 1931, 43을 볼 것. 앙그리아 해체는 Barker, 1994, 350을 볼 것.

보통의 가상 세계

질환 환자들과 그들의 공상에 관해서는 Singer and Singer, 1990, 115를 볼 것. 실비와 공동 연구자들이 가상 세계를 드문 현상으로 보는 문제는 Cohen & MacKeith, 1991, 부록 1과 2를, 소수의 호의적 사례는 Silvey & MacKeith, 1988, 175를 볼 것. 개성의 유형을 기술한 형용사는 Silvey & MacKeith, 1988 표 3을 볼 것. '공상적인' 파라코즘 놀이꾼에 관해서는 Silvey & MacKeith, 1988, 195를, '흑인 인형들이 사는' 파라코즘은 Cohen and MacKeith, 1991, 30을, 브렌다의 유토피아적 파라코즘은 Cohen and MacKeith, 1991, 98을 볼 것. 이 부분에서 언급된 더 많은 파라코즘과 내용 범주에 관한 것은 Cohen & MacKeith, 1991을 전체적으로 볼 것. 파라코즘에 나타나는 변화의 4가지 '차원'은 Silvey & MacKeith, 1988을 볼 것.

월드플레이의 동향

아동기 월드플레이 목록은 이 책의 부록을 볼 것. 아동기 월드플레이 목록에서 다수를 차지하는 작가들 문제는 Silvey & MacKeith, 1988, 191을 볼 것. 파라코즘 놀이꾼들 중 '화가가 된 사람이 거의 없었다'는 Cohen & MacKeith, 1991, 22, 89를, 창조성 발달과 무관한 월드플레이는 Cohen & MacKeith, 1991, 104를 볼 것. 공상 능력으로서의 창조성은 1982-83, 263을 볼 것. 일반적인 '확산적 사고'의 예는 Runco, 2007, 3-4, 10-11을, 파라코즘 놀이에서의 '수렴적 사고'는 Silvey & MacKeth, 1988, 195를, 일반적인 '수렴적 사고'는 Runco, 2007, 3-4, 10-11을 볼 것. 아동기 '상상 활동의 가장 복잡한 형식'으로서의 파라코즘은 Cohen, 1990, 30을, 창조성을 억제하거나 억압하는 파라코즘은 Cohen & MacKeith, 1991, 104, 53 외 여러 부분을 볼 것. 서로 다른 분야 간의 상상 능력과 창조 행위의 공통점에 관해서는 R. Root-Bernstein & M. Root-Bernstein, 1999를 볼 것. 실비의 데이터 견본과 파라코즘의 유사성에 관해서는 Silvey, 1974, 46을 볼 것.

Chapter 3. 기억의 집계
맥아더 펠로와 대학생 들, 어린 시절 놀이를 회상하다

월드플레이 표본 추출과 평가

멘델의 콩 집계와 펄의 '개인 오차'는 R. Root-Bernstein, 1983을, 특히 281-282쪽을 볼 것. 다른 검사 도구, 월드플레이 프로젝트 연구에 관한 정보를 주는 데이터 표뿐 아니라 설문에 관심 있는 독자들은 M. Root-Bernstein & R. Root-Bernstein, 2006, 423-425를 참고할 것. 가상 놀이의 3가지 범주는 Cohen & MacKeith, 1991, 110-111과 Piaget, 1962/1946, 110-113을 볼 것.

월드플레이 비율

사진과 연 날리기, 체스와 같은 성인 취미 활동의 분포 비율은 U. S. Census Bureau, 2004-2005에서 가져옴. 가상 놀이에 전반적으로 영향을 미치는 오락 기술에 관해서는 Singer & Singer, 2005를 볼 것.

직업 분야별 성향

맥아더 재단은 5개 분야별로 수상자를 선정한다. 예술, 인문학, 공공 문제, 사회과학, 자연과학이 그것이다. 예상하겠지만 예술에는 안무, 음악, 시각 예술 및 공연 예술, 창조적 글쓰기가 포함된다. 인문학은 전기 저술이나 번역 외에도 전문적인 역사 연구, 음악학, 과학철학을 포함한다. 사회과학은 경제학, 언어학, 고고학, 심리학과 같이 서로 거리가 먼 분야도 포괄한다. 자연과학은 생물학, 화학, 물리학부터 농학, 의

학, 컴퓨터공학에 이르는 12개 분야를 아우른다. 공공 문제 분야는 공동체 문제, 교육, 인권, 국제 안전, 군축 협정, 언론, 노동, 공중 보건, 공공 정책 등 다양한 영역의 활동을 포괄한다.

학생들이 진출하려는 직업은 맥아더재단이 설정한 범주에 맞는 실제 직업으로 대체되었다. 이 말은 예술에 조경 설계나 공연 기획 활동 경력을 추가하고, 번역가나 성직자로서의 경력을 인문학에 배치하고, 다양한 기술 공학, 의학, 간호직에서의 경력을 자연과학에 포함시킨다는 뜻이다. 안무, 사회사업, 경영을 선택한 학생들은 이 범주의 학술 분야를 실제로 응용한 영역으로 보고 사회과학에 포함시켰다. 법률가, 교사, 언론인, 정치가가 되려고 하는 학생들은 비슷한 이유로 공공 문제 범주에 포함시켰다.

연관성 인식

맥아더 펠로와 MSU 학생 들과 관련된 모든 인용 자료는 따로 언급하지 않은 한, 월드플레이 프로젝트 설문과 면담 자료(그 대부분은 연구 조건상 익명으로 처리되었다)에서 취한 것이다. 모트미어에 관해서는 Isherwood, 1947을 볼 것. 공상과 독창성 사이의 연관성은 Singer, 1975, 67, 163을, '창조성은 느닷없이 튀어나오지 않는다'는 Sawyer 외, 2003, 224를 볼 것. 골웨이 킨넬의 '리틀맨' 놀이는 2003년 7월 3일 전화 인터뷰, 리블린의 거룻배 이야기는 2003년 3월 14일 전화 인터뷰. 베리의 전쟁놀이 및 월드플레이와 과학의 연관성에 관한 내용은 2004년 3월 18일 전화 인터뷰 참고.

표 3-3 관련 메모 : 대조 집단인 미시건 주립대 학생들 수에 비해 맥

아더 펠로들의 월드플레이 사례가 전체적으로나 직업 부분에서나 대부분 예상보다 많은 것으로 드러난다. 게다가 두 집단의 월드플레이에서 나타나는 대부분의 차이가, (각 범주 변인 간에 발생한 관찰빈도가 기대빈도와 통계적으로 유의미한 차이를 나타내는지를 검증하는) 카이제곱 분석에 유의미한 것으로 드러났다.

학생들과 맥아더 펠로들을 비교한 그래프에서 별표 1개는 0.05의 p-value를 2개는 0.001, 3개는 0.0001의 p-value를 가리킨다. 이 경우의 p-value는 두 집단 간에 실제 차이가 있을 개연성을 나타낸다. 0.05의 p-value는 아주 적은 개연성(우연한 결과로 1/20)을 가리키며, 보통 0.001과 0.0001(우연한 결과로 1/1,000이나 1/10,000)의 p-value가 최적으로 여겨진다.

이 말은 맥아더 펠로 과학자들과(0.001) 사회 과학자들의(0.0001) 월드플레이 비율이 학생들보다 많은 것이 실제 현상임을 확실히 인정할 수 있다는 말이다. 한편 월드플레이와 예술(0.05)에 관해 맥아더 펠로와 학생 들 사이에 관찰된 차이들이 우연한 일이 아니라고 단정하는 것은 조금 망설여진다. 그럼에도 맥아더 펠로들에게는 예술 분야에서 증가한 월드플레이 사례가, 통계적 유의미성을 드러내지 못한 공공 문제나 인문학 분야보다 더 타당한 것 같다. 모든 직업의 총계를 비교할 경우, 맥아더 펠로의 월드플레이 사례는 0.001의 p-value를 지닌다. 따라서 두 집단 간의 차이는 **전체적**으로 타당한 것으로 인정될 수 있다.

맥아더 펠로들 간의 통계적 차이와 맥아더 펠로와 MSU 학생 들 사이의 통계적 차이에 대한 더 많은 분석은 M. Root-Bernstein & R. Root-Bernstein, 2006을 찾아볼 것.

2부 : 가상 놀이의 정원 탐험하기

Chapter 4. 가상 놀이와 장소 : 아동 중기 놀이의 시학

장난꾸러기의 마음

'모의 행동 … '으로서의 놀이. Mitchell, 2002, 23. '사람들은 놀이와 그 풍자적 태도를 보면 그것이 놀이임을 안다'는 de Waal, 2003, 16, 20 에서 논의됨. Fagen, 1995, 24, 40도 볼 것. '신나게 움직이기'로서의 놀이는 Miller, 1973, 89-93을, 사냥 훈련으로서의 놀이는 Tinbergen, 1975를 볼 것. 개인/집단의 복지를 향상시키는 놀이는 Fagen, 1995 ; Fagen & Fagen, 2004 ; Held & Spinka, 2011을, 유연한 지성의 표시로서의 놀이는 Fagen, 1988 and Mitchell, 2002를 볼 것. 객관적 사실의 유보로서의 놀이는 Harris, 2000, 10을, 실제/모의 세계의 이중적 존재는 Harris, 2000, ix-x ; Mitchell, 2002, 113을 볼 것. 직립보행처럼 가상 놀이가 인간의 특성을 나타낸다는 Gomez & Martin-Andrade, 2005, 169를 볼 것. 침팬지의 상상 놀이에 대해서는 Savage-Rumbaugh & Lewin, 1994, 276-277을, '흉내 내려고 언어를 사용'에 대해서는 Savage-Rumbaugh & Lewin, 1994, 278을 참고. 메모 : Gomez & Martin-Andrade, 2005는 원숭이들의 가상 놀이에 관한 문학을 조사한 뒤 가상 놀이가 야생 원숭이들의 전형적인 특징은 아니라고 결론을 내리고 있다.

싱어의 '가장 덧없는 현상' 연구 : 2004. 2. 18 전화 인터뷰. 가장 놀이에 관한 초기 연구 : Rochat, 2013. 놀이의 심리학적 연구 : Cohen, 1987, 14-35. 단순한 오락이 아닌 놀이 : Groos, 1901/1899 ; Piaget & Inhelder, 1969, 60. 가상 놀이가 불필요한 것이 된다 : Harris, 2000, 1-7 ; Cohen, 1987, 7 외 여러 부분. 현실 장악 도구로서의 놀이 : Erikson, 1963/1950, 222. 놀이가 도전, 참신성, 부조화를 포함한다 : Singer & Singer, 1990, 40. 긍정적 정서 반응 : Singer & Singer, 1990, 24-28, 40. 자율성 증진 : Singer & Singer, 1990, 29. '아동기 공상은 … 인간의 공통적 속성의 반영' : Singer & Singer, 1990, viii. 아동들이 규칙 기반 놀이로 돌아선다 : Piaget & Inhelder, 1969, 59n. 구체적 세계를 조직하고 싶어 한다 : Singer & Singer, 1990, 235. 조직화되지 않은 놀이 시간이 대체되었다 : Singer & Singer, 1990, 88. 숨겨진 가상 놀이 : Singer & Singer, 1990, 32를 볼 것. 싱어의 미니어처 경기장과 '작은 금속제 야구 선수들' : 2004. 2. 18 Jerome Singer와 전화로 면담. 싱어는 Singer, 1975, 17-32에서 자신의 아동기 놀이를 다루고 있다. 그의 내면화된 야구 판타지 : Singer, 1975, 19, 21-22 및 2004년 2월 18일 전화 면담. 가상 놀이가 언어 표현 능력과 함께 등장한다 : Singer & Singer, 1990, 72에, 내면화된 독서/놀기 : Singer & Singer, 1990, 41, '진행 중인 공상 활동' : Singer & Singer, 1990, 32. 가상 놀이가 내면적으로 지속된다 : Singer & Singer, 1990, 34.

장소 만들기의 시학

'집 안의 모든 구석진 곳 … ' : Bachelard, 1964, 136. 맥아더 펠로와 MSU 학생 들과 관련된 모든 인용 자료는 따로 언급하지 않은 한, 월드플레이 프로젝트의 설문과 면담 자료(그 대부분은 연구 조건상 익명으로 처리되었다)에서 취한 것이다. 아동의 비밀 발견 : van Manen, 1996. 비밀주의/프라이버시의 장점 : van Manen, 1996, 8 외 여러 부분. 은밀한 장소/'요새'에 대한 아동의 사랑 : Sobel, 1993, 52, 64, 73-74. 장소 만들기는 물질적이거나 비물질적인 것들의 조직하기를 포함한다 : Hart, 1979 ; Sobel, 1993, 95-96 ; van Manen, 1996, 31-33. 백일몽의 구조체로서 예술과 공예품 : Singer, 1975, 28.

Chapter 5. 가상 국가와 영재들의 놀이
최초의 '창조적 IQ' 조사

터먼과 신동

IQ에 관한 터먼의 작업 : Minton, 1988 ; Seagoe, 1975. 아동 D의 '전반적 지적 능력' : Terman, 1919, 251-253. 영재성의 혐오스러운 특질 : Terman, 1954/1925, 634 & 637 ; 1915, 534. 오명의 역전 : Hollingworth, 1929/1926, 229. '이제까지 본문에 나온' D의 월드플레이 : Terman, 1919, 257. '진짜 천재' 앞에 : Terman, 1919, 251. '네 살 먹은 어린이가 … ' : Terman, 1917, 214. 'D의 … 특성이 훌륭하게 조화를 이루는 걸 고려할 때' : Terman, 1919, 259-260.

창조적 영재성의 자리매김

아동들의 창조적 역량 : Getzels & Jackson, 1962, 3-7 ; Milgram, 1990, 217. 스트라빈스키의 창조성 : Stravinsky, 1970, 60-70.

홀링워스, '창조성 IQ'의 지휘봉을 이어받다

홀링워스가 말하는 영재성의 의미 : Klein, A. G., 2002, 2. 재능은 육성되어야 한다 : Klein, A. G., 2002, 155 외 여러 부분. 요더의 아동기 상상력에 대한 내용 : Yoder, 1894, 151. IQ가 높은 연구 대상자들의 '오락 활동 중의 … 독서, 계산' : Hollingworth, 1929/1926, 262. 아동 A의 가상 국가 : Hollingworth, 1942, 88. 아동 E의 경우 : Hollingworth, 1929/1926, 239. 아동 D가 '도로를 배치하고 … ' : Hollingworth, 1942, 123. 말하기에 나오는 각 부분의 빈도수 산정 : Hollingworth, 1929/1926, 245. 단어 만들기 : Hollingworth, 1942, 126. 압정으로 한 실험 : Hollingworth, 1942, 129-132. 조숙함에 어울리는 고도로 복잡한 놀이 : Hollingworth, 1929/1926, 135.

총명한 아동 천 명과 함께 이루어진 터먼의 전환 그리고 월드플레이

터먼의 IQ 기준 : Terman, 1954/1925, 45. 터먼의 설문지에 나오는 월드플레이 : Terman, 1954/1925, 435. '상당수 영재아들이 … 가상의 나라를 가지고 있다' : Terman, 1954/1925, 439. IQ 180 이상인 15명의 연구 대상자 : Hollingworth, 1929/1926, 223. 위에서 기술한 그녀의 주장 : Hollingworth, 1929/1926, 135. 가상 친구들과의 놀이 비율 : Taylor, 1999 ; Singer, 1975, 135 ; Harris, 2000, 32 ; Singer & Singer,

1990, 97-100. IQ와 구분되는 창조적 특질 : Ochse, 1990, 204. 탁월함의 정의 : Terman, 1954/1925, 640 ; Burks, Jensen, & Terman, 1930, 4 ; Galton, 1925/1869. 연구 대상자들에 대한 터먼의 희망 : Terman, 1954/1925, 640. 《미국 인명사전》 등재 예측 : Terman, 1954/1925, 640. 《미국 인명사전》 등재 : Terman & Oden, 1959, 145-146, 150. 성공적인 커리어 : Terman & Oden, 1959, 43-152. 실패한 경우 : Shurkin, 1992, 158. 두드러지게 탁월하지 않음 : Subotnik, 외 1993, 117. '우수한 지적 능력 … ' 때문에 선발된 터먼의 연구 대상자들 : Terman, 1954-1925, 631.

표 5-1에 관한 메모 : 터먼은 2세부터 13세까지의 아동 643명을 집중적으로 연구했는데, 연구 당시 대부분 8~12세의 아동들이었다. (10세가 가장 많았다) 가정에서 보고한 이들 아동들 중 몇 퍼센트가 가상 친구와 가상 국가에 대한 터먼의 질문에 응답했는지는 알려져 있지 않다. 다른 질문에 대한 영재 집단의 응답률은 91~98%로 성별을 구분하면 남자아이들은 86~89%, 여자아이들은 89~92%였다. 만일 100%의 응답률을 가정한다면, 영재 집단의 모든 아동이 가상 친구 그리고/또는 국가를 가지고 있음을 나타내는 보고된 숫자와 퍼센트는 이 아동들의 완벽한 발생률을 반영한다. 하지만 응답률을 85%로 가정하면, 보고된 숫자는 그런 놀이를 하는 영재아들이 전부는 아니더라도 대부분 가상 친구나 국가를 가지고 있을 비율이 높을 것이라는 사실을 나타낸다. 실제 비율은 이 두 범위 안에 놓여 있을 것이다.

홀링워스, 지적 인간과 창조적 인간을 구분하다

'아동들의 눈에 띄는 성과는 … 독창성과 창조성의 징후 … ' : Hollingworth, 1942, 235-236. 아동 E의 사례 연구 : Garrison, Burke & Hollingworth, 1917 ; Hollingworth, 1922 ; Hollingworth, 1927. 아동 E의 '유명한 천재' : 익명, 1934. 홀링워스의 '독창성과 지능지수의 상관관계에 관한 문제' : Hollingworth, 1942, 241. 홀링워스의 연구 대상자들 추적 시도 : Montour, 1976 ; Feldman, 1984, 519 ; Klein, A. G., 2002, viii. 최초의 생각 검사지 개발 : Ochse, 1990, 205.

우리가 이제 알게 된 것 : 창조성이 창조성을 예언하다

영재성은 사회 계층에 의해 분리되지 않는다 : Pritchard, 1951, 83. 영재성을 판정하려는 노력의 좌절 : Terman, 1954/1925 ; Terman & Oden, 1959, Subotnik 외 1993. 창조적 사고 검사 비평 : Ochse, 1990, 45 ; Tannenbaum, 1992, 13. **지금 드러내놓고 원숙한** 천재적 행동 : Tannenbaum, 1992, 13. 천재들의 어른에 근접한 수준의 능력 : Feldman, 1986, 16. 천재가 반드시 창의적인 것은 아니다 : Feldman, 1986, 13, 15 및 Sternberg & Lubart, 1992, 34. 아동기의 잠재적 창조성/창조적 행동 : M. Root-Bernstein, 2009. '공상이 … 천재성의 발달에 중요한 특징' : McCurdy, 1960, 38 ; Mc-Curdy, 1957. 브론테 남매들의 '학습 실험실' : McGreevy, 1995, 146-147. 잠재적 창조성과 여가 활동 : Milgram, 1990, 217, 222, 228-229 ; Subotnik 외, 1993, 38 ; Klein, P. S., 1992, 248 ; Gross, 2004, 130-133 ; Kearney, 2000. '다양한 개념과 사실들로 이루어진 복잡한 덩어리를 결합해서 … 내적으로 일관성 있는 개념

구조로 만든' 영재아들의 놀이 : Morelock, 1997, 2. '영재 아동은 … 대체로 착실하고 이성적인 집단이라 … ' : Hollingworth, 1942, 275. 천재는 학습과 재능 전문가 : Feldman, 1986, 9-11. 초지일관 어떤 하나의 척도로 성숙함을 예측할 수 없다 : Terman, 1954/1925, 640.

Chapter 6. 창조 활동의 학습 실험실 :
그럴싸한 상상 헤아리기

아동의 마음

홀이 폴섬에게 쓴 '자네가 기술한 아동기 … ' : CUA : Hall Collection, Box B1-6-5, letter dated Feb 12, 1915, 이탤릭체는 저자 표시. 폴섬이 홀에게 보낸 '사회를 위해 … 가치 있는 일을 하거나 … 만들고' : CUA : Box B1-6-5, 1914년 4월 16일에 쓴 편지. 폴섬의 글 '아동기의 자서전에 … 진정한 가치를 더하는 것 … ' : CUA : B1-6-5, March 10, 1915. 폴섬의 '영재성을 … ' : CUA, B1-6-5, March 27, 1916 ; May 18, 1915. 폴섬의 '정신적 이해력 … '과 혼자 놀기 : Folsom, 1915, 181, 162. '흐름의 네트워크' 및 다른 '구체적 놀이'의 양상 : 1915, 177. '뉴욕 … 철도 사고 … 범죄를 겪었다'는 그의 파라코즘 : 1915, 179. '정말로 살고 … 이동했다' : 1915, 163. '어린애 같은 짓'의 포기 : 1915, 178. '놀이 세계 전체에 대한 자세한 설명 … 장章 및 제목이 달린 문단으로 세밀하게 나뉘었고 각주, 참고 문헌까지 … ' : 1915, 162. '여전히 도시의 지도를 그리고 … 그 불가사의한 나라를 여행하는 상상을 하곤 한다' : 1915, 180.

놀이 분석

폴섬의 '일반적인 과정 … 일관성 있는 놀이 세계' : Folsom, 1915, 178.

경험에서 얻은 아이디어. '내 놀이 세계의 물질적 내용이나 … 실제 주변 환경에서 얻은 것' : 1915, 163. 마음속을 흐르는 감각적 인상으로서의 사고 : R. Root-Bernstein & M. Root-Bernstein, 1999. 폴섬의 '객관적 사실들의 세계'와 '불가사의한 요소들' : 1915, 164.

아이디어와 느낌의 결합. 터너의 '아동기 사고'에서 '혼합하기' : Turner, 1996, 114. 나흐마노비치의 '브리콜라쥬'와 '아침 식탁에서 주위들은 정보를 … 놀이 속으로' 통합시키기 : Nachmanovitch, 1990, 86. '좀 더 근사한 … 것들을 … 호기심과 결합' : 1915, 164. 가상 키메라 : Turner, 1996, 89. 폴섬의 '독창적 가상의 창작품' : 1915, 181.

놀이 창작물에 의한 정교화. 폴섬의 '비교하고 분류할 수 있는 대상들에 흥미 … 현상을 질서정연하게 체계화' : 1915, 165-166. '알려지지 않은 숫자' : 1915, 176. '모든 볼케이노 가운데 가장 무시무시한 볼케이노' : 1915, 177. '맹렬함' '일종의 종이 기계 … ' 체온 재기 : 1915, 172. 볼케이노의 맹렬함 : 1915, 177 '여러 가지 말투와 억양을 사용해' 누이동생과 함께 한 서사적 놀이 : 1915, 168. 누이동생의 '공감과 협조'로 '계획' 세우기 : 1915, 173. 경험의 서사적 탐험 : Bruner, 2002, 16, 28 외 여러 부분. Harris, 2000, xi-xii, 195 ; Turner, 1996. 아동들이 장난감 소품에 공공연한 실체 불어넣기, 사건들 연결하기 : Harris, 2000. '기본 원리'와 '정신적 도구'로서의 서사 : Turner, 1996, preface, 4, 7 외 여러 부분. 개인적 지식 : Polanyi, 1958. 폴섬의 '공포로 죽음에 이르게 할 가능성 … ' : 1915, 174.

일관성 있는 놀이 세계의 통합. 폴섬의 '현실적이고 논리적인 … 내 마음' : 1915, 163. '논리적으로 일관성 있게 서술된' 놀이 : 1915, 180. '혀를 반쯤 내민 동물' : 1915, 173. '기하학의 체계 같은' 놀이 : 1915, 167. 레오노라의 잦은 방해 : Cohen & MacKeith, 1991, 40. 암브로즈 의 규칙과 근거 : Cohen & MacKeith, 1991, 88-89. 제레미의 규칙들 : Cohen & MacKeith, 1991, 94. 규칙 지배적 행동 : Mitchell, 2002, 31 ; Bruner, 1990, 94 ; Paley, 2004, 33. 댄의 수정 요인들 : Cohen & MacKeith, 1991, 75-75. 브렌다의 그럴싸한 패턴 : Cohen & MacKeith, 1991, 98. 코헨과 맥키스의 '이런 종류의 체계적 상상은 … 놀이라기보다 일처럼 보인다' : Cohen & MacKeith, 1991, 53. 피아제 의 시원발 : Piaget, 1962, 140-142. '놀이와 … 지적 활동의 중간쯤 되 는' 가상 놀이 : 1962, 113. 모방적 재창조 : 1962, 142. '반쯤 웅장한 규 모의 상상' : Cohen & MacKeith, 1991, 54. 폴섬의 '개조된 현실 세계' : 1915, 179. 상상력은 제약에 의존한다 : Stokes, 2006. 스트라빈스키의 '자유의 심연' : Stravinsky, 1970, 85, 87. 보렐의 라다히의 어휘와 구 문 : Borel, 1968, 64. 오든의 '예술적 구성에 적용되는 모종의 원칙' : Auden, 1970, 14, 424-425.

모형 만들기와 기억 창조

'메카노의 모형들'로서의 신헨티아국 : Silvey cited in Cohen & MacKeith, 71에서 재인용. '사실 세계'의 애널로곤 : D. Coleridge, 1851, xliii. 브루너의 '우리의 생각과 의도가 구체적으로 표현되고 사고 과정과 그 산물이 서로 얽힌다' : Bruner, 1996, 23. 월드플레이 인공물의 좀 더 자세한 분석과 서사를 구성하는 방식에 관심이 있는 독자는 M. Root-Bernstein, 2013a를 참고할 것. 루이스의 '혼자만의 기억' : Hooper, 1985, 197에서 재인용. '과정'과 '구전 전통' 추적 : Hooper, 1985, 196-197 ; Kilby & Mead, 1982, 6 fn13에서 인용됨. '현실을 다루고 있다는 확신' : Hooper, 1985, 19에서 재인용. 올덴버그의 '처음으로 진지하게 그린 그림' : Lee, 2002, 17. '가상 세계' : Lee, 2002, 23. 그의 독창성 : Rose, 1970, 19에서 재인용. '나는 항상 실제의 것에서부터 시작한다' : Rose, 1970, 143에서 재인용. 루이스의 '공상/창조' : Lewis, 1955, 15. '조직자의 기분' : 1955, 12, 15.

창조하는 자아

폴섬의 놀이의 '독특한 특징들' : Folsom, 1915, 161. 홀의 모래 쌓기 놀이 : Hall, 1907, 143. 헌트의 '내 나라' : Hunt, 1914 및 Hall, 1914와 Mergen, 1995, 261-262에도 언급. 폴섬의 데이 소개 : CUA : Hall, B1-6-5, February 12, 1915 & March 10, 1915. 데이는 Hall, 1914에도 언급됨. 헌트의 '아는 것과 모르는 것' : Hunt, 1914, vii. '우리의 바람이 실현' : 1914, 67. 데이의 욕구에 따라 만든 엑스루즈 : Day, 1917, 184. 자신을 '최초의 원인'으로 봄 : Day, 1914a, 309. 폴섬의 '세계의 지배자' : Folsom, 1915, 168. 누이동생의 수동적 놀이 : Folsom, 1915, 165. '사실이 훨씬 더 훌륭하게 보였다. 그래도 내가 지어낸 허구는 더 나았다' : Folsom, 1915, 181. 안드레아의 가상 놀이의 궁극적 즐거움 : Cohen & MacKeith, 1991, 49에서 재인용. 에리카의 '창조적인 사람이 될 기

회' : C&M, 1991, 51에서 재인용. 로잘린드의 '창조' : C&M, 1991, 84
에서 재인용. 앰브로즈의 '지구 크기만 한 위성 … 상상력이 어떻게 작
용하는지' : C&M, 1991, 88-89에서 재인용. 조직하고 합성하기에서
이루어지는 창조적 실습 : Witty, 1940, 504. 댄의 '내가 만든 세계에서
몹시 황홀한 기쁨 … ' : C&M, 1991, 76에서 재인용.

월드플레이와 공감각, 그 관계는?

사이토윅의 '직접적으로 경험되며 … 또 초월적인 것을 보여주는'
지각 : Cytowic, 1993, 78. 100명 중 4명이 공감각적으로 지각 : Simner
외, 2006. 아동들의 공감각 : R. Root-Bernstein & M. Root-Bernstein,
1999, 300-301 ; Cytowic, R. 2002, 8, 81 ; Domino, 1989, 18 ; Hornik,
2001, 56 ; Simner 외, 2009. 헌트의 '거의 모든 것에 색이 있었다 … ' :
Hunt, 1914, 200, 241. 데이의 알파벳 친구들 : Day, 1914b, 325-326.
폴섬의 '녹색은 가장 위엄 있는 … 색' : Folsom, 1915, 171에서 인용.
헌트의 담요의 '구불구불한 황갈색 꽃줄기가' '그 단어의 소리 같았다'
: Hunt, 1914, 70. 폴섬의 '각 조직은 … 깃발을 가지고 … ' : Folsom,
1915, 171. 리오니의 공감각 : Lionni, 1997, 54. 렘의 공감각 : Lem,
1995, 23-24.

성인기 활동으로의 변환

'인간의 삶을 좀 더 살 만한 것으로 만들기' 위한 사회 심리학에 대
해서는 Folsom, 1931, 663을 볼 것. 검열에 걸린 **결혼 계획** : PUA. 폴섬
이 높이 평가한 '창의적 … 사고 방식' : Koempel, 1960, 960. 폴섬의 '우

리는 자신의 어린 시절을 완전히 잃어버리지 않는다' : Folsom, 1915, 180. 창조적 성인은 능력의 방향을 사회에서 높이 평가하는 분야로 돌려야 한다 : Ochse, 1990, 31.

3부 : 성인기의 일에 월드플레이 접목하기

Chapter 7. 창조적 상상력의 성숙 :
멘토로서의 로버트 루이스 스티븐슨

장난감 상자 예찬

'장난감을 유난히 좋아하는 … 나는 죽을 때까지 그 안에서만 지낼 것이다' : Stevenson, Works, v. 25, 47. 홀의 아동기 놀이의 '허구적인 속성' : Hall, 1907, 153. 문화적 수로화 : Mitchell, 2002, 13. 상상력/창조성이 점점 줄어듦 : Sternberg, 2003, 98. '앙그리아, 안녕' : Alexander, 1983, 199, 288. 고드프리의 도비드와의 작별 : Cohen & MacKeith, 1991, 83-84에서 재인용. 폴섬의 '절박한 관심'으로 인한 변형 : Folsom, 1915, 180.

가상 놀이를 향한 평생의 열정

'이 세상에서 자신의 어린 시절을 잊지 않는 얼마 안 되는 사람들 중 하나' : Terry, 1996, 24 fn5에서 재인용.

놀기 좋아하는 아동. 스티븐슨의 '화려한 놀이들' : RL Stevenson,

Works, v. 22, xix. '놀이에 완전히 몰입하고 있는 나 자신 … 그것은 거의 환상이었다' : RLS, Works, v. 29, 151. 사촌들과의 놀이 : Terry, 1996, 15. 그들은 '환상적인 상태에서 … 살았다' : RLS, Works, v. 29, 156. '놀이 게임' : RLS, Works, v. 25, 114-115. '아침에 포리지를 먹으면서 식사 시간에 활기를 불어넣을 … ' : RLS, Works, v. 25, 113. 스티븐슨의 '가장 큰 즐거움 가운데 하나'인 판지로 만든 극장 : RLS, Works, v. 29, 156. 스켈트의 '장면의 전시실' : RLS, Works, v. 29, 108.

놀기 좋아하는 남자. 스티븐슨이 '지나칠 정도로 … 어리석었다' : Terry, 1996, 55에서 재인용. 그의 '문학적 난리법석' : Terry, 1996, 94 및 Hart, 1996, 11 또한 RLS, Works, v. 22, 175에서 재인용. 그의 '변치 않는 어린이의 영혼' : Osbourne, 1923-24, 191. '양철로 된 무대로 배우들을 슬그머니 밀어 넣도록 … ' 도와준 스티븐슨 : Osbourne, 1924, 36. 전쟁놀이의 '무수한 규칙들' : Osbourne, 1923-24, 191. '현실적 상황'의 모형 만들기 : Obsourne, 1923-24, 191. '늪의 독기' : Osbourne, 1923-24, 193. 사촌 봄을 전쟁놀이에 끌어들임 : Harman, 2005, 216, 317. 스티븐슨이 당황해서 '귀까지 빨갛게 달아올랐다' : Osbourne, 1924, 27. 곤혹스러워하지 않고 '의식적으로 매우 자랑스러워하다' : Terry, 1996, 120에서 재인용. '한가하고 무료한 계절'을 즐겁게 만들어 준 스티븐슨의 놀이 : RLS, Works, v. 30, 188. 제임스의 '성공적으로 놀이를 하는 능력' : Hart, 1966, 23에서 재인용.

아동의 놀이에서 문학적 재주로
스티븐슨의 '워즈워스에 대한 경의' : RLS, Works, v. 29, 151, 157.

워즈워스의 일원적 상상력 : Plotz, 2001, 18 외 여러 부분. 타고난 창조적 천재성 : Plotz, 2001, 17-18. '어린이는 어른의 아버지' : Wordsworth, Poems, 522. '여섯 살짜리 H. C. 에게' : Wordsworth, Poems, 522-23. 유명한, 소년 같은 남자들과 아동문학 : Plotz, 2001. 곰브룬 : de Quincey, 1853, 97-98. 스티븐슨의 '똑같은 식으로 두 번 다시 행복하지 않았을 것이다' : RLS, Works, v. 29, 151. 아동의 '경탄' : RLS, Works, v. 25, 107. 아동의 '진부한 상상' : RLS, Works, v. 25, 110. 스티븐슨의 '놀이할 수 있음' : RLS, Works, v. 25, 115. '기분 나쁘게 축축한 공원에서는 … 또 해안은 난파선에서 … ' : RLS, Works, v. 29, 121. 스켈트의 연극이 '새겨져 있다' : RLS, Works, v. 29, 108. 아동의 '창작 불능' : [Stevenson], 1888/1920, 155. 아동들이 '본문을 잊지 않고 마음에 잘 새겨두는 것' : RLS, Works, v. 25, 110.

문학적 가상 놀이

스티븐슨은 '심리학의 대가' : McLynn, 1993, 22. 그의 유모의 회고 '그는 글씨를 쓰기 한참 전부터 … ' : Terry, 1996, 13에서 재인용. '성경에 나오는 이야기들' : McLynn, 1993, 20. 스티븐슨의 글쓰기 욕구 : Stevenson, 1947, ix, '어떤 책이나 구절을 읽다가 … ' [Stevenson], 1888/1920, 2, Terry, 1996, 21. 빨래 광주리를 가득 채울 정도로 많은 원고 : Terry, 1996, 79. 스티븐슨의 '백일몽' : RLS, Works, v. 29, 122-123. 독자는 '주인공을 한쪽으로 밀어놓고 … ' : RLS, Works, v. 29, 128-129. '소설이 … 놀이가 … 의미' : RLS, Works, v. 29, 129. 제임스의 '잘 놀고 있는 소년들의 놀이처럼 완벽하다' : 익명, 2007에서 재인

용.《보물섬》의 '장章의 목차' : Harman, 2005, 225에서 재인용. 스티븐슨이 글을 쓰지 못할 때 '그는 놀이를 선택했다' : Stevenson, 1912, 서문.

스티븐슨 더하기 오스본 : 놀이의 몇몇 요인들

아무짝에도 쓸모없는 인간 로이드 : McLynn, 1993, 345 ; Terry, 1996, 81 ; Harman, 2005, 460. 공동 작업이 '사람을 도취시키는 상상의 즐거움'을 다시 불붙였다 : RLS, Works, v. 30, 187. '매우 기분 좋은 상태' : Osbourne, 1924, 107-108. 즐거운 토론 : Osbourne, 1924, 108. 둘이 '돈을 세느라 닷새를' 보냈다 : Terry, 1996, 188에서 재인용. 스티븐슨의 '쟁기로 갈아놓은 땅' : McLynn, 1993, 362에서 재인용.《난파선》'어설픈 이야기' : Booth & Mehew, v. 7, 178. 스티븐슨의 '고생' : Booth & Mehew, v. 7, 178. 그의 '오래된 치료법 … ' : [Stevenson], 1888/1920, 107. 오스본의 커리어 : Baise, 2000, 131. 그의 소설의 '단순한 파토스' : Advertisement 111, 1903 및 Baise, 2000, 133에서 재인용. '재능에도 불구하고' 실패한 오스본 : Clark, 1909. 그의 '공동 작업 이후의 커리어는 … 수학적으로 표현될 수 있다' : Harman, 2005, 460. 스티븐슨의 '경박함' 고치기 : Swearingen, 1980, 131에서 재인용. 치명적 혐오를 유발한 특권과 정치 : Jolly, 1966, xii, xxx ; Menikoff, 1984, 4, 59.

'아웃사이더 놀이'에 대한 간단한 고찰

내밀한 활동의 독창성 : Ames, 1997, 78. 아웃사이더 아트의 정의 :

Raw Vision, 2011. 다거 : 익명, 2011. MacGregor, 2002. 쿨러 : Strausbaugh, 2009 ; Ingram & Manley, 2009. '밍거링 마이크' : Strauss, 2004 ; Lynskey, 2007 ; Cherkis, 2008 ; Bisceglio, 2013. 와이어트 & 크리스 제임스 : 2006년 4월 개별 면담. '건축과 … 연구라는 정신 능력'을 결합하는 와이어트의 가상의 성 : Shortling, n.d. 지방색을 풍기는 공상 과학 언어 : Okrent, 2009, 98, 262. 트레앙의 도시 풍경 : Trehin, 2011.

Chapter 8. 업무에 활용 중인 월드플레이 :
맥아더 펠로들, 창조적 분기점에 양다리를 걸치다

실제 정원의 가상 동물

세계 창조 : Gardner, 1991/1983 ; Lionni, 1997, 20, Mahler는 Jacobi, 2001, 6에서 재인용, Hrdy는 Zimmer, 1996, 78과 Jacob, 1988, 8-9에서 재인용. 글로버쉬너클과 자르프 묘사 : Laura Otis, 젊은 시절 작품. 오티스의 '과학 역사가에게만큼이나 중요한 … 구체적으로 묘사하는 능력' : Laura Otis, 설문지 응답, April 3, 2002. 연구/월드플레이의 연관성, '책을 한 권 쓰는 것 … '과 '자르프에 관한 계획을 세우는 것'이 비슷하기 때문 : Laura Otis, 전화 인터뷰, March 6, 2003. 이 장章의 많은 부분을 지원하는, 동업자가 평가한 업무상 월드플레이 연구는 M. Root-Bernstein & R. Root-Bernstein, 2006, 415를 볼 것.

월드플레이와 직업

예술 : 진실을 꾸며내기. 이하의 논의에 나오는 펠로들의 코멘트는 따

로 언급되지 않는 한, 직접 인용된 것이든 다른 말로 표현된 것이든 모두 2002년 실시한 월드플레이 프로젝트 조사에서 취해진 것이다. 폴 테일러의 '장소'와 '나라'의 탐구 : P. Taylor, 1987, 18, 360. 골웨이 킨넬의 '내면의 세계' : Kinnell, 1978, 6. '리틀맨' 놀이와 시적으로 '집중하는 능력 … ' : Kinnell, 전화 인터뷰, July 3, 2003. 킨넬의 '최고의 시 … ' : Kinnell, 1978, 23, 56. 예술가들은 진실을 말하려고 거짓말을 한다. : Le Guin, 1976, 머리말. 월리스 스티븐스의 초월적 비전 : Stevens, 1954/1997, 684, 689.

인문학 : 상상 기록하기. 이하의 논의에 나오는 펠로들의 코멘트는 따로 언급되지 않는 한, 직접 인용된 것이든 다른 말로 표현된 것이든 모두 2002년 실시한 월드플레이 프로젝트 조사에서 취해진 것이다. 제프리의 그레고리안 성가와 역사적 상상력 연구 : Peter Jeffery, 개인 면담, February 21, 2003. 울리히의 역사적 상상력, 18세기 조산원 연구, 그녀 연구의 '도박' : Laurel Ulrich, 전화 인터뷰, March 6, 2003. '도박'의 정의 : Geertz, 1973, 431-432 ; Harkin, 2001, 58.

공공 문제 전문직 : 그럴싸한 실용주의 끌어들이기. 이하의 논의에 나오는 펠로들의 코멘트는 따로 언급되지 않는 한, 직접 인용된 것이든 다른 말로 표현된 것이든 모두 2002년 실시한 월드플레이 프로젝트 조사에서 취해진 것이다. 정책적 관심사에 인간적 직접성을 주입함으로써 '유토피아적 세계'를 건설하려는 레빈 : Carol Levine, 전화 인터뷰, February 19, 2003.

사회과학 : 그럴싸한 가능한 세계 건설하기. 이하의 논의에 나오는 펠로들의 코멘트는 따로 언급되지 않는 한, 직접 인용된 것이든 다른

말로 표현된 것이든 모두 2002년 실시한 월드플레이 프로젝트 조사에서 취해진 것이다. 로버트 케이츠의 '대체할 수 있는 가설' : Kates, 2001, 3/Table 2. '개념적 통찰' : Kates, 2001, 22/Table 5. 시나리오는 '놀이의 개요'고 에세이는 '미래가 어떻게 펼쳐질지에 대한 … 이야기' : Raskin 외, 2002, 14. '미래의 역사'는 '그럴싸한 재미있는 이야기를' 들려줄 수 있고 … 모형 만들기의 균형과 서사적 '특질'을 제공하며 : Raskin 외, 2002, 14 외 여러 부분. 로버트 액셀로드의 컴퓨터 시뮬레이션과 그 게임 같은 속성 : 따로 언급되지 않는 한 Axelrod와의 전화 인터뷰, March 5, 2004. '생각의 실험'으로서의 시뮬레이션 : Axelrod, 1997/2005, 5/웹사이트에서 복사. 시뮬레이션은 '과학을 하는 세 번째 방법' : Axelrod, 1997/2005, 5/웹사이트에서 복사. '일련의 명확한 가정들'과 함께 시작하는 연역적/귀납적 추리의 결합 : Axelrod, 1997/2005, 5/웹사이트에서 복사. 시뮬레이션은 중범위 이론화와는 다르다 : Axelrod, 1997/2005, 4/웹사이트에서 복사.

　　과학 : 잠정적인 현실 상상하기. 이하의 논의에 나오는 펠로들의 코멘트는 따로 언급되지 않는 한, 직접 인용된 것이든 다른 말로 표현된 것이든 모두 2002년 실시한 월드플레이 프로젝트 조사에서 취해진 것이다. 폴 애덤스의 과학에서의 스토리텔링 특징 : Adams, 이메일 인터뷰, April 4, 2003. R. 스티븐 베리의 이론을 개념화하는 초기 단계의 월드플레이, '당신이 그것을 그 이상으로 진행시키려고 할 때 비로소 일이 시작된다' : Berry, 전화 인터뷰, March 18, 2004.

지적 문화의 창조적 분할

'아츠스마트' 연구 : Lamore, R. 외, 2013 ; Root-Bernstein, R. 외, 2013. 과학자들의 상상적 사고 스타일 : R. Root-Bernstein, 1989a ; R. Root-Bernstein, 1989b ; R. Root-Bernstein 외, 1995 ; R. Root-Bernstein & M. Root-Bernstein, 2004. 비공식 과학 교재 연구 : M. Root-Bernstein & R. Root-Bernstein, 2005, 192 및 Root-Bernstein, Root-Bernstein과 Norm Lounds의 미발표 연구, Michigan State University.

Chapter 9. 월드플레이와 직업 – 취미 :
창조적 박식함의 사례 연구

〈인코디드 모놀리스〉와 가상 박물관

인코디드 모놀리스 및 뇌와 우주의 메타폼 : Siler, 1990, 292-301 ; Siler, 1995, 33-34. '월드플레이를 물질로 구체화한 것' : Todd Siler, 전화 인터뷰, November 24, 2004. 슈르의 노래하는 개미들 : Barry Shur, 전화 인터뷰, July 5, 2011. 창조적 발달의 다양한 패턴 : R. & M. Root-Bernstein, 2011 ; Cassandro & Simonton, 2010, 9-10. 1,000년 동안의 저명 인물들에 대한 연구 : Gray, December 1966 ; Lubart & Guignard, 2004, 48. 2012명의 탁월한 인물 연구 : Cassandro, 1998, 815. 박식함 연구 조사 : R. & M. Root-Bernstein, 2004 ; R. Root-Bernstein, 외, 2008 ; R. Root-Bernstein, 2009 ; R. Root-Bernstein, 외, 2013. 노벨상 수상자들의 취미 : van't Hoff, 1878/1967 ; R. Root-Bernstein, 2009,

858 ; R. Root-Bernstein, 1989b, 316-327. 폭넓은 재능을 타고난 천재
들 : R. Root-Bernstein, 2009, 853-4, Cox, 1926 ; White, 1931 인용.
Seagoe, 1975 및 Hutchinson, 1959에 인용된 Terman 재인용 ; 취미가
성공을 예측한다 : Milgram & Hong, 1994. 과학에서의 미술/공예 :
Eiduson, 1962, 258 ; R. Root-Bernstein 외, 2008 ; R. Root-Bernstein
& M. Root-Bernstein, 2004 ; R. Root-Bernstein 외, 1995.

J. R. R. 톨킨 : 요정의 언어와 * 표시가 붙은 세계

판타지의 폭발적 증가 : Lobdell, 2005, 141-165. 거침없는 상상력과
중간계 : Cohen & MacKeith, 1991, 2, 70. 톨킨과 '비밀의 언어'에 대한
열정 : Garth, 2003, 15. 문헌학과 * 표시가 붙은 단어 : Shippey, 2003,
20-22. 톨킨의 '가장 총명한 천사' : Shippey, 2003, 246-247에서 재인
용. 그의 * 표시가 붙은 신화 : Garth, 2003, 45. 시/신화의 제목 : 〈에아
렌딜의 항해, 저녁별〉, Garth, 2003, 46에서 재인용. 톨킨의 가상 풍경
화 : Hammond & Scull, 1995, 45. 레전다리움의 소재 : Garth, 2003,
279. 톨킨의 '집에서 만든 언어들'과 '만들기 본능' : olkien, 1983, n3.
'언어와 신화 만들기' : Tolkien, 1983, 210. '호빗'의 철학 : Tolkien,
1965, v. 3, 부록 F, 416 ; Shippey, 2003, 66. '이야기는 … 늦게 떠올랐
다' : Carpenter, 1981, 214에서 재인용. '배경을 제공하려는 시도' :
Carpenter, 1981, 214에서 재인용. 톨킨이 나오미 미치슨에 말한 테크
닉/정교화 '사이에서 일어나는 충돌' : Carpenter, 1981, 174에서 재인
용. 미치슨이 '나라를 건설하는 놀이'로 이해함 : Carpenter, 1981, 196
에서 재인용. 톨킨은 인정받은 것보다 더 훌륭한 화가 : Hammond &

Scull, 1995 ; C. Tolkien, 1992. 충실하게 화폭으로 옮기지 못하는 무능력 : Hammond & Scull, 1995, 9 & 164. 명확한 그림으로 형상화 : Hammond & Scull, 1995, 91 & 164-167. 톨킨이 미치슨에게 중간계를 설명한 '가상의 역사적 순간' : Carpenter, 1981, 239에서 재인용. 미치슨이 중간계에 대해 말한 '판타지보다 조금 더 거창한 창조로 … 신화' : Mitchison, 1954, 331. 톨킨의 판타지의 '이상적 창조' : Tolkien, 1983, 138. '근원적인 리얼리티를 일별' : Tolkien, 1983, 155.

그레고리 벤포드, 어슐러 르 귄, 레오 리오니,
스타니스와프 렘과 그 밖의 사람들 : 공상과학소설과 허구적 과학

이 부분에서 그레고리 벤포드 관련 내용은 따로 언급하지 않는 한 2007년 4월 4일의 개인 면담에서 얻은 자료들이다. 벤포드의 '과학이라는 변화하는 렌즈'에 대한 열망 : Benford, 1985. 프리먼 다이슨의 '어떤 통계분석보다 … 더 많은 통찰'을 제공하는 공상과학소설 : Dyson, 1997, 9. 어슐러 르 귄의 '아우터 스페이스/이너랜드' : Le Guin, 1973, 21, 24. '쏜이라 불리는 나라' : Le Guin, 1976, 74-75. '미래의 고고학' : Le Guin, 1985. '책의 이면'과 '은밀한 비행'에 대한 참고 사항 : Le Guin, 1985, 509. 메리언 무어를 인용한 레오 리오니 : Lionni, 1977. 사육장을 가지고 놀던 아동기 : Lionni, 1997, 20 ; 1977. 보베 리옹의 예술에서의 '고고학적 허구' : Lyons, 1985. 'Llhuroscian Studies'의 편집자이자 지도자 노먼 달리 : Daly, 1972. 스타니스와프 렘의 공상과학소설, 광범위한 인정과 결과물 : Swirski, winter 2003. 렘의 지식 구축 과정 모형 : Swirski, 1997, 16 ; Suvin, 1970. 렘의 글쓰기 전략인 '나는 점

점 더 많은 메모 ⋯ 만들기 시작했고 ⋯ 그 세계가 나에 의해 창조': Lem, 1984, 23. '과학적 정확성을 주장하기에는 너무 과감한' 렘의 아이디어들 : Swirski, 1997, 6에서 재인용.

데즈먼드 모리스 : 실험적 연구와 비밀의 바이오모프 왕국

다재다능함과 메타 기능적 관심 : Gray, 1966 ; Gray, 1966, 1395을 고쳐 쓴 Lubart & Guignard, 2004, 48. 톨킨의 음악 협동 작업 : Tolkien & Swann, 1967, vi. 모리스가 진행한 프로그램들의 '섹스부터 ⋯ 모든 것' : R. Root-Bernstein, 2005, 319. '극도로 내성적'이라는 모리스의 자평 : Remy, 1991, 10. 아동기의 '비밀의 왕국' : Morris, 1980, 15. 초현실주의의 매력 : Levy, 2001, 10. 모리스가 1970년에 편집한 과학 논문들. 모리스의 '은밀한 세계' : Morris, 1987, 12. 화가의 '개인의 세계' : Levy, 2001, 14에서 재인용. **풍경으로 들어가기**, '나는 이 바위들 틈으로 미끄러져 들어갔고 ⋯ : Morris, 1987, 17.' 비밀스러운 개인의 내면 세계' : Morris, 1987, 17. '호수의 ⋯ 판타지 버전'인 바이오모프 세계 : Morris, 개인 면담, July 17, 2007. '관계를 맺고 상호작용하는' 바이오모프 세계 : Levy, 2001, 13에 인용된 모리스의 말. 바이오모프의 '진화' : Morris, 1987, 7. **나의 유쾌한 동물 이야기**에 묘사된 꿈속의 시나리오 : Morris, 1980, 58. 모리스의 과학적 사고에서의 '비이성적이고 직관적인 비약' : Morris, 1974, 205. 예술가/과학자의 유사점 : Remy, 1991, 13에서 재인용. 모리스의 '아동기의 장난기' : Morris, 1974, 204. '탐험가이거나 탐험가가 아니기 때문' : Morris, 1974, 204. '나 자신을 그림 그리는 동물학자나 동물학에 관심 있는 화가로 ⋯ ' : Morris, 1987, 9.

모리스의 '신화를 창조하는 … 평행 세계' : Morris, 1987, 7-9에 인용.

토드 실러와 예술과학 활동

'통합된 활동 세트' : Dewey, 1934. '활동 네트워크' : Gruber, 1988 ;
'상관 재능' : R. Root-Bernstein, 1989b, 314. 실러의 '놀라운 힘의 원천'
과 이하에 나오는 다른 인용들 : 따로 언급하지 않는 한 2004년 11월
19일과 24일의 전화 면담. 실러의 '뇌의 흑점' : Siler, 2007. 실러의 메
타포밍 : Siler, 1996. 실러의 흥미의 통합 및 자신을 '작은 파립자'로 생
각함 : Siler, February 2001.

시너지 효과 : 월드플레이와 박식함

서로 다른 아이디어와 초학제적 결합의 폭발적 증가 : Bronowski,
1956년 19일, 27일. 탐사 침으로서의 프랙탈 융합로 : Siler, 2003 ;
Overbeck, October/November 2006. 그것은 과학과 관련된 그의 예술
작품이 전시된 것이다 : Siler, 2007. 실러의 '월드플레이는 … 창조적
통합에 중추적일 뿐만 아니라 … ' : Siler, 개인 통신, 13 October, 2008.

4부 : 월드플레이 씨앗 심기

Chapter 10. 가상 세계 창조, 학교로 가다 : 놀이를 통한 학습

프로젝트 메모 : 창조성을 위한 교육

미첼 레스닉의 창조성 교육의 필요성 : Resnick, 2007-08, 18 ; Pink, 2005 ; Robinson, 2011 ; Hirsh-Pasek, 외, 2009, 62-64.

데보라 마이어와 교실에서의 가상 놀이

이하의 마이어 관련 내용은 따로 언급하지 않은 한 2004년 4월 20일 데보라 마이어와의 전화 인터뷰에 의거한 것이다. CPE 학교들과 졸업 비율 : Meier, 1995, 16. '독창적 사고의 소유자'로서의 마이어 : Winerip, 2003. '효과적인 아이디어로 가득 찬 … ' 마이어의 CPE 학교들의 교육과정 : Meier, 1995, 16. 마이어의 교실에서 실행되는 월드플레이 : Shekerjian, 1990 ; Meier, 1995 ; Meier, 2002. 놀이 준비도를 무시할 경우 창조성 준비 또한 무시한다 : Hirsh-Pasek, 외, 2009, 5-10 ; Fisher, 외, 2011. 마이어의 '상상 놀이의 즐거움은 … 사치가 아니라' : Meier, 1995, 48.

교실 월드플레이 약사

포괄적 용어로서의 유도된 월드플레이 : M. Root-Bernstein, 2013b. 가상 도시/상상한 문명. CPE 3, 4학년의 가상 도시 설명 : Shekerjian, 1990, 22. 미션힐의 전 학교에 해당하는 주제 : Snyder et al, August 1992, 7. 미션힐의 '나일강' : Winerip, 2003. 마이어의 비판적 사고 구성 요소 : Meier, 1995.

있을 법하지 않은 지리와 그 밖의 유토피아들. 머피의 교실 월드플레이, 위더샤인과 비전이 된 지리 수업 : Murphy, 1974. 앨리스 맥레런 어머니의 '록사복슨 역사' : McLerran, 1998. 록사복슨의 교실 수업 계획 : Magik Theatre, 2008. 블룸의 분류법과 질문 유형 : Overbaugh &

462

Schultz, n.d.

비전 탐색. 이하의 스테이시 코츠 관련 내용은 2007년 11월 6일과 2009년 3월 11일에 이루어진 전화 및 개인 면담에 의거한 것이다.

마을 놀이와 세계 놀이. 프레리 크리크 커뮤니티 학교의 마을 놀이 : Michelle Martin, 전화 인터뷰, May 5, 2011. 일반적인 마을 놀이 : Amy Shuffleton, The Village Project, Inc, 전화 인터뷰, May 2, 2011. Sobel, 1993, 140-153도 볼 것. **비상사태 :** Seith, 2010 ; Joan Parr, Scottish Arts Council, 개인 면담 및 통신, May 2010 & June 8, 2010.

가상 세계 놀이하기. 존 블랙의 '아주 생산적인 교육의 본보기'로서의 '가상 세계' 건설 : Black, 2007, 20 (웹 복사). '학생들이 외계인을 가르치는' 리얼 플래닛 : Current ILT Projects. 리얼 플래닛 추가 자료 : Xin Bai (ILT 팀), 개인 통신, 23 April 2009.

게임 기반 수업. 퀘스트투런 초등학교에 대한 전반적인 내용 및 케이티 샐런이 게임을 만드는 것을 '미니 월드를 세우는 것'에 비유한 내용 : Corbett, 2010, 57. 크리피타운 : Chaplin, 2010. 영어/사회 수업에 적용하는 Q2L : Ross Flatt, 통신회의, May 26, 2011 & 개인 통신, June 14, 2011.

사이버 공간에서 심적 모형 만들기. TLG 모형 만들기 : Siler & Psi-Phi Technology Corp., 2008 ; Siler, 2009.

월드플레이와 구체화된 교육

실러의 비언어적 표현 : Siler, 2009. 근거가 확실하거나 구체화된 인지 : Black, 2007. 비언어적 표현의 교실 수업에 대한 평가 : Marzano,

외, 2000, 86. 구체화된 인지 : Barsalou, 2008, 618, 623-630 ; Marzano 외, 2000. 구체화된 사고 과정에서 비물질적인 것을 물질적인 것으로 가시화하기 : Wilson, 2002 ; Barsalou, 2008, 621, 626-627. 상상력이 넘치는 사고 능력 : R. Root-Bernstein & M. Root-Bernstein, 1999. 교실 수업에서 정교하게 실행한 사례 : Overby, Post & Newman, 2005. 생각의 도구 사용 평가 : M. Root-Bernstein & Overby, 2012. 다양한 '지성' : Gardner, 1983. 학습/놀이에서 문제 해결하기 : Kass & MacDonald, 1999 ; Dewey, 1902/1990, 118 ; 및 Smilansky, 1968, 특히 25, n. 117. 대학 강의실에서의 월드플레이 : Ren Hullender, 개인 면담과 통신, May 26-28, 2011.

창조적 학교 수업 : 경고와 부름

교육적 효과/효과적 학습 : Najjar, 1996a, 1996b ; Barsalou, 2008, 625 ; Griggs, 2008. 부당하게도 학습과 놀이를 경쟁에 붙인다 : Hirsh-Pasek, 외, 2009, x.

Chapter 11. 컴퓨터로 하는 월드플레이 :
아동과 청소년 들, 자신의 체험을 드러내다

기로에 선 가상 세계

네이트의 놀이 관련 내용은 2010년 3월 28일에 가진 개인 인터뷰에 의거함. 전반적으로 또 학교에서 이루어지는 컴퓨터 접속에 대해서는 Computer and Internet Use, 2005, 7 ; 90%의 아동들에게 맡겨짐 :

464

Children and Technology Project, 소개용 비디오. 소년/소녀들이 컴퓨터 게임을 하는 퍼센트 : Pew Internet & American Life Project, 2008, 8-9 ; 보강 데이터를 원하면 Computer and Internet Use, 2005, 9도 참고할 것. '비교적 자주' 하는 십대들의 놀이 : Pew, 2008, 8. 매일 노는 아동들의 퍼센트 : Lewin, 2010, 2011. 역사적 맥락에서의 상전벽해를 확인하려면 Chudacoff, 2007 and Cross, 1990을 볼 것. 논쟁에 나온 주요 발언들의 경우, 반대 진영 : Elkind, 2007 ; Singer & Singer, 2005 ; Anderson 외, 2007 ; Carr, 2010 ; Norman, 1993 ; Linn, 2004, 2008. 찬성 진영 : Gee, 2003, 2007/2008 ; Jackson 외, 2008 ; Turkle, 1995 ; Pesce, 2000 ; Steinkuehler, 2006을 볼 것. Bavelier & Davidson, 2013의 경우, 게임의 유익한 효과를 밝혀내고 발전시키기 위해 게임 기획자와 신경과학자들 사이의 더 많은 협동 작업을 촉구하고 있다. '아동들의 사고방식'을 변화시키는 매체 : Singer & Singer, 2005, 5, 63. 긍정적 관점에서 본 컴퓨터 놀이 : Turkle, 1995, 11 ; Gee, 2003, 2007/2008 ; Pesce, 2000 ; Bower, 2010, 12 ; Steinkuehler, 2006. '새로운 종류의 창조력'으로서의 가상 놀이 Virtual play : Pesce, 2000, 6. 메시지로서의 매체 : McLuhan, 1964. 태도에서 파생된 놀이의 가치 : L'Abate, 2009, 26.

컴퓨터 모의 세계 탐험하기

놀이 체험의 특별한 관찰 : Van Manen, 1990.

모의 세계 체험. 리의 놀이 관련 내용은 2010년 5월 15일 개인 면담/관찰에 의거. '생생한 현재' : Greene, 2001, 15에서 '출석' : Biocca,

2002, 101에서 재인용. 앤드루의 놀이는 2010년 5월 21일 개인 면담/
관찰에 의거. 이안의 놀이는 2010년 5월 21일 개인 면담/관찰에 의거.
톰의 놀이는 2010년 3월 31일 개인 면담/관찰에 의거. 아론의 놀이는
2010년 4월 8일 개인 면담/관찰에 의거. 흐름 : Csikszentmihalyi, 1996,
110.

더 깊이 파기 : 게임 속 행위. 엘리의 놀이는 2010년 3월 28일 개인
면담에 의거. 세컨드 라이프의 사용자 기반 내용 퍼센트 : Herold,
2007.

상상력 교육 비교. 독서 경험 : Stevenson, 1923-24, v. 29, 128-129 ;
Dewey, 1934, 54 ; Green & Brock, 2002, 321-322, 327. 서사의 공동
창조 : Bronowski, 1978, 14 ; Iser, 1978, ix-x. 지배적(공격적이라고도 알
려진) 이미지의 흐름 : Norman, 1993, 245 ; Singer & Singer, 2005, 63.

'배우지 않은' 일 하기

듀이의 자아란 '형성 중인 것' : Greene, 2001, 99에서 재인용. 그린의
순응적 자아 및 '배우지 않은 일' : Greene, 2001, 137.

창조적인 컴퓨터 교육을 향하여. MIT 미디어랩은 2014년에 컴퓨터
교육을 후원하는 방편으로 유치원 2학년 아동들을 위해 스크래치 Jr.
출시를 준비하고 있다. 청소년을 위한 프로그래밍 계획들 : Resnick,
2007-08 ; Peppler & Kafai, 2005 ; Shapiro, 2013a, 2013b, 2013c ;
Corbett, 2010, Singer & Singer, 2005, 132-135. 스크래치 프로그램에
관한 더 많은 내용은 레스닉의 웹사이트를 볼 것 : 〈http : //www.
media.mit.edu/research/groups/lifelong-kindergarten〉. 카일라 고먼의

놀이는 2011년 6월 9일의 개인 통신과 2011년 6월 18일의 개인 면담에 의거.

Chapter 12. 가상 놀이의 창조 자본 :
최고로 잘 노는 아동들을 어떻게 지원할까

월드플레이를 찾아다니며

우연히 발견한 익명의 파라코즘 놀이꾼 관련 사항은 개인 통신에 의거. 웹디자이너/툴로 : Crook, 2003. 제외. 메건의 놀이는 2007. 9. 15 메건 루트와의 개인 인터뷰에 의거.

타고난 것일까, 키워지는 것일까. '경험의 … 공통적 특질'을 공유하는 가문들 : Feldman, 1986, 189. 월드플레이를 하는 개인적 이유 : Alan Garner in Cooper, 1999, 63 ; Jane in Cohen & MacKeith, 1991, 53-55 ; Peter Ustinov in Ustinov, 1998, 278. 몇몇 사례에서 어떻게 파라코즘이 어린 시절 슬픔에 대처하는 데 도움이 될 수도 있는지 살펴보려면 Morrison & Morrison, 2006을 볼 것. 형제자매들과 공유한 월드플레이 : 윙크워스 자매들은 Winkworth, 1908, 9 ; 프리드리히 니체와 누이동생은 Forster-Nietzsche, 1912, 46-47 ; 레오 톨스토이와 형제들, 거트루드 스타인과 남동생, 베라 브리튼과 남동생은 Goertzel & Goertzel, 1962, 117n ; C. S. 루이스와 남동생은 Lewis, 1955, 6, 79 외 여러 부분 및 Hooper, 1985, 21 ; 네덜란드 가족은 Langeveld, 1983, 13 ; 페어필드 포터와 남동생, 친구들은 Cummings, 1968 ; Spring, 2000, 14 ; 2008. 3. 20 참고. Lawrence Porter(페어필드의 아들)와의 개인 통신. 라이트 형제

들의 아이슬란디아/크라베이는 Wright, 1958/1966, ix를, 그녀 어머니의 '대학촌'은 Wright, 1958/1966, vi.를 볼 것. 세대 간 이동의 예 : Stevenson in Stevenson, Works, v. 30, 45 ; 앰브로즈는 Cohen & MacKeith, 1991, 88 ; 올덴버그는 Rose, 1970, 33n1.

어른의 가상 놀이 모형 만들기. 모든 놀이는 학습된다 : L'Abate, 2009, 40. 어른의 놀이 모형 만들기 : Dansky, 1980 ; Singer & Singer, 2001 ; Singer & Singer, 2005, 143-147 ; Singer & Singer, 2005-2006, 106-108 ; Russ, 2006 ; Moore & Russ, 2008. 심미적 이해가 반드시 저절로 생기는 것은 아니다 : Greene, 2001, 59. 경이의 순간 : Dewey, 1934, 18 ; Clark, 1981, 2 ; Cobb, 1959, 538 ; Cobb, 1977/1993, 27-30 ; R. Root-Bernstein & M. Root-Bernstein, 1999, 114, 301. 맥신 그린의 '아동들에게 … 배우게 할 필요가 있다' : Cohen & MacKeith, 1991, 81에 나오는 앨런의 아버지, 그리고 Alexander, 1987, xix.에 나오는, '막대한 영향을 준 유일한 사람'으로서의 브론테 남매의 아버지를 참고할 것.

월드플레이 장려하기

아동들의 놀이에 어른이 참여하는 것은 논란의 여지가 많다 : Spitz, 2006, 41 ; 본보기/부모 노릇을 동시에 하는 것은 '어렵다' : Spitz, 2006, 45. 아동의 좌절을 유발하는 어른의 기대는 Amabile, 1983, vii을 볼 것. 놀이의 간섭이 창의성을 억압한다 : Batcha, 2005, 94 ; M. Taylor, 1999, 158. 성인 '접근 금지' : Cohen & MacKeith, 1991, 23. 가상 놀이를 장려하는 최고의 법칙 : Shmukler, 1988 ; Singer & Singer,

2005, 33-34 ; 창조적 분위기를 장려하기 위해서는 Fasko, 2000-2001, 319를 볼 것.

아동 초기 가상 놀이를 위한 다섯 가지 경험 법칙. 싱어의 '성소' : Singer & Singer, 2005, 34. 창조성 자극제로서의 권태 : Batcha, 2005. '유례를 찾기 힘든' 독특한 놀이 재료의 중요성 : Spitz, 2006, 158.

아동 중기 및 후기의 월드플레이를 장려하기 위한 다섯 가지 추가 경험 법칙. 바슐라르의 '이미지가 너무 선명하면 … ' Spitz, 2006, 38.에서 재인용. 바슐라르의 혼자 있음 : Spitz, 2006, 158.에서 재인용. 창조적 인물들이 어릴 때 혼자서 상상하고 생각하며 오랜 시간을 보냈다 : Toth, March/April 1994, 82-83. 라바트의 혼자 놀이의 '상호의존성' : L'Abate, 2009, 215-216. 혼자 놀이에서의 가짜 상호작용 연습 : Cowie, 1984, 63. '창의성을 더 오래도록 간직하며 … '라며 어머니에게 놀이를 지원받은 고먼 : Kyla Gorman, 개인 인터뷰, June 18, 2011.

그런데 그것이 월드플레이가 아니라면? 가상 세계 창조의 본보기 노릇이 앰브로즈 여동생에겐 효과를 보지 못했다. : Cohen & MacKeith, 1991, 88 ; 실비의 자녀들 : Cohen & MacKeith, 1991, 71. '심리적 태도'로서의 놀이 : Dewey, 1902/1915/1990, 118.

복잡하게 놀기, 최고로 잘 놀기. 듀이가 말하는 아동의 '자유로운 놀이' : Dewey,1915/1990, 118-119 ; 듀이의 세 가지 질문 : Dewey, 1915/1990, 120, 강조 표시는 저자. 이 구절은 소년들뿐 아니라 소녀들도 포함시키기 위해 업데이트되었음에 유의할 것. 복잡한 가상 놀이를 통해 얻은 깨달음의 열 가지 목록은 교사와 학생들이 예술 수업에서 연마할 수도 있는 깨달음을 담은 비슷한 목록의 (Hope, 2010, 43과 같은) 덕을 보았다.

더 높은 수준의 행동 : 체크인

3년 후 메건의 놀이에 대한 내용은 2010년 9월 18일 진행된 메건 루트와의 개인 인터뷰에 의거. 메건의 '가상 탐험의 결과'로서의 과학에 대한 흥미 : Anne Root, 개인 통신, July 7, 2010.

결론 : 월드플레이 충동이 시든다고?

'계몽된 애정'은 Greene, 2001, 58에 사용된 구절. 루이스의 '자급자족적 현실'은 Hooper, 1985, 19, 196에서 재인용. 월드플레이를 통한 사회적·도덕적 이해력의 발달과 관련된 연구자들 : Levernier 외, 2013. 가상 세계에서의 놀이는 '단순히 어린애들의 일시적 유행이 아니다' : Bainbridge, 2007, 472. 가상 세계 월드플레이의 직업적 응용 : 기업 부문은 Newitz, 2007 ; 과학과 사회과학 부분은 Markoff, 2010 ; Johnson, 2006 ; Coppola, 2007 ; Bainbridge, 2007, 472 ; Giles, 2007, 19. '장차 과학의 얼굴'로서의 가상 세계 : Johnson, 2006. 퍼제트의 시는 재출간된 Koch & Farrell, 1985, 67. 놀이의 중요성, 교육에 : Tinbergen, 1975, 19 ; 성인에 : Morris in Levy, 1997, 204-205 ; 예술과 과학에 : Morris in Schneider, 2008. 체임벌린의 '부모가 아기처럼 되려고 애쓰는 게 더 낫다' : Chamberlain, 1900, 445-446. 환상극 놀이의 진화 궤적에 관한 간단한 현대의 논문은 Donald, 2013.을 볼 것. 스티븐슨의 '어떻게 노는지 모르는 세대' : Works, xix.에서 재인용.

작가들이 지나치게 많다는 고어츨의 주장 : Goertzel & Goertzel, 2004, 320. 루드비히의 개인적 경험을 인정하는 직업 : Ludwig, 1995, 7. 아동기 월드플레의 추가 사례들이 '흘러들어올' 것이다 : Silvey & MacKeith, 1988, 194.

참고 문헌

수기로 된 자료

Clark University Archives and Special Collections (CUA):

Dr. G. Stanley Hall Collection. Subseries 6, Graduate Student Correspondence:

Box B1-6-4: Day, L. C.

Box B1-6-5: Folsom, Joseph K.

Princeton University Archives (PUA):

Harper & Bros. Collection, Author Files, Box 12.

출간된 자료

Advertisement 111. (December 1903). *The Critic*, 43, 6 (APS Online p. 604).

Alexander, Christine. (1983). *The Early Writings of Charlotte Brontë*. Oxford: Basil Blackwell.

———— (Ed.). (1987). *An Edition of the Early Writings of Charlotte Brontë*, vol. 1. Oxford: Basil Blackwell.

Amabile, Theresa. (1983). *The Social Psychology of Creativity*. New York: Springer-Verlag.

Ames, Joan Evelyn. (1997). *Mastery: Interviews with Thirty Remarkable People*. Portland, OR: Rudra Press.

Anderson, Craig A.; Gentile, Douglas A. & Buckley, Katherine E. (2007). *Violent Video Game Effects on Children and Adolescents. Theory, Research and Public Policy*. New York: Oxford University Press.

Anonymous. (June 4, 1934). A.B., M.A., Th.B., Ph.D., S.T.M. *Time*. Retrieved January 23, 2007, from Time Archives: http://www.time.com/time/magazine/article/0,9171,754233,00. html.

Anonymous. (2007.) *Treasure Island*. Wikipedia. Retrieved May 7, 2007, from http://en.wikipedia.org/wiki/Treasure_Island.

Anonymous. (2011). Henry Darger. Wikipedia. Retrieved April 8, 2011, from http://

472

en.wikipedia.org/wiki/Henry_Darger.

Auden, W. H. (1970). *A Certain World: A Commonplace Book*. New York: A William Cole book, Viking Press.

Axelrod, Robert. (2005). Advancing the Art of Simulation in the Social Sciences. Forthcoming in *Handbook of Research on Nature Inspired Computing for Economy and Management*, Jean-Philippe Rennard (Ed.). Hershey, PA: Idea Group. Retrieved August 26, 2008, from http://www-personal.umich.edu/~axe/ (revised; originally published in Rosario Conte, Rainer Hegselmann, and Pietro Terna (Eds.). 1997. *Simulating Social Phenomena* (pp. 21–40). Berlin: Springer-Verlag).

Bachelard, Gaston. (1964). *The Poetics of Space*. (Maria Jolas, Trans.). New York: Orion Press.

Bainbridge, William Sims. (July 27, 2007). The Scientific Research Potential of Virtual Worlds. *Nature* 317: 472–76.

Baise, Jennifer (Ed.). (2000). Lloyd Osbourne, 1868–1947. *Twentieth-Century Literary Criticism*, vol. 93, New York: Gale Group.

Baring, Maurice. (1922). *The Puppet Show of Memory*. Boston: Little, Brown & Co.

Barker, Juliet. (1994). *The Brontës*. New York: St. Martin's Press.

———. (1997). *The Brontës: A Life in Letters*. New York: Overlook Press.

Barsalou, Lawrence. (2008). Grounded Cognition. *Annual Review of Psychology* 59: 618–45.

Batcha, Becky. (February 2005). The Benefits of Boredom. *Child*, 93–96.

Bavelier, Daphne & Davidson, Richard J. (February 28, 2013). Games to Do You Good. *Nature* 494: 425–26.

Benford, Gregory. (1985). Why Does a Scientist Write Science Fiction? Speech, UC San Diego class reunion, 1985. Retrieved March 31, 2007, from http://www.benford-rose.com/ scientistwrite.php.

Bentley, Phyllis. (1969). *The Brontës and Their World*. London: Thames and Hudson.

Biocca, Frank. (2002). The Evolution of Interactive Media: Toward "Being There" in Nonlinear Narrative Worlds. In M. C. Green, J. J. Strange & T. C. Brock. *Narrative Impact: Social and Cognitive Foundations* (pp. 97–130). Mahwah, NJ: L. Erlbaum Associates.

Bisceglio, Paul. (April 2013). This Just In, Urban Legend Found. *Smithsonian*, 92.

Black, John B. (2007.) Imaginary Worlds. In M. A. Gluck, J. R. Anderson & S. M. Kosslyn (Eds.). *Memory and Mind: A Festschrift for Gordon H. Bower. Hoboken,* NJ: Lawrence Erlbaum Associates. Web copy retrievable at http://www.ilt.columbia. edu/publicAtions/ index.html.

Booth, Bradford A. & Mehew, Ernest. (Eds.). (1994–1995). *The Letters of Robert Louis Stevenson.* New Haven, CT: Yale University Press, 8 vols.

Borel, Jacques. (1968). *The Bon*d. (Norman Denny, Trans.). London: Collins (Originally published in 1965).

Bower, Bruce. (October 9, 2010). Action Games Cut Reaction Times. *Science News*, 12.

Bridgman, P. W. (Winter, 1958). Quo Vadis. In G. Levine & T. Owen (Eds.).1963. *The Scientist vs. the Humanist* (pp. 167–76). New York: W. W. Norton & Company. (Originally published in *Daedalus* (The Journal of the American Academy of Arts and Sciences) 87: 85–93.)

Bronowski, J. (1956). *Science and Human Values.* New York: Harper & Row.

———. (1978). *The Visionary Eye: Essays in the Arts, Literature, and Science.* Cambridge, MA: MIT Press.

Bruner, Jerome. (1990). *Acts of Meaning.* Boston: Harvard University Press.

———. (1996). *The Culture of Education.* Cambridge, MA: Harvard University Press.

———. (2002). *Making Stories: Law, Literature and Life.* New York: Farrar, Straus and Giroux.

Burks, B. X.; Jensen, D. W. & Terman, L. M. (1930). *The Promise of Youth, vol. 3. Genetic Studies of Genius.* Stanford, CA: Stanford University Press.

Carpenter, Humphrey (Ed.). (1981). *The Letters of J.R.R. Tolkien.* Boston: Houghton Mifflin. Carr, Nicolas. (2010). *The Shallows: What the Internet Is Doing to Our Brains.* New York: W. W. Norton and Co.

Cassandro, Vincent J. (1998). Explaining Premature Mortality Across Fields of Creative Endeavor. *Journal of Personality* 66 (5): 805–33.

Cassandro, Vincent J. & Simonton, Dean Keith. (2010). Versatility, Openness to Experience, and Topical Diversity in Creative Products: An Exploratory Historiometric Analysis of Scientists, Philosophers, and Writers. *Journal of Creative*

Behavior 44 (1): 9–26.

Chamberlain, Alexander Francis. (1900). *The Child; A Study in the Evolution of Man*, 3rd edition. New York: Charles Scribner's Sons. (Digitized 2007, Center for Research Libraries.)

Chaplin, H. (June 28, 2010). School Uses Video Games to Teach Thinking Skills, *National Public Radio*, available at http://www.npr.org/templates/story/story.php?storyId=128081896.

Cherkis, Jason. (October 24, 2008). The Return of the Magnificent Mingering. *Washington City Paper*. Retrieved April 9, 2011, from http://www.washingtoncitypaper.com/articles/36388/ the-return-of-the-magnificent-mingering.

Children and Technology Project. (n.d.) Funded by the National Science Foundation, at https://www.msu.edu/user/jackso67/CT/children/. Introductory video retrieved September 13, 2010, from https://www.msu.edu/user/jackso67/CT/children/intro.htm

Chudacoff, Howard P. (2007). *Children at Play: An American History*. New York: New York University Press.

Clark, Kenneth. (1981). *Moments of Vision*. London: John Murray.

Clark, Ward. (June 1909). Mr. Osbourne's "Infatuation." The Bookman, *A Review of Books and Life* 29, 4 (APS Online, p. 406).

Cobb, Edith. (1959). The Ecology of Imagination in Childhood: Work in Progress. *Daedalus* 88 (3): 537–48.

―――. (1993). *The Ecology of Imagination in Childhood*. Republication. Dallas: Spring Publications. (Originally published in 1977)

Cohen, David. (1987). *The Development of Play*. New York: New York University Press.

―――. (December 22/29, 1990). Private Worlds of Childhood. *New Scientist*, 28–30.

Cohen, David & MacKeith, Stephen A. (1991). *The Development of Imagination: The Private Worlds of Childhood*. London: Routledge.

Coleridge, Hartley. (1851a). *Essays and Marginalia* (Derwent Coleridge, Ed.). London: Edward Moxon, 2 vols.

―――. (1851b). *Poems by Hartley Coleridge, with a Memoir of His Life by His Brother*.

(2nd ed.) London: Edward Moxon, 2 vols.

Computer and Internet Use in the United States: 2003. (October 2005). Special Studies, U.S. Census Bureau, Retrieved September 13, 2010, from http://www.census.gov/prod/2005pubs/ p23-208.pdf.

Cooper, Susan. (1999). Worlds Apart. In Barbara Harrison & Gregory Maquire (Eds.). *Origins of Story: On Writing for Children*. New York: McElderry Books.

Coppola, Kim. (February 24, 2007). Virtual Outbreak. *New Scientist*, 39–41.

Corbett, Sara. (September 19, 2010). Games Theory. *New York Times Magazine*, p. 54–61, 66–70.

Cowie, Helen (Ed.). (1984). *The Development of Children's Imaginative Writing*. New York: St. Martin's Press.

Cox, Catherine. (1926). *The Early Mental Traits of Three Hundred Geniuses*. Genetic Studies of Genius, vol. II, Stanford, CA: Stanford University Press.

Crook, Mike. (2003). The History of My Imagined World. Retrieved August 26, 2003, from http://www.mikecrook.com/docs/paracosm/tollo.htm.

Cropley, David H., Cropley, Arthur J., Kaufman, James C. & Runco, Mark A. (Eds.). (2010). *The Dark Side of Creativity*. New York: Cambridge University Press.

Cross, Gary S. (1990). *A Social History of Leisure since 1600*. State College, PA: Venture Publishing.

Csikszentmihalyi, M. (1996). *Creativity: Flow and the Psychology of Discovery and Invention*. New York: Harper Perennial.

Cummings, Paul. (June 6, 1968). Interview with Fairfield Porter at Southhampton, New York. Archives of American Art, Smithsonian Institution.

Current ILT Projects (n.d.). Reflective Agent Learning Environment Project (REAL). Project Director: John Black. Retrieved January 7, 2009, from http://www.ilt.columbia.edu/projects/ projects_current.html.

Cytowic, Richard. (1993). *The Man Who Tasted Shapes*. New York: G. P. Putnam's Sons.

———. (2002). Touching Tastes, Seeing Smells—And Shaking up Brain Science. *Cerebrum, the Dana Forum On Brain Science* 4 (3): 7–26.

Daly, Norman. (1972). *The Civilization of Llhuros*. Ithaca, NY: Office of University Publications, Cornell University.

Daniels, Elizabeth A. (1994). The Disappointing First Thrust of Euthenics. In Elizabeth Daniels. *Bridges to the World: Henry Noble MacCracken and Vassar College* (Clinton Corners, NY: College Avenue Press). Retrieved February 5, 2007, from http://vcencyclopedia.vassar. edu/index.php/The_Disappointing_First_Thrust_of_ Euthenics.

Dansky, Jeffrey L. (1980). Make-Believe: A Mediator of the Relationship Between Play and Associative Fluency. *Child Development* 51 (2): 576–79.

Day, Lorey C. (1914a). The Child God. *Pedagogical Seminary* 21 (3): 309–20.

———. (1914b). Alphabet Friendships. *Pedagogical Seminary* 21 (3): 321–28.

———. (1917). A Small Boy's Newspapers and the Evolution of a Social Conscience. *Pedagogical Seminary* 24 (2): 180–203.

de la Roche, Mazo. (1957). *Ringing the Changes: An Autobiography*. Toronto: Little, Brown & Co.

de Quincey, Thomas. (1853). *Autobiographical Sketches*. Boston: Ticknor, Reed & Fields.

de Waal, F. (2003). *My Family Album: Thirty Years of Primate Photography*. (Los Angeles: University of California Press.

Dewey, John. (1934). *Art as Experience*. New York: Minton, Balch & Company.

———. (1990). *The School and Society and The Child and the Curriculum* (Philip Jackson, Ed.). Chicago: University of Chicago Press. (Originally published in 1902)

Domino, G. (1989). Synesthesia and Creativity in Fine Arts Students: An Empirical Look. *Creativity Research Journal* 2: 17–29.

Donald, Merlin. (2013). Implications for Developing a Creative Mindset. Essay commissioned by the Lego Foundation, for David Gauntlett & Bo Stjerne Thomsen, *Cultures of Creativity: Nurturing Creative Mindsets across Cultures*. Retrieved October 1, 2013, from http://www.legofoundation.com/en-us/research-and-learning/foundation-research/culturesof- creativity/.

Du Maurier, Daphne. (1961). *The Infernal World of Branwell Brontë*. Garden City, NY: Doubleday.

Dyson, Freeman. (1997). *Imagined Worlds*. Cambridge, MA: Harvard University Press.

Eiduson, Bernice. (1962). *Scientists: Their Psychological World*. New York: Basic Books.

Elkind, David. (2007). *The Power of Play: How Spontaneous, Imaginative Activities Lead to Happier, Healthier Children*. Cambridge, MA: Da Capo Press.

Erikson, E. (1963). *Childhood and Society*. (2nd ed.). New York: W. W. Norton & Co. (Originally published in 1950)

Evans, Barbara & Evans, Gareth Lloyd. (1982). *The Scribner Companion to the Brontës*. New York: Charles Scribner's Sons.

Fagen, Robert. (1988). Animal Play and Phylogenetic Diversity of Creative Minds. *Journal of Social and Biological Structures* 11 (1): 79–82.

————. (1995). Animal Play, Games of Angels, Biology, and Brian. In A. D. Pellegrini (Ed.). *The Future of Play Theory: A Multidisciplinary Inquiry into the Contributions of Brian Sutton-Smith*, pp. 23–44. Albany, NY: State University of New York Press.

Fagen, Robert & Fagen, J. (2004). Juvenile Survival and Benefits of Play Behaviour in Brown Bears, Ursus Arctos. *Evolutionary Ecology Research* 6 (1): 89–102.

Fasko, Jr., Daniel. (2000–2001). Education and Creativity. *Creativity Research Journal* 13 (3&4): 317–27.

Feldman, D. H. (1984). A Follow-up of Subjects Scoring above 180 IQ in Terman's "Genetic Studies of Genius." *Exceptional Children* 50 (6): 518–23.

————. (1986). *Nature's Gambit: Child Prodigies and the Development of Human Potential*. New York: Basic Books.

Fisher, Kelly; Hirsh-Pasek, Kathy; Golinkoff, Roberta M.; Singer, Dorothy G. & Berk, Laura. (2011). Playing Around in School: Implications for Learning and Educational Policy. In Anthony D. Pellegrini (Ed.). *The Oxford Handbook of the Development of Play* (pp. 341–60). Oxford: Oxford University Press.

Folsom, Joseph K. (1915). The Scientific Play World of a Child. *The Pedagogical Seminary* 22 (2): 161–82.

————. (1931). *Social Psychology*. New York: Harper & Bros.

———— (Ed.). (1938). *Plan for Marriage: An Intelligent Approach to Marriage and Parenthood*. New York: Harper & Bros.

Forster-Nietzsche, Elisabeth. (1912). *The Life of Nietzsche*. Anthony M. Ludovici (Trans.). New York, Sturgis & Walton, 2 vols. (Vol. 1, The Young Nietzsche)

Galton, Francis. (1925). *Hereditary Genius: An Inquiry into Its Laws and Consequences*.

London: MacMillan and Co. (Originally published in 1869)

Gardner, Howard. (1983). *Frames of Mind: The Theory of Multiple Intelligences*. New York: Basic Books.

Gardner, John. (1991). *The Art of Fiction: Notes on Craft for Young Writers*. New York: Vintage Books/Random House. (Original published 1983)

Garrison, Charlotte G; Burke, Agnes & Hollingworth, Leta S. (1917). The Psychology of a Prodigious Child. *Journal of Applied Psychology* 1 (2): 101–10.

Garth, John. (2003). *Tolkien and the Great War: The Threshold of Middle-Earth*. Boston: Houghton Mifflin

Gee, James P. (2003). *What Video Games Have to Teach Us About Learning and Literacy*. Gordonsville, VA: Palgrave Macmillan.

———. (2007/2008). *Good Video Games + Good Learning: Collected Essays on Video Games, Learning, and Literacy*. New York: P. Lang.

Geertz, Clifford. (1973). *The Interpretation of Cultures: Selected Essays*. New York: Basic Books.

Getzels, J. W. & Jackson, P. W. (1962). *Creativity and Intelligence: Explorations with Gifted Students*. New York: John Wiley & Sons.

Giles, Jim. (January 4, 2007). Life's a Game. *Nature* 445: 19.

Goertzel, Victor & Goertzel, Mildred George. (1962). *Cradles of Eminence*. London: Constable and Co.

———. (2004). *Cradles of Eminence, Second Edition: Childhoods of More Than 700 Famous Men and Women* (Updated by Ted George Goertzel & Arile Hanson). Scottsdale, AZ: Great Potential Press. (Originally published in1962)

Gómez, Juan-Carlos & Martín-Andrade, Beatriz. (2005). Fantasy Play in Apes. In A. D. Pellegrini & P. K. Smith (Eds.). *The Nature of Play: Great Apes and Humans* (pp. 139–72). New York: The Guilford Press.

Gopnik, Alison. (July/August 2012). Why Play Is Serious. *Smithsonian*.

Grahame, Kenneth. (1895). The Roman Road. Reprinted in *The Golden Age*. London: John Lane.

Gray, Charles Edward. (December 1966). A Measurement of Creativity in Western Civilization. *American Anthropologist* 68 (6): 1384–1417.

Green, Melanie C. & Brock, Timothy, C. (2002). In the Mind's Eye, Transportation-Imagery Model of Narrative Persuasion. In M. C. Green, J. J. Strange & T. C. Brock. *Narrative Impact: Social and Cognitive Foundations* (pp. 315–41). Mahwah, NJ: L. Erlbaum Associates.

Green, Peter. (1982). *Beyond the Wild Wood: The World of Kenneth Grahame*. Exeter: Webb & Bower. (Edited and abridged version of Kenneth Grahame: A Biography, 1959)

Greenberg, Joanne (Hannah Green). (1964). *I Never Promised You a Rose Garden*. New York: Penguin Books.

Greene, Maxine. (2001). *Variations on a Blue Guitar: The Lincoln Center Institute Lectures on Aesthetic Education*. New York: Teachers College Press.

Griggs, Richard A. (2008). *Psychology: A Concise Introduction*. New York: Worth Publishers.

Groos, Karl. (1901). *The Play of Man*. (E. L. Baldwin, Trans.). New York: Appleton. (Originally published in 1899)

Gross, M. U. M. (2004). *Exceptionally Gifted Children* (2nd ed.). New York: RoutledgeFalmer.

Gruber, H. (1988). The Evolving Systems Approach to Creative Work. *Creativity Research Journal* 1: 27–51.

Hall, G. Stanley (Ed.). (1907). *Aspects of Child Life and Education, by G. Stanley Hall and Some of His Pupils*. Theodate L. Smith (Ed.). Boston: Ginn & Company/ Athenaeum Press.

———. (February 1914). An Expert's Opinion (Endorsement of *Una Mary*, by Una Hunt). *Book Buyer: A Monthly Review of American and Foreign Literature*, 39 (1).

Hambleton, Ronald. (1966). *Mazo de la Roche of Jalna*. New York: Hawthorn Books.

Hammond, Wayne G. & Scull, Christina. (1995). *J.R.R. Tolkien Artist & Illustrator*. Boston: Houghton Mifflin.

Harkin, Michael. (2001). Ethnographic Deep Play: Boas, McIlwraith and Fictive Adoption on the Northwest Coast. In Sergei Kan (Ed.). *Strangers to Relatives: The Adoption and Naming of Anthropologists in Native North America* (pp. 57–79). Lincoln, NE: University of Nebraska Press.

Harman, Claire. (2005). *Myself and the Other Fellow: A Life of Robert Louis Stevenson*. New York: HarperCollins.

Harris, Paul. (2000). *The Work of the Imagination*. Oxford: Blackwell Publishers.

Hart, James D. (1966). *The Private Press Ventures of Samuel Lloyd Osbourne and R.L.S.* (limited edition). San Francisco: The Book Club of California.

Hart, Roger. (1979). *Children's Experience of Place*. New York: Irvington Publishers.

Hartmann, Herbert. (1931). *Hartley Coleridge: Poet's Son and Poet*. Oxford: Oxford University Press.

Held, Suzanne D. E. and Spinka, Marek. (2011). Animal Play and Animal Welfare. *Animal Behaviour* 81: 891–99.

Herold, Charles. (September 21–23, 2007). Customize Your Game Worlds. *USA Weekend*, 14.

Hirsh-Pasek, Kathy; Golinkoff, Roberta Michnick; Berk, Laura E. & Singer, Dorothy G. (2009). *A Mandate for Playful Learning in Preschool*. Oxford: Oxford University Press.

Hollingworth, Leta S. (1922). Subsequent History of E—; Five Years After the Initial Report. *Journal of Applied Psychology* 6: 205–10.

———. (1927). Subsequent History of E—; Ten Years After the Initial Report. *Journal of Applied Psychology* 11: 385–90.

———. (1929). *Gifted Children: Their Nature and Nurture*. New York: MacMillan. (Originally published in1926)

———. (1942). *Children above 180 IQ: Origin and Development*. Yonkers-on-Hudson, NY: World Book Company.

Hooper, Walter (Ed.). (1985). *Boxen: The Imaginary World of the Young C.S. Lewis*. London: Collins.

Hope, Samuel. (2010). Creativity, Content, and Policy. *Arts Education Policy Review* 111: 39–47.

Hornik, S. (2001). For Some, Pain Is Orange. *Smithsonian*, 31 (11): 48–56.

Hunt, Una. (1914). *Una Mary: The Inner Life of a Child*. New York: Charles Scribner's Sons.

Hutchinson, Eliot Dole. (1959). *How to Think Creatively*. New York: Abington-

Cokesbury Press.

Ingram, Brett & Manley, Roger. (Autumn 2009). Welcome To Rocaterrania. *Raw Vision* 67.

Iser, Wolfgang. (1978). *The Act of Reading: A Theory of Aesthetic Response.* Baltimore, MD: Johns Hopkins University Press.

Isherwood, Christopher. (1947). *Lions and Shadows: An Education in the Twenties.* Norfolk, CT: New Directions.

Jackson, Linda A.; Fitzgerald, Hiram E.; Zhao, Yong; Kolenic, Anthony; von Eye, Alexander & Harold, Rena. (2008). Information Technology (IT) Use and Children's Psychological Well-Being. *CyberPsychology & Behavior* 11 (6): 755–57.

Jacob, François. (1988). *The Statue Within: An Autobiography.* New York: Basic Books.

Jacobi, Peter. (2001). A Music Lesson for Writers, *Writing for Children: The Report of the 2001 Highlights Foundation Writers Workshop at Chautauqua, New York.* Honesdale, PA: Highlights Foundation.

Johnson, Kirk. (February 28, 2006). Theoretical Physics, in Video: A Thrill Ride to "the Other Side of Infinity." *New York Times*, D1.

Jolly, Roslyn. (1966). Introduction. In Robert Louis Stevenson, *South Sea Tales.* Oxford: Oxford University Press.

Jung, C. G. (1961). *Memories, Dreams, Reflections.* Aniela Jaffé (Ed.). Richard & Clara Winston (Trans.). New York: Vintage Books/Random House.

Kass, Heidi & MacDonald, A. Leo. (1999). The Learning Contribution of Student Self-directed Building Activity in Science. *Science Education* 83: 449–71.

Kates, Robert W. (November, 2001). Queries on the Human Use of the Earth. *Annual Review of Energy and the Environment*, vol. 26: 1–26.

Kaye-Smith, Sheila. (1956). *All the Books of My Life.* New York: Harper & Bros.

Kearney, K. (2000.) Frequently Asked Questions about Extreme Intelligence in Very Young Children. What about Play? Do Highly and Profoundly Gifted Preschoolers Play Differently From Other Children? Paragraph 7. Retrieved August 22, 2006, from Davidson Institute for Talent Development: www.davidsoninstitute.org.

Kerouac, Jack. (1960/1995). Introduction to Lonesome Traveler. Reprinted in Ann Charters (Ed.). *The Portable Jack Kerouac* (1995). New York: Viking.

Kilby, Clyde S. & Mead, Majorie Lamp. (1982). *Brothers and Friends: The Diaries of Major Warren Hamilton Lewis*. New York: Harper & Row.

Kinnell, Galway. (1978). *Walking Down Stairs: Selections from Interviews*. (Ann Arbor: University of Michigan Press).

Klein, Ann G. (2002). *A Forgotten Voice: A Biography of Leta Stetter Hollingworth* (Scottsdale, AZ: Great Potential Press.

Klein, P. S. (1992). Mediating the Cognitive, Social and Aesthetic Development of Precocious Young Children. In P. S. Klein & A. J. Tannenbaum (Eds.), *To Be Young and Gifted* (pp. 245–77). Norwood, NJ: Ablex Publishing.

Koch, Kenneth & Farrell, Kate (Eds.). (1985). *Talking to the Sun: An Illustrated Anthology of Poems for Young People*. New York: Henry Holt & Company.

Koempel, Leslie Alice. (1960). Folsom, Joseph Kirk 1893–1960. *American Sociological Review* 25 (6): 959–60.

L'Abate, Luciano. (2009). *The Praeger Handbook of Play Across the Life Cycle: Fun from Infancy to Old Age*. Santa Barbara, CA: ABC Clio.

Lamore, R.; Root-Bernstein, R. S.; Lawton, J.; Schweitzer, J.; Root-Bernstein, M. M.; Roraback, E.; Peruski, A.; Van Dyke, M. & Fernandez, L. (2013). Arts and Crafts: Critical to Economic Innovation, *Econonic Development Quarterly*, 27 (3): 221–229. See also ArtSmarts and Innovators in Science, Technology, Engineering and Mathematics (STEM) [White paper]. Lansing, MI: Center for Community Economic Development, Michigan State University, 2011, http://www.ced.msu.edu/reports/ARTSMART%20Report-FINAL.pdf.

Lane, Margaret. (1980). *The Drug-Like Brontë Dream*. London: John Murray. (Originally published in 1952)

Langeveld, M. J. 1983. The Stillness of the Secret Place. *Phenomenology & Pedagogy* 1 (1): 12–13.

Lee, David M. (2000–2001). *Nobel Voices Video Project, 2000–2001*. The Smithsonian Institution, Interview. Retrieved October 19, 2011 from http://invention.smithsonian.org/ downloads/fa_nobel_lee.pdf.

Lee, J. C. (2002). Interview with Claes Oldenburg. In *Claes Oldenburg drawings (1959–1977) in the Whitney Museum of American Art*. Exhibit Catalogue. New

York: Harry N. Abrams, Inc.

Le Guin, Ursula. (July 1973). A Citizen of Mondath. Foundation, *The Review of Science Fiction*, 4: 20–24.

———. (1976). *The Left Hand of Darkness*. New York: Ace Books.

———. (1985). *Always Coming Home*. New York: Harper and Row.

Leland, John. (December 4, 2005). The Gamer as Artiste. *New York Times, Week in Review*, p. 1.

Lem, Stanislaw. (1984). *Microworlds: Writings on Science Fiction and Fantasy*. (Franz Rottensteiner, Ed.) New York: Harcourt Brace Jovanovich.

———. (1995). *Highcastle: A Remembrance* (M. Kandel, Trans.). New York: Harcourt Brace.

Levernier, Jacob G.; Mottweiler, Candice M.; and Taylor, Marjorie. (July 2013). The Creation of Imaginary Worlds in Middle Childhood. Conference paper presented at *Making Sense of Play*, Mansfield College, University of Oxford.

Levy, Silvano. (1997). *Desmond Morris: 50 Years of Surrealism*. London: Barrie & Jenkins Limited/Random House.

——— (2001). *Desmond Morris: Analytical Catalogue Raisonné*, 1944–2000. Antwerp: Pandora.

Lewin, Tamar. (January 20, 2010). Children Awake? Then They're Probably Online. *New York Times*, p. A1.

———. (October 25, 2011). Children Watching More Than Ever. *New York Times*, p. A16.

Lewis, C. S. (1955). *Surprised By Joy: The Shape of My Early Life*. New York: Harcourt, Brace & World.

Lichtenberg, James; Woock, Chris & Wright, Mary. (2008). *Ready to Innovate, Key Findings*. New York: The Conference Board, Inc. Retrieved April 30, 2013, from http://www.artsusa. org/pdf/information_services/research/policy_roundtable/ready_to_innovate.pdf.

———. (2008). *Reading to Innovate: Are Educators and Executives Aligned on the Creative Readiness of the U.S. Workforce?* The Conference Board, Research Report 1424.

Lindner, Robert. (1955). *The Fifty-Minute Hour: A Collection of Psychoanalytic Tales*. New York: Rinehart & Co.

Linn, Susan. (2004). *Consuming Kids: The Hostile Takeover of Childhood*. New York: The New Press.

————. (2008). *The Case for Make Believe: Saving Play in a Commercialized World*. New York: The New Press.

Lionni, Leo. (1997). *Between Worlds: The Autobiography of Leo Lionni*. New York: Alfred A. Knopf.

————. (1977). *Parallel Botany*. New York: Alfred A. Knopf.

Lobdell, Jared. (2005). *The Rise of Tolkienian Fantasy*. Peru, IL: Carus Publishing Company.

Louv, Richard. (2006). *Last Child in the Woods: Saving Our Children from Nature-Deficit Disorder*. Chapel Hill, NC: Algonquin Books of Chapel Hill.

Lubart, Todd & J. -H. Guignard. (2004). The Generality-Specificity of Creativity: A Multivariate Approach. In Robert Sternberg, E. Grigorenko & J. Singer (Eds.). *Creativity: From Potential to Realization* (pp. 43–56).Washington, DC: American Psychological Association.

Ludwig, Arnold M. (1995). *The Price of Greatness: Resolving the Creativity and Madness Controversy*. New York: The Guilford Press.

Lynskey, Dorian. (May 11, 2007). A Legend in His Own Mind. *The Guardian*. Retrieved April 9, 2011, from http://www.guardian.co.uk/music/2007/may/11/urban.popandrock.

Lyons, Beauvais. (1985). The Excavation of the Apasht: Artifacts from an Imaginary Past. Leonardo: *Journal of the International Society for the Arts, Sciences and Technology*, 18(2): 81–89. See also: Lyons, Beauvais. Issues Raised by Folk Art Parody. *Hokes Archives*. Essay retrieved April 2, 2008, from http://web.utk.edu/~blyons/.

MacGregor, John M. (2002). *Henry Darger: In the Realms of the Unreal*. New York: Delano Greenidge Editions.

MacKeith, Stephen A. (1982–1983). Paracosms and the Development of Fantasy in Childhood. *Imagination, Cognition and Personality*, vol. 2 (3): 261–67.

MacPherson, Karen. (October 1, 2002). Development Experts Say Children Suffer Due to Lack of Unstructured Fun. Post-Gazette Now (*Pittsburgh Post-Gazette*). Retrieved May 20, 2009, from http://www.post-gazette.com.

———. (August 15, 2004). Experts Concerned about Children's Creative Thinking. Post Gazette Now (*Pittsburgh Post-Gazette*). Retrieved February 17, 2009, from www.post-gazette. com/pg/04228/361969.stm.

Magik Theatre. (2008). *Roxaboxen by Alice McLerran* Study Guide. Retrieved May 18, 2009, from http://www.magiktheatre.org/study_guides/Roxaboxen_Study_Guide. pdf.

Malkin, Benjamin Heath. (1997). *A Father's Memoirs of His Child*. Washington, DC: Woodstock Books. (Originally published in 1806)

Markoff, John. (August 10, 2010). In a Video Game, Tackling the Complexities of Protein Folding. *New York Times*, D3.

Marzano, R.; Gaddy; B. & Dean, C. (2000). *What Works in Classroom Instruction*. Aurora, CO: Mid-continent Research for Education and Learning (McREL).

McBride, James. (1996). *The Color of Water: A Black Man's Tribute to His White Mother*. New York: Riverhead Books.

McCurdy, Harold G. (1957). The Childhood Pattern of Genius. *Journal of the Elisha Mitchell Scientific Society*, 73: 448–62.

———. (1960). The Childhood Pattern of Genius. *Horizon*, 11(5): 32–38.

———. (1966). *Barbara: The Unconscious Autobiography of a Child Genius*. In collaboration with Helen Follett. Chapel Hill: University of North Carolina Press.

McGreevy, A. L. (1995). The Parsonage Children: An Analysis of the Creative Early Years of the Brontës at Haworth. *Gifted Child Quarterly*, 19(3): 146–53.

McLerran, Alice. (1998). *The Legacy of Roxaboxen: A Collection of Voices*. Spring, TX: Absey & Company.

McLuhan, Marshall. (1964). *Understanding Media: The Extensions of Man*. New York: Mc- Graw Hill.

McLynn, Frank. (1993). *Robert Louis Stevenson: A Biography*. London: Hutchinson.

———. (1996). *Carl Gustav Jung*. New York: St. Martin's Press.

Mechling, Lauren. (July 23, 2006). Drawing on Life's Experiences, However Few. *New*

York Times, p. AR 29.

Meier, Deborah. (1995). *The Power of Their Ideas: Lessons for America from a Small School in Harlem*. Boston: Beacon Press.

———. (2002). *In Schools We Trust*. Boston: Beacon Press.

———. (November/December 2006). What Happened to Play? Retrieved February 16, 2009, from http://www.deborahmeier.com/Columns/column06-11.htm.

Meier, Deborah. & Oschshorn, Susan. (2006). Mission statement: In Defense of Childhood, New York Voices of Childhood. Retrieved February 16, 2009 from http://www.deborahmeier. com/Columns/column06-11.htm.

Menikoff, Barry. (1984). *Robert Louis Stevenson and "The Beach of Falesá": A Study in Victorian Publishing*. Stanford, CA: Stanford University Press.

Mergen, Bernard. (1995). Past Play: Relics, Memory, and History. In A. D. Pellegrini (Ed.), *The Future of Play Theory: A Multidisciplinary Inquiry into the Contributions of Brian Sutton-Smith* (pp. 257–74). Albany, NY: State University of New York Press.

Milgram, R. M. (1990). Creativity: An Idea Whose Time Has Come and Gone? In M. A. Runco and R. S. Alberts (Eds.). *Theories of Creativity* (pp. 215–33). Newbury Park, CA: Sage.

Milgram, Roberta & Hong, Eunsook. (1994). Creative Thinking and Creative Performance in Adolescents as Predictors of Creative Attainments in Adults: A Follow-Up Study after 18 Years. In R. Subotnik & K. Arnold (Eds.). *Beyond Terman: Longitudinal Studies in Contemporary Gifted Education*, pp. 212–28. Norwood, NJ: Ablex Publishing.

Miller, S. (1973). "Ends, Means, and Galumphing: Some Leitmotifs of Play." *American Anthropologist* 75: 87–98.

Milne, Jonathan. (2008). *Go! The Art of Change*. Wellington, NZ: Steele Roberts Publishers.

Minton, Henry L. (1988). *Lewis M. Terman: Pioneer in Psychological Testing*. New York: New York University Press.

Mitchell, Robert W. (Ed.). (2002). *Pretending and Imagination in Animals and Children*. Cambridge: Cambridge University Press.

Mitchison, Naomi. (September 18, 1954). One Ring to Bind Them: *The New Statesman and Nation*, p. 331.

Montour, Kathleen. (1976). Three Precocious Boys: What Happened to Them. *The Gifted Child Quarterly* 20(2): 173–79.

Moore, Melissa & Russ, Sandra W. (2008). Follow-up of a Pretend Play Intervention: Effects on Play, Creativity, and Emotional Processes in Children. *Creativity Research Journal*, 20(4): 427–36.

Morelock, M. (1997). Imagination, Logic and the Exceptionally Gifted. *Roeper Review* 19 (3): 1–4.

Morris, Desmond. (1970). *Patterns of Reproductive Behaviour: Collected Papers by Desmond Morris*. London: Jonathan Cape, Ltd.

———. (1974). Biomorphia. Reprinted in S. Levy. (1997). *Desmond Morris: 50 Years of Surrealism*. London: Barrie & Jenkins.

———. (1980). *Animal Days*. New York: William Morrow and Company. (Originally published in 1979)

———. (1987). *The Secret Surrealist: The Paintings of Desmond Morris*. Oxford: Phaidon Press Limited.

Morrison, Delmont & Morrison, Shirley Linden.(2006). *Memories of Loss and Dreams of Perfection: Unsuccessful Childhood Grieving and Adult Creativity*. Amityville, NY: Baywood Publishing Company.

Murphy, Richard. (1974). *Imaginary Worlds: Notes on a New Curriculum*. New York: Teachers & Writers Collaborative.

Najjar, Lawrence J. (1996a). *The Effects of Multimedia and Elaborative Encoding on Learning*. Technical Report, School of Psychology and Graphics, Visualization, and Usability Laboratory, Georgia Institute of Technology. Retrieved June 3, 2009, from ftp://ftp.cc.gatech.edu/ pub/gvu/tr/1996/96-05.pdf.

———. (1996b). Multimedia Information and Learning. *Journal of Educational Multimedia and Hypermedia* 5(2): 129–50.

Newitz, Annalee. (September 8, 2007). You Can't Beat Reality. *New Scientist*, 30–31.

Norman, Donald. (1993). *Things That Make Us Smart: Defending Human Attributes in the Age of the Machine*. New York: Addison-Wesley.

Ochse, R. (1990). *Before the Gates of Excellence: The Determinants of Creative Genius.* Cambridge: Cambridge University Press.

Okrent, Arika. (2009). *In the Land of Invented Languages.* New York: Spiegel & Grau.

Osbourne, Lloyd. (1924). *An Intimate Portrait of R.L.S.* New York: Charles Scribner's Sons.

———. (1923–1924). Stevenson at Play, War Correspondence from Stevenson's Note-Book. In Robert Louis Stevenson, *The Works of Robert Louis Stevenson.* (Tusitala Edition, vol. 30, pp. 191– 19X). London: William Heinemann.

Overbaugh, Richard C. & Schultz, Lynn. Bloom's Taxonomy. Retrieved May 19, 2009, from http://ww2.odu.edu/educ/roverbau/Bloom/blooms_taxonomy.htm.

Overbeck, Joy. (October/November 2006). Todd Siler. *Colorado Expression* 15(5): 72–74.

Overby, Lynnett Young; Post, Beth C. & Newman, Diane. (2005). *Interdisciplinary Learning Through Dance: 101 Moventures.* Champaign, IL: Human Kinetics.

Paley, Vivian Gussin. (2004). *A Child's Work: The Importance of Fantasy Play.* Chicago: The University of Chicago Press.

Peppler, Kylie A. & Kafai, Yasmini B. (2005). Creative Coding: Programming for Personal Expression. Available at http://download.scratch.mit.edu/CreativeCoding.pdf.

Pesce, Mark. (2000). *The Playful World: How Technology Is Transforming Our Imagination.* New York: Ballantine Books.

Pew Internet and American Life Project. (September 16, 2008). Teens, Video Games, and Civics. Retrieved April 10, 2014 from http://www.pewinternet.org/2008/09/16/teens-videogames- and-civics/.

Piaget, Jean. (1962). *Play, Dreams and Imitation in Childhood.* C. Gattegno and F. M. Hodgson (Trans.). New York: W. W. Norton & Company. (Originally published in French, 1946)

Piaget, J. & B. Inhelder. (1969). *The Psychology of the Child.* New York: Basic Books. Trans. H. Weaver. (Originally published in1966)

Pink, Daniel. (2005). *A Whole New Mind: Why Right-Brainers Will Rule the Future.* New York: Riverhead Boos/Penguin Books.

Plotz, Judith. (2001). *Romanticism and the Vocation of Childhood*. New York: Palgrave.

Polanyi, M. (1958). *Personal Knowledge: Towards a Post-Critical Philosophy*. Chicago: University of Chicago Press.

Pope-Hennessy, James. (1971). *Anthony Trollope*. London: Phoenix Press.

Prairie Creek Community School, Village Game (n.d.). Available at http://prairiecreek. typepad. com/the_game_of_village.

Pritchard, Miriam C. (1951). The Contributions of Leta S. Hollingworth to the Study of Gifted Children. In Paul Witty (Ed.). *The Gifted Child* (pp. 47–85). Boston: D. C. Heath and Co.

Raskin, Paul; Banuri, Tariz; Gallopin, Gilberto; Gutman, Pablo; Hammond, Al; Kates, Robert & Swart, Rob. (2002). *Great Transition: The Promise and Lure of the Times Ahead*. Boston: Stockholm Environment Institute.

Ratchford, Fannie Elizabeth. (1949). *The Brontës Web of Childhood*. New York: Columbia University Press.

Raw Vision, quarterly journal, website page retrieved April 11, 2011, from http://www. rawvision. com/rawvision/whatisrv.html.

Remy, Michel. (1991). *The Surrealist World of Desmond Morris*. (Léon Sagaru, Trans.). London: Jonathan Cape.

Resnick, Mitchel. (December/January 2007–2008). Sowing the Seeds for a More Creative Society. *Learning & Leading with Technology*, pp. 18–22. (International Society for Technology in Education at www.iste.org).

Richards, Ellen H. (1910). *Euthenics: The Science of Controllable Environment*. Boston: Whitcomb & Barrows.

Robinson, Ken. (2011). *Out of Our Minds: Learning to Be Creative* (revised edition). Chichester: Wiley. (Originally published in 2001)

Rochat, Philippe. (2013). The Meaning of Play in Relation to Creativity. Essay commissioned by the Lego Foundation, for David Gauntlett & Bo Stjerne Thomsen, *Cultures of Creativity: Nurturing Creative Mindsets across Cultures*. Retrieved October 1, 2013, from http://www.legofoundation.com/en-us/research-and-learning/foundation-research/culturesof- creativity/.

Root-Bernstein, Michele. (2009). Imaginary Worldplay as an Indicator of Creative

Giftedness. In L. Shavinina (Ed.). *The International Handbook on Giftedness* (pp. 599–616). London: Springer Science.

———. (2013a). The Creation of Imaginary World. In M. Taylor (Ed.). *Oxford Handbook of the Development of Imagination* (pp. 417–37). Oxford: Oxford University Press.

———. (2013b).Worldplay as Creative Practice and Educational Strategy. In L. Book & D. P. Phillips (Eds.). *Creativity and Entrepreneurship: Changing Currents in Education and Public Life* (pp.55–65). Northampton, MA: Edward Elgar Publishing.

Root-Bernstein, Michele & Overby, Lynnette. (2012). Thinking Tools and the Multi-Disciplinary Imagination: Exploring Abstraction in Dance and Creative Writing. Workshop packet, developed in association with the John F. Kennedy Center for the Performing Arts. Unpublished; available from the authors.

Root-Bernstein, Michele & Root-Bernstein, Robert. (2005). Body Thinking Beyond Dance. In Lynnette Young Overby & Billie Lepczyk (Eds.). *Dance: Current Selected Research* (vol. 5, pp. 173–201). New York: AMS Press.

———. (2006). Imaginary Worldplay in Childhood and Maturity and Its Impact on Adult Creativity, *Creativity Research Journal* 18 (4): 405–25.

Root-Bernstein, Robert. (1983). Mendel and Methodology. *History of Science*, xxi, 275–95.

———. (1989a). How Do Scientists Really Think? *Perspectives in Biology and Medicine* 32: 472–88.

———. (1989b). *Discovering: Inventing and Solving Problems at the Frontiers of Scientific Knowledge*. Cambridge, MA: Harvard University Press.

———. (2005). ArtScience: The Essential Connection. *Leonardo* 38 (4): 318–21.

———. (2009). Multiple Giftedness in Adults: The Case of Polymaths. In L. V. Shavinina (Eds), *International Handbook on Giftedness* (pp. 853–70). London: Springer Science.

Root-Bernstein, R.; Allen, L.; Beach; L.; Bhadula, R.; Fast, J.; Hosey, C.; Dremkow, B.; Lapp, J.; Lonc, K.; Pawelec, K.; Podufaly, A.; Russ, C.; Tennant, L.; Vrtis E. & Weinlander, S. (2008). Arts Foster Success: Comparison of Nobel Prizewinners,

Royal Society, National Academy, and Sigma Xi members. *Journal of the Psychology of Science and Technology* 1 (2): 51–63.

Root-Bernstein, R.; Bernstein, M. & Garnier H. (1995). Correlations between Avocations, Scientific Style, Work Habits, and Professional Impact of Scientists. *Creativity Research Journal* 8: 115–37.

Root-Bernstein, R.; Lamore, R.; Lawton, J.; Schweitzer, J.; Root-Bernstein, M. M.; Roraback, E.; Peruski, A. & Van Dyke, M. (2013). Arts, Crafts and STEM Innovation: A Network Approach to Understanding the Creative Knowledge Economy. In Michael Rush (Ed.). *Creative Communitics: Art Works in Economic.* Development (pp. 97–117). Washington D C: National Endowment for the Arts and The Brookings Institution.

Root-Bernstein, Robert & Root-Bernstein, Michele. (1999). *Sparks of Genius: The Thirteen Thinking Tools of the World's Most Creative People.* New York: Houghton Mifflin.

———. (2004). Artistic Scientists and Scientific Artists: The Link between Polymathy and Creativity. In R. Sternberg, E. Grigorenko, & J. Singer (Eds.). *Creativity: From Potential to Realization* (pp. 127–51). Washington, DC: American Psychological Association.

———. (2011). Life Stages of Creativity. In M. Runco & S. Pritzker (Eds.), *The Encyclopedia of Creativity* (2nd ed., pp. 47–55). Oxford: Elsevier.

Rose, Barbara. (1970). *Claes Oldenburg.* New York: The Museum of Modern Art.

Runco, Mark. (2007). *Creativity, Theories and Themes: Research, Development, and Practice.* New York: Elsevier.

Russ, Sandra W. (2006). Pretend Play, Affect, and Creativity. *New Directions in Aesthetics, Creativity, and the Arts,* 1: 239–50.

Sacks, Oliver. (2001). *Uncle Tungsten: Memories of a Chemical Boyhood.* New York: Alfred A. Knopf.

Savage-Rumbaugh, S. & Lewin, R.. (1994). *Kanzi: The Ape at the Brink of the Human Mind.* New York: John Wiley & Sons.

Sawyer, R. K.; John-Stein, V.; Moran, S.; Sternberg, R. J.; Feldman, D. H.; Nakamura; J., Csikszentmihalyi, M. (2003). *Creativity and Development.* New York: Oxford

University Press.

Schneider, Dan. (February 16, 2008). The Dan Schneider Interview 8: Desmond Morris. Retrieved September 29, 2008 from www.cosmoetica.com/DSI8.htm.

Seagoe, May V. (1975). *Terman and the Gifted*. Los Altos, CA: William Kaufmann.

Seith, E. (October 29, 2010), State of Emergency Allows Pupils to Experience and Judge a National Crisis, *Times Educational Supplement Scotland*. Available at http://www.tes.co.uk/ article.aspx?storycode=6061845 (accessed April 21, 2011).

Shaler, Nathaniel Southgate. (1909). *The Autobiography of Nathaniel Southgate Shaler*. Boston: Houghton Mifflin.

Shapiro, Jordan. (February 18, 2013). How Game-Based Learning Can Save the Humanities, *Forbes.com*. Retrieved August 27, 2013, from http://www.forbes.com/sites/jordanshapiro/ 2013/02/18/how-game-based-learning-can-save-the-humanities/.

———. (February 27, 2013). Sesame Workshop Wants Your Kid to Design Video Games, *Forbes.com*. Retrieved August 27, 2013, from http://www.forbes.com/sites/jordanshapiro/ 2013/02/27/sesame-workshop-wants-your-kid-to-design-video-games/.

———. (April 1, 2013). Microsoft Launches "Kodu" Game Design Challenge for Younger Kids, *Forbes.com*. Retrieved August 27, 2013, from http://www.forbes.com/sites/jordanshapiro/ 2013/04/01/microsoft-launches-kodu-game-design-challenge-for-younger-kids/.

Shekerjian, Denise. (1990). *Uncommon Genius: How Great Ideas Are Born*. New York: Viking.

Shippey. Tom. (2003). *The Road to Middle-Earth*. Boston: Houghton Mifflin.

Shmukler, Diana. (1988). Imagination and Creativity in Childhood: The Influence of the Family. In *Organizing Early Experience: Imagination and Cognition in Childhood*. (Demont C. Morrison, Ed). pp. 77–91. New York: Baywood Publishing Co.

Shortling, Grobius.(n.d.). *Imaginary Places*. Retrieved April 9, 2011, from www.estalia.net/ imaginary/.

Shurkin, Joel N. (1992). *Terman's Kids: The Groundbreaking Study of How the Gifted*

Grow Up. Boston: Little, Brown & Co.

Siler, Todd. (1990). *Breaking the Mind Barrier: The Artscience of Neurocosmology*. New York: Simon and Schuster.

————. (April 10, 1995). ArtScience: Integrating the Arts and Sciences to Connect Our World and Improve Communication. Keynote Address, NAEA, Houston, TX.

————. (1996). *Think Like A Genius*. New York: Bantam Books.

————. (February 2001). Questions and Answers: Todd Siler PhD '86. *openDOOR* (MIT Alumni Association). Retrieved September 9, 2011, from http://www.feldmangallery.com/ media/siler/general%20press/2001_siler_mit%20opendoor.pdf.

————. (2003). Fractal Reactor: A New Geometry for Plasma Fusion. *Proceedings of the Third Symposium on Current Trends in International Fusion*. Ottawa: NRC Research Press.

————. (2007). Todd Siler, Adventures in ArtScience July 11–November 9, 2007. Exhibit, National Science Foundation, Arlington, VA.

————. (March 2009). A Wake-Up Call for Cultivating a World of Creative-Critical Thinkers, Problem Solvers & Innovators. Unpublished paper. Creativity: Worlds in the Making Symposium. Wake Forest University.

Siler, Todd & Psi-Phi Technology Corporation. (2008). *Think Like a Genius*, software and website: http://www.thinklikeagenius.com/.

Silvey, Robert. (1974). *Who's Listening? The Story of BBC Audience Research*. London: George Allen & Unwin.

————. (May 13, 1977). But That Was In Another Country. . . . *Times Educational Supplement*, 18.

Silvey, Robert & Stephen MacKeith. (1988). The Paracosm: A Special Form of Fantasy. In Delmont C. Morrison (Ed.). *Organizing Early Experience: Imagination and Cognition in Childhood* (pp. 173–97). Amityville, NY: Baywood Publishing Company.

Simner, J.; Mulvenna, C; Sagiv, N; Tsakanikos, E; Witherby, S. A.; Fraser, C; Scott, K; & Ward, J. (2006). Synaesthesia: The Prevalence of Typical Cross-modal

Experiences. *Perception* 35 (8): 1024–33.

Simner, J.; Harrold, J; Creed, H; Monro, L. & Foulkes, L. (2009). Early Detection of Markers for Synaesthesia in Childhood Populations. *Brain* 132: 57–64.

Simonton, Dean Keith. (2010). So You Want to Become a Creative Genius? You Must Be Crazy! In D. H. Cropley, A. J. Cropley, J. C. Kaufman, & M. Runco (Eds.), *The Dark Side of Creativity* (pp. 218–34). New York: Cambridge University Press.

Singer, D. G. & Singer, J. L. (1990). *The House of Make-Believe: Play and the Developing Imagination.* Cambridge: Harvard University Press.

―――. (2001). *Make-Believe: Games and Activities for Imaginative Play*, APA Books/ Magination Press.

―――. (2005). *Imagination and Play in the Electronic Age.* Cambridge, MA: Harvard University Press.

Singer, J. L. (1975). *The Inner World of Daydreaming.* New York: Harper & Row.

Singer, Jerome & Singer, Dorothy G. (2005–2006). Preschoolers' Imaginative Play as Precursor of Narrative Consciousness. *Imagination, Cognition and Personality* 25 (2): 97–117.

Smilansky, S. (1968). *The Effects of Sociodramatic Play on Disadvantaged Preschool Children.* New York: Wiley.

Smith, Dinitia. (October 7, 2003). Finding a Middle Earth in Montana. *New York Times*, B1.

Snyder, Jon; Lieberman, Ann; Macdonald, Maritza B. & Goodwin, A. Lin. (August 1992). Makers of Meaning in a Learning-Centered School: A Case Study of Central Park East 1 Elementary School. Research Report. Retrieved February 24, 2009, from http://www.eric. ed.gov/ERICDocs/data/ericdocs2sql/contant_ storage_01/0000019b/80/13/91/a9.pdf.

Sobel, David. (1993). *Children's Special Places: Exploring the Role of Forts, Dens, and Bush Houses in Middle Childhood.* Tucson, AZ: Zephyr Press.

Solomon, Maynard. (1995). *Mozart: A Life.* New York: HarperCollins.

Spitz, Ellen Handler. (2006). *The Brightening Glance: Imagination and Childhood.* New York: Pantheon Books.

Spring, Justin. (2000). *Fairfield Porter: A Life in Art.* New Haven: Yale University Press.

Steinkuehler, Constance. (November 17, 2006). Virtual Worlds, Learning, & the New Pop Cosmopolitanism. *Teachers College Record*. Retrieved November 18, 2006, from http:// www.tcrecord.org, ID Number: 12843.

Sternberg, Robert J. (2003). The Development of Creativity as a Decision-Making Process. In R. K. Sawyer, V. John-Steiner, S. Moran, R. J. Sternberg, D. H. Feldman, J. Nakamura & M. Csikszentmihalyi (Eds.), *Creativity and Development* (pp. 91–138). Oxford: Oxford University Press.

Sternberg, Robert J. & Lubart, T. (1992). Creative Giftedness in Children. In P. S. Klein & A. J. Tannenbaum, (Eds.). *To Be Young and Gifted* (pp. 33–51). Norwood, NJ: Ablex Publishing.

Stevens, Wallace. (1997). The Necessary Angel. In *Wallace Stevens Collected Poetry and Prose*. New York: Literary Classics of the United States. (Originally published in 1954)

[Stevenson, Robert Louis.] (1888/1920). *Learning to Write: Suggestions and Counsel from Robert Louis Stevenson*. J. W. Rogers, Jr., (Ed.). New York: Charles Scribner's Sons.

Stevenson, Robert Louis. (1912). *Treasure Island: With a Preface by Mrs. Stevenson*. New York: Charles Scribner's Sons. (Originally published in 1894)

———. (1923–1924). *The Works of Robert Louis Stevenson*. Tusitala Edition. London: William Heinemann, 35 vols.

———. (1947). *Selected Writings of Robert Louis Stevenson*. Saxe Commins (Ed.). New York: The Modern Library.

Stokes, Patricia. (2006). *Creativity From Constraints: The Psychology of Breakthrough*. New York: Springer Publishing Co.

Stout, Hilary. (January 6, 2011). Play's the Thing . . . *The New York Times*, D1.

Strausbaugh, John. (February 22, 2009). His Secret World, Opening to Tourists. *New York Times*, AR 30.

Strauss, Neil. (February 2, 2004). A Well-Imagined Star, Unearthing a Trove of Albums That Never Existed. *New York Times*, B1.

Stravinsky, Igor. (1970). *Poetics of Music in the Form of Six Lessons*. (Arthur Knodel & Ingolf Dahl, Trans.). Cambridge, MA: Harvard University Press. (Originally published in 1942)

Subotnik, R.; Kassan, L.; Summers, E. & Wasser, A. (1993). *Genius Revisited: High IQ Children Grown Up*. Norwood, NJ: Ablex Publishing.

Suvin, Darko. (1970). The Open-Ended Parables of Stanislaw Lem and "Solaris." Afterword in Stanislaw Lem, *Solaris* (1961/1970). New York: Walker and Company.

Swearingen, Roger G. (1980). The Prose Writings of Robert Louis Stevenson: A Guide. Archon Books.

Swirski, Peter. (1997). *A Stanislaw Lem Reader*. Evanston, IL: Northwestern University Press.

————. (Winter 2003). Solaris Author Commands a Cult Following. *Ideas* (Faculty of Arts, University of Alberta). Retrieved November 5, 2008, from http://www.uofaweb.ualberta.ca/ arts_new//pdfs/Ideas_Winter_2003.pdf.

Tannenbaum, A. J. (1992). Early Signs of Giftedness: Research and Commentary. In P. S. Klein and A. J. Tannenbaum, (Eds.) *To Be Young and Gifted* (pp. 3–32). Norwood, NJ: Ablex Publishing.

Taylor, Marjorie. (1999). *Imaginary Companions and the Children Who Create Them*. New York: Oxford University Press.

Taylor, Paul. (1987). *Private Domain*. New York: Alfred A. Knopf.

Terman, Lewis. (1915). The Mental Hygiene of Exceptional Children. *Pedagogical Seminary* 22: 529–37.

————. (1917). The Intelligence Quotient of Francis Galton in Childhood. *American Journal of Psychology* 28: 209–15.

————. (1919). *The Intelligence of School Children*. New York: Houghton Mifflin.

Terman, L. M., assisted by B. T. Baldwin, E. Bronson, J. C. DeVoss, F. Fuller, F. L. Goodenough, T. L. Kelley, M. Lima, H. Marshall, A. H. Moore, A. S. Raubenhaimner, G. M. Ruch, R. L. Willoughby, J. B. Wyman, & D. H.Yates. (1954). *Mental and Physical Traits of a Thousand Gifted Children*, vol. 1. Genetic Studies of Genius (2nd ed.). Stanford, CA: Stanford University Press. (Originally published in 1925)

Terman, L. M. & Oden, M. H. (1959). *The Gifted Group at Mid-Life*, vol. 5. Genetic

Studies of Genius. Stanford, CA: Stanford University Press.

Terry, R. C. (Ed.). (1996). *Robert Louis Stevenson: Interview and Recollections*. London: MacMillan.

Tinbergen, N. (October 1, 1975). The Importance of Being Playful, *Times Educational Supplement*, 19–21.

Tolkien, Christopher (Ed.). (1992). *Pictures by J.R.R. Tolkien*. Boston: Houghton Mifflin Co.

Tolkien, J. R. R. (1965). *The Lord of the Rings* (vols. 1–3). Boston: Houghton Mifflin.

———. (1983). *The Monsters and the Critics and Other Essays*. (Christopher Tolkien, Ed.). London: George Allen & Unwin.

Tolkien, J. R. R. & Swann, Donald. (1967). *The Road Goes Ever On: A Song Cycle*. Boston: Houghton Mifflin.

Toth, Susan Allen. (March/April 1994). The Importance of Time Alone. *Family Life*, 81–85.

Tréhin, Gilles. Artwork at http://urville.com/. Further information at http://www.wisconsinmedicalsociety. org/savant_syndrome/savant_profiles/gilles_trehin.

Turkle, Sherry. (1995). *Life on the Screen: Identity in the Age of the Internet*. New York: Simon & Schuster.

Turner, Mark. (1996). *The Literary Mind*. New York: Oxford University Press.

U.S. Census Bureau. (2004–2005). Table 1232. Attendance Rates for Various Arts Activities: 2002 and Table 1238. Adult Participation in Selected Leisure Activities by Frequency: 2003. *Statistical Abstract of the United States: 2004–2005*, 768, 771. Arts, Entertainment and Recreation. Retrieved October 7, 2006, from http://www.census.gov/prod/2004pubs/094statab/ arts.pdf.

Ustinov, Peter. (1998). *Dear Me*. London: Arrow Books. (Originally published in 1976)

VanderMeer, Jeff. (October 2007). Dangerous Offspring: An Interview with Steph Swainston. Clarkesworld Magazine, http://clarkesworldmagazine.com/swainston_interview/.

Van Manen, Max. (1990). *Researching Lived Experience: Human Science for an Action Sensitive Pedagogy*. London, Ontario, Canada: The University of Western Ontario/The State University of New York.

Van Manen, M. & B. Levering. (1996). *Childhood's Secrets: Intimacy, Privacy, and the Self Reconsidered*. New York: Teachers College Press.

Van't Hoff, J. H. (1967). Imagination in Science (G. F. Springer, Trans.). *Molecular Biology, Biochemistry, and Biophysics, 1*, 1–18. (Original work published in 1878) The Village Project. (n.d.). Available at http://www.villageproject.org/moreinformation.htm (accessed April 21, 2011). See also The Game of Village, available at http://www.thegameofvillage. com/about.html (accessed May 2, 2011).

Watts, Alan. (1973). *In My Own Way: An Autobiography 1915–1965*. New York: Vintage Books.

Webster's Third New International Dictionary of the English Language Unabridged. (1964). Springfield, MA: G. & C. Merriam Co.

Wenner, Melinda. (February/March 2009). The Serious Need for Play. *Scientific American Mind*, 29.

Who's Who in America (vol. 28). (1953–1954). Chicago, IL: A. N. Marquis. (Continuously published since 1899)

White, R. K. (1931). The Versatility of Genius. *Journal of Social Psychology*, 2: 482.

Whitebread, David & Basilio, Marisol. (2013). Play, Culture and Creativity. Essay commissioned by the Lego Foundation, for David Gauntlett & Bo Stjerne Thomsen, *Cultures of Creativity: Nurturing Creative Mindsets across Cultures*. Retrieved October 1, 2013, from http://www.legofoundation.com/en-us/research-and-learning/foundation-research/culturesof- creativity/.

Wilson, M. (2002). Six Views of Embodied Cognition. *Psychonomic Bulletin and Review*, 9 (4): 625–36.

Winerip, Michael. (June 11, 2003). Going for Depth Instead of Prep. *New York Times*. Retrieved April 13, 2004 from http://www.ccebos.org/timesmissionhill6.11.03.html.

Winkworth, Susanna & Winkworth, Catherine. (1908). *Memorials of Two Sisters*. Margaret J. Shaen (Ed.). London: Longmans, Green and Co.

Witty, Paul. (1940). Contributions to the IQ Controversy from the Study of Superior Deviates. *School and Society*, 51 (1321): 503–8.

Wordsworth, William. (1977). *Poems. Volume I*. John O. Hayden (Ed.). New York:

Penguin Books.

Wright, Austin Tappan. (1966). *Islandia*. New York: New American Library. (Originally published in 1942; introduction by Sylvia Wright originally published in 1958) Yoder, A.H. (1894). The study of the Boyhood of Great Men. *Pedagogical Seminary*, 3 :134–56.

Ziegfeld, Richard E. (1985). *Stanislaw Lem*. New York: F. Ungar.

Zimmer, Carl. (September 1996). First, Kill the Babies. *Discover* 17 (9): 72–78.

옮긴이의 말

이제 21세기는 더 이상 단순한 지식 기반 사회나 정보화사회가 아니다. 창조 경제니 미래창조과학부니 하는 용어만 보더라도 21세기는 개인과 기업, 또 국가에 창조적 능력을 바탕으로 끊임없이 혁신할 것을 요구한다는 사실을 알 수 있다. 그동안 지식이나 정보를 습득하는 일도 버거워 헉헉거리던 보통 사람들로서는 창조성까지 갖추어야 하는 현실이 원망스러울 수도 있겠다. 창조성이란, 창조적 인간이란 타고나는 것이 아닌가.

하지만 이 책의 저자인 미셸 루트번스타인의 주장에 따르면 창조성은 준비할 수 있는 것이고, 그 준비도 다른 준비 과정들과 달리 아동기의 자발적이고 흥미로운 놀이를 통해 자연스럽게 이루어지는 것이다. 특히 아동기에 자기 주도적으로 자유롭게 상상력을 발휘해 가상 세계를 창조하며 놀았던 경험이야말로 성인기 창조성의 가장 중요한 원천이라는 믿음 아래 저자는 아동기 가상 놀이의 중요성을 강조한다.

이를 뒷받침하기 위해 저자는 어릴 때부터 특별히 놀이에 심취했던 저명한 작가, 예술가, 과학자 들의 경우를 예로 들고 있다.《반지의 제왕》을 쓴 톨킨이나《나니아 연대기》의 C. S. 루이스,《털 없는 원숭이》의 저자인 데즈먼드 모리스 등 수많은 사람들의 사례가 등장하는데, 그동안 미처 몰랐던 흥미진진한 일화들을 읽으며 번역의 괴로움을 잠시 잊을 수 있었다.

저자는 또 놀이를 배제한 채 학습 중심으로 치닫는 현재의 미국 교육 현실을 비판하면서 놀이를 교실로 끌어들인 선구적인 학교 현장의 성공 사례를 보여준다. 미국보다 더하면 더했지 결코 덜하지 않은 우리나라 현실에서 깊이 새겨보아야 할 대목인 것 같다(오랫동안 교직에 몸담았던 역자에게 이 부분은 특히 자기반성과 함께 절실하게 와 닿는 내용이었다).

한편 요즘 아동이나 청소년들이 놀이라고 하는 것을 보면 대체로 상상력이나 창의성을 발휘할 여지가 거의 없어 보이는 컴퓨터게임이 태반이다. 이 때문에 많은 사람들이 우려를 금치 못하나 저자는 이 문제에 대해 낙관적이다. 아동들에게 막강한 시뮬레이션 기술을 책임감 있게 이용하는 것을 교육할 수 있다면 틀림없이 기발한 상상력과 그럴듯한 모형 만들기, 창조적 정신력에 커다란 도움이 될 것이라는 게 그녀의 판단이다.

이미 19세기 후반에《보물섬》의 작가인 스티븐슨은 "어떻게 노는지 모르는 세대에게는 심각한 문제가 있다"라고 탄식했다. 21세기는 창조적 역량을 요구하는 시대다. 우리는 이제라도 아동기 놀이가 창조적 전략을 훈련하고 학습 실험실 역할을 하며 미래 문명 발달의 관건이 된다는 사실을 분명하게 인식하고 아동의 놀이를 장려해야 할 것이다.

미셸 루트번스타인은 남편과 공동 저술한 탁월한 전작《생각의 탄생Spark of Genius》에 이어 또 하나의 뛰어난 역작을 탄생시켰다. 독자들의 기대를 저버리지 않은 이 책은 조만간 모든 부모, 교육자, 창조성 혹은 창의성에 관심이 있는 사람들이 한번쯤은 읽어보아야 할 이 분야의 필독서로 자리매김하게 될 것이 분명하다.

옮긴이 **유향란**

서울대 사범대학 국어교육과를 졸업하고,
연세대 교육대학원에서 석사 학위를 받았다.
오랫동안 국어 교사를 하다 현재는 번역에 매진하고 있다.
옮긴 책으로는 《세계 최강 사서》, 《좋은 사람으로 사는 법》,
《하우스키핑》, 《셰익스피어의 이탈리아 기행》, 《네 가지 약속》,
《홈》, 《그래도 계속 가라》, 《눈 속의 독수리》, 《바그너 니벨룽의 반지》,
《킹스 스피치》, 《책 죽이기》 외에 다수가 있다.

내 아이를 키우는 상상력의 힘

1판 1쇄 발행 2016년 4월 20일
1판 2쇄 발행 2018년 1월 30일

지은이 미셸 루트번스타인 | 옮긴이 유향란
펴낸곳 (주)문예출판사 | **펴낸이** 전준배
출판등록 1966. 12. 2. 제 1-134호
주소 03992 서울시 마포구 월드컵북로 6길 30
전화 393-5681 | **팩스** 393-5685
홈페이지 www.moonye.com | **블로그** blog.naver.com/imoonye
페이스북 www.facebook.com/moonyepublishing | **이메일** info@moonye.com

ISBN 978-89-310-0996-5 03590

이 도서의 국립중앙도서관 출판시 도서목록(CIP)은 e-CIP 홈페이지
(http://www.nl.go.kr/ecip)와 국가자료공동목록시스템
(http://www.nl.go.kr/kolisnet)에서 이용하실 수 있습니다.
(CIP제어번호 : CIP2016008904)